高等学校电子信息类系列教材

控 制 电 机

（第 四 版）

陈隆昌　　刘新正　　阎治安　编著

西安电子科技大学出版社

内 容 简 介

本书是在原第三版教材的基础上修订而成的，书中主要阐述自动控制系统中常用的各种控制电机的基本结构、工作原理、工作特性和使用方法，其中包括交、直流伺服电动机，交、直流测速发电机，自整角机，旋转变压器，无刷直流电动机，步进电动机，开关磁阻电动机，交轴磁场放大机等，并简单介绍了直流力矩电动机、低惯量直流电动机、感应同步器、多极旋转变压器和直线电机等类型的电机。

本书可用作电气工程、自动控制和相关专业的本科及研究生教材或教学参考书，也可供从事自动控制方面工作的科技人员参考。

图书在版编目(CIP)数据

控制电机/陈隆昌,阎治安,刘新正编著. —4 版. —西安：西安电子科技大学出版社，
2013.4(2024.12 重印)
ISBN 978 - 7 - 5606 - 3035 - 9

Ⅰ. ①控… Ⅱ. ①陈… ②刘… ③阎… Ⅲ. ①微型控制电机－高等学校－教材
Ⅳ. ①TM383

中国版本图书馆 CIP 数据核字(2013)第 045841 号

责任编辑　李惠萍　夏大平
出版发行　西安电子科技大学出版社(西安市太白南路 2 号)
电　　话　(029)88202421　88201467　　邮　编　710071
网　　址　www.xduph.com　　　　　　　电子邮箱　xdupfxb001@163.com
经　　销　新华书店
印　　刷　陕西天意印务有限责任公司
版　　次　2013 年 4 月第 4 版　2024 年 12 月第 32 次印刷
开　　本　787 毫米×1092 毫米　1/16　印张 19.5
字　　数　459 千字
定　　价　43.00 元
ISBN　978 - 7 - 5606 - 3035 - 9
XDUP 3327004 - 32

*** 如有印装问题可调换 ***

前　　言

　　《控制电机》一书作为国内最早出版的两本同类教材（另一本为杨渝钦主编的《控制电机》）之一，深受广大读者好评，在国内具有广泛影响，并于1996年获原电子工业部优秀教材一等奖。自1984年6月出版发行以来，《控制电机》累计印刷23次，发行超过11万册，国内许多高等院校都选用本书作为教材。本书上一版入选国家级"十一五"规划教材。

　　在本书前三版的编写中，作者始终着重于阐明各种常用控制电机的工作原理、内部电磁关系、工作特性和使用方法，力求通俗易懂地讲清物理本质。同时，根据控制电机技术的发展、进步和控制电机应用的变化，以及各兄弟院校在教学实践中反映的意见和建议，对本书不断进行修订完善，形成了自己独有的体系和特色。为保持教材的系统性和连贯性，本次修订时仍维持原教材的总体结构不变。

　　在本书第三次修订出版以后的这13年间，控制电机的概念和应用领域已经发生了很大变化，控制用电机不再局限于传统的微特电机，而一些类型控制电机的特征和归类也更加清晰，本次修订就体现了这些变化。本次主要修订内容包括：以方波无刷直流电机为对象，分析了无刷直流电动机的原理、特性和模型，介绍了转矩脉动产生的原因和无位置传感器的位置检测方法；在步进电动机一章中，充实了对混合式步进电机的分析以及对步进电机细分控制的介绍；删除了原小功率同步电动机一章中的绝大部分内容，转而详细分析了日益成熟并逐渐广泛使用的、由永磁同步电动机及其控制器所构成的永磁交流伺服电动机；增加了开关磁阻电动机一章；由于交轴磁场放大机原理的特殊性，根据读者和教师的建议，将其作为一章重新编入到本书中。考虑到篇幅的限制以及产品手册资料的丰富，删除了原书中一些技术指标表格。经本次修订，书中内容更加充实，更富有先进性。除直流电机部分外，各章内容相对独立，根据课时安排，教师可以选择性地讲授其中内容，例如步进电机中仍侧重于反应式电机，但不会影响教学效果。

　　本书由西安交通大学陈隆昌教授、阎治安教授、刘新正副教授编写，其中第1、7、8和13章由陈隆昌修编，第2、3章及第9～12章由刘新正修编，第4～6章及第14章由阎治安（现在西京学院任教）修编。全书由刘新正负责统筹和组织编写。在本书的修订过程中，兄弟院校"控制电机"课程的任课教师提出了许多宝贵意见和建议，在此谨致以衷心的感谢。

　　由于编者水平有限，书中不妥之处在所难免，敬请广大读者指正，并欢迎反馈意见到liuxz@mail.xjtu.edu.cn。

编　者

2013年2月

第 三 版 前 言

《控制电机》一书作为自动控制专业教材于 1984 年 6 月出版以来,深受广大读者好评,前后共印刷 9 次,并于 1996 年获原电子工业部优秀教材一等奖。国内很多设有自动控制专业的院校都选用了本教材。为适应教材建设的需要,及时地对教材内容进行修改和充实,编者在原《控制电机》教材内容的基础上,根据各兄弟院校多年来在教学实践中反映的意见和建议,对《控制电机》一书再次作了重新修订。

与原教材相比,各章内容都有较大程度的修改和调整,删去了原第三章"交轴磁场电机放大机"及附录,增加了一章"无刷直流电动机"。其次,原教材中一些不符合法定计量单位和国家标准规定的有关量、单位和符号,都按要求作了修改。此外,为了精简篇幅,对一些在手册上能方便查取的产品型号和技术数据,都从各章中删除。修订后,教材质量有明显提高,其内容更加充实,富有先进性;论述和分析更为正确;条理更为清楚,便于教学。

本书第 2、3 章由刘新正修编,第 4 章至第 6 章由阎治安修编,第 1 章及第 7 章至第 12 章由陈隆昌修编。全书由陈隆昌统稿,西北工业大学李钟明担任主审。修订过程中,兄弟院校的"控制电机"课程任课教师对本书提出了许多宝贵意见和建议,谨在此致以衷心的感谢。

由于编者水平有限,书中错误和不妥之处在所难免,恳请广大读者批评指正。

编 者
1999 年 6 月

第 二 版 前 言

  《控制电机》一书作为自动控制专业教材于 1984 年 6 月出版以来,深受广大读者好评,前后共印刷 6 次,国内很多设有自动控制专业的院校都选用了该教材。根据教材建设的需要,应及时对教材内容进行修改和充实。本教材就是在原《控制电机》教材内容的基础上,根据各兄弟院校多年来在教学实践中反映的意见和建议重新修订的。

  与原教材相比,各章内容都作了较大程度的修改和调整,删去了原第三章"交轴磁场电机放大机",增加了一章"无刷直流电动机"。原教材中一些不符合法定计量单位和国家标准规定的有关量、单位和符号,按要求都作了修改。修订后教材质量有明显提高,其内容更加充实,富有先进性;论述和分析更为正确;条理更为清楚,便于教学。

  本书第一章至第五章及附录部分由陈筱艳修编,第六章至第十一章及绪论部分由陈隆昌修编。全书由陈隆昌全面审校和统改。修订过程中,兄弟院校的"控制电机"课程任课教师对本书提出了许多宝贵的意见和建议,谨在此致以衷心的感谢。

  由于编者水平有限,书中错误和不妥之处在所难免,恳请广大读者批评指正。

编 者

1994 年 3 月

第 一 版 前 言

本教材系由计算机与自动控制专业教材编审委员会自动控制专业教材编审小组评选审定，并推荐出版。

该教材由西安交通大学陈隆昌、陈筱艳编著，上海交通大学林润汤副教授担任主审。编审者均依据自动控制专业教材编审小组审定的编写大纲进行编写和审阅。

"控制电机"课程的课内参考学时数为 60 学时，为了使各校有选择的余地，本教材按 70 学时编写。全书共分 11 章，前三章是分析比较易懂的直流电机，包括直流测速发电机、直流伺服电动机、交磁放大机；四至六章是分析具有脉振磁场的小型变压器、自整角机、旋转变压器；七到九章是分析具有旋转磁场的交流伺服电动机、交流异步测速发电机和小功率同步电动机；最后两章是分析比较特殊的步进电动机和直线电机。在使用本教材时应注意以下几个方面：

1. 由于从事自动控制方面的科技人员的主要工作是合理地选择和正确使用各种控制电机，因此本教材着重阐明各种常用的控制电机的工作原理、内部电磁关系、工作特性和使用方法。对于工作原理和电磁关系力求通俗易懂，讲清物理本质，不作深入、全面、严格的分析。

2. "控制电机"是"电工基础"的后继课程，学生尚未学过电机学。为了加强针对性，本教材对一般电机不单独列章，而把一般交、直流电机的工作原理、电磁关系与有关的控制电机结合起来。

3. 为了便于掌握各种控制电机的共性和个性，本教材不按控制电机的功能进行分类，而是把工作原理、电磁关系比较接近的几种电机放在一起，由浅入深、由易到难地来安排章次。

4. 为了使学生了解目前新型控制电机的情况，本教材对一些定型的而且用途日趋广泛的新型控制电机，例如多极旋变、感应同步器、电感移相器、直流力矩电机、低速同步电动机和直线电机等作了一些介绍，并略述了各种控制电机的发展方向。

本教材第一章至第六章及附录部分由陈筱艳编写，第七章至第十一章及绪论部分由陈隆昌编写。参加审阅工作的还有上海交通大学陈育才、王庆文和西安微电机研究所的部分同志，他们为本书提出了许多宝贵意见，这里表示诚挚的感谢。由于编者水平有限，书中难免还存在一些缺点和错误，殷切希望广大读者批评指正。

编 者

1983 年 12 月

目　　录

第 1 章 绪 论

1.1 控制电机在自动控制系统中的作用

在各类自动控制系统、遥控和解算装置中，需要用到大量的各种各样的元件，控制电机就是其中的重要元件之一。它属于机电元件，在系统中具有执行、检测和解算的功能。虽然从基本原理来说，控制电机与普通旋转电机没有本质上的差别，但后者着重于对电机的力能指标方面的要求，而前者则着重于对特性、高精度和快速响应方面的要求，以及满足系统对它提出的要求。

控制电机已经成为现代工业自动化系统、现代科学技术和现代军事装备中不可缺少的重要元件。它的应用范围非常广泛，例如，火炮和雷达的自动定位，舰船方向舵的自动操纵，飞机的自动驾驶，遥远目标位置的显示，机床加工过程的自动控制和自动显示，阀门的遥控，以及机器人、电子计算机、自动记录仪表、医疗设备、录音录像设备等中的自动控制系统。下面以雷达扫描及自动跟踪飞机的过程为例，具体说明控制电机在自动控制系统中所起的作用和所处的地位。

雷达天线控制系统的原理线路如图 1-1 所示。这个系统有两种工作状态。第一种是当雷达还没有捕捉到飞机时，要由雷达操纵手操作，使天线旋转去搜索飞机，这就是雷达的搜索过程。这时图 1-1 上的闸刀 S 合在位置 I。第二种是当天线捕捉到目标时，把闸刀立即合向位置 II。这时雷达天线作自动跟踪飞机的运动，系统处于自动跟踪状态。下面分别讨论系统的这两种状态。

☞ 1.1.1 雷达天线控制系统的搜索状态

在搜索飞机时，我们希望雷达天线按照要求在空间不断旋转，使雷达发射机发出的强大的电磁波束跟着天线的转动在空中进行扫描。雷达天线又大又重，人是摇不动的。这时雷达操纵手只需要摇动手轮 7，使自整角发送机 1 的转子旋转，通过自动控制系统的作用，就可使雷达天线 3 跟着自整角发送机的转角 α 自动地旋转。发送机转几度，天线也转几度；发送机正转，天线也正转；发送机反转，天线也反转。

自整角接收机 2 的转轴是和天线的转轴联结在一起的。自整角发送机和自整角接收机一般不单独使用而是成对地使用。当发送机的转角 α 和接收机的转角 β 相等，也就是转角差 $\gamma(=\alpha-\beta)$ 为 0 时，接收机的输出电压 U_1 也为 0。当转角 α 和 β 不相等时，接收机就有和

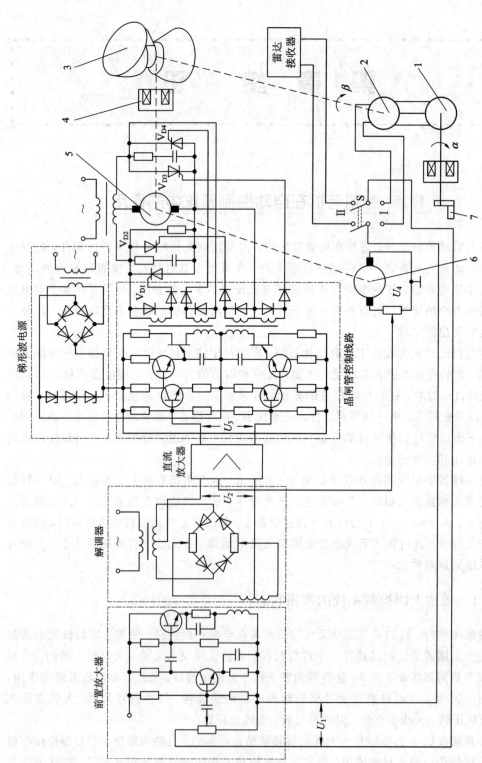

图1-1　雷达天线控制系统原理线路

1—自整角发送机；2—自整角接收机；3—雷达天线；4—变速箱；5—直流伺服电动机；6—直流测速发电机；7—手轮

转角差 γ 成正比的交流电压 U_1 输出。这样，自整角接收机就好像自动控制系统的眼睛一样，可以很灵敏地感觉出天线的转角是否跟上自整角发送机的转角：当跟上时，转角 α 等于转角 β，没有电压输出；当没有跟上，即转角 α 和转角 β 不相等时，通过自整角接收机输出电压 U_1，就可把转角差 γ 测量出来，因此自动控制系统中的自整角机被称为敏感元件。

假如雷达操纵手向某一方向摇动手轮 7，产生一个转角差 γ，这时自整角接收机就有交流电压 U_1 输出，这个电压经过交流放大器放大后，由环形解调器转换成直流电压 U_2，并送入直流放大器放大，放大后的直流电压 U_3 被输入到晶闸管控制线路的差动放大器，去控制晶闸管的导通和截止。当晶闸管 V_{D1} 和 V_{D4} 导通时，就有一定极性的信号电压通入直流伺服电动机 5，直流伺服电动机就立即向一个方向旋转。当手轮 7 向另一方向转动时，电压 U_1 的相位就相反了，因而使电压 U_2、U_3 的极性相反，这时晶闸管 V_{D2} 和 V_{D3} 导通，通入直流伺服电动机的信号电压极性也随之相反，直流伺服电动机就立即向另一方向旋转。这里直流伺服电动机将电信号变为转轴转动，执行了电信号所给予的控制任务，所以常称为执行元件。直流伺服电动机转动以后，经过变速箱 4 带动天线 3 旋转，同时也带动自整角接收机。直流伺服电动机应该是朝着天线和发送机之间的转角差 γ 减小的方向旋转，直到转角 β 和转角 α 相等为止。当 U_1、U_2、U_3 都为 0 时，伺服电动机才停止转动。这样，雷达天线的转角就能自动地跟随手轮而转动，以达到手控天线的目的。

为了改善自动控制系统的品质，在系统中还采用了校正元件——直流测速发电机。测速发电机的输出电压 U_4 与它的转速 n 成正比，并把它反馈到直流放大器中。

整个控制系统的工作原理可以用图 1-2 所示的方框图来表示。图上各个元件和实际线路对应如下：

敏感元件——自整角发送机和接收机。

转换元件——放大器和解调器。

放大元件——直流放大器和晶闸管控制线路。

执行元件——直流伺服电动机。

校正元件——直流测速发电机。

控制对象——雷达天线。

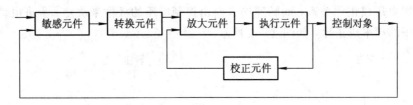

图 1-2 雷达天线控制系统方框图

☞ 1.1.2 雷达天线控制系统的自动跟踪状态

当雷达操纵手从显示器的荧光屏上看到雷达已经捕捉到飞机以后，立即把闸刀 S 合向位置 Ⅱ，系统就工作在跟踪状态。这时，雷达接收机收到从飞机反射回来的回波，并把它转换成电信号直接输入到放大器中去控制天线的旋转，此时天线不需要手控而自动作跟踪飞机的运动。

上述控制系统中所用的自整角发送机、自整角接收机、直流伺服电动机、直流测速发电机都属于电机类型，统称为控制电机。可以看出，这些电机在自动控制系统中起到了很重要的作用，是必不可少的元件。

自动控制系统和它所用到的控制电机的关系是整体和局部的关系，是一对矛盾的两个对立面。一方面控制电机的性能和作用要服从于整个系统对它的要求，控制电机性能好坏要看它能不能满足系统的要求；另一方面控制电机的性能又直接影响整个控制系统的性能，控制电机的性能不好或者使用不恰当，整个控制系统的性能就无法提高，控制电机的革新可以带来整个系统的革新。

既然自动控制系统和控制电机是整体和局部的关系，因此，从事自动控制系统工作的技术人员，不但要了解控制系统的整体以及系统中各个元件的相互关系，而且对系统中的各个元件和控制电机也要熟悉，只有这样，才能恰当地选择和使用各种元件，并有可能了解整个自动控制系统。

1.2 控制电机的种类和特点

☞ 1.2.1 控制电机的种类

控制电机的种类很多，除了自整角机、直流伺服电动机和直流测速发电机外，还有交流伺服电动机、交流测速发电机、旋转变压器、无刷直流电动机、步进电动机等。根据它们在自动控制系统中的作用，可以作如下的分类。

1. 执行元件（功率元件）

执行元件主要包括直流伺服电动机、交流伺服电动机、步进电动机和无刷直流电动机等。这些电动机的任务是将电信号转换成轴上的角位移或角速度以及直线位移和线速度，并带动控制对象运动。

理想的直流伺服电动机和交流伺服电动机的转速与控制信号的关系如图 1-3 所示，转速和控制电压成正比关系，而转速的方向由控制电压的极性来决定。步进电动机的转速与脉冲电压的频率成正比，如图 1-4 所示。

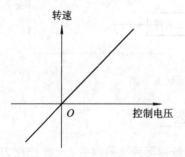

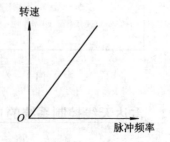

图 1-3 伺服电动机的控制特性　　　　图 1-4 步进电动机的控制特性

2. 测量元件（信号元件）

测量元件包括自整角机，交、直流测速发电机和旋转变压器等。它们能够用来测量机械转角、转角差和转速，一般在自动控制系统中作为敏感元件和校正元件。

　　自整角机可以把发送机和接收机之间的转角差转换成与角差成正弦关系的电信号，如图 1-5 所示。

　　测速发电机可以把转速转换成电信号，它的输出电压与转速成正比，如图 1-6 所示。

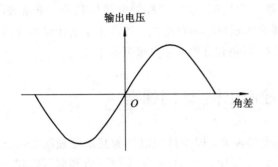

图 1-5　自整角机的输出特性　　　　　图 1-6　测速发电机的输出特性

　　旋转变压器的输出电压与转子相对于定子的转角成正、余弦或线性关系，如图 1-7 所示。

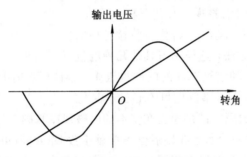

图 1-7　旋转变压器的输出特性

3. 放大元件

　　放大元件包括交磁放大机、磁放大器，它们能可靠地将功率放大，以便驱动负载。

☞ 1.2.2　控制电机的特点

　　人们在日常的工作和生活中经常要用到电机，例如电灯所用的电是由发电机发出的，抽水机要用电动机来带动，工厂里车床要用电动机才能旋转，手电钻里装的也是电机。这些电机与上面研究的控制电机有些什么不同呢？

　　从所举的例子中可以看出，日常生活和工作中遇到的电机一般是作为动力来使用的，它们的主要任务是能量转换，发电机是把机械能转换成电能，电动机是把电能转换成机械能，它们的主要问题是提高能量转换的效率。控制电机在自动控制系统中，只起一个元件的作用，其主要任务是完成控制信号的传递和转换，而能量转换是次要的。根据它们使用的场合及所完成任务的特点，决定了对它们的主要要求是运行可靠、动作迅速和准确度高。众所周知，自动控制系统由成百个、成千个各种各样的元件所组成，每个元件都按照系统对它的特定要求而工作。因此，每个元件工作的好坏，直接影响到整个系统的工作。为了使整个自动控制系统能够敏捷地、准确地按照人们的要求而动作，这就要求组成系统的每一个元件都要动作迅速、准确和可靠。

　　同时，控制电机的使用范围很广，从地下、水面、海洋到高空、太空以至原子能反应堆等地方都在使用，而且工作环境条件常常十分复杂，如高温、低温、盐雾、潮湿、冲击、振动、辐射等，这就要求电机在各种恶劣的环境条件下仍能准确、可靠地工作。

　　另外，很多使用场合（尤其在航空航天技术中使用）还要求控制电机体积小、重量轻、耗电少，所以我们常见到的控制电机很多都是体积很小的微电机。像电子手表中用的步进电动机，直径只有 6 mm，长度为 4 mm 左右，耗电仅几微瓦，重量只有十几克。

1.3　如何学习"控制电机"这门课程

　　控制电机的种类虽然很多，可以列举出十多种来，但是这些电机的基本原理都是建立在以下两个基本规律的基础上的：一是电磁转化规律，就是在一定条件下电和磁可以相互转化；二是电流在磁场中要受到力的作用。因此在"控制电机"这门课程中，我们选择了直流伺服电动机、变压器和交流伺服电动机这三种最基本的电机作为典型，比较深入地研究和分析其中的电磁关系和它们的基本原理及特性。通过这三种电机的解剖和分析，使大家对控制电机中普遍存在的电磁规律及其分析方法有所了解。读者在学习时要抓主要矛盾，以这三种电机作为重点进行学习。首先应将这三种电机中的一些电磁关系搞清楚，并掌握分析问题和解决问题的方法，这样学习其他几种电机就不困难了。即使在学习每一种电机时，也要掌握重点。每一种电机牵涉的问题也很多、很广，要集中精力掌握一些基本规律和一些主要的理论，对一些枝节问题可不必过于深究。

　　由于各种控制电机的原理都是建立在基本的电磁规律基础上的，因而它们之间不是孤立的，它们既有共性，也有个性。在以后学习中就会发现，一种电机与另一种电机之间在电磁关系上、在基本特性上有很多相同之处，但它们各自又具有与众不同的特点。因此，在学习时也要用辩证法的观点来学，将各种控制电机联系起来，着重分析和掌握一些共同规律，同时也要研究每个电机所具有的特殊性质。

　　为了便于理解，本教材不是按控制电机的性质进行分类的，而是把电磁关系比较接近的放在一起，按照由浅入深、循序渐进的原则安排章、节次序。

　　对自动控制系统专业的学生来说，今后的工作中主要是使用控制电机，所以通过本门课程主要是学习控制电机的特性和使用方法。但同时我们还需要学习电机的基本原理，因为对电机来说，其使用时的条件只是外因，电机之所以有各种特性的根本原因在于电机本身的内部矛盾。我们要通过学习电机的基本原理，了解电机内部的基本矛盾，这样才能正确而主动地掌握控制电机的使用方法。

第 2 章　直流测速发电机

在绪论中提到的天线位置控制系统中，已经遇到了作为自动控制系统校正元件的直流测速发电机。就物理本质来说，此种电机是一种测量转速的微型直流发电机。从能量转换的角度看，它把机械能转换成电能，输出直流电；从信号转换的角度看，它把转速信号转换成与转速成正比的直流电压信号输出，因而可以用来测速，故称为测速发电机。

因为直流测速发电机本身是一种微型直流发电机，所以本章首先介绍直流发电机的原理和结构，推导其电势计算公式，然后讨论直流测速发电机的特性及应用。

2.1　直流发电机工作原理和结构

☞ 2.1.1　工作原理

直流发电机的工作是基于电磁感应定律，即：运动导体切割磁力线，在导体中产生切割电势；或者说匝链线圈的磁通发生变化，在线圈中产生感应电势。

为简明易懂，用一个简单的两极电机模型来说明直流发电机的工作原理。图 2 - 1(a) 是该模型的示意图。如图示，在空间固定不动的磁极 N、S 之间，有一个铁质圆柱体（电枢铁心）装在转轴上，磁极与铁心间的气隙称为空气隙。导体 ab、cd 固定在电枢铁心表面径向相对的位置并连成一个线圈（元件）。将线圈的 a、d 端分别连到弧形铜片（换向片）上，换向片固定在转轴上。换向片之间、换向片与转轴之间均相互绝缘，这部分称为换向器。整个转动部分称为电枢，固定不动的导电片 A、B（电刷）压在换向片上，为滑动接触。磁极的

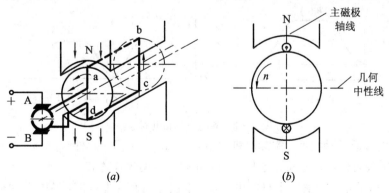

(a)　　　　　　　　　　　　　　(b)

图 2 - 1　直流发电机原理图

中心线称为磁极轴线，N、S 极之间的中心线称为几何中性线，如图 2-1(b)。

在图 2-1 中，磁极产生的磁通由 N 极出发经过电枢铁心进入 S 极。用原动机拖动电枢以转速 n 逆时针方向旋转，则导体 ab、cd 切割磁力线而产生电势。根据右手定则，在图示瞬时，N 极下导体 ab 中电势的方向由 b 指向 a，S 极下导体 cd 中电势由 d 指向 c，在图 2-1(b) 中分别用 ⊙、⊗ 表示。线圈两个有效边中的电势大小相等方向相反，因此，整个线圈电势是两个有效边电势之和，即为一个有效边电势的两倍，电势方向是由 d 指向 a，故 a 为正，d 为负。电刷 A 通过换向片与线圈的 a 端相接触，电刷 B 与线圈的 d 端相接触，故此时 A 电刷为正，B 电刷为负，电刷两端电势 $E_{BA} = e_{da} = e_{dc} + e_{ba}$。

当电枢转过 180° 以后，导体 cd 处于 N 极下，导体 ab 处于 S 极下，这时它们的电势与前一时刻大小相等方向相反，于是线圈电势的方向也变为由 a 到 d，此时 d 为正，a 为负，而两电刷间电势 $E_{BA} = e_{ad} = e_{ab} + e_{cd}$，仍然是 A 刷为正，B 刷为负。

电枢连续旋转，导体 ab 和 cd 轮流交替地切割 N 极和 S 极下的磁力线，因而 ab 和 cd 中的电势及线圈电势是交变的。在两极情况下，线圈每转一圈，电势交变一次。但是，电刷电势的极性始终不变。这是由于通过换向器的作用，无论线圈转到什么位置，电刷通过换向片只与处于一定极性下的导体相连接，如电刷 A 始终与处在 N 极下的导体相连接，而处在一定极性下的导体电势方向是不变的，因而电刷两端得到的电势极性不变。这就是直流发电机的最基本工作原理。

☞ 2.1.2　直流电势的形成

前面的讨论，只是得出了电刷电势极性不变的结论，但其大小是否随时间变化还需进一步分析。根据法拉第电磁感应定律，导体切割磁通产生的电势为

$$e_i = B_x l v \tag{2-1}$$

式中，B_x 为导体所处位置的气隙磁通密度；l 为导体有效长度（即电枢铁心的长度）；v 为导体切割磁场的线速度（即电枢圆周速度）。对已制成的电机，l 为定值，若电枢转速 n 恒定，则 v 亦为常值，所以 $e_i \propto B_x$。实际上，在整个磁极下，气隙磁通密度沿电枢圆周不是均匀分布，而是按图 2-2(a) 所示规律分布的。导体处于不同位置，产生的电势大小不同，其随时间变化的规律与 B_x 相同。经换向器换向后，电刷间电势虽然方向不变，但却有很大的脉动，如图 2-2(b) 所示。显然，这样的电势不是直流电势，暂且称其为脉动电势。

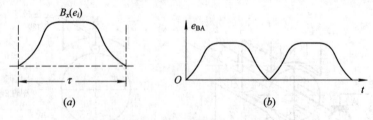

图 2-2　磁场分布和电刷电势

为减小电势的脉动程度，实际电机中不是只有一个线圈（元件），而是由很多元件组成电枢绕组。这些元件均匀分布在电枢表面，并按一定的规律连接。

图 2-3 所示是一个实际电机的模型，电枢铁心表面有齿有槽，槽中安放元件，元件形状如图 2-4 所示。匝数等于 1 的元件称为单匝元件，匝数大于 1 的称为多匝元件。直流

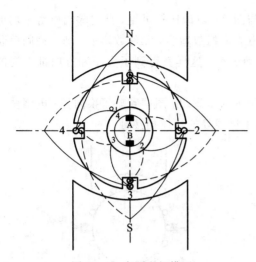

图 2-3　实际电机模型

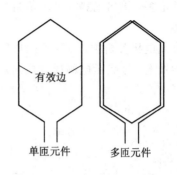

图 2-4　电枢元件

测速发电机一般都采用多匝元件。放在槽中的元件边为有效边,连接有效边的导线称为端部连线。元件的两个有效边分别安放在电枢圆周两个相对的槽中,且一个有效边放在槽的上层(靠近槽口),另一个有效边放在槽的下层(靠近槽底),并用上层边所在的槽号表示元件号。上层边的端部连线用实线表示,下层边的端部连线用虚线表示。上层边出线端称头,下层边出线端称尾,则元件头、尾分别与相邻的两个换向片相连。电枢绕组自成闭合回路。为简化分析,模型图中电枢铁心表面均匀开有 4 个槽,换向器有 4 个换向片,4 个元件按照上述规律放置。例如,1 号元件的一个有效边放在一号槽的上层,另一边放在 3 号槽的下层,其头、尾分别与 1、2 号换向片相连。由于 1 号元件尾与 2 号元件头在换向片 2 上相接,2 号元件尾与 3 号元件头在换向片 3 上相接……4 个元件形成闭合回路。电刷的放置,应该使电刷间获得最大电势输出。对于端部对称的元件,电刷应该位于磁极轴线上。当电机旋转时,元件和磁极的相对位置不断变化,电刷经换向片轮流和 1、2、3、4 号元件连接,虽然两电刷间连接的元件编号不同,但电刷间所连接的元件总是位于一定的磁极下,两电刷通过换向片把上层边在 N 极下的所有元件串联形成一条支路,又把上层边在 S 极下的所有元件串联形成另一条支路,两条支路并联。在图 2-3 所示时刻,电刷 A、B 使 N 极下的 1 号元件为一个支路,使 S 极下的 3 号元件为另一条支路,等效电路如图 2-5。假设电枢逆时针方向转动,槽中元件有效边电势用 ⊙ 和 ⊗ 表示。显然,两条支路电势大小相等方向相反,互相抵消,闭合回路中电势为 0,无环流。对电刷 A、B 而言,两

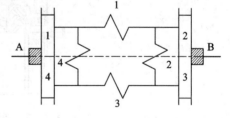

图 2-5　等效电路

条支路是并联的,故电势不会抵消,电刷间有电势输出,A 电刷为正,B 电刷为负。正、负电刷间电势与每条支路电势大小相等,输出的总电流则等于各并联支路电流之和。从图还可看出,为了使电刷两端电势为最大,电刷必须与位于几何中性线处的导体相接触,或者说电刷通过换向片把电势为 0 的元件短路。

　　图 2-6 描绘了电刷 A、B 之间输出电势随时间变化的曲线。图中曲线 1 和 2 表示相邻两个元件的电势,因为元件空间位置夹角 90°,则元件电势时间相位差 90°。电刷电势是

支路中两个元件电势曲线之合成，即曲线 3。与图 2-2(b) 比较可见，此时输出电势平均值变大，脉冲相对来说变小。可以推论，如果电枢表面槽数增多，元件数增多，则电刷间串联的元件数增多，输出电势的平均值将更大，脉动更小，这样就得到了大小和方向都不变的直流电势。

在直流电机分析中，习惯上采用图 2-7 所示的示意图。图中省略了换向器；电刷位于几何中性线上，以表示电刷通过换向片与几何中性线处的导体相接触。

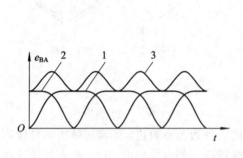

图 2-6 电刷输出电势

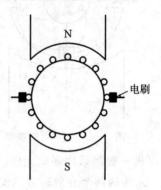

图 2-7 直流电机示意图

☞ 2.1.3 直流电机基本结构

各种型号直流电机的基本结构都是一样的，这里简述小型直流电机结构的主要部分。

直流电机总体结构可以分成两大部分：静止部分（称为定子）和旋转部分（称为转子）。定子和转子之间存在间隙（称为空气隙）。定子由定子铁心、励磁绕组、机壳、端盖和电刷装置等组成。转子由电枢铁心、电枢绕组、换向器、轴等组成。一般小型电机的轴是通过轴承支撑在端盖上的。直流电机的基本结构简图如图 2-8 所示。

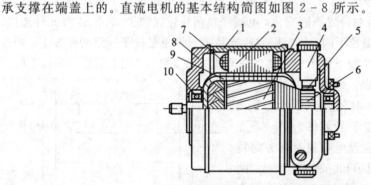

1—机壳；2—定子铁心；3—电枢；4—电刷座；
5—电刷；6—换向器；7—励磁绕组；
8—端盖；9—空气隙；10—轴承

图 2-8 直流电机结构简图

电机主要零部件的基本结构和作用如下：

1. 定子铁心和励磁绕组

小容量直流电机的定子铁心往往将磁极和磁轭连成一体，用厚为 $0.35\ \text{mm} \sim 0.5\ \text{mm}$ 的电工钢片的冲片叠压而成。铁心外处的机壳由铝合金浇铸而成，如图 2-9 所示。

为了使主磁通在空气隙中的分布更为合理，磁极的极掌(或称极靴)较极身为宽，这样也可使励磁绕组牢固地套在磁极铁心上。

励磁绕组由铜线绕制而成，包上绝缘材料以后套在磁极上(参见图 2-9)。当励磁绕组通以直流电时，就产生磁通，形成 N、S 极。直流电机可以作成多对极，但控制用的直流电机一般作成一对极。

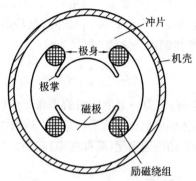

图 2-9　定子结构简图

上述的励磁方式称为电磁式。此外，定子磁极还可以用永久磁钢制成，称为永磁式。

2. 电枢铁心和电枢绕组

电枢铁心用厚为 0.35 mm～0.5 mm 的电工钢片的冲片叠压而成，电枢铁心冲片形状如图 2-10 所示。铁心上的槽是安放绕组的，电枢铁心又作为主磁通磁路的组成部分。由于转子在旋转，所以电枢铁心也切割磁通。为了减少铁心中的涡流损耗，铁心冲片要涂绝缘漆，作为片间绝缘。

电枢绕组的组成方法是：将绝缘铜导线预先制成元件，并嵌在槽内，然后将元件的两个端头，按照一定的规律接到换向器上，如图 2-11 所示。

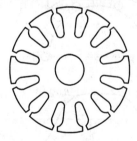

图 2-10　电枢铁心冲片

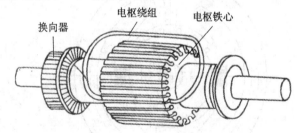

图 2-11　电枢铁心和绕组

3. 换向器和电刷

换向器是由许多换向片(铜片)叠装而成的。换向片之间用塑料或云母绝缘，各换向片和元件相连。常用的换向器有金属套筒式换向器与塑料换向器。图 2-12 所示是塑料换向器的剖面图。

电刷放在电刷座中，用弹簧将它压在换向器上，使之和换向器有良好的滑动接触(参见图 2-8)。在直流电机中，电刷和换向器的作用是将电枢绕组中的交

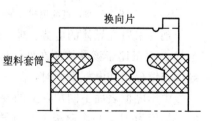

图 2-12　塑料换向器剖面图

变电势转换成电刷间的直流电势。

2.2　直流电势的关系式

在讨论直流发电机工作原理时曾经指出，当电刷 A、B 通过换向片与几何中心线上的导体相连接时，电刷 A、B 就把处于一个磁极下元件的电势串联起来，因此电刷间的电势应该等于正负电刷所连接的导体的电势之和，即

$$E_a = \sum_{i=1}^{s} e_i \qquad\qquad (2-2)$$

式中，e_i 为每一导体的感应电势；s 为一对电刷间的串联导体数。

由式（2-1）可知，电枢导体感应电势值除了与导体在磁场中的长度 l、导体切割磁通的线速度 v 有关外，还与导体所在点的磁通密度（简称磁密）有关。为此要研究磁极下各点磁通密度的分布。

图 2-13 所示为直流电机一对磁极时励磁磁通所经过的路径。

当励磁电流流过励磁绕组时，磁通便由 N 极出来，经过空气隙及电枢，进入 S 极，然后分别从两边的磁轭回到 N 极，形成闭合回路。在直流电机中，磁极和电枢之间的气隙是不均匀的，在极中心部分最小，在极尖处较大，因此，电枢表面各点的磁通密度也不同。在极中心下面磁通密度最大，靠近极尖处逐渐减小，在极靴范围以外则减小很快，在几何中心线上则等于 0。若不考虑电枢表面齿槽的影响，在一个磁极下面，电枢表面各点磁通密度的分布情况如图 2-14 所示。

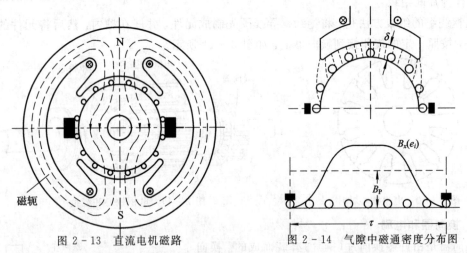

图 2-13　直流电机磁路　　　　　　图 2-14　气隙中磁通密度分布图

现在来研究导体的电势。对于已制成的电机，l 为常数，当速度 v 一定时，导体的感应电势 e_i 便正比于该导体所在处的磁通密度 B_x，即 $e_i \propto B_x$。因此图 2-14 也可以看成是当导体连续分布在电枢表面时，在一个磁极下电枢导体感应电势的分布曲线。

由于电枢表面不同位置上的导体的感应电势 e_i 不同，不妨取一个磁极下气隙磁通密度的平均值为 B_p，一个磁极下所有导体的平均电势为 e_p，这样，电刷间的电势 E_a 便等于一个磁极下导体的平均电势乘上一对电刷间所串联的导体数 s，即

$$E_a = se_p \qquad\qquad (2-3)$$

而其中

$$e_{\mathrm{p}} = B_{\mathrm{p}} l v \qquad (2-4)$$

因此

$$E_{\mathrm{a}} = s B_{\mathrm{p}} l v \qquad (2-5)$$

实际工作中，使用转速 n 和每极总磁通 Φ 比用电枢表面圆周速度 v 和平均磁通密度 B_{p} 来得方便，故把 v、B_{p} 转化成 n、Φ。

B_{p} 等于一个磁极的总磁通除以磁极的面积，即

$$B_{\mathrm{p}} = \frac{\Phi}{\tau l} \qquad (2-6)$$

式中，Φ 为每极总磁通，单位为韦伯（Wb）；τ 为极距，$\tau=$ 电枢圆周长/极数，单位为米（m）；l 为电枢铁心长，单位为米（m）。

电枢表面圆周速度

$$v = \frac{\pi D}{60} n \qquad (2-7)$$

式中，D 为电枢直径，单位为米（m）；n 为电枢转速，单位为转/分（r/min）。

式（2-4）便可写成

$$e_{\mathrm{p}} = \frac{\pi D}{60\tau} \Phi n$$

由于 $\pi D / \tau = 2p$（p 为电机的极对数），因此上式变成

$$e_{\mathrm{p}} = \frac{2p}{60} \Phi n \qquad (2-8)$$

把式（2-8）代入式（2-3）便得电刷间的总电势

$$E_{\mathrm{a}} = s \frac{2p}{60} \Phi n \qquad (2-9)$$

因为一对电刷间所串联的导体数 s 应等于电刷间每条并联支路中的导体数，所以 s 值等于电枢绕组总导体数 N 除以电刷间的并联支路数 $2a$（a 为支路对数。在图 2-3 中支路对数为 1，支路数为 2），即 $s = N/(2a)$。支路数 $2a$ 与绕组的具体结构有关，这里不作深究。

式（2-9）便可写成

$$E_{\mathrm{a}} = \frac{pN}{60a} \Phi n$$

或者写作

$$E_{\mathrm{a}} = C_{\mathrm{e}} \Phi n \qquad (2-10)$$

式中，$C_{\mathrm{e}} = pN/(60a)$，是一个常数，其值由电机本身的结构参数决定。

式（2-10）中，E_{a} 的单位为 V；Φ 的单位为 Wb；n 的单位为 r/min。

式（2-10）是直流电机中非常重要的关系式，希望读者牢记此式，并能熟练应用。

当每极磁通 Φ 一定时，则

$$E_{\mathrm{a}} = K_{\mathrm{e}} n \qquad (2-11)$$

式中，$K_{\mathrm{e}} = C_{\mathrm{e}} \Phi$，称为电势系数。

所以电刷两端的感应电势与电机的转速成正比，即电势值能表征转速的大小。因此直流发电机能够把转速信号转换成电势信号，从而可以用来测速。

2.3 直流测速发电机及其输出特性

☞ 2.3.1 直流测速发电机的型式

按照励磁方式划分，直流测速发电机有两种型式。

1. 永磁式

永磁式直流测速发电机的定子磁极由永久磁钢制成，没有励磁绕组，以图 2－15 所示的符号表示。

2. 电励磁式

电励磁式直流测速发电机的定子励磁绕组由外部电源供电，通电时产生磁场，以图 2－16 所示的符号表示。

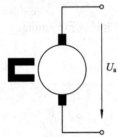

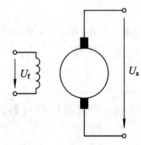

图 2－15 永磁式直流测速发电机　　　　图 2－16 电励磁式直流测速发电机

目前常用的是永磁式测速发电机。因为它结构简单，省去励磁电源，便于使用，并且温度变化对励磁磁通的影响也小。但永磁材料价格较贵。

永磁式直流测速机按其应用场合不同，可分为普通速度电机和低速电机。前者工作转速一般在几千转每分以上，最高可达 1×10^4 r/min 以上；而后者一般在几百转每分以下，最低可达一转每分以下。由于低速测速机能和低速力矩电动机直接耦合，免去笨重的齿轮传动装置，消除了由于齿轮间隙带来的误差，提高了系统的精度和刚度，因而其在国防、科研和工业生产的各种精密自动化技术中得到广泛的应用。

☞ 2.3.2 自动控制系统对直流测速发电机的要求

自动控制系统对其元件的要求，主要是精确度高、灵敏度高、可靠性好等。据此，直流测速发电机在电气性能方面应满足以下几项要求：

（1）输出电压与转速的关系曲线（称为输出特性）应为线性，如图 2－17 所示；

（2）输出特性的斜率要大；

（3）温度变化对输出特性的影响要小；

（4）输出电压的纹波要小，即要求在一定的转速下

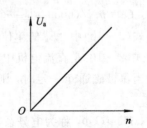

图 2－17 测速发电机的理想
输出特性

输出电压要稳定，波动要小；

（5）正、反转两个方向的输出特性要一致。

不难理解，第（2）项要求是为了提高测速发电机的灵敏度。因为输出特性斜率大，即 $\Delta U/\Delta n$ 大，这样，测速机的输出对转速的变化很灵敏。第（1）、（3）、（4）、（5）项的要求是为了提高测速机的精度。因为只有输出电压与转速成线性关系，并且正、反转时特性一致，温度变化对特性的影响越小，输出电压越稳定，输出电压才越能精确地反映转速，才能有利于提高整个系统的精度。

☞ 2.3.3 输出特性

在 2.2 节中已经推导了直流电势公式：

$$E_a = C_e \Phi n$$

当每极总磁通 Φ 为常数时，则

$$E_a \propto n$$

即输出电势与转速成正比。测速发电机电刷两端接上负载电阻 R_L 后，R_L 两端的电压才是输出电压。由图 2-18 可知，负载时测速发电机的输出电压等于感应电势减去它的内阻压降，即

$$U_a = E_a - I_a R_a \qquad (2-12)$$

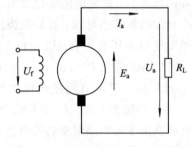

图 2-18 直流测速发电机接上负载

此式称为直流发电机电压平衡方程式。式中，R_a 为电枢回路的总电阻，它包括电枢绕组的电阻、电刷和换向器之间的接触电阻；I_a 为电枢总电流，且有

$$I_a = \frac{U_a}{R_L} \qquad (2-13)$$

将式（2-13）代入式（2-12）得

$$U_a = E_a - \frac{U_a}{R_L} R_a$$

经化简后为

$$U_a = \frac{E_a}{1 + \dfrac{R_a}{R_L}} = \frac{C_e \Phi}{1 + \dfrac{R_a}{R_L}} n \qquad (2-14)$$

式（2-14）是负载时输出电压与转速的关系式。如果式中 Φ、R_a 和 R_L 都能保持为常数，则 U_a 与 n 之间仍呈线性关系，只不过是随着负载电阻的减小，输出特性的斜率变小而已，不同负载电阻时的理想输出特性如图 2-19 所示。但该图是理想情况下，即 Φ、R_a 不变，R_L 为一定时的输出特性。实际上，测速发电机的输出特性 $U_a = f(n)$ 不是严格地呈线性特性，实际特性与要求的线性特性间存在误差。下一节将分析引起误差的原因和减小误差的方法。

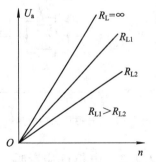

图 2-19 不同负载电阻时的理想输出特性

2.4　直流测速发电机误差及其减小的方法

☞ 2.4.1　温度影响

得出 $U_a = f(n)$ 为线性关系的条件之一是励磁磁通 Φ 为常数。实际上，电机周围环境温度的变化以及电机本身发热(由电机各种损耗引起)都会引起电机绕组电阻的变化。当温度升高时，励磁绕组电阻增大，励磁电流减小，磁通也随之减小，输出电压就降低。反之，当温度下降时，输出电压便升高。

为了减少温度变化对输出特性的影响，测速发电机的磁路通常被设计得比较饱和。因为磁路饱和后，励磁电流变化所引起的磁通的变化较小。但是，由于绕组电阻随温度变化而变化的数量相当可观，例如铜绕组的温度增加 25℃，其阻值便增加 10%，因此温度变化仍然对输出电压有影响。以一台 ZCF16 型号的直流测速发电机为例，在室温下(17℃)合闸，调节励磁电流 $I_f = 300$ mA，转速为 2400 r/min，其输出电压是 55 V，1 h 后再观察，见 I_f 已降到 277 mA(励磁电压和转速均不变)，输出电压降低了 3.7%。如把 I_f 调回到 300 mA，则输出电压只降低了 0.66%。可见励磁绕组发热对输出电压影响之显著(0.66% 的变化是由于电枢绕组发热后所造成的结果)。因此，如果要使输出特性很稳定，就必须采取措施以减弱温度对输出特性的影响。例如，在励磁回路中串联一个阻值比励磁绕组电阻大几倍的附加电阻来稳流；附加电阻(丝)可以用温度系数较低的合金材料制成，如锰镍铜合金或镍铜合金。尽管温度升高将引起励磁绕组电阻增大，但整个励磁回路的总电阻增加不多。

对于温度变化所引起的误差要求比较严格的场合，可在励磁回路中串联负温度系数的热敏电阻并联网络，如图 2-20 所示。

选择并联网络参数的方法是：作出励磁绕组电阻随温度变化的曲线(图 2-21 中曲线 1)，再作并联网络电阻随温度变化的曲线(图 2-21 中曲线 2)；前者温度系数为正，后者温度系数为负。只要使得这两条曲线的斜率相等，励磁回路的总电阻就不会随温度而变化(图 2-21 中曲线 3)，因而励磁电流及励磁磁通也就不会随温度而变化。

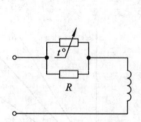

图 2-20　励磁回路中的热敏电阻并联网络

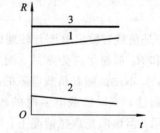

图 2-21　电阻随温度变化的曲线

☞ 2.4.2　电枢反应影响

电机空载时，只有励磁绕组产生的主磁场。电机负载时，电枢绕组中流过电流也要产

生磁场，称为电枢磁场。所以，负载运行时，电机中的磁场是主磁场和电枢磁场的合成。图
2-22(a)是定子励磁绕组产生的主磁场，图 2-22(b)是电枢绕组产生的电枢磁场，图
2-22(c)是主磁场和电枢磁场的合成磁场。

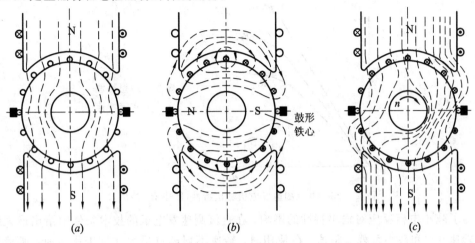

图 2-22　直流电机磁场

　　主磁场的分布在第 2.2 节已作了分析，在此主要研究电枢电流单独产生的电枢磁场。
因为电枢导体的电流方向总是以电刷为其分界线，即电刷两侧导体中的电流大小相等，方
向相反。不论转子转到哪个位置，电枢导体电流在空间的分布情况始终不变。因此，电枢
电流所产生的磁场在空间的分布情况也不变，即电枢磁场在空间是固定不动的恒定磁场。
其磁力线的分布可以根据右手螺旋定则作出，如图 2-22(b)。由于电刷位于几何中性线
上，所以电枢磁场在电刷轴线两侧是对称的，电刷轴线就是电枢磁场的轴线。

　　由图 2-22(b)可以看出，电枢磁场也是一个两极磁场，主磁极轴线的左侧相当于该磁
场的 N 极，右侧相当于 S 极。另外，在每个主磁极下面，电枢磁场的磁通在半个极下由电
枢指向磁极，在另外半个极下则由磁极指向电枢，即半个极下电枢磁通和主磁通同向，另
外半个极下电枢磁通和主磁通反向，因此合成磁场的磁通密度在半个极下是加强了，在另
外半个极下是削弱了，如图 2-22(c)所示。由于电枢磁场的存在，气隙中的磁场发生畸
变，这种现象称为电枢反应。

　　如果电机的磁路不饱和(即磁路为线性)，磁场的合成就可以应用叠加原理。例如，N
极右半个极下的合成磁通等于 1/2 主磁通与 1/2 电枢磁通之和，左半个极下的合成磁通等
于 1/2 主磁通与 1/2 电枢磁通之差。因此，N 极左半个极的削弱和右半个极的加强相互抵
消，整个极的磁通保持不变，仅仅磁场的分布发生了变化。

　　在实际电机中，叠加原理并不完全适用。因为电机的极靴端部和电枢齿部空载时就比
较饱和，加上电枢磁通以后，N 极右半极由于磁通变大，磁路将更加饱和，磁阻变大，合成
磁通要小于 1/2 主磁通与 1/2 电枢磁通之和。左半极由于磁通变小，磁路饱和程度降低，
合成磁通等于 1/2 主磁通与 1/2 电枢磁通之差。就是说，N 极左半极磁通的减小值大于右
半极磁通的增加值，因此 N 极总的磁通有所减小。同理，S 极的情况也是如此。由此可知，
电枢对主磁场有去磁作用。所以，即使电机励磁电流不变，其空载时($I_a = 0$)的磁通 Φ_0 和
有载时($I_a \neq 0$)的合成磁通 Φ 是不相等的，$\Phi_0 > \Phi$。因此，在同一转速下，空载时的感应电

势 E_{a0} 和有载时的感应电势 E_a 也不相等，$E_{a0} > E_a$。负载电阻越小或转速越高，电枢电流就越大，电枢反应去磁作用越强，磁通 Φ 被削弱得越多，输出特性偏离直线越远，线性误差越大（见图 2 - 23）。

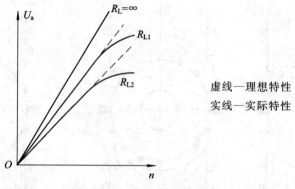

虚线—理想特性

实线—实际特性

图 2 - 23　直流测速发电机输出特性（图中 $R_{L1} > R_{L2}$）

　　为了减小电枢反应对输出特性的影响，在直流测速发电机的技术条件中给出最大线性工作转速 n_{max} 和最小负载电阻值。在使用时，转速不得超过最大线性工作转速，所接负载电阻不得小于最小负载电阻，以保证线性误差在限定的范围内。

☞ 2.4.3　延迟换向去磁

　　直流电机中，电枢绕组元件的电流方向以电刷为其分界线。电机旋转，当电枢绕组元件从一条支路经过电刷进入另一条支路时，其中电流反向，由 $+i_a$ 变成 $-i_a$。但是，在元件经过电刷而被电刷短路的过程中，它的电流既不是 $+i_a$ 也不是 $-i_a$，而是处于由 $+i_a$ 变到 $-i_a$ 的过渡过程。这个过程叫元件的换向过程。正在进行换向的元件叫换向元件。换向元件从开始换向到换向终了所经历的时间为换向周期。

　　参看图 2 - 24，从图 2 - 24(a) 到图 2 - 24(c)，元件 1 从等效电路的左边支路换接到右边支路，其中电流从一个方向（$+i_a$）变为另一个方向（$-i_a$）；而在图 2 - 24(b) 所示时刻，元件 1 被电刷短路，正处于换向过程，其中电流为 i。1 号元件为换向元件。从图 2 - 24(a) 到图 2 - 24(c) 所经历的时间为一个换向周期。

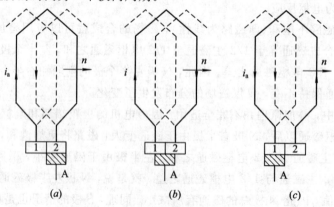

(a)　　　　　　　　(b)　　　　　　　　(c)

图 2 - 24　元件的换向过程

　　在理想换向情况下，当换向元件的两个有效边处于几何中性线位置时，其电流应该为 0。但实际上在直流测速发电机中并非如此。虽然此时元件中切割主磁通产生的电势为 0，但仍然有电势存在，使电流过零时刻延迟，出现所谓的延迟换向。分析如下：

由于元件本身有电感，因此在换向过程中当电流变化时，换向元件中要产生自感电势：

$$e_L = -L \frac{\mathrm{d}i}{\mathrm{d}t}$$

式中，L 为换向元件的电感；i 为换向元件的电流。

根据楞次定律，e_L 的方向将力图阻止换向元件中的电流改变方向，即力图维持换向元件换向前的电流方向，所以 e_L 的方向应与换向前的电流方向相同，是阻碍换向的。

同时，换向元件在经过几何中性线位置时，由于切割电枢磁场而产生切割电势 e_a，根据右手定则可以确定，e_a 所产生的电流的方向也与换向前的电流方向相同，也是阻碍换向的。

因此，换向元件中有总电势 $e_k = e_L + e_a$。显然，由于总电势 e_k 的阻碍作用而使换向过程延迟，即换向元件中的电流由 $+i_a$ 变为 $-i_a$ 的时间延迟了。

换向元件被电刷短路，于是总电势 e_k 在换向元件中产生附加电流 i_k，i_k 方向与 e_k 方向一致。由 i_k 产生磁通 Φ_k，其方向与主磁通方向相反，如图 2 - 25 所示，对主磁通有去磁作用。这样的去磁作用叫延迟换向去磁。

如果不考虑磁通变化，则直流测速发电机电势与转速成正比，当负载电阻一定时，电枢电流及绕组元件电流也与转速成正比；另外，换向周期与转速成反比，电机转速越高，元件的换向周期越短；e_L 正比于单位时间内换向元件电流的变化量。基于上述分析，e_L 必正比于转速的平方，即 $e_L \propto n^2$。同样可以证明 $e_a \propto n^2$。因此，换向元件的附加电流及延迟换向去磁磁通与 n^2 成正比，使输出特性呈现图 2 - 26 所示的形状。所以，直流测速发电机的转速上限要受到延迟换向去磁效应的限制。

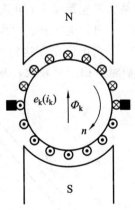

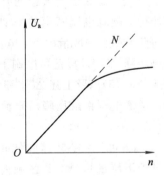

图 2 - 25　换向元件中的电势　　　　图 2 - 26　延迟换向对输出特性的影响

为了改善线性度，对于小容量的测速机一般采取限制转速的措施来削弱延迟换向去磁作用，这一点与限制电枢反应去磁作用的措施是一致的，即规定了最高工作转速。

☞ 2.4.4　纹波

根据 $E_a = C_e \Phi n$，当 Φ、n 为定值时，电刷两端应输出不随时间变化的稳定的直流电势。

然而，实际的电机并非如此，其输出电势总是带有微弱的脉动，通常把这种脉动称为纹波。

纹波主要是由于电机本身的固有结构及加工误差所引起的。在 2.1 节中我们已经看到，由于电枢槽数及电枢元件数有限，在输出电势中将引起脉动。当然，增加每条支路中的串联元件数可以减小纹波。但是由于工艺所限，电机槽数、元件数及换向片数不可能无限增加，因此产生纹波是不可避免的。同时，由于电枢铁心有齿有槽，以及电枢铁心的椭圆度、偏心等等，也会使输出电势中纹波幅值上升。

纹波电压的存在对于测速机用于阻尼或速度控制都很不利，实用的测速机在结构和设计上都采取了一定的措施来减小纹波幅值。例如，无槽电枢直流电机可以大大减小因齿槽效应而引起的输出电压纹波幅值，与有槽电枢相比，输出电压纹波幅值可以减小为原来的 1/5 以下。

☞ 2.4.5　电刷接触压降

$U_a = f(n)$ 为线性关系的另一个条件是电枢回路总电阻 R_a 为恒值。实际上，R_a 中包含的电刷与换向器的接触电阻不是一个常数。为了考虑此种情况对输出特性的影响，我们把电压方程式 $U_a = E_a - I_a R_a$ 改写为 $U_a = E_a - I_a R_w - \Delta U_b$。其中 R_w 为电枢绕组电阻；ΔU_b 为电刷接触压降。这样，式(2-14)也可改写为

$$U_a = \frac{C_e \Phi n - \Delta U_b}{1 + \dfrac{R_w}{R_L}} \tag{2-15}$$

电刷接触压降 ΔU_b 与下述因素有密切关系：① 电刷和换向器的材料；② 电刷的电流密度；③ 电流的方向；④ 电刷单位面积上的压力；⑤ 接触表面的温度；⑥ 换向器圆周线速度；⑦ 换向器表面的化学状态和机械方面的因素，等等。

换向器圆周线速度对 ΔU_b 影响较小，在小于允许的最大转速范围内，可认为速度不会引起 ΔU_b 的变化。但是随着转速的升高，电枢电流 I_a 增大，电刷电流密度增加。当电刷电流密度较小时，随着电流密度的增加，ΔU_b 也相应地增大。当电流密度达到一定数值后，ΔU_b 几乎等于常数。一般情况下，电流自换向器流向电刷时电刷压降较大，因此，通常直流机的接触压降 ΔU_b 是指正负电刷下的总压降。

根据式(2-15)以及上述 ΔU_b 和电流密度的关系，就可以得出考虑电刷接触压降后直流测速发电机的输出特性，如图 2-27 所示。

由图 2-27 可见，在转速较低时，输出特性上有一段斜率显著下降的区域。此区域内，测速机虽有输入信号(转速)，但输出电压很小，对转速的反应很不灵敏，所以此区域叫不灵敏区。

为了减小电刷接触压降的影响，缩小不灵敏区，在直流测速发电机中，常常采用接触压降较小的银—石墨电刷。在高精度的直流测速发电机中还采用铜电刷，并在它与换向器接触的表面上镀上银层，使换向器不易磨损。

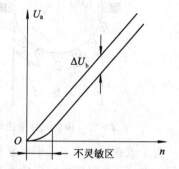

图 2-27　考虑电刷接触压降后的
输出特性

如上所述，电刷和换向器的接触情况还与化学、机械等因素有关，它们引起电刷与换向器滑动接触的不稳定性，以致使电枢电流含有高频尖脉冲。为了减少这种无线电频率的噪声对邻近设备和通信电缆的干扰，常常在测速机的输出端连接滤波电路。

2.5　直流测速发电机的应用

测速发电机在自动控制系统中作为测量或自动调节电动机转速之用；在随动系统中用来产生电压信号以提高系统的稳定性和精度；在计算解答装置中作为微分和积分元件。它还可以测量各种机械在有限范围内的摆动或非常缓慢的转速，并可代替测速计直接测量转速。

测速发电机有交、直流两大类。由于直流测速机有电刷、换向器接触装置，使它的可靠性变差，精度也受到影响，因此在系统中使用交流异步测速机较为广泛（将在第 8 章详述）。但是，与交流异步测速机相比，直流测速机具有输出电压斜率大，没有剩余电压（即转速为 0 时没有输出电压），没有相位误差（励磁和输出电压之间没有相位移），温度补偿容易实现等优点，所以在自动控制系统中的应用还是很广泛的。下面举例说明它在两个方面的用途。

☞ 2.5.1　作为系统的阻尼元件

在图 1-1 所示的雷达天线自动控制系统中，直流伺服电动机的输出轴上耦合一台直流测速发电机。它输出一个与转速成正比的直流电压 $k_2 \dfrac{\mathrm{d}\beta}{\mathrm{d}t}$，并负反馈到放大器的输入端，所以放大器的输入电压为

$$k_1(\alpha - \beta) - k_2 \frac{\mathrm{d}\beta}{\mathrm{d}t}$$

测速发电机在该系统中所起的阻尼作用可以简要地解释如下：

假定暂不接测速发电机，并且当 $\alpha > \beta$ 时，直流伺服电动机在正比于 $k_1(\alpha-\beta)$ 的信号电压作用下转动，使 β 角增加，$\alpha-\beta$ 值减小。当 $\alpha=\beta$ 时，虽然误差信号电压 $k_1(\alpha-\beta)=0$，但是由于电动机及负载具有转动惯量，电动机在 $\alpha-\beta=0$ 的位置时其转速并不为 0，而继续向 β 角增加的方向转动，使 $\beta>\alpha$。此时，由于 $\beta>\alpha$，误差信号电压极性变反。在此电压的作用下，电动机由正转变为反转。同样，由于电动机及其负载的惯性，反转又冲过了头，这样系统就会产生振荡。如果接上测速发电机，则当 $\alpha=\beta$ 时，由于 $\dfrac{\mathrm{d}\beta}{\mathrm{d}t} \neq 0$，故信号电压为 $-k_2 \dfrac{\mathrm{d}\beta}{\mathrm{d}t}$，此电压与原来的（指 $\alpha>\beta$ 时）误差信号电压极性相反，因此伺服电动机在 $\alpha=\beta$ 时就得到与 $\mathrm{d}\beta/\mathrm{d}t$ 成正比、极性与原来的信号电压相反的电压，此电压使电动机制动（关于电动机加反向电压制动将在 3.7 节中叙述），因而电动机就很快地停留在 $\beta=\alpha$ 的位置。可见，由于系统中加入了测速发电机，就使得由电动机及其负载惯量所造成的振荡得到了阻尼，从而改善了系统的动态性能。

☞ 2.5.2 对旋转机械作恒速控制

图 2-28 为恒速控制系统的原理图。负载是一个旋转机械。当直流伺服电动机的负载阻力矩变化时，电动机的转速也随之改变。为了使旋转机械在给定电压不变时保持恒速，在电动机的输出轴上耦合一测速发电机，并将其输出电压与给定电压相减后加入放大器，经放大后供给直流伺服电动机。当负载阻力矩由于某种偶然的因素减小，电动机的转速便上升，此时测速发电机的输出电压增大，给定电压与输出电压的差值变小，经放大后加到直流电动机的电压减小，电动机减速；反之，若负载阻力矩偶然变大，则电动机转速下降，测速机输出电压减小，给定电压和输出电压的差值变大，经放大后加给电动机的电压变大，电动机加速。这样，尽管负载阻力矩发生扰动，但由于该系统的调节作用，使旋转机械的转速变化很小，近似于恒速。给定电压取自恒压电源，改变给定电压便能达到所希望的转速。

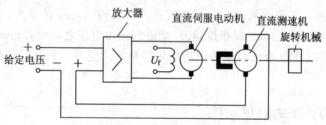

图 2-28 恒速控制系统原理图

2.6 直流测速发电机的性能指标

直流测速发电机的主要性能指标列在表 2-1 中。

表 2-1 直流测速发电机主要性能指标

项 目	含 义	说 明
线性误差 δ_x	在工作转速范围内，输出电压与理想输出电压之差对最大理想输出电压之比 $$\delta_x = \frac{\Delta U}{U_m} \times 100\%$$	n_b 一般为 $\frac{5}{6} n_{max}$，δ_x 一般为 0.5% 左右
输出斜率	在额定的励磁条件下，单位转速（1000 r/min）时所产生的输出电压	

续表

项　目	含　义	说　明
最大线性工作转速 n_{max}	在允许的线性误差范围内的电枢最高转速	额定转速就是最大线性工作转速
负载电阻 R_L	保证输出特性在误差范围内的最小负载电阻值	在使用中，负载电阻值应不小于此值
不灵敏区 n_{bL}	由于换向器与电刷间的接触压降 ΔU_b 而导致测速机输出特性斜率显著下降的转速范围	
输出电压的不对称度 k_{ub}	在相同转速下，测速机正反转时的输出电压绝对值之差 ΔU_2 与两者平均值 U_{av} 之比 $$k_{ub}=\frac{\Delta U_2}{U_{av}}\times 100\%$$	正反转特性不对称是由于电刷没有严格地与位于几何中心线上的元件相连接所致。 一般不对称度为 $0.35\%\sim 2\%$。对于轻度的不对称可用下图所示的方法进行校正 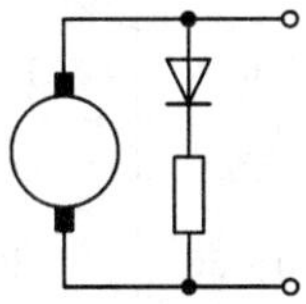
纹波系数 k_u	测速机在一定转速下，输出电压交流分量的峰值与输出电压直流分量之比，即输出电压最大值与最小值之差对其和之比	
变温输出误差 δU_t	测速机在一定转速下，由于温度变化引起的输出电压变化量对该转速下常温输出电压的比值 $$\delta U_t=\frac{U_{t1}-U_{t0}}{U_{t0}}\times 100\%$$	U_{t1}——温度为 t_1 时的输出电压 U_{t0}——常温 t_0 时的输出电压
输出电压温度系数 k_t	测速机在一定转速下，温度变化 $1\,℃$ 时的变温输出误差值 $$k_t=\frac{\delta U_t}{t_1-t_0}\,\%/℃$$	

2.7　直流测速发电机的发展趋势

　　直流测速发电机的发展趋势是：提高灵敏度和线性度，减小纹波电压和变温所引起的误差，减轻重量，缩小体积，增加可靠性，发展新品种。现简述如下。

☞ 2.7.1　发展高灵敏度测速发电机

近年来国外较重视发展永磁式高灵敏度直流测速发电机。这种电机直径大，轴向尺寸小，电枢元件数多，刷间的串联导体数多，因而输出电压斜率大，其灵敏度比普通测速机高 1000 倍。这种电机的换向器是用塑料或绝缘材料制成薄板基体，并在板面上印制换向片而构成的，因此换向片数很多；并且换向器固定在转轴的端面上，故称为印制电路端面换向器。由于这种电机的电枢元件数及换向片数比普通直流机多得多，因而纹波电压可以大大降低。例如美国 Inland 公司直径为 250 mm 的产品，其速比范围为 1 : 3000，最低转速可低于 1 转每天，纹波系数小于 0.1%，线性误差低于 0.1%，灵敏度（即电压斜率）为 10 V/(r/min)，每天 1 转时的输出信号电压约 7 mV。

国内已有高灵敏度测速发电机系列产品，其技术数据见表 2-2。

表 2-2　CYD 系列直流高灵敏度测速发电机

名称＼型号	输出斜率 /(rad·s⁻¹)	最大运行转速 /(r·min⁻¹)	线性误差不大于 /(%)	不对称度不大于 /(%)	纹波系数不大于 /(%)	每转纹波频率 /Hz	最小负载电阻 /kΩ	摩擦转矩不大于 /mN·m	重量 /kg
CYD—11	11	30	1	1	1	79	203	53.9	2.5
CYD—6	6	100	1	1	1	395	50	53.9	2.5
CYD—2.7	2.7	300	1	1	1	395	11.35	53.9	2.5
CYD—50	40~50	20	1	1	1	298	80		18
CYD—10	10	100	1	1	1	342	5.6		16.5

由于高灵敏度测速发电机具有输出电压斜率大，低速精度高，能直接与低速伺服电动机耦合，且耦合刚度高等优点，因此特别适合作为低速伺服系统中的速度检测元件。

☞ 2.7.2　改进电刷与换向器的接触装置，发展无刷直流测速发电机

直流测速发电机由于存在电刷和换向器，因而带来一系列缺点：

（1）电刷和换向器的存在使电机结构比较复杂，维护比较困难，可靠性较差，并使应用环境受到限制。例如在高空、高真空中换向困难，在高温环境中容易起火等。

（2）电刷与换向器的摩擦所引起的摩擦转矩，增加了伺服电动机的粘滞转矩。

（3）电刷与换向器的间断接触引起射频噪音。

（4）电刷与换向器接触压降的变化，引起输出电压不稳定，等等。

目前，有关人员正努力从换向器、电刷的接触结构和工艺方面采取措施，以减轻上述各种弊病，提高测速机的性能指标及可靠性。例如在高灵敏度测速机中所采用的电刷是经过特殊处理的，因而能在高真空中运行。在该机中还采用窄电刷、印刷电路端面换向器，使接触面积和接触半径减小，因而降低了摩擦转矩。

为了提高军事装备的可靠性，特别是为了满足宇宙飞船和导弹系统等尖端技术对元件可靠性的严格要求，各国除了在现有结构的基础上提高接触部分的可靠性外，还大力开展对无刷测速发电机的研制，其中包括霍尔测速发电机，两极管式测速发电机等，其工作原

理可参阅其他有关资料。

直流测速发电机由于存在电刷和换向器的接触结构，使其发展前途受到了限制。近年来无刷测速发电机的发展，使之能从根本上取消接触结构，改善了电机的性能，提高了运行的可靠性，为直流测速机注入了新的活力。

☞ 2.7.3　发展永磁式无槽电枢、杯形电枢、印制绕组电枢测速发电机

这种电机的结构与 3.11 节中所述的低惯量电动机相同。它们不仅转动惯量小，而且线性度好，纹波电压小，因此也是直流测速发电机的发展方向之一。

小　　结

本章的学习重点是掌握直流发电机工作原理和直流测速发电机的输出特性，其余内容基本上是围绕这两个中心展开的。

直流电势是利用"导体在磁场中运动产生感应电势"的电磁规律，通过电刷和换向器的作用而获得的。具体地说，是由于电刷通过换向器把同一极下的导体串联成一条支路，而同一极下导体的电势方向是不变的，因此，电刷两端输出直流电势。

从电势公式 $E_a = C_e \Phi n$ 和电压平衡方程式 $U_a = E_a - I_a R_a$ 以及 $I_a = U_a / R_L$ 就可以导出输出特性的关系式：

$$U_a = \frac{C_e \Phi}{1 + \dfrac{R_a}{R_L}} n$$

在理想条件下，输出特性为一条直线。而实际的特性与直线有偏差，此偏差称为线性误差。电枢反应和延迟换向的去磁效应使线性误差随着转速的增高或负载电阻的减小而增大。因此，在使用时必须注意电机转速不得超过规定的最高转速，负载电阻不可小于给定值。纹波电压、电刷和换向器接触压降的变化造成了输出特性的不稳定，因而降低了测速发电机的精度。测速机的输出特性对于温度的变化是比较敏感的，凡是温度变化较大，或对变温输出误差要求严格的场合，还需要对测速机进行温度补偿。

思考题与习题

2-1　为什么直流发电机电枢绕组元件的电势是交变电势而电刷电势是直流电势？

2-2　如果图 2-1 中的电枢顺时针方向旋转，试问元件电势的方向和 A、B 电刷的极性如何？

2-3　为了获得最大的直流电势，电刷应放在什么位置？为什么端部对称的鼓形绕组（见图 2-3)的电刷放在磁极轴线上？

2-4　为什么直流测速机的转速不得超过规定的最高转速？负载电阻不能小于给定值？

2-5　如果电刷通过换向器所连接的导体不在几何中性线上，而在偏离几何中性线 α

角的直线上，如图 2 - 29 所示，试综合应用所学的知识，分析在此情况下对测速机正、反转的输出特性的影响。（提示：在图中作一辅助线。）

2-6 具有 16 个槽，16 个换向片的两极直流发电机结构如图 2 - 30 所示。

（1）试画出其绕组的完整连接图；

（2）试画出图示时刻绕组的等值电路图；

（3）若电枢沿顺时针方向旋转，试在上两图中标出感应电势方向和电刷极性；

（4）如果电刷不是位于磁极轴线上，例如顺时针方向移动一个换向片的距离，会出现什么问题？

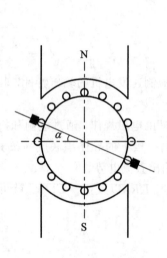

图 2 - 29 题 2-5图

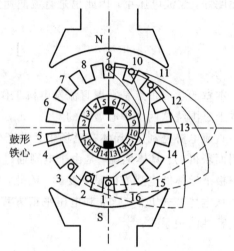

图 2 - 30 题 2-6图

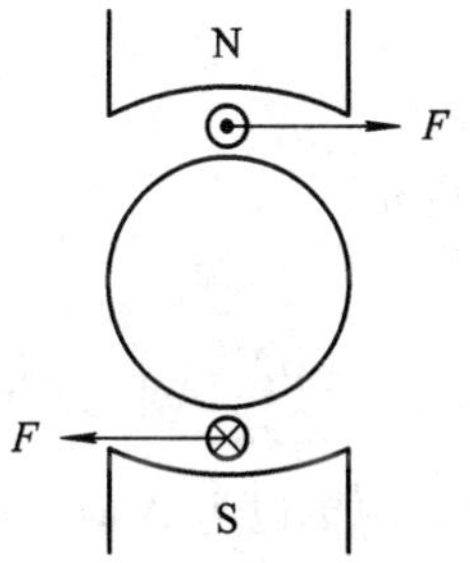

图 3-1　直流电动机工作
原理图

第3章　直流伺服电动机

直流伺服电动机是自动控制系统中具有特殊用途的直流电动机。它的工作原理、基本结构及内部电磁关系和一般用途的直流电动机相同。考虑到驱动用的直流电动机广泛应用于工业自动化，故本章先分析一般直流电动机的工作原理和使用方法，然后研究直流伺服电动机的特点和性能。

3.1　直流电动机的工作原理

直流电动机的基本结构和直流测速发电机相同，所不同的是电动机的输入为电压信号，输出为转速信号。下面分析直流电动机的工作原理。

为简明起见，仍采用具有 4 个槽的两极电机模型，如图 2-3。在 A、B 两电刷间加直流电压，使电流从 B 刷流入，A 刷流出。N 极下导体中的电流流出纸面，用 ⊙ 表示；S 极下导体中的电流流入纸面，用 ⊗ 表示，如图 3-1 所示。

根据电磁学基本知识可知，载流导体在磁场中要受到电磁力的作用。如果导体在磁场中的长度为 l，其中流过的电流为 i，导体所在处的磁通密度为 B，那么导体受到的电磁力的值为

$$F = Bli \qquad (3-1)$$

式中，F 的单位为牛顿（N）；B 的单位为韦伯/米^2（Wb/m^2）；l 的单位为米（m）；i 的单位为安培（A）；力 F 的方向用左手定则来确定。

据此，作出图 3-1 中 N、S 极下各根导体所受电磁力的方向，如图中箭头所示。电磁力对转轴形成顺时针方向的转矩，驱动转子而使其旋转。由于每个磁极下元件中电流方向不变，故此转矩方向恒定，称为直流电动机的电磁转矩。如果电机轴上带有负载，它便输出机械能，可见直流电动机是一种将电能转换成机械能的电气装置。

我们用同一个模型，既分析了直流发电机的工作原理，又分析了直流电动机的工作原理，可见直流电机是可逆的，它根据不同的外界条件而处于不同的运行状态。当外力作用使其旋转，输入机械能时，电机处于发电机状态，输出电能；当在电刷两端施加电压输入电能时，电机处于电动机状态，带动负载旋转输出机械能。事实上，发电机、电动机中所发生的物理现象在本质上是一致的。下面的分析将进一步证明这一点。

3.2 电磁转矩和转矩平衡方程式

☞ 3.2.1 电磁转矩

式(3-1)写出了磁极下一根载流导体所受到的电磁力。此力作用在电枢外圆的切线方向,产生的转矩为

$$t_i = F_i \frac{D}{2} = B_x l i_a \frac{D}{2}$$

式中,l 为导体在磁场中的长度,取电枢铁心长度;B_x 为导体所在处的气隙磁通密度;i_a 为导体的电流;D 为电枢直径。

假设空气隙中平均磁通密度为 B_p,电枢绕组总的导体数为 N,则电机转子所受到的总转矩为

$$T = \sum_{i=1}^{N} t_i = \sum_{1}^{N} B_x l i_a \frac{D}{2} = N B_p l i_a \frac{D}{2} \tag{3-2}$$

式中,B_p 用每极总磁通 Φ 表示,$B_p = \Phi/(\tau l)$,其中 τ 为极距,$\tau = \pi D/(2p)$,l 为电枢铁心长;导体电流 i_a 用电枢总电流 I_a 表示,$i_a = I_a/(2a)$,其中 a 为并联支路对数。

因此,电磁转矩为

$$T = N \cdot \frac{2p\Phi}{\pi D l} \cdot l \cdot \frac{I_a}{2a} \cdot \frac{D}{2} = \frac{pN}{2\pi a} \Phi I_a$$

或者写成

$$T = C_T \Phi I_a \tag{3-3}$$

式中,$C_T = \dfrac{pN}{2\pi a}$,对已制成的电机而言,它是一个常数。若每极磁通 Φ 的单位为 Wb,电枢电流 I_a 的单位为 A 时,则电磁转矩 T 的单位为 N·m。

当 Φ 不变时,电磁转矩可写成

$$T = K_T I_a$$

其中,$K_T = C_T \Phi$,称为转矩系数。

我们知道,感应电势计算式中的常数 $C_e = \dfrac{pN}{60a}$,所以 C_T 与 C_e 有如下关系:

$$C_T = \frac{60}{2\pi} C_e \tag{3-4}$$

☞ 3.2.2 电动机转矩平衡方程式

直流电动机所产生的电磁转矩作为驱动转矩使电动机旋转。

当电动机带着负载匀速旋转时,其输出转矩必定与负载转矩相等,但电动机的输出转矩是否就是电磁转矩呢? 不是的。因为电机本身的机械摩擦(例如轴承的摩擦、电刷和换向器的摩擦等)和电枢铁心中的涡流、磁滞损耗都要引起阻转矩,此阻转矩用 T_0 表示。这样,电动机的输出转矩 T_2 便等于电磁转矩 T 减去电机本身的阻转矩 T_0。所以,当电机克服负

载阻转矩 T_L 匀速旋转时，则有

$$T_2 = T - T_0 = T_L \tag{3-5}$$

式(3-5)表明，当电机稳态运行时，其输出转矩的大小由负载阻转矩决定。或者说，当输出转矩等于负载阻转矩时，电机达到匀速旋转的稳定状态。式(3-5)称为电动机的稳态转矩平衡方程式。

把电机本身的阻转矩和负载的阻转矩合在一起叫做总阻转矩 T_s，即

$$T_s = T_0 + T_L$$

则转矩平衡方程式可写成

$$T = T_s \tag{3-6}$$

它表示在稳态运行时，电动机的电磁转矩和电动机轴上的总阻转矩相互平衡。

实际上，电动机经常运行在转速变化的情况下，例如启动、停转或反转等，因此必须讨论转速改变时的转矩平衡关系。当电机的转速改变时，由于电机及负载具有转动惯量，将产生惯性转矩 T_j，

$$T_j = J\frac{\mathrm{d}\Omega}{\mathrm{d}t}$$

其中，J 是负载和电动机转动部分的转动惯量；Ω 是电动机的角速度；$\dfrac{\mathrm{d}\Omega}{\mathrm{d}t}$ 是电动机的角加速度。这时，电动机轴上的转矩平衡方程式为

$$T_2 - T_L = T_j = J\frac{\mathrm{d}\Omega}{\mathrm{d}t}$$

或

$$T_2 = T_L + T_j = T_L + J\frac{\mathrm{d}\Omega}{\mathrm{d}t} \tag{3-7}$$

上式表明，当输出转矩 T_2 大于负载转矩 T_L 时，$\dfrac{\mathrm{d}\Omega}{\mathrm{d}t} > 0$，说明电动机在加速；当输出转矩 T_2 小于负载转矩 T_L 时，$\dfrac{\mathrm{d}\Omega}{\mathrm{d}t} < 0$，说明电动机在减速。可见式(3-7)表示转速变化时电动机轴上的转矩平衡关系，所以称为电动机的动态转矩平衡方程式。

利用动态转矩平衡方程式就可以根据控制系统的技术指标来选用直流电动机。例如在天线控制系统中，可以根据实际使用情况，规定天线旋转时应该达到的最大角加速度，从而规定电动机的最大角加速度 $\dfrac{\mathrm{d}\Omega}{\mathrm{d}t}$。如果已知电动机轴上的负载转矩 T_L 以及电机本身和负载的转动惯量，就可以根据式(3-7)求出所需要的输出转矩 T_2。电机的输出转矩可以由电机的额定值计算，这样，便可以按照系统的要求确定选用某一种规格的电机。

☞ 3.2.3　发电机的电磁转矩

图 3-2 所示是直流电机作为发电机运行的示意图。假定在外转矩 T_1 的作用下，电机按顺时针方向旋转，此时电枢导体感应电势 e 的方向如图所示（⊗或⊙）。当电刷两端接上负载后，导体中便有电流 i_a 流过，i_a 的方向和电势 e 的方向相同。

由于载流导体在磁场中要受到电磁力，因此电机电枢便受到一个电磁转矩 T，由图 3-2 可知，电磁转矩 T 和外转矩 T_1 方向相反，也与转速 n 方向相反，所以电磁转矩 T 为制动转矩。外转矩 T_1 克服电磁转矩 T 做功，把机械能变成电能。

很显然，输入转矩 T_1 并不能全部转化成电磁转矩。直流发电机同样有机械摩擦，电枢旋转后铁心中也会产生磁滞、涡流损耗。所以，要使电机以某一速度旋转，输入转矩 T_1 必须先克服电机本身的阻转矩 T_0。其转矩平衡方程式为

$$T = T_1 - T_0$$

或

$$T_1 = T + T_0 \tag{3-8}$$

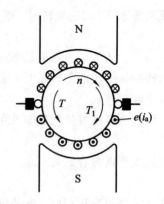

图 3-2　直流电机在发电机运行状态时的示意图

3.3　直流电动机的反电势和电压平衡方程式

如上所述，根据电动机的负载情况和转矩平衡方程式，可以确定电动机的输出转矩或电磁转矩的大小，但这时还不能确定电动机的转速。另外，在实验中我们还看到这样的现象，当一台直流电动机带动某负载稳速旋转时，如负载转矩大，则电动机转速低；如负载转矩小，则电动机转速高。那么负载转矩与电动机的转速究竟有什么关系呢？

要回答这个问题仅仅利用转矩平衡方程式是不够的，还需要进一步地从电机内部的电磁规律以及电机与外部的联系去寻找。

在学习直流发电机时，曾经得到了电压平衡方程式，那末在直流电动机中应该也有电压平衡关系和感应电势。

☞ 3.3.1　电枢绕组中的反电势

电流通过电枢绕组产生电磁力及电磁转矩，这仅仅是电磁现象的一个方面；另一方面，当电枢在电磁转矩的作用下一旦转动以后，电枢导体还要切割磁力线，产生感应电势。现通过图 3-3 所示直流电动机的示意图进行说明。图中大圆表示电枢，大圆外侧上的⊙、⊗表示电枢导体的电流方向。假定在 N 极下，导体的电流方向由纸面指向读者，用⊙表示；在 S 极下，电流方向由读者指向纸面，则用⊗表示。

根据左手定则，便可以确定电磁力 F 的方向，因而就可以确定电动机的旋转方向，如图 3-3 所示。

因导体运动时要切割磁力线，所以导体中还产生感应电势 e，其方向由右手定则确定，并用大圆内侧上的⊙或⊗表示。由图 3-3 可知，感应电势的方向与电流方向相反，它有阻止电流流入电枢绕组的作用，因此电动机中的感应电势是一种反电势。

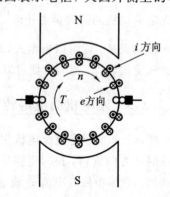

图 3-3　直流电动机的示意图

虽然直流电动机感应电势的作用与直流发电机不同，但电枢导体切割磁通，产生感应电势的情形完全一样。所以电动机电刷两端感应电势 E_a 的公式也相同，即

$$E_a = C_e \Phi n$$

式中，n 为电枢转速；Φ 为每极总磁通。

上式表示，电动机的反电势 E_a 在磁通 Φ 不变时，与转速成正比。

☞ **3.3.2　电动机的电压平衡方程式**

为了列出电压平衡方程式，需先作图以表示电动机各个电量的方向，如图 3 - 4 所示。由于电动机作为电源的负载，所以从电枢回路的外部来看，电动机端电压 U_a 和电枢电流 I_a 的方向一致，E_a 为反电势，所以 E_a 与电流 I_a 方向相反。与直流发电机一样，电枢内阻 R_a 包括电枢绕组的电阻以及电刷和换向器之间的接触电阻，R_a 在图中不再表示。励磁电压 U_f 为恒值。

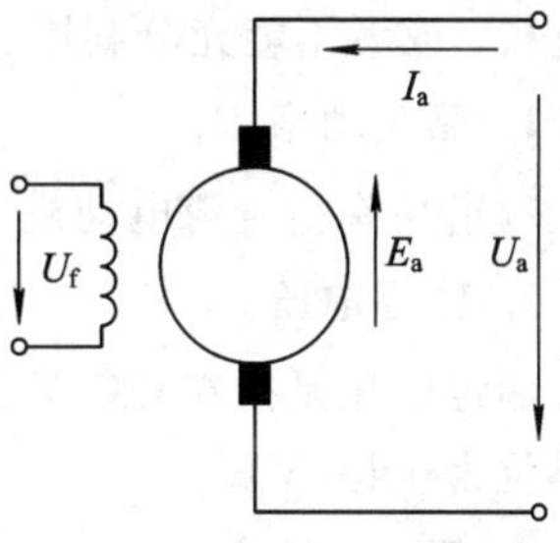

根据回路定律列出回路方程，即

$$I_a R_a - U_a = -E_a$$

移项后得

$$U_a = E_a + I_a R_a \qquad (3 - 9)$$

图 3 - 4　直流电动机的电枢回路

式(3 - 9)称为直流电动机的电压平衡方程式。它表示外加电压与反电势及电枢内阻压降相平衡。或者说，外加电压一部分用来抵消反电势，一部分消耗在电枢内阻压降上。

如果把 $E_a = C_e \Phi n$ 代入式(3 - 9)，便可得出电枢电流 I_a 的表示式：

$$I_a = \frac{U_a - E_a}{R_a} = \frac{U_a - C_e \Phi n}{R_a} \qquad (3 - 10)$$

由式(3 - 10)可知，直流电动机的电枢电流不仅取决于外加电压和本身的内阻，而且还取决于与转速成正比的反电势(当 $\Phi =$ 常数时)。

我们把式(3 - 10)变换成

$$n = \frac{U_a - I_a R_a}{C_e \Phi} \qquad (3 - 11)$$

当负载转矩 T_L 减小时，根据稳态转矩平衡方程式，电磁转矩 T 也减小。因为磁通 Φ 为常数，电磁转矩 T 与电枢电流 I_a 成正比，因而随着电磁转矩 T 的减小，电枢电流 I_a 也相应减小。由式(3 - 11)可知，当 U_a、Φ 不变时，I_a 减小将导致 n 增加。同理，当负载转矩 T_L 增大时，电磁转矩 T 也增加，电枢电流 I_a 也相应增大，这时转速 n 便下降。用以下符号表示它们之间的变化关系：$T_L \downarrow \rightarrow T \downarrow \rightarrow I_a \downarrow \rightarrow n \uparrow$；$T_L \uparrow \rightarrow T \uparrow \rightarrow I_a \uparrow \rightarrow n \downarrow$。

3.4　直流电动机的使用

要正确地使用直流电动机，就必须了解它的使用条件和正常的工作状态，了解启动、调速、改变转向的方法等。现分述如下：

☞ 3.4.1　直流电动机的额定值

电机制造厂根据国家或部颁标准对各种型号的直流电动机的使用条件和运行状态都作了一些规定。凡符合使用条件，达到额定工作状态的运行称为额定运行。表示电动机额定运行状态时的电压、电流、功率、转速等量的数值称为电动机的额定值。额定值一般写在电动机的铭牌上，因此，额定值有时也称为铭牌值。直流电动机在铭牌上标明的额定值有：额定功率 P_n(W)、额定电压 U_n(V)、额定电流 I_n(A)、额定转速 n_n(r/min)以及定额。

电动机的额定值表示了电动机的主要性能数据和使用条件，是选用和使用电动机的依据。如果不了解这些额定值的含义，使用方法不对，就有可能使电动机性能变坏，甚至损坏电机，或者不能充分利用。下面分别介绍几个主要额定值的含义。

1. 额定功率 P_n

额定功率指直流电动机在额定运行时，其轴上输出的机械功率，单位为瓦特(W)。

2. 额定电压 U_n

额定电压是指在额定运行情况下，直流电动机的励磁绕组和电枢绕组应加的电压值，其单位为伏特(V)。

3. 额定电流 I_n

额定电流是指电动机在额定电压下，负载达到额定功率时的电枢电流和励磁电流值，其单位为安培(A)。

对于连续运行的直流电动机，其额定电流就是电机长期安全运行的最大电流。短期超过额定电流是允许的，但长期超过额定电流将会使电机绕组和换向器损坏。

4. 额定转速 n_n

额定转速是指电动机在额定电压和额定功率时每分钟的转数，其单位为转/分(r/min)。

5. 定额

按电动机运行的持续时间，定额分为连续、短时和断续三种。其中连续表示这台电机可以按各项额定值连续运行；短时表示按额定值只能在规定的工作时间内短时使用；断续表示短时重复运行。

6. 额定转矩 T_{2n}

额定转矩是额定电压和额定功率时的输出转矩，其单位为牛·米(N·m)。

在选用电动机时，电机的额定转矩是一项重要的指标，一般在铭牌上并不标出。但是可以由电动机的额定功率 P_n 和额定转速 n_n 计算得到。

因为电动机输出机械功率 P_2 等于它的输出转矩 T_2 乘以旋转的角速度 Ω，即

$$P_2 = T_2\Omega \tag{3-12}$$

所以输出转矩

$$T_2 = \frac{P_2}{\Omega} \tag{3-13}$$

式中，P_2 的单位为 W；T_2 的单位为 N·m；Ω 的单位为 rad/s。

实用上，铭牌上给出的数据是转速 n，而不是角速度 Ω，应把 Ω 转换成 n，n 与 Ω 的关

系为

$$\Omega = \frac{2\pi n}{60} \qquad\qquad (3-14)$$

把式(3-14)代入式(3-13)，则得到转矩计算式：

$$T_2 = \frac{60}{2\pi} \cdot \frac{P_2}{n} \qquad\qquad (3-15)$$

如把铭牌上的额定功率 P_n 和额定转速 n_n 的数据代入，便得到额定转矩值：

$$T_{2n} = \frac{60}{2\pi} \cdot \frac{P_n}{n_n} \qquad\qquad (3-16)$$

☞ 3.4.2　直流电动机的启动

电动机从静止状态过渡到稳速运转的过程叫启动过程。对于电动机的启动性能，有以下几点要求：

(1) 启动时电磁转矩要大，以利于克服启动时的阻转矩，包括总阻转矩 T_s 和惯性转矩 $J\dfrac{\mathrm{d}\Omega}{\mathrm{d}t}$；

(2) 启动时电枢电流不要太大；

(3) 要求电动机有较小的转动惯量和在加速过程中保持足够大的电磁转矩，以利于缩短启动时间。

在启动的最初瞬间，因为转速 $n=0$，反电势 $E_a=0$，故电动机的端电压 U_a 全部降落在电枢电阻 R_a 上，此时的电枢电流为

$$I_a = \frac{U_a}{R_a} \qquad\qquad (3-17)$$

称为电动机的启动电流初始值（最初启动电流）。

对于功率为几千瓦的动力用直流电动机，其启动电流初始值将达到正常运行时允许电流值的十几倍，由于启动电流过大，使电动机的过电流保护装置动作，切断电源，以致不能启动；而且很大的启动电流导致很大的线路压降，以致影响电源上的其他用户，因此启动电流不容许太大。一般均采用电枢回路串联电阻的办法来限制启动电流（参见图3-5），但也不能限制得过小，以致于过多地影响启动转矩，故一般把启动电流限制在允许电流值的1.5～2 倍以内。

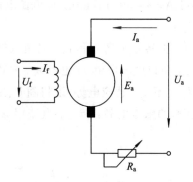

图 3-5　电枢回路串联启动电阻

电动机转动起来之后，随着转速 n 的升高，其反电势 E_a 也增大，由式(3-10)可知，电枢电流 I_a 便减小。因为电磁转矩 $T=C_T\Phi I_a$，故电磁转矩也减小。为了在启动过程中保持大的电磁转矩，必须随着转速 n 的上升，逐级切除电枢回路中的串联电阻，使电枢电流保持基本不变，直到电动机转速升高，启动完毕后，才将电阻全部切除。

对于自动控制系统中使用的功率为几百瓦的直流电动机，由于电枢电阻比较大，其启动电流初始值不超过正常运行时允许电流值的5～6 倍；加上其转动惯量较小，转速上升

较快，启动时间较短，故可以不接电阻而直接启动。而且启动电流大，电磁转矩也大，这正是控制系统所希望的。但要考虑到，这时向伺服电动机提供信号电压的放大器能不能承受这么大的启动电流。

☞ 3.4.3 电动机的调速方法

某些场合往往要求电动机的转速在一定范围内调节，例如电车、机床、吊车等，调速范围根据负载的要求而定。

由式(3－11)：

$$n = \frac{U_a - I_a R_a}{C_e \Phi}$$

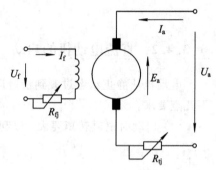

可以看出，调速可以有三种方法：

(1) 改变电机端电压 U_a，即改变电枢电源电压；

(2) 在电枢回路中串联调节电阻 R_{tj}，如图 3－6 所示。此时的转速公式为

$$n = \frac{U_a - I_a(R_a + R_{tj})}{C_e \Phi} \qquad (3－18)$$

图 3－6 直流电动机的调速

(3) 改变磁通 Φ，即改变励磁回路的调节电阻 R_{fj} 以改变励磁电流 I_f。

下面举例说明这三种调速方法。为了便于理解，这里只讨论转矩、电流、转速等量的稳态值在调速前、后的变化，而不考虑动态变化过程。

1. 改变电机端电压 U_a

设一台直流电动机原来运行情况为：电机端电压 $U_a = 110$ V，$E_a = 90$ V，$R_a = 20$ Ω，$I_a = 1$ A，$n = 3000$ r/min。如电源电压降低一半，而负载转矩不变，转速将降低到原来的百分之几?

根据转矩平衡方程式，当负载转矩不变时，电磁转矩 $T = C_T \Phi I_a$ 不变；又 I_f 不变，Φ 不变，所以电枢电流 I_a 也不变。再由电动机电压平衡方程式 $E_a = U_a - I_a R_a$ 可以看出，由于 $I_a R_a$ 不变，感应电势 E_a 将随 U_a 的降低而减小；又 Φ 不变，故转速要相应减小。若电压改变后的感应电势、转速、电流用 E'_a、n'、I'_a 表示，则 $U'_a = 55$ V 时的转速对原来的转速之比为

$$\frac{n'}{n} = \frac{\dfrac{E'_a}{C_e \Phi}}{\dfrac{E_a}{C_e \Phi}} = \frac{E'_a}{E_a} = \frac{U'_a - I'_a R_a}{U_a - I_a R_a} = \frac{55 - 1 \times 20}{110 - 1 \times 20} = 0.39$$

即转速降低到原来的 39%。

同样可以分析，当负载转矩不变时，如将电机端电压 U_a 升高，则转速上升，所以改变电源电压可以调速。电机端电压 U_a 和转速 n 的关系表示如下：

$$U_a \uparrow \longrightarrow n \uparrow$$

$$U_a \downarrow \longrightarrow n \downarrow$$

这种方法的调速范围很大，但需要附加调压设备。

2. 改变电枢回路的调节电阻 R_{tj}

设一台直流电动机原来运行情况为：电机端电压 $U_a = 220$ V，$E_a = 210$ V，$R_a = 1\ \Omega$，$I_a = 10$ A，$n = 1500$ r/min。今在电枢回路中串电阻降低转速，设 $R_{tj} = 10\ \Omega$ 并设转速降低后负载转矩不变，这时转速将降低到原来的百分之几？

根据转矩平衡方程式，当负载转矩不变时，电磁转矩不变；加上励磁电流 I_f 不变，磁通 Φ 不变，所以电枢电流 I_a 也不变，故 $I_a' = I_a = 10$ A。电枢回路串电阻 R_{tj} 后，电阻压降增为 $I_a(R_a + R_{tj})$。当端电压 U_a 维持不变时，感应电势 $E_a' = U_a - I_a(R_a + R_{tj})$ 相应减小，转速亦随之降低。电枢回路串入 10 Ω 电阻后的转速对原来的转速之比为

$$\frac{n'}{n} = \frac{\dfrac{E_a'}{C_e\Phi}}{\dfrac{E_a}{C_e\Phi}} = \frac{E_a'}{E_a} = \frac{U_a - I_a(R_a + R_{tj})}{U_a - I_aR_a} = \frac{220 - 10 \times (1 + 10)}{220 - 10 \times 1} = 0.523$$

即转速降低到原来的 52.3%。

同样可以分析，当负载转矩不变时，如将串联电阻 R_{tj} 减小，转速将升高。可用符号表示为

$$R_{tj} \uparrow \longrightarrow n \downarrow$$
$$R_{tj} \downarrow \longrightarrow n \uparrow$$

但是与未加电阻 R_{tj} 之前的转速比较，加入电阻 R_{tj} 后的转速总是比原来低，所以此法只能将转速往低调。另外，在轻负载时，由于电枢电流 I_a 较小，所以加电阻 R_{tj} 后电阻压降变化不大，因而转速变化不大；并且电阻 R_{tj} 上的铜耗大，故电枢回路串联电阻调速的方法是不经济的。但是由于这种调速方法设备比较简单，所以在工厂中还是常用的。

3. 改变励磁回路调节电阻 R_{fj}

设一台直流电动机原来运行情况为：$U_a = 110$ V，$E_a = 90$ V，$R_a = 20\ \Omega$，$I_a = 1$ A，$n = 3000$ r/min。为了提高转速，把励磁回路的调节电阻 R_{fj} 增加，使 Φ 减小 10%，如负载转矩不变，问转速如何变化？

根据转矩平衡方程式，当负载转矩不变时，电磁转矩 T 亦不变。今 Φ 减小 10%，即 $\Phi' = 0.9\Phi$，所以 I_a' 应增加，以维持电磁转矩不变，$I_a' = I_a(\Phi/\Phi') = 1 \times (1/0.9) = 1.11$ A，根据电压平衡方程式 $E_a' = U_a - I_a'R_a$，由于 I_a' 增加，所以 E_a' 减小。$n' = E_a'/(C_e\Phi')$，今 E_a'、Φ' 均减小，那么 n' 究竟如何变化呢？此时应该分析一下，E_a' 和 $C_e\Phi'$ 哪一个变化大？通常，电动机在运转时，其电压平衡方程式中 E_a 要比 I_aR_a 大得多，也就是说端电压的大部分是用来平衡反电势的，因此，由于 I_aR_a 变化所引起的 E_a 的变化是很小的。例如本例中，$U_a = 110$ V，当 $I_aR_a = 20$ V 时，$E_a = 90$ V，当 $I_a'R_a = 22$ V 时，$E_a' = 88$ V，电阻压降变化了 10%，但反电势只变化了 2% 左右。所以当磁通减少时，其转速 $n' = E_a'/(C_e\Phi')$ 中的分子比分母减小得少，因此转速 n' 增加。励磁回路电阻增加后的转速对原来的转速之比为

$$\frac{n'}{n} = \frac{\dfrac{E_a'}{C_e\Phi'}}{\dfrac{E_a}{C_e\Phi}} = \frac{E_a'\Phi}{E_a\Phi'} = \frac{(U_a - I_a'R_a)\Phi}{(U_a - I_aR_a)\Phi'} = \frac{(110 - 1.11 \times 20) \times 1}{(110 - 1 \times 20) \times 0.9} = 1.08$$

即转速增加了 8%。

同样可以分析，当磁通增加时，转速必减小，可用符号表示为

$$R_{\mathrm{fj}} \uparrow \longrightarrow \Phi \downarrow \longrightarrow n \uparrow$$
$$R_{\mathrm{fj}} \downarrow \longrightarrow \Phi \uparrow \longrightarrow n \downarrow$$

一般来说，励磁电流只有电枢额定电流的百分之几，所以调节电阻的容量小，铜耗也小，而且容易控制。但励磁回路电感比电枢回路大，电气时间常数较大，调速的快速性较差。此外，励磁回路串电阻后只能使励磁电流减小，所以只能将转速调高。

在要求调速范围很大的场合，上述几种方法总是同时兼用的。当电源电压可调时，则利用降低电源电压使转速降低，利用增加励磁回路调节电阻使转速增高。当电源电压恒定时，则利用增加电枢回路调节电阻使转速降低，利用增加励磁回路调节电阻使转速升高。

☞ 3.4.4 改变电动机转向的方法

要改变电动机的转向，必须改变电磁转矩的方向。根据左手定则可知，改变电磁转矩的方向有两种方法：

(1) 改变磁通的方向，如图 3 - 7(b)所示；

(2) 改变电枢电流的方向，如图 3 - 7(c)所示。

请注意：如果磁通、电枢电流方向均变，则电磁转矩方向不变，如图 3 - 7(d)所示。所以要改变电动机的转向，必须单独改变电枢电流的方向或单独改变励磁电流的方向。

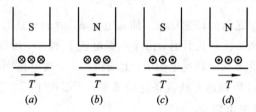

图 3 - 7　电磁转矩的方向

☞ 3.4.5 使用中必须注意的问题

1. 启动时要使励磁磁通最大

为了获得大的启动转矩，启动时，励磁磁通应为最大。因此启动时，励磁回路的调节电阻必须短接，并在励磁绕组两端加上额定励磁电压。对于并励直流电动机(励磁支路和电枢支路并联在电源上)应按图 3 - 8 所示进行接线(启动前启动电阻 R_{s} 可断开)。

但在实际使用时，常常会发生如图 3 - 9 所示的错误接法。

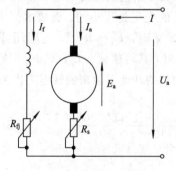

图 3 - 8　直流电动机启动线路

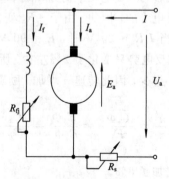

图 3 - 9　启动线路的错误接法

　　这种情况下，启动电阻的作用将不显著。因为当启动电阻较大时，由于电枢电流 I_a 和励磁磁通 $\varPhi$ 均被限制得很小，所以启动转矩很小而启动不了。只有启动电阻减小到一定程度之后，当 I_a、$\varPhi$ 的乘积达到最小启动转矩所要求的值时方能启动。由于这时的磁通要比按图 3-8 接线时的磁通小得多，故启动过程长，绕组中长时间流过很大电流。因此在直流电动机启动之前，必须检查励磁回路有无电流，电流是否接近额定值，然后在电枢绕组上加电压启动。

2. 切勿使励磁回路断开

　　如果启动前励磁回路已断开，则电机不能启动。如果在运转过程中断开，则将发生危险的事故。现举例说明如下：

　　设一台 S-261 直流电动机，其电枢电压 $U_a = 110$ V，$R_a = 50$ Ω，空载时的电枢电流 $I_{a0} = 0.062$ A，负载后，当 $I_a = 0.4$ A 时其转速 $n = 3600$ r/min。若励磁回路断开后剩磁下降为正常磁通的 0.04，问励磁回路断开后将会产生什么后果？

　　现分两种情况分析：

　　1) 当电机加负载时（设负载转矩不变）

　　根据转矩平衡关系，当负载转矩不变时，电磁转矩也应不变，故励磁回路断开前、后的电磁转矩应不变，即

$$T = C_T \varPhi I_a = C_T \varPhi' I_a'$$

这样，励磁回路断开后的电枢电流应为

$$I_a' = \frac{C_T \varPhi}{C_T \varPhi'} I_a = \frac{1}{0.04} \times 0.4 = 10 \text{ A}$$

但这台电机所能产生的最大电枢电流为

$$I_a = \frac{U_a}{R_a} = \frac{110}{50} = 2.2 \text{ A}$$

它小于负载转矩所需的电流（小于 10 A），电磁转矩小于负载转矩，因而电机停转。此时电机虽有电磁转矩，但带不动负载而被卡住，这种情况称为堵转状态。电动机堵转时的电枢电流称为堵转电流。堵转电流 $I_a = U_a / R_a$，其值与启动电流的初始值相等。

　　电动机在堵转情况下长期通过堵转电流是不允许的。因为，此时电枢电流很大，加上通风条件又差，将使电机绕组过热而损坏。

　　2) 当电机空载时

　　空载时的电磁转矩等于电机本身的阻转矩 T_0。由于 T_0 基本不变，所以空载时的电磁转矩也近似不变。因此励磁回路断开前后电磁转矩应相等，即

$$C_T \varPhi I_{a0} = C_T \varPhi' I_{a0}'$$

这样，励磁回路断开后的空载电枢电流

$$I_{a0}' = \frac{C_T \varPhi}{C_T \varPhi'} I_{a0} = \frac{1}{0.04} \times 0.062 = 1.55 \text{ A}$$

励磁回路断开后的转速对断开前的负载转速之比为

$$\frac{n'}{n} = \frac{\dfrac{E_a'}{C_e \varPhi'}}{\dfrac{E_a}{C_e \varPhi}} = \frac{E_a' \varPhi}{E_a \varPhi'} = \frac{(U_a - I_{a0}' R_a)\varPhi}{(U_a - I_a R_a)\varPhi'} = \frac{(110 - 1.55 \times 50) \times 1}{(110 - 0.4 \times 50) \times 0.04} = 9$$

即电机的转速 $n' = 9n = 9 \times 3600 = 32\ 400$ r/min。但实际上电机并不能达到这样高的转速，因为只能在一定的转速范围内，电机本身的阻转矩可以看成是一个常数，例如在几千转每分附近，T_0 可近似看成不变。当转速上升到几万每分时，由于轴承摩擦、空气阻力以及铁心损耗等剧烈上升，电机本身的阻转矩亦随着上升，因此转速达不到上述的数值。但是转速仍然大大超过额定值，发出尖锐的噪声，这种事故称做飞车。飞车不仅使电机受到很大的机械损伤(特别是换向器)，而且由于电枢电流大大超过额定值而使电机绕组和换向器损坏。

因此，直流电动机在运转过程中要绝对避免励磁回路断开。

3.5　直流发电机与直流电动机的异同性

☞ 3.5.1　直流电机的运行条件及内部电磁规律

到目前为止，我们已经分析了直流发电机和直流电动机的运行条件及内部电磁规律，为揭示其中的普遍性和特殊性，在此作一对比分析。

直流发电机是将机械能(或转速信号)转换成电能(或电信号)的旋转机械，而直流电动机是将电能(或电信号)转换成机械能(或转速信号)的旋转机械。

直流电机之所以能够实现这种转换，主要是由它们内部的电磁规律所决定的。电、磁作用是电机中最基本的规律，表现在电枢绕组的载流导体在磁场中受到电磁转矩和导体在磁场中运动产生感应电势这两个方面。

直流电机和运行条件的联系也有两个方面：一方面和输入能量的信号源相联系；另一方面和所供给的负载(信号)相联系。对于发电机，其输入能量为转轴上的机械能(输入机械转速信号)，输出为负载上消耗的电能(输出电信号)；对于电动机，其输入能量为电枢电源供给的电能(输入电信号)，输出为转轴上机械负载消耗的机械能(输出机械转速信号)。这些联系表现在电压平衡方程式和转矩平衡方程式上。

必须注意，在直流电机中，上述的两个作用和两个平衡同时存在，具体表现在下面的四个关系式同时存在。这四个关系式是：

$$E_a = C_e \Phi n$$
$$T = C_T \Phi I_a$$
$$U_a = E_a - I_a R_a \text{(发电机)}; \quad U_a = E_a + I_a R_a \text{(电动机)}$$
$$T_1 = T + T_0 \text{(发电机)}; \quad T = T_2 + T_0 \text{(电动机)}$$

在分析直流电机的特性和性能时，就是利用上述四个关系式找出相应的表达式。例如，在第 2 章分析直流测速发电机时，就是利用了直流发电机的电压平衡方程以及输出电压与负载电阻的关系式(欧姆定律)，推导出了其输出电压随转速变化的关系式，即输出特性；在 3.4 节分析直流电动机调速性能时，也是由直流电动机四个关系式中的电压平衡方程式及电势公式推得

$$n = \frac{U_a}{C_e \Phi} - \frac{R_a I_a}{C_e \Phi}$$

并依此式讨论了直流电动机的三种调速方法。

☞ 3.5.2　直流发电机和电动机的异同性

以上笼统分析了直流发电机和直流电动机运行条件及内部电磁规律的普遍性和特殊性,掌握直流电机这两种运行状态的共性和个性,不仅有利于我们掌握直流电机中最基本的电磁规律,而且直流伺服电动机在动态过程中也常常发生这两种运行状态的转化。因此,为充分理解其异同性,就很有必要对这两种运行状态进行归纳和比较。从前述分析得出以下三点。

(1) 直流发电机和直流电动机是直流电机在不同的外界条件下的两种不同的运行状态,即发电机状态和电动机状态,它们的输入量和输出量是相互倒置的。如表 3-1 所示。

表 3-1　直流发电机、电动机对照表

	直流发电机	直流电动机
输入量	机械能或转速信号 n	电能或电压信号 U_a
输出量	电能或电压信号 U_a	机械能或转速信号 n
能量转换关系	机械能→电能	电能→机械能
信号转换关系	转速 n→电压 U_a	电压 U_a→转速 n

(2) 发电机和电动机中都存在感应电势和电磁转矩,而且感应电势和电磁转矩的表达式相同,即 $E_a = C_e \Phi n$, $T = C_T \Phi I_a$,但 E_a 和 T 在两种运行状态中的作用却相反。比较如下:

发电机运行状态	电动机运行状态
T——制动转矩	T——驱动转矩
E_a 和 I_a 方向相同	E_a 和 I_a 方向相反
E_a 为正电势	E_a 为反电势

(3) 发电机和电动机中都同时存在电压平衡和转矩平衡这两种平衡关系,其中电压平衡方程式反映了直流电机和外电源或外电路的联系,转矩平衡方程式反映了直流电机和外部机械的联系,但这两种平衡关系在两种运行状态中却不同。比较如下:

发电机运行状态	电动机运行状态
$U_a = E_a - I_a R_a$	$U_a = E_a + I_a R_a$
($E_a > U_a$)	($U_a > E_a$)
$T_1 = T + T_0$	$T_2 = T - T_0$
(T_1 为输入转矩)	(T_2 为输出转矩)

3.6　直流伺服电动机及其控制方法

☞ 3.6.1　直流伺服电动机的分类

直流伺服电动机与直流测速发电机一样,有永磁式和电励磁式两种基本结构类型。电励磁式直流伺服电动机按励磁方式不同又分为他励、并励、串励和复励四种;永磁式直流伺服电动机也可看做是一种他励式直流电动机。

☞ 3.6.2 控制方法

根据 3.4 节的分析，当电动机负载转矩 T_L 不变，励磁磁通 Φ 不变时，升高电枢电压 U_a，电机的转速就升高；反之，降低电枢电压 U_a，转速就下降。在 $U_a = 0$ 时，电机则不转。当电枢电压的极性改变时，电机就反转。因此，可以把电枢电压作为控制信号，实现电动机的转速控制。

电枢电压 U_a 控制电动机转速变化的物理过程如下：

开始时，电动机所加的电枢电压为 U_{a1}，电动机的转速为 n_1，产生的反电势为 E_{a1}，电枢中的电流为 I_{a1}，根据电压平衡方程式，则

$$U_{a1} = E_{a1} + I_{a1}R_a = C_e\Phi n_1 + I_{a1}R_a \tag{3-19}$$

这时，电动机产生的电磁转矩 $T = C_T\Phi I_{a1}$。由于电动机处于稳态，电磁转矩 T 和电动机轴上的总阻矩 T_s 相平衡，即 $T_1 = T_s$。

如果保持电动机的负载转矩 T_L 不变，也即阻转矩 T_s 不变，而把电枢电压升高到 U_{a2}，起初，由于电动机有惯性，转速不能马上跟上而仍为 n_1，因而反电势仍为 E_{a1}。由于 U_{a1} 升高到 U_{a2} 而 E_{a1} 不变，为了保持电压平衡，I_{a1} 应增加到 I_a'，因此电磁转矩也相应由 T 增加到 T'，此时电动机的电磁转矩大于总阻转矩 T_s，使电动机得到加速。随着电动机转速的上升，反电势 E_a 增加。为了保持电压平衡关系，电枢电流和电磁转矩都要下降，直到电枢电流恢复到原来的数值，使电磁转矩和总阻转矩重新平衡时，才达到稳定状态。但这是一个更高转速 n_2 时的新的平衡状态。这就是电动机转速 n 随电枢电压 U_a 的升高而升高的物理过程。为了清晰起见，可把这个过程用下列符号表示：

当 T_s、Φ 不变时，则

$$U_a \uparrow \xrightarrow{\text{（由于 } n \text{ 来不及变，} E_a \text{ 暂不变）}} I_a \uparrow \rightarrow T \uparrow \xrightarrow{\text{（由于 } T_s \text{ 不变）}} n \uparrow$$

$$\rightarrow E_a \uparrow \rightarrow I_a \downarrow \rightarrow T \downarrow \xrightarrow{\text{（当 } T = T_s \text{ 时达到稳定）}} n_2$$

用相同的方法可以分析电枢电压 U_a 降低时，转速 n 的下降过程。

了解电动机转速随电枢电压变化的物理过程，有助于分析和理解伺服电动机在控制系统中工作时的特性，但这仅仅是定性的分析。要作出定量的分析，必须找出电枢的电压 U_a、转速 n 以及电磁转矩 T 三者之间的定量关系，现推导如下：

由式(3-3)得到

$$I_a = \frac{T}{C_T\Phi}$$

把它代入式(3-9)，并考虑到 $E_a = C_e\Phi n$，则得

$$U_a = C_e\Phi n + \frac{TR_a}{C_T\Phi}$$

移项整理后，得到

$$n = \frac{U_a}{C_e\Phi} - \frac{TR_a}{C_e C_T\Phi^2} \tag{3-20}$$

式中，T 为电动机产生的电磁转矩。在稳态时，电动机的电磁转矩与轴上的阻转矩相平衡，

即 $T=T_s$。所以稳态时，上式可以写成

$$n = \frac{U_a}{C_e\Phi} - \frac{T_s R_a}{C_e C_T \Phi^2} \qquad (3-21)$$

当电动机在一定负载下，并保持励磁电压不变时（即 Φ 不变），上式右面各个量中，除了电枢电压 U_a 外，其余都是常数。因此，式（3-21）表示了电动机在一定负载下，转速 n 和电枢电压 U_a 的关系。关于这种关系的详细分析将在下一节进行。

3.7　直流伺服电动机的稳态特性

☞ 3.7.1　机械特性

先以第 1 章所介绍天线控制系统中的直流电动机为例来说明什么是电动机的机械特性。设开始时天线在电动机的带动下跟踪飞机匀速旋转，天线控制系统如图 3-10 所示。

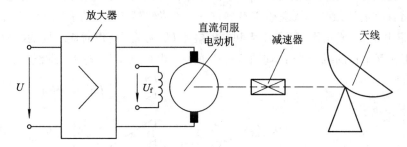

图 3-10　天线控制系统

这时，电动机的工作状态是：放大器加在电枢上的电压为 U_a，电动机的电磁转矩为 T，转速为 n，励磁电压 U_f 固定不变。如果刮起一阵大风，使天线受到的阻力增大，电动机轴上受到的阻转矩也增大。为了使天线能继续跟踪飞机，希望电动机的转速 n 保持不变。但实际上，电动机在阻转矩增大时，如果电枢电压保持不变，其转速必然下降，这样天线就会丢失目标。为此就要求通过自动控制系统的调节作用使电枢电压升高，以调节电动机的转速，使它回到原来的转速 n。显然，要实现准确的速度控制，就要了解电动机在电枢电压 U_a 不变时，转速随负载阻转矩（或电磁转矩）变化的规律。表征这个规律的曲线称为电动机的机械特性。

由式（3-20）

$$n = \frac{U_a}{C_e\Phi} - \frac{T R_a}{C_e C_T \Phi^2}$$

可知，在电枢电压 U_a 一定的情况下，由于励磁电压 U_f 固定不变，磁通 Φ＝常数，所以式（3-20）的右边除了电磁转矩 T 以外都是常数。因此转速 n 是电磁转矩 T 的线性函数，这样式（3-20）可表示为一个直线方程：

$$n = \frac{U_a}{C_e\Phi} - \frac{T R_a}{C_e C_T \Phi^2} = n_{0L} - kT \qquad (3-22)$$

其中，$n_{0L} = \dfrac{U_a}{C_e\Phi}$ 为该直线在纵坐标上的截距；$k = \dfrac{R_a}{C_e C_T \Phi^2}$ 为该直线的斜率，k 前的负号表示

直线是向下倾斜的。如果令 $n=0$，得到直线在横坐标上的截距为 $T_d=C_T\Phi\dfrac{U_a}{R_a}$。直流伺服电动机的机械特性如图 3-11。它表明当电磁转矩 T 增加时，转速 n 下降；反之，当电磁转矩 T 减小时，转速 n 上升。

由机械特性表示式(3-22)可知，n_{0L} 是电磁转矩 $T=0$ 时的转速。前面已经指出，电动机本身具有空载损耗所引起的阻转矩 T_0，因此即使空载（即负载转矩 $T_L=0$）时，电机的电磁转矩也不为零，只有在理想条件下，即电机本身没有空载损耗时才可能有 $T=0$，所以对应 $T=0$ 时的转速 n_{0L} 称为理想空载转速。

T_d 是转速 $n=0$ 时的电磁转矩。它是在电机堵转时的电磁转矩，所以称为堵转转矩。

机械特性的斜率 k 可表示为 $\Delta n/\Delta T$（ΔT 是转矩增量，Δn 是与 ΔT 对应的转速增量），如图 3-11 所示。因此 k 值表示电动机电磁转矩变化所引起的转速变化程度。k 大即 $\Delta n/\Delta T$ 大，则对应同样的转矩变化，转速变化大，电机的机械特性软；反之，斜率 k 小，机械特性就硬。在自动控制系统中，希望电动机的机械特性硬一些。

以上讨论的是在某一电枢电压 U_a 时电动机的机械特性。在不同的电枢电压下，电动机的机械特性将有所改变。从理想空载转速 n_{0L} 和堵转转矩 T_d 的表示式可以看出，n_{0L} 和 T_d 都和电枢电压 U_a 成正比。而斜率 k 和电枢电压 U_a 无关。所以对应不同的电枢电压 U_a 可以得到一组相互平行的机械特性，如图 3-12 所示。电枢电压 U_a 越大，曲线的位置越高。

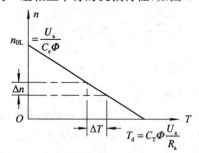
图 3-11 直流伺服电动机的机械特性

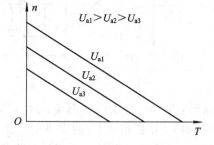
图 3-12 不同控制电压时直流伺服
电动机机械特性

从式(3-22)可以看出，电动机机械特性的斜率 k 与电枢电阻 R_a 成正比。电枢电阻 R_a 大，斜率 k 也大，机械特性就软；电枢电阻小，斜率 k 也小，机械特性就硬。因此总希望电枢电阻 R_a 数值小，这样机械特性就硬。

当直流电动机在自动控制系统中使用时，电动机的电枢电压 U_a 是由系统中的放大器供给的。放大器是有内阻的，因此，对于电动机来说，放大器可以等效成一个电势源 E_i 和其内阻 R_i 的串联。这时，电动机电枢回路如图 3-13 所示，电枢回路的电压平衡方程式可写成

$$E_i=I_aR_i+U_a=E_a+I_a(R_a+R_i)$$

上式表示，放大器的内阻 R_i 所起的作用和电动机电枢内阻 R_a 相同。因此放大器内阻的加入必定使电动机的机械特性变软。

这时机械特性的斜率应该是

$$k=\frac{R_a+R_i}{C_eC_T\Phi^2}$$

电动机的理想空载转速为

$$n_{0L} = \frac{E_i}{C_e \Phi}$$

这样，便可以作出放大器内阻 R_i 取不同值的机械特性，如图 3-14 所示。可见，放大器内阻越大，机械特性越软。因此总希望降低放大器的内阻，以改善电动机的特性。

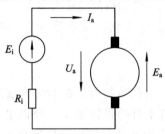

图 3-13　放大器等效成电势源和其
内阻串联时的电枢回路

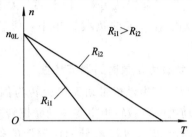

图 3-14　放大器的内阻对直流伺服
电动机机械特性的影响

由于电动机轴上输出的是输出转矩 T_2，而不是电磁转矩 T，同时，电磁转矩是在电动机内部，不能直接进行测量，因此，在实际工作中经常测量的不是转速 n 随电磁转矩 T 变化的曲线，而是转速 n 随输出转矩 T_2 变化的曲线。这条 $n = f(T_2)$ 曲线称为输出转矩的机械特性。下面我们讨论如何通过试验来绘制 $n = f(T_2)$ 曲线。

如果现场有测量转矩的设备，则可直接测出一组 n、T_2 数据，从而作出 $n = f(T_2)$ 曲线。如果没有测量转矩的设备，则可测量电动机的电枢电流、电枢电阻、转速并经过简单的计算，间接测出 $n = f(T_2)$ 曲线。下面我们加以说明。

首先根据实验测得的一组 (n, I_a) 数据，作 $n = f(I_a)$ 曲线，然后将 I_a 的坐标值乘上 $C_T \Phi$，便得到 $n = f(T)$ 曲线。那么，$C_T \Phi$ 的数值将如何决定？首先用电桥或伏安法测量电枢电阻 R_a（量测 4 个具有不同转子位置时的电阻值，再取其平均值），并将空载时测得的转速 n_0、电枢电流 I_{a0} 以及 R_a 值代入式(3-11)，得

$$n_0 = \frac{U_a - I_{a0} R_a}{C_e \Phi}$$

由此解出 $C_e \Phi$，再根据式(3-4)

$$C_T = \frac{60}{2\pi} C_e$$

求出 $C_T \Phi$，这样，便可以把 $n = f(I_a)$ 曲线转换成 $n = f(T)$ 曲线。

因为电磁转矩等于输出转矩和空载转矩之和，即 $T = T_2 + T_0$，所以 $T_2 = T - T_0$，因为空载时的电磁转矩 $T_0 = C_T \Phi I_{a0}$，而 I_{a0} 在实验中可以测出，所以 T_0 便可计算出来。如前所述，当转速在一定的数量级范围内，T_0 可认为基本不变，近似为常数。这样一来，只需把 $n = f(T)$ 曲线向左平移 T_0 距离，并把横坐标 T 改为 T_2，即可得输出转矩的机械特性 $n = f(T_2)$。用输出转矩表示的机械特性如图 3-15 所示。

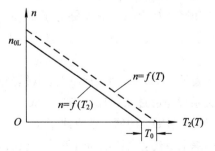

图 3-15　用输出转矩表示的机械特性

☞ 3.7.2　调节特性

在自动控制系统中，为了控制伺服电动机的转速，就需要知道电动机在带了负载以后，转速随控制信号变化的情况。也就是要知道，电动机在带了负载以后，加多大的控制信号，电动机能转动起来；加上某一大小的控制信号时，电动机的转速为多少。

电动机在一定的负载转矩下，稳态转速随控制电压变化的关系称为电动机的调节特性。

1. 负载为常数时的调节特性

仍以直流电动机带动天线旋转为例来说明电动机的调节特性。在不刮风或风力很小时，电动机的负载转矩主要是动摩擦转矩 T_L 加上电机本身的阻转矩 T_0，所以电动机的总阻转矩 $T_s = T_L + T_0$。在转速比较低的条件下，可以认为动摩擦转矩和转速无关，是不变的。因此，总阻转矩 T_s 是一个常数。

由式(3-21)

$$n = \frac{U_a}{C_e \Phi} - \frac{T_s R_a}{C_e C_T \Phi^2}$$

可知，当总阻转矩 T_s 为常数时，$n = f(U_a)$ 是一个线性函数，是一个直线方程，直线的斜率为 $\frac{1}{C_e \Phi}$。当 $n = 0$ 时，

$$U_a = U_{a0} = \frac{T_s R_a}{C_T \Phi} \qquad (3-23)$$

因此，直流伺服电动机的调节特性如图 3-16 所示。

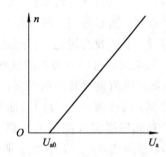

图 3-16　直流伺服电动机的
调节特性

在 $U_a < U_{a0}$ 时，电机的转速 n 始终为 0。因为电枢电压 U_a 从 0 开始逐渐升高后，当 U_a 还很小，以致电动机所产生的电磁转矩小于总阻转矩时，电机还转不起来。而当 U_a 增大到电磁转矩和总阻转矩相等时，电机就处于从静止到转动的临界状态，此时如稍微增加 U_a，电动机就转动起来。

由图 3-16 可知，如果纵坐标右移至 U_{a0}，则 n 与 U_a 成正比关系，其物理意义可以用两个平衡关系来说明。我们已知，当 $U_a > U_{a0}$ 时，$T = T_s$ 不变，故式(3-23)为

$$U_{a0} = \frac{T_s R_a}{C_T \Phi} = \frac{T R_a}{C_T \Phi} = I_a R_a$$

由于负载转矩不变，所以电磁转矩及相应的电枢电流 I_a 也不变，因此 U_a 改变时，电枢内压降 $I_a R_a$ 不变，它始终等于 U_{a0}。这样，电动机的电压平衡方程式变为

$$U_a = E_a + I_a R_a = E_a + U_{a0}$$

或

$$U_a - U_{a0} = E_a = C_e \Phi n$$

此式表示，若以 U_{a0} 为坐标原点，其横坐标实际上表示了反电势 E_a，又 $E_a \propto n$，这样，$n \sim E_a$ 的关系就是通过原点 U_{a0}、斜率为 $C_e \Phi$ 的一条直线。显然，$n \sim U_a$ 的关系就变成不通过原点 O 而是通过 U_{a0} 的同一条直线了。

综上所述，表征电动机调节特性的有两个量：

U_{a0}——始动电压，是电动机处于待动而未动这种临界状态时的控制电压。由式

(3－23)可知，$U_{a0} \propto T_s$，即负载越大，始动电压越大。另外，控制电压从零到 U_{a0} 一段范围内，电动机不转，故此区域称为电动机的死区。显然，负载越大，死区也越大。

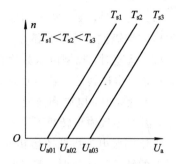

图 3 - 17 直流伺服电动机的调节特性曲线组

$k = \dfrac{1}{C_e \Phi}$——调节特性的斜率，与负载无关，仅由电机本身的参数决定。

当电动机的负载转矩不同时，其 U_{a0} 值也不同，但调节特性的斜率是不变的，因此对应不同的阻转矩 T_{s1}、T_{s2}、T_{s3}……可以得到一组相互平行的调节特性曲线，如图 3 - 17 所示。

2. 可变负载时的调节特性

在自动控制系统中，电动机的负载多数情况下是不变的，但有时也遇到可变负载。例如当负载转矩是由空气摩擦造成的阻转矩时，则转矩随转速增加而增加，并且转速越高，转矩增加得越快。空气摩擦阻转矩随转速变化的大致情况如图 3 - 18 所示。

在变负载的情况下，调节特性不再是一条直线了。这是因为：在不同转速时，阻转矩 T_s 不同，相应的电枢电流 $I_a = T_s/(C_T \Phi)$ 也不同。从电压平衡方程式可以看出，当电枢电压 U_a 改变时，电枢内阻上的电压降 $I_a R_a$ 不再保持为常数，因此反电势 E_a 的变化不再与电枢电压 U_a 的变化成正比。由于随着转速的增加，负载转矩的增量愈来愈大，电阻压降 $I_a R_a$ 的增量也越来越大，因而 E_a 的增量越来越小，而 $E_a \propto n$，所以随着控制信号的增加，转速 n 的增量越来越小，这样 U_a 和 n 的关系便如图 3 - 19 所示。当然曲线 $n \sim U_a$ 的具体形状还与负载特性 $T_L \sim n$ 的形状有关，但总的趋向是一致的。

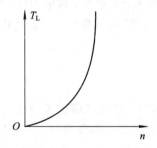

图 3 - 18 空气摩擦阻转矩与转速的关系

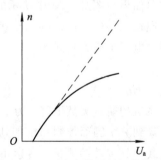

图 3 - 19 可变负载时的调节特性

实际工作中，常常用实验的方法直接测出电动机的调节特性。此时电机和负载耦合，并由放大器提供信号电压。在实验中测出电动机的转速 n 随放大器输入电压 U_1 变化的曲线，因此所得到的是带有放大器的直流电动机的调节特性曲线。

3. 直流伺服电动机低速运转的不稳定性

从直流伺服电动机理想的调节特性来看，只要控制电压 U_a 足够小，电机便可以在很低的转速下运行。但是实际上，当电动机工作在几转每分到几十转每分的范围内时，其转速就不均匀，就会出现一周内时快、时慢，甚至暂停一下的现象，这种现象称为直流伺服电动机低速运转的不稳定性。产生这种现象的原因是：

（1）低速时，反电势平均值不大，因而齿槽效应等原因造成的电势脉动的影响将增大，导致电磁转矩波动比较明显。

（2）低速时，控制电压数值很小，电刷和换向器之间的接触压降不稳定性的影响将增大，故导致电磁转矩不稳定性增加。

（3）低速时，电刷和换向器之间的摩擦转矩的不稳定性，造成电机本身阻转矩 T_0 的不稳定，因而导致输出转矩不稳定。

直流伺服电动机低速运转的不稳定性将在控制系统中造成误差。当系统要求电动机在这样低的转速下运行时，就必须在系统的控制线路中采取措施，使其转速平衡；或者选用低速稳定性好的直流力矩电动机或低惯量直流电动机。

3.8　直流伺服电动机在过渡过程中的工作状态

在一般情况下，系统中的直流伺服电动机大部分时间是处于电动机工作状态。但是当控制信号或负载发生变化时，电动机则从一个稳定状态过渡到另一个稳定状态。在这个过渡过程中，电动机的工作状态就可能发生变化。在设计放大器和分析系统动态特性时都必须考虑这种变化。现以天线控制系统为例，说明伺服电动机在过渡过程中的几种工作状态。

☞ 3.8.1　发电机工作状态

设一台电动机以转速 n_1 驱动天线跟踪飞机，这时它的电枢电压为 U_{a1}，反电势为 E_{a1}，电枢电流为 I_{a1}，转速为 n_1。为了便于在以后的分析中辨别上述各量的方向，规定：各个量的实际方向如果与图 3-20 中所示的方向一致时，数值为正；反之，数值为负。

由于现在主要研究电机的工作状态，为了分析简便，可先不考虑放大器的内阻，这时电枢回路的电压平衡方程式为

$$U_{a1} = E_{a1} + I_{a1}R_a$$

式中，$U_{a1} > E_{a1}$。

如果飞机的航速突然下降，为了使天线继续跟踪飞机，就要求驱动天线的电动机的转速迅速下降到 n_2，因而控制系统加到电机电枢两端的电压需立即降为 U_{a2}，但是由于电机本身和负载均具有转动惯量，转速不能马上下降。反电势仍为 E_{a1}，此时电枢电压已经变化，所以电枢电流就随之变化。如果忽略电枢绕组的电感，则电压平衡方程式应为

$$U_{a2} = E_{a1} + I_{a2}R_a \tag{3-24}$$

如果这时电枢电压 $U_{a2} < E_{a1}$，那么由式（3-24）可知，为了使电压平衡，I_{a2} 应为负值，这表示 I_{a2} 的方向与图 3-20 中所示 I_{a1} 的方向相反，并且电磁转矩的方向也随 I_a 方向改变而改变。这时电机中各个量的实际方向如图 3-21 所示。

这时，电势 E_{a1} 和电枢电流 I_{a2} 方向一致，而电磁转矩 T 的方向和转速 n_1 相反，变成了制动转矩，可见此时电机处于发电机状态。

由于电磁转矩的制动作用，使电机转速迅速下降，因而电势 E_a 下降。当它下降到小于 U_{a2} 时，电机又回到电动机状态，直到转速下降到 n_2 时，电动机便达到新的稳定状态。

由此可见,过渡过程中电机所处的发电机状态加快了电机转速的衰减过程,提高了系统的快速性,这正是系统所需要的。但是当电动机由晶闸管供电时,由于晶闸管不允许流过反方向的电流,电机就不可能产生制动转矩。在这种情况下,可以在电机的电枢两端并联一电阻,以构成回路,如图 3－22 所示,但这种方法的缺点是当电机工作在电动机状态时,电阻 R 上要消耗一部分能量。

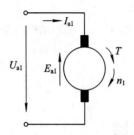

图 3－20　直流电机各个
量的正方向

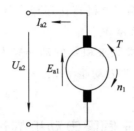

图 3－21　直流电机的
发电机状态

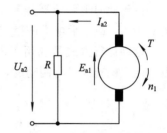

图 3－22　晶闸管供电时电枢
两端的并联电阻

☞ 3.8.2　反接制动工作状态

设电机带动天线跟踪飞机自西向东旋转,如果在战斗中这架飞机已经被击落,需要跟踪另一架反方向飞行的敌机,那么就要求驱动天线的电动机反转。为此,控制系统便输给电机一个反方向的信号电压 U_{a3}。但是由于电机本身及其负载有转动惯量,所以电机还暂时维持原来的转速 n_1。此时,电机的感应电势 E_{a1} 不变,但是电枢电压已经反向,变成与 E_{a1} 同方向,因而电枢电流 I_{a3} 和电磁转矩 T 也随着反向。直流电机的反接制动状态如图 3－23 所示(此图要与图 3－20 对比着理解)。

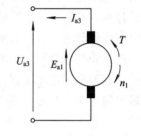

图 3－23　直流电机的反接
制动状态

在这种情况下,电机既不处于电动机状态,又不处于发电机状态,它的工作特点是:

(1) 由于 U_{a3} 和 E_{a1} 同方向加于电枢回路,所以电枢电流 I_{a3} 很大。

(2) 电磁转矩为制动转矩,而且很大,因而使电机迅速制动。

(3) 电机既吸收电能,又吸收机械能(转速降低,动能减少),并全部变成电机的损耗,其中主要是电枢铜耗。

因为是用电枢电压反接的方法来制动的,所以电机的这种工作状态叫做反接制动状态。在反接制动时,电枢电流要比电动机状态时大得多。例如 S—221 直流电动机,在额定电压 110 V、额定电流 0.26 A 运行时,如将其电枢电压突然反向(仍为 110 V),则瞬时电流可大于 2 A。因此,在设计放大器时,必须考虑电机在反接制动时可能出现的电流最大值。

☞ 3.8.3　动能制动状态

如果上述的天线控制系统在完成战斗任务之后,需要停转时,那么,控制系统输给电机的信号电压就马上降为 0，并将电枢两端短接。这种情况下电机所处的状态也属于上述的发电机状态，只是 $U_{a2}=0$。此时电压平衡方程式为

$$0 = E_a + I_a R_a$$

它表示电机处于发电机短路的工作状态，如图 3 - 24 所示。

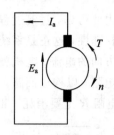

图 3 - 24　直流电机的动能
制动状态

由于此时电磁转矩是制动转矩，电机转速逐渐下降。因为 $U_{a2}=0$，故最后电机的稳定转速为 0。

这种运行方式是利用了电动机原来积蓄的动能来发电，以产生电磁转矩进行制动的，所以叫做动能制动。

3.9　直流伺服电动机的过渡过程

为了分析控制系统的动态特性，不仅需要知道电机在过渡过程中的工作状态，而且还要进一步了解电机的转速、转矩、电流、功率等物理量在过渡过程中随时间变化的规律，以及过渡过程时间和电机参数的关系。

产生过渡过程的原因，主要是电机中存在两种惯性：机械惯性和电磁惯性。如上一节所述当电枢电压突然改变时，由于电机和负载有转动惯量，转速不能突变，需要有一个渐变的过程，才能达到新的稳态，因此转动惯量是造成机械过渡过程的主要因素。另外，由于电枢绕组具有电感，电枢电流也不能突变，也需要有一个过渡过程，所以电感是造成电磁过渡过程的主要因素。电磁过渡过程和机械过渡过程是相互影响的，这两种过渡过程交织在一起形成了电机总的过渡过程。但是一般来说，电磁过渡过程所需的时间要比机械过渡过程短得多。因此在许多场合，只考虑机械过渡过程，而忽略电磁过渡过程，在上一节中就是这样处理的。

研究电机过渡过程的方法，是将过渡过程中的物理规律用微分方程表示出来，然后根据初始条件求解方程，找出各物理量与时间的函数关系。下面即按照这种方法分析直流伺服电动机在电枢绕组加上阶跃电压时，转速和电流随时间增长的过程。

☞ 3.9.1　伺服电动机过渡过程的分析

首先我们利用直流电动机在动态下的四个关系式建立转速对时间的微分方程。

在过渡过程中，直流电动机的电磁转矩和感应电势的表达式为

$$T = C_T \Phi I_a$$
$$E_a = C_e \Phi n$$

式中，Φ 为常数；T、E_a、I_a、n 均为瞬时值，是时间的函数。

因为电枢绕组具有电感，在过渡过程中电枢电流在变化，所以在电枢回路中将产生电抗压降 $L_a \dfrac{\mathrm{d}I_a}{\mathrm{d}t}$，其中 L_a 为电枢绕组的电感。因此，动态电压平衡方程式应写成

$$L_a \frac{\mathrm{d}I_a}{\mathrm{d}t} + I_a R_a + E_a = U_a \tag{3-25}$$

　　在过渡过程中，电动机的电磁转矩除了要克服轴上的摩擦转矩外，还要克服轴上的惯性转矩，因此，转矩平衡方程式应写成

$$T = T_s + J \frac{\mathrm{d}\Omega}{\mathrm{d}t}$$

式中，T_s 为负载转矩和电机空载转矩之和；J 为电机本身及负载的转动惯量；$\frac{\mathrm{d}\Omega}{\mathrm{d}t}$ 为电机的角加速度。

　　在小功率随动系统中选择电动机时，总是使电动机的额定转矩远大于轴上的空载阻转矩。也就是说，在动态过渡过程中，电磁转矩主要用来克服惯性转矩，以加快过渡过程。因此，为了推导方便，可以假定 $T_s = 0$，这样，有

$$T = J \frac{\mathrm{d}\Omega}{\mathrm{d}t}$$

因为

$$\Omega = \frac{2\pi n}{60}$$

$$T = C_T \Phi I_a$$

所以可得

$$I_a = \frac{2\pi J}{60 C_T \Phi} \cdot \frac{\mathrm{d}n}{\mathrm{d}t}$$

把 I_a 的表达式及 $E_a = C_e \Phi n$ 代入式(3-25)，并用 $C_e \Phi$ 去除每一项，则得到

$$L_a \frac{2\pi J}{60 C_e C_T \Phi^2} \cdot \frac{\mathrm{d}^2 n}{\mathrm{d}t^2} + \frac{2\pi J R_a}{60 C_e C_T \Phi^2} \cdot \frac{\mathrm{d}n}{\mathrm{d}t} + n = \frac{U_a}{C_e \Phi}$$

令

$$\tau_j = \frac{2\pi J R_a}{60 C_e C_T \Phi^2}, \qquad \tau_d = \frac{L_a}{R_a}$$

又

$$\frac{U_a}{C_e \Phi} = n_{0L}$$

则上式写成

$$\tau_j \tau_d \frac{\mathrm{d}^2 n}{\mathrm{d}t^2} + \tau_j \frac{\mathrm{d}n}{\mathrm{d}t} + n = n_{0L} \tag{3-26}$$

式中，τ_j 称为机电时间常数；τ_d 称为电磁时间常数；n_{0L} 为理想空载转速。

　　对已制成的电机而言，τ_j、τ_d、n_{0L} 都是常数，因此式(3-26)是转速 n 的二阶微分方程。对式(3-26)进行拉氏变换得到

$$\tau_j \tau_d p^2 n(p) + \tau_j p n(p) + n(p) = \frac{n_{0L}}{p}$$

其特征方程及它的两个根分别为

$$\tau_j \tau_d p^2 + \tau_j p + 1 = 0$$

$$p_{1,2} = -\frac{1}{2\tau_d} \left(1 \pm \sqrt{1 - \frac{4\tau_d}{\tau_j}} \right)$$

所以，对转速可解得

$$n = n_{0L} + A_1 e^{p_1 t} + A_2 e^{p_2 t} \tag{3-27}$$

按初始条件决定积分常数 A_1 和 A_2。设 $t=0$ 时，转速 $n=0$，加速度 $\mathrm{d}n/\mathrm{d}t=0$，故有

$$A_1 + A_2 + n_{0L} = 0$$
$$A_1 p_1 + A_2 p_2 = 0$$

由此解得

$$A_1 = \frac{p_2}{p_1 - p_2} n_{0L}$$

$$A_2 = -\frac{p_1}{p_1 - p_2} n_{0L}$$

将所得之 A_1、A_2 值代入式(3-27)，则得电动机转速随时间变化的规律为

$$n = n_{0L} + \frac{n_{0L}}{2\sqrt{1 - \dfrac{4\tau_d}{\tau_j}}} \left[\left(1 - \sqrt{1 - \frac{4\tau_d}{\tau_j}}\right) e^{p_1 t} - \left(1 + \sqrt{1 - \frac{4\tau_d}{\tau_j}}\right) e^{p_2 t} \right]$$

用同样的分析方法，找出过渡过程中电枢电流 I_a 随时间变化的规律：

$$I_a = \frac{\dfrac{U_a}{R_a}}{\sqrt{1 - \dfrac{4\tau_d}{\tau_j}}} (e^{p_2 t} - e^{p_1 t})$$

当 $4\tau_d < \tau_j$ 时，p_1 和 p_2 两根都是负实数，这时电机的转速、电流的过渡过程如图 3-25 所示，是非周期的过渡过程。这种情况出现在电机电枢电感 L_a 比较小、电枢电阻 R_a 比较大，以及电机转动惯量 J 较大、电机转矩较小的条件下。

当 $4\tau_d > \tau_j$ 时，p_1 和 p_2 两个根是共轭复数，这时过渡过程产生振荡，如图 3-26 所示。当电枢回路电阻 R_a 及转动惯量 J 很小，而电枢电感 L_a 很大时，就可能出现这种振荡现象。

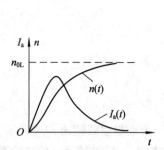

图 3-25　直流电动机在 $4\tau_d < \tau_j$
时的过渡过程

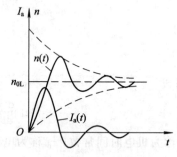

图 3-26　直流电动机在 $4\tau_d > \tau_j$
时的过渡过程

在大多数情况下，特别是放大器内阻与电枢绕组相串联时，则有 $\tau_j \gg \tau_d$。此时，τ_d 可以忽略不计，于是式(3-26)可以简化为一阶微分方程

$$\tau_j \frac{\mathrm{d}n}{\mathrm{d}t} + n = n_{0L} \tag{3-28}$$

其解为

$$n = n_{0L}(1 - e^{-\frac{t}{\tau_j}}) \tag{3-29}$$

用同样的方法解得

$$I_a = \frac{U_a}{R_a} e^{-\frac{t}{\tau_j}}$$ (3 - 30)

把 $t = \tau_j$ 代入式(3 - 29)可得 $n = 0.632\, n_{0L}$。所以，机电时间常数 τ_j 被定义为：电机在空载情况下加额定励磁电压时，加上阶跃的额定控制电压，转速从 0 升到理想空载转速的 63.2% 时所需的时间。但是实际上电机的理想空载转速是无法测量的，因此为了能通过试验确定机电时间常数，实用上，τ_j 被定义为在上述同样的条件下，转速从 0 升到空载转速的 63.2% 时所需的时间。如再把 $t = 3\tau_j$ 代入式(3 - 29)则得 $n \approx 0.95\, n_{0L}$。此时，过渡过程基本结束，所以 $3\tau_j$ 称为过渡过程时间。

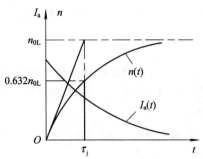

图 3 - 27　直流电动机在 $\tau_j \gg \tau_d$ 时的过渡过程

对应于式(3 - 29)、式(3 - 30)的特性曲线如图 3 - 27 所示。

☞ 3.9.2　机电时间常数 τ_j 与电机参数的关系

由上可知，电动机过渡过程时间的长短主要是由机电时间常数 τ_j 来决定的。现在我们进一步讨论机电时间常数 τ_j 与电机参数的关系。

已知

$$\tau_j = \frac{2\pi J R_a}{60 C_e C_T \Phi^2}$$ (3 - 31)

该式表明，机电时间常数与旋转部分的转动惯量、电枢回路的电阻成正比。但当电机在自动控制系统中使用时，系统中的放大器和电机所带的负载都影响到电机的过渡过程，现分述如下。

1. 负载转动惯量的影响

当电机在系统中带动负载时，其转动惯量应该包括负载通过传动比折合到电动机轴上的转动惯量 J_L 和电机本身的转动惯量 J_0，即总的转动惯量应该是 $J_L + J_0$。

2. 放大器内阻的影响

当电机是由直流放大器提供控制信号时，如同在分析放大器内阻对机械特性的影响一样，这时电枢回路的电阻中应包括放大器的内阻 R_i，即总的电枢回路电阻为 $R_a + R_i$。这样一来，电机机电时间常数表示式(3 - 31)应改为

$$\tau_j = \frac{2\pi(J_L + J_0)(R_a + R_i)}{60 C_e C_T \Phi^2}$$ (3 - 32)

由式(3 - 32)可以看出，负载惯量越大或放大器内阻越大，则机电时间常数 τ_j 亦越大，过渡过程的时间就越长。

还可以把电动机机械特性的硬度和机电时间常数的大小联系起来。如果我们把式(3 - 31)的分子、分母各乘上电动机堵转时的电枢电流 $I_{a(d)}$，则式(3 - 31)变成

$$\tau_j = \frac{2\pi J R_a I_{a(d)}}{60 C_e \Phi C_T \Phi I_{a(d)}}$$

因为堵转时，$I_{a(d)}R_a = U_a$，$C_T\Phi I_{a(d)} = T_d$（堵转转矩），又 $U_a/(C_e\Phi) = n_{0L}$，所以上式变成

$$\tau_j = \frac{2\pi J}{60} \cdot \frac{n_{0L}}{T_d} \tag{3-33}$$

式中，$n_{0L}/T_d = k$ 为机械特性的斜率。所以式（3-33）变成

$$\tau_j = \frac{2\pi J}{60} k \tag{3-34}$$

式（3-34）表明了电动机机械特性斜率和过渡过程时间的关系。机械特性斜率小，特性硬，则机电时间常数小，过渡过程快；反之，若斜率大，特性软，则机电时间常数大，过渡过程慢。

因为式（3-33）中的 $2\pi n_{0L}/60 = \Omega_0$，$\Omega_0$ 是理想空载时的角速度，故式（3-33）可写成

$$\tau_j = \frac{J\Omega_0}{T_d} \tag{3-35}$$

或改写成

$$\tau_j = \frac{J}{\dfrac{T_d}{\Omega_0}} \tag{3-36}$$

或

$$\tau_j = \frac{\Omega_0}{\dfrac{T_d}{J}} \tag{3-37}$$

式（3-36）中的 T_d/Ω_0 称为电动机的阻尼系数 D，即 $D = T_d/\Omega_0$。不难看出，阻尼系数实际上是用角速度表示的机械特性斜率的倒数。显然，阻尼系数越大，则机械特性斜率越小，机电时间常数越小，过渡过程越快；反之，阻尼系数越小，则过渡过程越慢。

式（3-37）中的 T_d/J 称为电动机的力矩—惯量比。力矩—惯量比越大，过渡过程越短，力矩—惯量比越小，过渡过程越长。

总而言之，一般书籍或手册中常提到的机电时间常数、阻尼系数、力矩—惯量比等术语，都是表征电动机动态特性的系数，它们之间都是有直接联系的。

最后我们说明一下机电时间常数的单位。

如果把理想空载转速 n_{0L} 的单位取为 r/min，堵转转矩的单位取为 N·m，转动惯量 J 的单位取为 kg·m²，则式（3-31）所得的时间常数 τ_j 单位为 s。

由于机电时间常数表示了电机过渡过程时间的长短，反映了电机转速追随信号变化的快慢程度，所以是伺服电动机一项重要的动态性能指标。一般直流伺服电动机的机电时间常数大约在十几毫秒到几十毫秒之间。快速低惯量直流伺服电动机的机电时间常数通常在 10 ms 以下，其中空心杯电枢永磁直流伺服电动机的机电时间常数可小到 2 ms～3 ms。

3.10　直流力矩电动机

☞ **3.10.1　概述**

在某些自动控制系统中，被控对象的运动速度相对来说是比较低的。例如某一种防空

雷达天线的最高旋转速度为 $90°/s$，这相当于转速 15 r/min。一般直流伺服电动机的额定转速为 1500 r/min 或 3000 r/min，甚至 6000 r/min，这时就需要用齿轮减速后再去拖动天线旋转。但是齿轮之间的间隙对提高自动控制系统的性能指标很有害，它会引起系统在小范围内的振荡和降低系统的刚度。因此，我们希望有一种低转速、大转矩的电动机来直接带动被控对象。

直流力矩电动机就是为满足类似上述这种低转速、大转矩负载的需要而设计制造的电动机。它能够在长期堵转或低速运行时产生足够大的转矩，而且不需经过齿轮减速而直接带动负载。它具有反应速度快、转矩和转速波动小、能在很低转速下稳定运行、机械特性和调节特性线性度好等优点。特别适用于位置伺服系统和低速伺服系统中作执行元件，也适用于需要转矩调节、转矩反馈和一定张力的场合(例如在纸带的传动中)。

目前直流力矩电动机转矩已可达几千牛米，空载转速可低到 10 r/min 左右。

☞ 3.10.2　结构特点

直流力矩电动机的工作原理和普通的直流伺服电动机相同，只是在结构和外形尺寸的比例上有所不同。一般直流伺服电动机为了减少其转动惯量，大部分作成细长圆柱形。而直流力矩电动机为了能在相同的体积和电枢电压下产生比较大的转矩和低的转速，一般作成圆盘状，电枢长度和直径之比一般为 0.2 左右；从结构合理性来考虑，一般作成永磁多极的。为了减少转矩和转速的波动，选取较多的槽数、换向片数和串联导体数。总体结构型式有分装式和内装式两种，分装式结构包括定子、转子和刷架三大部件，机壳和转轴由用户根据安装方式自行选配；内装式则与一般电机相同，机壳和轴已由制造厂装配好。图3 - 28 是直流力矩电动机的结构示意图。图中定子 1 是一个用软磁材料作成的带槽的环，在槽中镶入永久磁钢作为主磁场源，这样在气隙中形成了分布较好的磁场。转子铁心 2 由导磁冲片叠压而成，槽中放有电枢绕组 3；槽楔 4 由铜板作成，并兼作换向片，槽楔两端伸出槽外，一端作为电枢绕组接线用，另一端作为换向片，并将转子上的所有部件用高温环氧树脂灌封成整体；电刷 5 装在电刷架 6 上。

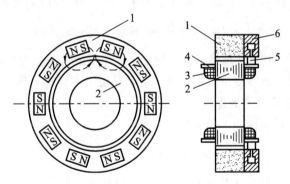

图 3 - 28　直流力矩电动机结构示意图

☞ 3.10.3　为什么直流力矩电动机转矩大、转速低

如上所述，力矩电动机之所以作成圆盘状，是为了能在相同的体积和控制电压下产生较大的转矩和较低的转速。下面以图 3 - 29 所示的简单模型，粗略地说明外形尺寸变化对

转矩和转速的影响。

1. 电枢形状对转矩的影响

由 3.2 节给出的电磁转矩公式(3－2)，得到图 3－29(a)所示模型的电磁转矩为

$$T_a = N_a B_p l_a i_a \frac{D_a}{2} \tag{3-38}$$

式中，N_a 为图 3－29(a)中所示电枢绕组的总导体数；B_p 为一个磁极下气隙磁通密度的平均值；l_a 为图 3－29(a)中所示导体在磁场中的长度，即电枢铁心轴向长度；i_a 为电枢导体中的电流；D_a 为图 3－29(a)中所示电枢的直径。

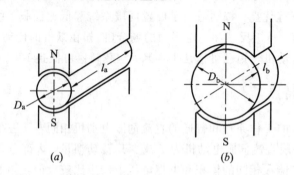

图 3－29　电枢体积不变的条件下，不同直径时的电枢形状

因为电枢体积的大小，在一定程度上反映了整个电动机的体积，所以可以在电枢体积不变的条件下，比较不同直径时所产生的转矩。

如果把图中电枢的直径增大 1 倍，而保持体积不变，此时电动机的形状则如图 3－29(b)所示，即该图中电枢直径 $D_b = 2D_a$，电枢长度 $l_b = l_a/4$。

在图 3－29 中，假定两种情况下电枢导体的电流一样，那么两种情况下导体的直径也一样，但图(b)中电枢铁心截面积增大到图(a)的 4 倍，所以槽面积及电枢总导体数 N_b 也近似增加到图(a)的 4 倍，即 $N_b = 4N_a$。这样一来，乘积 $N_b l_b = 4N_a \cdot l_a/4 = N_a l_a$。也就是说，在电枢铁心体积相同、导体直径不变的条件下，即使改变其铁心直径，导体数 N 和导体有效长度 l 的乘积仍不变。据此，我们可以得到图(b)时的电磁转矩为

$$T_b = B_p i_a (N_b l_b) \frac{D_b}{2} = B_p i_a N_a l_a \cdot 2 \frac{D_a}{2} = 2T_a$$

这说明直流电动机在体积、气隙平均磁通密度、导体中的电流都相同的条件下，如果把电枢直径增大 1 倍，则电磁转矩也就大了 1 倍，就是说电磁转矩大致和直径成正比。

2. 电枢形状对空载转速的影响

已知一个极下一根导体的平均电势

$$e_p = B_p l v = B_p l \frac{\pi D n}{60}$$

式中，B_p 为一个极下气隙的平均磁通密度；l 为导体在磁场中的长度；v 为导体运动的线速度，或电枢圆周速度；n 为电机转速；D 为电枢铁心直径。

如果电枢总导体数为 N，若一对电刷之间的并联支路数为 2，则一对电刷所串联的导体数为 $N/2$，这样，刷间电势为

$$E_a = B_p l N \frac{\pi D n}{120} \tag{3-39}$$

在理想空载时，电动机转速为 n_{0L}，电枢电压 U_a 和反电势 E_a 相等。因此，由式（3 - 39）可得

$$n_{0L} = \frac{120}{\pi} \cdot \frac{U_a}{B_p l N} \cdot \frac{1}{D}$$

已知当电枢体积和导体直径不变的条件下，Nl 的乘积近似不变。所以，当电枢电压和气隙平均磁通密度相同时，理想空载转速 n_{0L} 和电枢铁心直径 D 近似成反比。即电枢直径越大，电动机理想空载转速就越低。

从以上分析可知，在其他条件相同时，如增大电动机直径，减少其轴向长度，就有利于增加电动机的转矩和降低空载转速。这就是力矩电动机作成圆盘状的原因。

☞ 3.10.4　直流力矩电动机性能特点

1. 力矩波动小，低速下能稳定运行

力矩电动机重要性能指标之一是力矩波动，这是因为它通常运行在低速状态或长期堵转，力矩波动将导致运行不平稳或不稳定。力矩波动系数是指转子处于不同位置时，堵转力矩的峰值与平均值之差相对平均值的百分数。力矩波动的主要原因是由于绕组元件数、换向器片数有限使反电势产生波动，电枢铁心存在齿槽引起磁场脉动，以及换向器表面不平使电刷与换向器之间的滑动摩擦力矩有所变化等。结构上采用扁平式电枢，可增多电枢槽数、元件数和换向器片数；适当加大电机的气隙，采用磁性槽楔、斜槽等措施，都可使力矩波动减小。

2. 机械特性和调节特性的线性度

在 3.7 节中所述的直流电动机机械特性和调节特性是在励磁磁通不变的条件下得出的。事实上，与直流发电机一样，电动机中同样也存在着电枢反应的去磁作用，而且它的去磁程度与电枢电流或负载转矩有关，它导致机械特性和调节特性的非线性。为了提高特性的线性度，在设计直流力矩电动机时，把磁路设计成高度饱和，并采取增大空气隙等方法，使电枢反应的影响显著减小。

3. 响应迅速，动态特性好

由 3.9 节可知，决定过渡过程快慢的两个时间常数是机电时间常数 τ_j 和电磁时间常数 τ_d。虽然直流力矩电动机电枢直径大，转动惯量大，但由于它的堵转力矩很大，空载转速很低，力矩电动机的机电时间常数还是比较小的，这样，其电磁时间常数 τ_d 相对变大。已知 $\tau_d = L_a / R_a$，其中电枢绕组电感 L_a 主要取决于电枢绕组的电枢反应磁链。可以证明，增加极对数可以减少电枢反应磁链。所以，为减小电磁时间常数，提高力矩电机的快速反应能力，采用了多极结构，如图 3 - 28 所示。此外，力矩电动机的饼式结构有利于将电动机的轴直接套在短而粗的负载轴上，从而大大提高了系统的耦合刚度。

4. 峰值堵转转矩和峰值堵转电流

因为电枢磁场对主磁场的去磁作用随电枢电流的增加而增加，故而峰值堵转电流是受磁钢去磁限制的最大电枢电流。与其相对应的堵转转矩称为峰值堵转转矩，它是力矩电机最大的堵转转矩。

需要指出，由于电机定子上装有永久磁钢，因此在拆装电机时，务必使定子磁路处于

短路状态。即取出转子之前，应先用短路环封住定子，再取出转子；否则，永久磁钢将失磁。如果使用中发生电枢电流超过峰值堵转电流，使电机去磁，并导致堵转转矩不足时，则必须重新充磁。

3.11　低惯量直流伺服电动机

通过前面几节的学习，可知直流伺服电动机有如下许多优点：启动转矩大，调速范围广，机械特性和调节特性线性度好，控制方便等，因此直流伺服电动机获得了广泛应用。但是，由于直流伺服电动机转子是带铁心的，加之铁心有齿有槽，因而带来性能上的缺陷，如转动惯量大，机电时间常数较大，灵敏度差；转矩波动较大，低速运转不够平稳；换向火花带来无线电干扰，并影响电机寿命，使应用上受到一定的限制。目前国内外已在普通直流伺服电动机的基础上发展了低惯量直流伺服电动机，主要形式有：杯形电枢直流伺服电动机；盘形电枢直流伺服电动机；无槽电枢直流伺服电动机。它们已广泛应用于现代携带式电声、电视设备和计算机外围设备以及高灵敏度伺服系统中。下面略述这些低惯量伺服电动机的结构和性能特点。

1. 杯形电枢直流伺服电动机

杯形电枢直流伺服电动机的结构简图如图 3-30 所示。空心杯转子可以由事先成型的单个线圈，沿圆柱面排列成杯形，或直接用绕线机绕成导线杯，再用环氧树脂热固化定型。也可采用印制绕组。它有内、外定子。外定子装有永久磁钢，内定子起磁轭作用，由软磁材料制成。空心杯电枢直接安装在电机轴上，它在内、外定子之间的气隙中旋转。由于转子内、外侧都需要有足够的气隙，所以磁阻大，磁势利用率低。通常需采用高性能永磁材料作磁极。

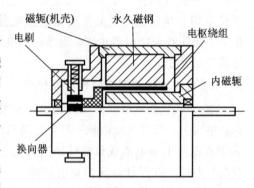

图 3-30　杯形转子直流伺服电动机

这种电机的性能特点是：

（1）低惯量。由于转子无铁心，且薄壁细长，惯量极低，有超低惯量电动机之称。

（2）灵敏度高。因转子绕组散热条件好，绕组的电流密度可取到 30 A/mm²，并且永久磁钢体积大，可提高气隙的磁通密度，所以力矩大。加上惯量又小，因而转矩/惯量比很大，机电时间常数很小（最小的在 1 ms 以下），灵敏度高，快速性好。其始动电压在 100 mV 以下，可完成每秒钟 250 个起—停循环。

（3）损耗小，效率高。因转子中无磁滞和涡流造成的铁耗，所以效率可达 80%或更高。

（4）力矩波动小，低速运转平稳，噪音很小。由于绕组在气隙中均匀分布，不存在齿槽效应，因此力矩传递均匀，波动小，故运转时噪音小，低速运转平稳。

（5）换向性能好，寿命长。与直流发电机一样，直流电动机的换向元件中也存在着自感电势 e_L 和电枢反应电势 e_a，它们也同样在换向元件中产生附加电流 i_k。当换向元件即将结束换向离开电刷时，该附加电流被迫中断，此时换向元件放出电磁能 $Li_k^2/2$（L 是换向元件的电感)，使电刷下产生火花，犹如拉断开关产生电弧一样。由于杯形转子无铁心，换向元件电感很小，几乎不产生火花，换向性能好，因此大大提高了电机的使用寿命。据有关资料介绍，这种电机的寿命可达 3 kh～5 kh，甚至高于 10 kh。而且换向火花很小，可大大减小对无线电的干扰。

这种形式的直流伺服电动机的制造成本较高。它大多用于高精度的自动控制系统及测量装置等设备中，如电视摄像机、录音机、X－Y 函数记录仪、机床控制系统等方面。这种电机的用途日趋广泛，是今后直流伺服电动机的发展方向之一。

2. 盘形电枢直流伺服电动机

盘形电枢的特点是电枢的直径远大于长度，电枢有效导体沿径向排列，定转子间的气隙为轴向平面气隙，主磁通沿轴向通过气隙。圆盘中电枢绕组可以是印制绕组或绕线式绕组，后者功率比前者大。

印制绕组是采用与制造印制电路板相类似的工艺制成的，它可以是单片双面或多片重叠的。绕线式则是先绕成单个线圈，然后把全部线圈排列成盘形，再用环氧树脂热固化成型。图 3－31 所示为印制绕组盘形电枢直流伺服电动机结构简图。由此图可见，它不单独设置换向器，而是利用靠近转轴的电枢端部兼作换向器，但导体表面需另外镀一层耐磨材料，以延长使用寿命。图 3－32 所示为线绕式盘形电枢直流伺服电动机结构简图。

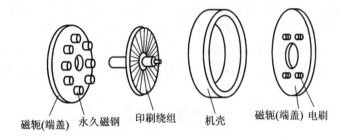

磁轭(端盖)　永久磁钢　印刷绕组　机壳　磁轭(端盖)　电刷

图 3－31　印制绕组直流伺服电动机

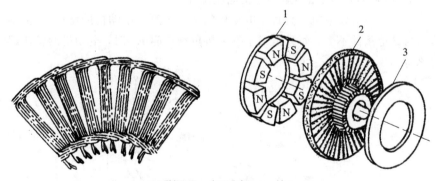

1—磁钢；2—盘形电枢；3—铁心

图 3－32　线绕式盘形电枢电动机的主要零部件结构图

盘形电枢直流伺服电动机具有与杯形电枢类似的特点，它们是：

(1) 电机结构简单，制造成本低。

(2) 启动转矩大。由于电枢绕组全部在气隙中，散热良好，其绕组电流密度比一般普通的直流伺服电动机高 10 倍以上，因此容许的启动电流大，启动转矩也大。

（3）力矩波动很小，低速运行稳定，调速范围广而平滑，能在 1∶20 的速比范围内可靠平稳运行。这主要是由于这种电机没有齿槽效应以及电枢元件数、换向片数很多的缘故。

（4）换向性能好。电枢由非磁性材料组成，换向元件电感小，所以换向火花小。

（5）电枢转动惯量小，反应快，机电时间常数一般为 10 ms～15 ms，属于中等低惯量伺服电动机。

盘形电枢直流伺服电动机适用于低速和启动、反转频繁，要求薄形安装尺寸的系统中。目前它的输出功率一般在几瓦到几千瓦之间，其中功率较大的电机主要用于数控机床、工业机器人、雷达天线驱动和其他伺服系统。

3. 无槽电枢直流伺服电动机

无槽电枢直流电动机的结构和普通直流电动机的差别仅仅是电枢铁心是光滑、无槽的圆柱体。电枢的制造是将敷设在光滑电枢铁心表面的绕组，用环氧树脂固化成型并与铁心粘结在一起，其气隙尺寸较大，比普通的直流电动机大 10 倍以上。定子励磁一般采用高磁能的永久磁钢。

由于无槽直流电动机在磁路上不存在齿部磁通密度饱和的问题，因此就有可能大大提高电机的气隙磁通密度和减小电枢的外径。这种电机的气隙磁通密度可达 1 T 以上，比普通直流伺服电动机大 1.5 倍左右。电枢的长度与外径之比在 5 倍以上。所以无槽直流电动机具有转动惯量低、启动转矩大、反应快、启动灵敏度高、转速平稳、低速运行均匀、换向性能良好等优点。目前电机的输出功率在几十瓦到 10 kW 以内，机电时间常数为 5 ms～10 ms。主要用于要求快速动作、功率较大的系统，例如数控机床和雷达天线驱动等方面。

思考题与习题

3-1 直流电动机的电磁转矩和电枢电流由什么决定？

3-2 如果用直流发电机作为直流电动机的负载来测定电动机的特性（参见图 3-33），就会发现，当其他条件不变，而只是减小发电机负载电阻 R_L 时，电动机的转速就下降。试问这是什么原因？

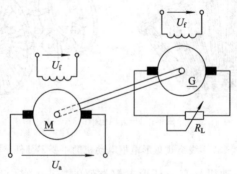

图 3-33 题 3-2 图

3-3 一台他励直流电动机，如果励磁电流和被拖动的负载转矩都不变，而仅仅提高电枢端电压，试问电枢电流、转速变化怎样？

3-4　已知一台直流电动机，其电枢额定电压 $U_a = 110$ V，额定运行时的电枢电流 $I_a = 0.4$ A，转速 $n = 3600$ r/min，它的电枢电阻 $R_a = 50$ Ω，空载阻转矩 $T_0 = 15$ mN·m。试问该电动机额定负载转矩是多少？

3-5　用一对完全相同的直流机组成电动机—发电机组，它们的励磁电压均为 110 V，电枢电阻 $R_a = 75$ Ω。已知当发电机不接负载，电动机电枢电压加 110 V 时，电动机的电枢电流为 0.12 A，绕组的转速为 4500 r/min。试问：

(1) 发电机空载时的电枢电压为多少伏？

(2) 电动机的电枢电压仍为 110 V，而发电机接上 0.5 kΩ 的负载时，机组的转速 n 是多大(设空载阻转矩为恒值)？

3-6　一台直流电动机，额定转速为 3000 r/min。如果电枢电压和励磁电压均为额定值，试问该电机是否允许在转速 $n = 2500$ r/min 下长期运转？为什么？

3-7　直流电动机在转轴卡死的情况下能否加电枢电压？如果加额定电压将会有什么后果？

3-8　并励电动机能否用改变电源电压极性的方法来改变电动机的转向？

3-9　当直流伺服电动机电枢电压、励磁电压不变时，如将负载转矩减少，试问此时电动机的电枢电流、电磁转矩、转速将怎样变化？并说明由原来的稳态到达新的稳态的物理过程。

3-10　请用电压平衡方程式解释直流电动机的机械特性为什么是一条下倾的曲线？为什么放大器内阻越大，机械特性就越软？

3-11　直流伺服电动机在不带负载时，其调节特性有无死区？调节特性死区的大小与哪些因素有关？

3-12　一台直流伺服电动机带动一恒转矩负载(负载阻转矩不变)，测得始动电压为 4 V，当电枢电压 $U_a = 50$ V 时，其转速为 1500 r/min。若要求转速达到 3000 r/min，试问要加多大的电枢电压？

3-13　已知一台直流伺服电动机的电枢电压 $U_a = 110$ V，空载电流 $I_{a0} = 0.055$ A，空载转速 $n_0' = 4600$ r/min，电枢电阻 $R_a = 80$ Ω。

(1) 试求当电枢电压 $U_a = 67.5$ V 时的理想空载转速 n_0 及堵转转矩 T_d；

(2) 该电机若用放大器控制，放大器内阻 $R_i = 80$ Ω，开路电压 $U_i = 67.5$ V，求这时的理想空载转速 n_0 及堵转转矩 T_d；

(3) 当阻转矩 $T_L + T_0$ 由 30×10^{-3} N·m 增至 40×10^{-3} N·m 时，试求上述两种情况下转速的变化 Δn。

第4章 变 压 器

4.1 变压器的应用、结构和原理

☞ 4.1.1 变压器的用途简介

变压器是一种静止电机,它可将一种型式的电信号(或电能)转换成另一种型式的电信号(或电能)。在自动控制系统中常用的变压器有小功率电源变压器和作为信号传递的信号变压器,如脉冲变压器、输入输出变压器等。在电力系统中的变压器一般用作电能之间的转换器,例如从电力的生产、输送、分配到各用电户,采用着各式各样的电力变压器。控制系统用的变压器容量小,一般采用的是不超过几千伏安的单相变压器;电力变压器的容量大,一般采用的是几十千伏安甚至几十万千伏安的三相变压器。本章以自动控制系统中使用的单相变压器为例来分析变压器的基本理论。

☞ 4.1.2 变压器的工作原理

图 4 - 1 为单相变压器的原理图。在闭合铁心上绕有两绕组,其中接到交流电源一侧的叫原边(或称为一次侧或初级)绕组,而接到负载或输出电信号一侧的叫副边(或称为二次侧或次级)绕组。变压器的工作原理建立在电磁感应原理的基础上,即在两个电路之间通过电磁感应实现了交流电信号的传递。铁心是闭合铁心,用硅钢片叠压制成。

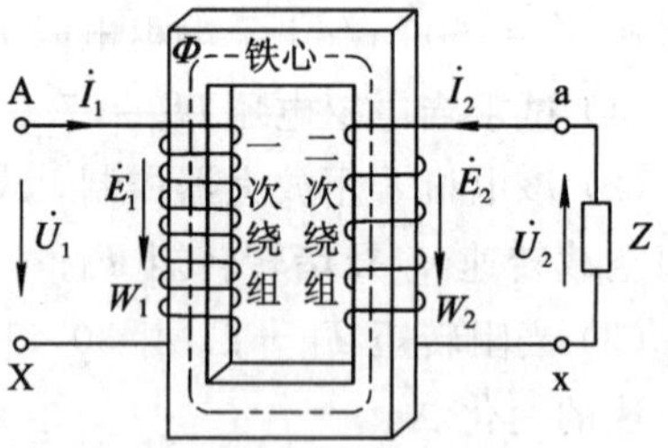

图 4 - 1 变压器工作原理图

由于原边绕组接通交流电源后,流过原绕组的电流是交变的,因此在铁心中就会产生一个交变磁通,这个交变磁通就一定能在原、副绕组中感应交流电势 e_1 和 e_2,该电势的大小 E_1 和 E_2 正比于磁通对时间的变化率和对应绕组的匝数(W_1 和 W_2)。由于闭合铁心中的磁通同时匝链原、副边,则电势与匝数成正比,即 $E_1/E_2 = W_1/W_2$,若略去绕组本身阻抗压降,于是 $U_1 \approx E_1$,$U_2 \approx E_2$,则

$$\frac{U_1}{U_2} \approx \frac{W_1}{W_2}$$

(4 - 1)

此关系式说明了一、二次侧电压之比近似等于对应边匝数之比。因此在原绕组匝数不变的情况下改变副绕组的匝数，就可以达到改变输出电压的目的。若将副绕组接上负载，副边就会有电流流过，这样就实现了改变电压大小或把电信号传给负载的要求。这就是变压器工作的基本原理。

☞ 4.1.3 变压器的结构及其类型简介

从变压器的基本原理知，变压器主要是由铁心以及绕在铁心上的原、副边绕组所组成的。因而，绕组和铁心是变压器的最基本部件，称为电磁部分。此外，根据结构和运行上的需要，电力变压器还有油箱及冷却装置、调压和保护装置、绝缘套管等。在这里仅介绍自动控制系统中使用的变压器，故只是简单介绍绕组和铁心的基本情况。

变压器的绕组是变压器的电路部分，它用绝缘铜导线绕制。绕组由原边和副边组成。原边绕组接输入的电压，副边绕组接负载。原边绕组只有一个，副边绕组有一个或多个或与原边有共同部分。原、副边绕组各有一个的叫双绕组变压器，这是最常用的变压器，也是本章重点分析的一种变压器，如图 4 - 2(a) 所示；副边绕组有两个的变压器叫三绕组变压器，它同时可接两个负载，如图 4 - 2(c) 所示；若原、副边只有一套绕组，副边是从此绕组中的某一位置引出的就叫自耦变压器，如图 4 - 2(b) 所示。变压器的原、副边绕组一般都绕成筒状再经绝缘处理成为固体后套装在同一铁心柱上，如图 4 - 3 所示，图中两个铁心柱上的原、副边绕组可分别进行串联或并联成为单独的一套原、副边绕组。

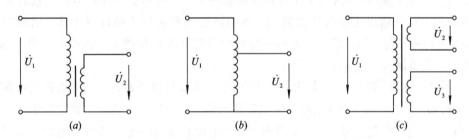

图 4 - 2 变压器按绕组分类示意图
(a) 双绕组变压器；(b) 自耦变压器；(c) 三绕组变压器

铁心是变压器的磁路部分，为减少交变磁通引起的铁心损耗，它由含硅量 5% 左右、厚度为 0.3 mm～0.5 mm 的两面涂有绝缘漆的硅钢片叠装而成。变压器的铁心有两种基本形式，即芯式和壳式。铁心本身由铁心柱和铁轭两部分组成。被绕组包围着的部分称为铁心柱，而铁轭则作为闭合磁路之用。

在单相芯式变压器中(参见图 4 - 4(b))，绕组放在两个铁心柱上；对于单相壳式变压器(参见图 4 - 5(b))，它具有两个分支的闭合磁路，铁心围绕着绕组的两面，好像是绕组的外壳。

按照硅钢片的形状可将铁心分成 C 形和 Ш 形等形状的铁心(分别如图 4 - 4 和图 4 - 5

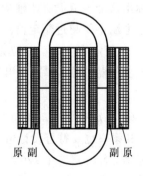

图 4 - 3 变压器的绕组

所示），它们分别由冷轧硅钢片和热轧硅钢片叠装而成。其中 C 形铁心（又叫环形变压器铁心）是由导磁性能好（同热轧硅钢片比较）的冷轧硅钢片制成的，而且顺着辗轧方向将硅钢片卷成环形铁心，然后切成两半，绕组分别套上后，再将两半铁心粘成整体；而 Ⅲ 形铁心是由热轧硅钢片裁成"Ⅲ"字形和"一"字形的，绕组套在叠装好的铁心的中间铁心柱上。

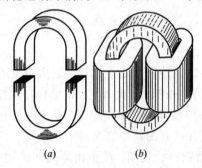
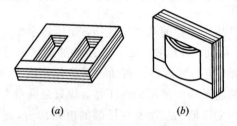

(a)　　　　　(b)　　　　　　　　(a)　　　　　(b)

图 4-4　C 形铁心芯式变压器结构示意图　　　图 4-5　Ⅲ 形铁心壳式变压器结构示意图
　　　(a) C 形铁心；(b) 芯式变压器　　　　　　　(a) Ⅲ 形铁心；(b) 壳式变压器

4.2　变压器的额定值

　　变压器的额定值（英文名是 Ratings）又叫铭牌值，它是指变压器制造厂在设计制造时给变压器正常运行情况下所规定的数据，指明该变压器在什么条件下工作，承担多大电流，外加多高电压等。制造者都把这些额定值刻在变压器的铭牌上，以提醒用户注意，要正确使用。变压器的主要额定值如下：

　　① 额定电压 U_{1n} 和 U_{2n}，单位为 V。其中 U_{1n} 是指变压器正常运行时原边接到电源的额定电压值；U_{2n} 是指原绕组接 U_{1n} 时副绕组开路时的电压。使用时注意，原边电压不要超过 U_{1n}（一般规定允许变化范围 ±5%），否则由于铁心饱和将使励磁电流过大而加速负载后的绝缘老化。

　　② 额定电流 I_{1n} 和 I_{2n}，单位为 A。它们是变压器正常运行时所能承担的电流，同时还要标出这个电流值所能维持的规定运行方式（长时连续或短时或间歇断续工作），使用时要注意电流不要超过额定值。

　　③ 额定容量 S_n，单位为 V·A。S_n 是变压器的视在功率。由于变压器的效率很高，通常把变压器的原、副边绕组的额定容量设计得相同，即

$$S_{1n} = U_{1n}I_{1n} = U_{2n}I_{2n} = S_{2n}$$

　　④ 额定频率 f_n，单位为 Hz。使用变压器时，除了电源电压要符合设计的额定电压以外，其频率也要符合设计值；否则，有可能损坏变压器。例如某铭牌值为 220 V、50 Hz 的变压器，若将其接在 220 V、25 Hz 电源上，则磁通 Φ_m 将要增加 1 倍（参考式（4-21）），这时因为磁路过度饱和，励磁电流必然剧增，变压器将很快烧坏。

　　此外，铭牌上还记载着型号、相数、阻抗电压，甚至有时还有接线图、重量等。变压器型号中其他各量所表示的含义，请参考 1990 年 8 月上海科技出版社出版的《电工手册》。

4.3 变压器空载运行分析

变压器的原绕组接在符合规定的交流电源上而副绕组开路时的运行就是变压器的空载运行。这时原边电流用 i_0 表示，副边电流 i_2 当然就为 0。空载运行是变压器最简单的运行状态，按照从简单到复杂、由浅入深的认识规律，我们先从变压器的空载运行开始分析。

☞ 4.3.1 空载运行时的物理状况

图 4-6 是变压器空载运行时的物理模型图。空载时，原绕组接到电源电压 u_1 后将流过空载电流 i_0，电流产生相应的空载磁势 $f_0 = i_0 W_1$，在 f_0 的作用下铁心内将建立磁通。铁心内所建立的磁通可分为两个部分。其中，主要的一部分磁通是以闭合铁心为路径，它可同时匝链原、副绕组，是变压器传递信号（或能量）的主要因素，属于工作磁通，称它为主磁通 Φ；还有另一部分磁通，它仅和原绕组相匝链而不与副绕组相匝链，主要通过非磁性介质（空气和绝缘介质）形成闭路，属于非工作磁通，这很小一部分磁通（占总磁通的 1% 以下）就称为原边绕组的漏磁通 $\Phi_{1\sigma}$。

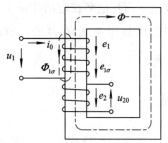

图 4-6 变压器的空载情况

根据电磁感应定律，交变的主磁通 Φ 分别在原、副绕组中感应出电势 e_1 和 e_2；漏磁通 $\Phi_{1\sigma}$ 只能在原绕组中感应电势（称为漏磁电势）$e_{1\sigma}$。在图 4-6 所规定的正方向下，原、副绕组的感应电势可用下列方程式表示：

$$e_1 = -\frac{\mathrm{d}\psi_1}{\mathrm{d}t} = -W_1 \frac{\mathrm{d}\Phi}{\mathrm{d}t} \tag{4-2}$$

$$e_2 = -\frac{\mathrm{d}\psi_2}{\mathrm{d}t} = -W_2 \frac{\mathrm{d}\Phi}{\mathrm{d}t} \tag{4-3}$$

$$e_{1\sigma} = -\frac{\mathrm{d}\psi_{1\sigma}}{\mathrm{d}t} = -W_1 \frac{\mathrm{d}\Phi_{1\sigma}}{\mathrm{d}t} \tag{4-4}$$

式（4-2）和式（4-3）取比值后，考虑到 e_1 和 e_2 的相位又相同，用有效值 E_1、E_2 来分别表示电势 e_1、e_2 的大小后得

$$\frac{E_1}{E_2} = \frac{W_1}{W_2} \tag{4-5}$$

若略去绕组阻抗本身压降，于是就和式（4-1）相同了，即 $U_1/U_2 \approx W_1/W_2$。这就是变压器之所以能够改变电压的原理式了。

☞ 4.3.2 磁通和电势的相互关系

为了进一步了解变压器的空载运行情况，还要对磁通和感应电势、电压的相互关系再作分析。

设主磁通 Φ 按正弦规律变化，则有

$$\Phi = \Phi_m \sin \omega t \tag{4-6}$$

式中，Φ_m 是主磁通的最大值。

将式(4-6)代入式(4-2)可得

$$e_1 = -W_1 \frac{\mathrm{d}\Phi}{\mathrm{d}t} = \omega W_1 \Phi_m \sin(\omega t - 90°)$$

$$= E_{1m} \sin(\omega t - 90°) \tag{4-7}$$

同理，将式(4-6)代入式(4-3)可得

$$e_2 = E_{2m} \sin(\omega t - 90°) \tag{4-8}$$

从以上两式可以看出，当主磁通按正弦规律交变时，它所产生的感应电势也按正弦规律交变，而且电势在时间相位上落后于主磁通 $90°$。

若电势用有效值表示，则因最大值 $E_{1m} = \omega W_1 \Phi_m$，而电势有效值 $E_1 = E_{1m}/\sqrt{2} = \omega W_1 \Phi_m/\sqrt{2}$，且 $\omega = 2\pi f$，整理后得

$$E_1 = 4.44 f W_1 \Phi_m \tag{4-9}$$

同理

$$E_2 = 4.44 f W_2 \Phi_m \tag{4-10}$$

由于它们都是按照正弦规律变化的，故可以用复数形式表示：

$$\dot{E}_1 = -\mathrm{j}4.44 f W_1 \dot{\Phi}_m \tag{4-11}$$

$$\dot{E}_2 = -\mathrm{j}4.44 f W_2 \dot{\Phi}_m \tag{4-12}$$

以上是主磁通和电势的关系式。为了得出电势平衡方程式，漏感电势 $\dot{E}_{1\sigma}$ 如何表示呢？以下作简单推导。

因为电流通过绕组产生的磁链等于电流和该组电感的乘积，即 $\psi = iL$，因此变压器原边漏磁链可表示为

$$\psi_{1\sigma} = i_0 L_{1\sigma} \tag{4-13}$$

式中，$L_{1\sigma}$ 是原绕组的漏电感。由于漏磁路主要经过空气，而且空气比铁心的磁阻大得多，其磁导率 μ_0 是常数，所以电流增大，漏磁链也成正比增加，$L_{1\sigma}$ 为常数而与电流大小无关，故漏感电势可以表示为

$$e_{1\sigma} = -\frac{\mathrm{d}\Psi_{1\sigma}}{\mathrm{d}t} = -\frac{\mathrm{d}(i_0 L_{1\sigma})}{\mathrm{d}t} = -L_{1\sigma} \frac{\mathrm{d}i_0}{\mathrm{d}t} \tag{4-14}$$

若设 $i_0 = \sqrt{2} I_0 \sin\omega t$，代入上式(并考虑 $X_{1\sigma} = \omega L_{1\sigma}$)得

$$e_{1\sigma} = \sqrt{2} I_0 X_{1\sigma} \sin(\omega t - 90°) \tag{4-15}$$

若以复数表示，则

$$\dot{E}_{1\sigma} = -\mathrm{j} \dot{I}_0 X_{1\sigma} \tag{4-16}$$

这样，漏磁电势被写成了电抗(这里是漏抗)压降的形式，因此漏磁电势也被称为漏感电势。在变压器负载后，当原、副边电流为 I_1 及 I_2 时，原、副边漏感电势可表示为

$$\left. \begin{array}{l} \dot{E}_{1\sigma} = -\mathrm{j} \dot{I}_1 X_{1\sigma} \\ \dot{E}_{2\sigma} = -\mathrm{j} \dot{I}_2 X_{2\sigma} \end{array} \right\} \tag{4-17}$$

　　在使用变压器时,必须注意变压器的原绕组所接
电源电压要和额定电压相同,这可由图 4 - 7 所示变压
器的磁化曲线来说明。图中 Φ_{mn} 为对应于 U_{1n} 时的主磁
通 Φ 的幅值,若 Φ 小于 Φ_{mn},则磁化曲线近似为线性;
若 Φ 超过 Φ_{mn},则 Φ 将趋向磁化曲线的饱和区;若再增
加 Φ,即增加 U_1,则变压器空载电流 I_0 就会急剧增加;
若超过不允许的电流值,即使变压器不带负载,变压器
也会因此而损坏。

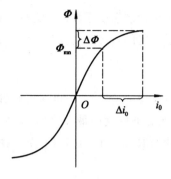

图 4 - 7　变压器的磁化曲线

☞ 4.3.3　电势平衡方程式

　　按照图 4 - 6 所规定的各物理量的正方向,可以列出变压器空载时的电势平衡方程式。
注意到,"电路"上的正方向可以任意假定,而"电机"中是按惯例规定各箭头方向的。再考
虑到绕组本身有电阻 R_1 存在,则应用基尔霍夫第二定律,便可列出原边的电势平衡方程
式为

$$\dot{U}_1 = -\dot{E}_1 - \dot{E}_{1\sigma} + \dot{I}_0 R_1 \tag{4-18}$$

将式(4 - 16)代入上式可得

$$\dot{U}_1 = -\dot{E}_1 + j\dot{I}_0 X_{1\sigma} + \dot{I}_0 R_1 = -\dot{E}_1 + \dot{I}_0 Z_1 \tag{4-19}$$

式中,$Z_1 = R_1 + jX_{1\sigma}$ 为原绕组的漏阻抗。另外,空载时由于副边没有电流,所以也就不存在
副边阻抗压降,变压器的副边电压就等于副边电势,即 $\dot{U}_2 = \dot{E}_2$。故变压器空载时的电势平
衡方程如下:

$$\left.\begin{array}{l} \dot{U}_1 = -\dot{E}_1 + \dot{I}_0 Z_1 \\ \dot{U}_2 = \dot{E}_2 \end{array}\right\} \tag{4-20}$$

　　通过分析计算和实测,我们发现变压器的漏阻抗压降是很小的,所以在定性分析时,
即使在额定状态下运行,也是 $U_1 \approx E_1$,故

$$U_1 \approx 4.44 f W_1 \Phi_m \tag{4-21}$$

　　上式说明,在电源频率一定时,铁心中主磁通的幅值主要由电源电压有效值决定,近
似成正比关系;或者说变压器的主磁通是由电压 U_1 来控制的。

☞ 4.3.4　变压器的变比

　　通常,我们把变压器原绕组与副绕组的感应电势之比称为变比,用符号 k 来表示,即

$$k = \frac{E_1}{E_2} = \frac{4.44 f W_1 \Phi_m}{4.44 f W_2 \Phi_m} = \frac{W_1}{W_2} \tag{4-22}$$

上式表明,变比 k 也等于原、副绕组的匝数比。当单相变压器空载运行时,由于 $U_1 \approx E_1$,
$U_2 = E_2$,因此单相变压器的变比也近似等于电压比,即

$$k = \frac{E_1}{E_2} = \frac{W_1}{W_2} \approx \frac{U_1}{U_2} \tag{4-23}$$

变压器之所以可以改变电压,根本原因就是两个绕组匝数的不同。实用公式 $U_1/U_2 = W_1/W_2$,

就是设计制造变压器时，实现变换电压的依据。应当着重指出，原绕组的匝数并不是可以任意选定的，它必须符合式(4-21)，即如下式：

$$W_1 = \frac{U_1}{4.44 f B_m A} \quad (\text{匝}) \tag{4-24}$$

也就是说，式(4-21)可在求匝数时和定性分析时使用。式(4-24)中，U_1 为电源电压(V)；B_m 为磁通密度的最大值(T)，通常在采用热轧硅钢片时约取 1.1 T～1.47 T，采用冷轧硅钢片约取 1.5 T～1.7 T；A 为铁心的有效截面积(m^2)。

4.4　变压器负载时的情况

变压器工作时总要带负载，其示意图如图 4-8 所示。当副绕组接上负载 Z_L 时，若调节 Z_L 使副边电流由 0 增加到 $\dot{I}_2$，与此同时，根据能量守恒之道理，原边电流也就由 $\dot{I}_0$ 增加到 $\dot{I}_1$。这种情况就是反映磁势平衡的基本思想。

变压器负载后，原、副绕组中都存在电流，此时的主磁通由两个磁势 $\dot{I}_1 W_1$ 和 $\dot{I}_2 W_2$ 共同产生，产生主磁通 Φ 所需要的合成磁势 $\dot{I}_m W_1$ 当然就为原、副边磁势之和，即

$$\dot{I}_1 W_1 + \dot{I}_2 W_2 = \dot{I}_m W_1 \tag{4-25}$$

也可写成

$$\dot{F}_1 + \dot{F}_2 = \dot{F}_m \tag{4-26}$$

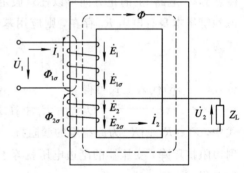

图 4-8　变压器的负载情况

式(4-25)或式(4-26)就称为变压器的磁势平衡方程式。

在式(4-19)中，由于负载时的变压器 E_1 和 U_1 差别仍甚小，所以负载后，E_1 仍近似等于 U_1。因此变压器负载后主磁通与空载相比变化不大，励磁磁势 $\dot{I}_m W_1$ 近似等于空载磁势，因而式(4-25)和式(4-26)中的 $\dot{I}_m$、$\dot{F}_m$ 可分别用 $\dot{I}_0$、$\dot{F}_0$ 代替。亦即磁势平衡方程式可以写成：

$$\dot{I}_1 W_1 + \dot{I}_2 W_2 = \dot{I}_0 W_1 \tag{4-27}$$

上式两边同除以 W_1，并代入式(4-22)整理后得

$$\dot{I}_1 = \dot{I}_0 + \left(-\frac{\dot{I}_2}{k}\right) = \dot{I}_0 + \dot{I}_{1L} \tag{4-28}$$

上式说明，在负载时，原边电流有两个分量，其中一个分量 $\dot{I}_0$ 为励磁分量，用来在铁心中建立主磁通；另一个分量 $\dot{I}_{1L}$ 为负载分量，用来抵消副边电流所产生的磁势，有载时才存在。由式(4-28)知，$\dot{I}_{1L} W_1 = -\dot{I}_2 W_2$，说明负载分量 I_{1L} 和负载电流 I_2 成正比，因此随着副边电流的增加，原边电流也相应增加，这样电功率便从原边传递到负载。由此可见，变压器是利用互感来实现变压目的的。

励磁电流 I_0 一般在变压器满载时仅占 I_{1n} 的 10% 以下，在简略分析时，可略去 I_0，根据式(4-28)则有 $\dot{I}_1 \approx -\dot{I}_2/k$，若只考虑其大小关系可改写为

$$\frac{I_2}{I_1} \approx \frac{W_1}{W_2} = k \tag{4-29}$$

上式表明，原、副边的电流比与它们的匝数比成反比。这是求变比的另一种方法。所以变压器的高压边总是电流小、匝数多、导线细，而低压边总是电流大、匝数少、导线粗。

4.5 变压器的等效电路及相量图

当需要计算变压器特性及分析与变压器有关的问题时，变压器等效电路及相量图是一种有力的工具，它们会给计算和分析带来极大的方便。另外在电子线路中，往往要用到各式变压器，例如电源变压器和推挽放大器使用的变压器等。这就可能会出现低频放大器的频率特性不平直，信号变压器的输入、输出的信号电压存在相位差等问题。分析这些问题，应用变压器的等效电路是很有必要的。下面对变压器等效电路图和相量图进行推导。

☞ 4.5.1 铁耗的影响

如前所述，变压器空载时，空载电流 $\dot{I}_0$ 产生空载励磁磁势 $\dot{F}_0$，$\dot{F}_0$ 建立主磁通 Φ，而交变的磁通 Φ 将在原绕组感应电势 $\dot{E}_1$。$\dot{I}_0$ 中单独产生磁通的电流为磁化电流 $\dot{I}_{0W}$，$\dot{I}_{0W}$ 与电势 $\dot{E}_1$ 之间的夹角是 $90°$，亦即 $\dot{I}_{0W}$ 是一个纯粹的无功分量。但在铁心中的交变磁通，一定会产生铁耗，为了供给铁耗，空载电流 $\dot{I}_0$ 还要增加一部分有功分量 $\dot{I}_{0Y}$，所以 $\dot{I}_0 = \dot{I}_{0W} + \dot{I}_{0Y}$，其相量图如图 4-9 所示。所以考虑铁心损耗影响后，产生主磁通 Φ_m 所需要的励磁电流 $\dot{I}_0$ 便超前 Φ_m 一个小角度 α。

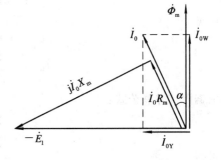

图 4-9　考虑铁耗影响的变压器空载相量图

将主磁通感应的电势 $-\dot{E}_1$ 相对于 $\dot{I}_0$ 分解为 $\dot{I}_0 R_m$ 和 $j\dot{I}_0 X_m$ 两个分量，即

$$-\dot{E}_1 = \dot{I}_0 R_m + j\dot{I}_0 X_m = \dot{I}_0 Z_m \tag{4-30}$$

式中，R_m 称为励磁电阻，它是反映铁心损耗的等效电阻；X_m 称为励磁电抗，它是主磁通引起的电抗，反映变压器铁心的导磁性能，代表了主磁通对电路的电磁效应；Z_m 称为励磁阻抗。

☞ 4.5.2 等效电路

按照图 4-8 所示的规定正方向，可以列出其电势平衡方程式如下：

$$\left.\begin{aligned} \dot{U}_1 &= -\dot{E}_1 + \dot{I}_1(R_1 + jX_{1\sigma}) \\ \dot{U}_2 &= \dot{E}_2 - \dot{I}_2(R_2 + jX_{2\sigma}) \end{aligned}\right\} \tag{4-31}$$

这组方程式反映变压器负载后的电势平衡关系，对应的电路图如图 4-10 所示。方框部分反映原、副边的磁耦合（属非线性问题），若能简化为一个电路来等效，就可以比较方便地分析变压器内部的电磁关系了。

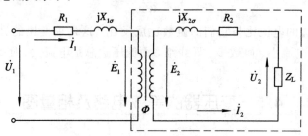

图 4 - 10　变压器原、副边的电路图

图中方框部分是一个二端口网络，其入端阻抗就是它的等效阻抗。所以只要求得 $-\dot{E}_1/\dot{I}_1$ 的值就可以得出方框部分的等效电路。

据式(4 - 28)知 $\dot{I}_1=\dot{I}_0-\dot{I}_2/k$；而 $\dot{I}_0=-\dot{E}_1/Z_{\mathrm{m}}$(据式(4 - 30))，$\dot{I}_2=\dot{E}_2/(R_2+\mathrm{j}X_{2\sigma}+Z_{\mathrm{L}})$ (据图 4 - 10)，则

$$\dot{I}_1 =-\frac{\dot{E}_1}{Z_{\mathrm{m}}}-\frac{1}{k}\ \frac{\dot{E}_2}{R_2+\mathrm{j}X_{2\sigma}+Z_{\mathrm{L}}}$$

考虑到 $\dot{E}_2=\dot{E}_1/k$，代入上式得：

$$\dot{I}_1 =-\dot{E}_1\left[\frac{1}{Z_{\mathrm{m}}}+\frac{1}{k^2(R_2+\mathrm{j}X_{2\sigma}+Z_{\mathrm{L}})}\right]$$

可见

$$\frac{-\dot{E}_1}{\dot{I}_1}=\frac{1}{\dfrac{1}{Z_{\mathrm{m}}}+\dfrac{1}{k^2(R_2+\mathrm{j}X_{2\sigma}+Z_{\mathrm{L}})}} \tag{4 - 32}$$

依据阻抗并联公式：

$$\frac{1}{Z}=\frac{1}{Z_{\mathrm{a}}}+\frac{1}{Z_{\mathrm{b}}}$$

可得

$$Z=\frac{1}{\dfrac{1}{Z_{\mathrm{a}}}+\dfrac{1}{Z_{\mathrm{b}}}}$$

因此，式(4 - 32)表示了图 4 - 10 中方框内的等效电路是由阻抗为 Z_{m} 和 $k^2(R_2+\mathrm{j}X_{2\sigma}+Z_{\mathrm{L}})$ 的两个支路并联而成的。其对应的电路图如图 4 - 11 所示。图中已按式(4 - 28)标出各支路的电流。

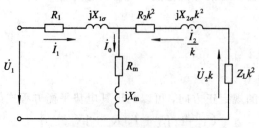

图 4 - 11　变压器的等效电路

由于图 4 - 11 中的副边各物理量的性质没有改变，只是大小改变了，为方便起见，令：
$R_2'=R_2k^2$，$X_{2\sigma}'=X_{2\sigma}k^2$，$Z_{\mathrm{L}}'=Z_{\mathrm{L}}k^2$，$\dot{I}_2'=\dot{I}_2/k$，$\dot{E}_2'=\dot{E}_2k$，$\dot{U}_2'=\dot{U}_2k$。我们把 R_2'、$X_{2\sigma}'$、Z_{L}'、

$\dot{I}_2'$、$\dot{E}_2'$、$\dot{U}_2'$ 分别叫副边电阻、电抗、负载阻抗、电流、电势、电压的折算量。代入这些折算量，就得到变压器的 T 形等效电路，如图 4-12 所示。这是一个很常用又很重要的双绕组变压器的等效电路。

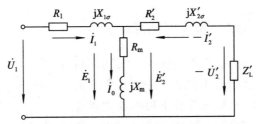

图 4-12　双绕组变压器的 T 形等效电路

但有时利用图 4-12 所示的等效电路进行计算显得比较麻烦，所以为了简便，可忽略励磁电流 I_0。在原边阻抗上的压降 $I_0 Z_1$，把励磁支路移到输入端，就得到了 Γ 形近似等效电路，如图 4-13 所示。又因为变压器在满载或满载附近运行时，I_0 所占比例很小，还可将 I_0 忽略不计，则得到简化等效电路如图 4-14 所示。

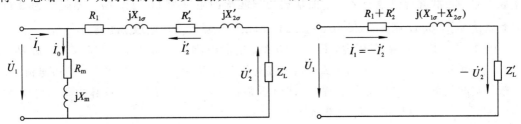

图 4-13　变压器的近似等效电路　　　　图 4-14　变压器的简化等效电路

☞ 4.5.3　相量图

变压器中各物理量之间的关系可以通过相量图来表示。它是建立在折算后的等效电路图 4-12 所对应的方程式基础上的，即

$$\begin{cases} \dot{U}_1 = -\dot{E}_1 + \dot{I}_1(R_1 + jX_{1\sigma}) \\ \dot{I}_1 = \dot{I}_0 + (-\dot{I}_2') \\ \dot{U}_2' = \dot{E}_2' - \dot{I}_2'(R_2' + jX_{2\sigma}') \end{cases} \quad (4-33)$$

相量图的其绘制顺序如下：将主磁通 $\dot{\Phi}_m$ 作为参考方向画出；画出超前 $\dot{\Phi}_m$ 为 θ_0（或 α）角的空载电流 $\dot{I}_0$；画出滞后 $\dot{\Phi}_m$ 相位 $90°$ 的原、副边电势 $\dot{E}_1 = \dot{E}_2'$；据负载性质，即由负载的功率因数 $\cos\varphi_2$ 画出副边电流 $\dot{I}_2'$，$-\dot{I}_2'$ 和 $\dot{I}_0$ 合成得原边电流 $\dot{I}_1$；将 $\dot{E}_2'$ 减 $(\dot{I}_2'R_2' + j\dot{I}_2'X_2')$ 得 $\dot{U}_2'$；再将 $-\dot{E}_1$ 加 $(\dot{I}_1R_1 + j\dot{I}_1X_{1\sigma})$ 得 $\dot{U}_1$，$\dot{U}_1$ 和 $\dot{I}_1$ 的夹角为 φ_1。如图 4-15 所示，此图为感性负载时的相量图。同样也可画出纯电阻或电容性负载时的相量图。

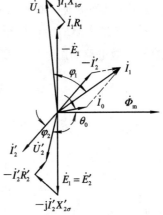

图 4-15　双绕组变压器相量图（感性负载）
（有撇的各量为折合到一次电路的量）

变压器的等效电路、电势平衡方程式和相量图这三种分析方法，虽然形式不同，但实质是一致的。其中平衡方程式是基础，相量图是在定性分析时用的，而等效电路在定量计算时使用更加方便。

☞ 4.5.4　应用等效电路分析实际问题的例子

例 4 - 1　分析收音机的扬声器之前接一个变压器的原因。

解　为使功率放大器能输出最大功率，其负载阻抗必须和放大器匹配。例如某收音机中功率放大器要求匹配的阻抗为 600 Ω，但扬声器的阻抗只有 8 Ω。如果在扬声器之前接一个变比为 k 的输出变压器（如图 4 - 16 所示），则变压器的输入阻抗就作为功放的负载。为了估算变压器的变比，不妨利用变压器的简化等效电路，并忽略变压器本身的内阻抗 Z_1、Z_2，这样功

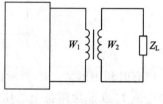

图 4 - 16　例 4 - 1 图

率放大器的负载就近似等于 $Z_L k^2$。而功放要求匹配的阻抗为 600 Ω，扬声器阻抗为 8 Ω，因此要使 $8k^2 = 600$，则 $k = \sqrt{600/8} = 8.66$，即该变压器的变比应取 8.66。

例 4 - 2　某台电源变压器，$U_1 = 220$ V，空载时副边电压 $U_{20} = 367$ V，并知 $R_1 = 15$ Ω，$R_2 = 50$ Ω，$X_m = 1500$ Ω。试求副边接电阻负载 $R_L = 1450$ Ω 时的原、副边电流，并比较从空载到负载时电压变化的程度（即电压调整率，用 ΔU 表示），计算中忽略电阻 R_m 和电抗 $X_{1\sigma}$、$X_{2\sigma}$，试用 Γ 形等效电路计算。

解　先求变比：

$$k = \frac{U_1}{U_{20}} = \frac{220}{367} \approx 0.6$$

计算等值电路中各参数（近似电路）：

$$Z_m = jX_m = j1500 \ \Omega$$
$$Z_1 \approx R_1 = 15 \ \Omega$$
$$Z_2' = k^2 Z_2 \approx k^2 R_2 = 0.6^2 \times 50 = 18 \ \Omega$$
$$Z_L' = k^2 Z_L \approx k^2 R_L = 0.6^2 \times 1450 = 522 \ \Omega$$

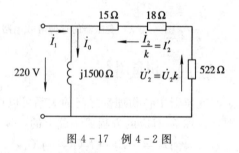

图 4 - 17　例 4 - 2 图

作 Γ 形等效电路如图 4 - 17 所示，由图得到

$$(1) \qquad -\dot{I}_2' = -\frac{\dot{I}_2}{k} = \frac{220\angle 0°}{15 + 18 + 522} = 0.396\angle 0° \ \text{A}$$

$$(2) \qquad \dot{I}_0 = \frac{220\angle 0°}{j1500} = 0.147\angle -90° \ \text{A}$$

$$(3) \qquad \dot{I}_1 = \dot{I}_0 + \left(-\frac{\dot{I}_2}{k}\right) = 0.396 - j0.147 = 0.422\angle -20.4° \ \text{A}$$

$$(4) \qquad \dot{U}_2' = k\dot{U}_2 = \dot{I}_2' \cdot k^2 R_L = -0.396\angle 0° \times 522 = -207\angle 0° \ \text{V}$$

(5) 实际值的 I_2 和 U_2：

$$I_2 = I_2' k = 0.396 \times 0.6 = 0.238 \ \text{A}$$

$$U_2 = \frac{U_2'}{k} = \frac{207}{0.6} = 345 \ \text{V}$$

（6）电压调整率：

$$\Delta U = \frac{U_{20} - U_2}{U_{20}} = \frac{367 - 345}{367} = 5.99\%$$

故这台变压器带负载后的电压比空载时下降 5.99%。

注：用在一般电子线路中的变压器，其电压调整率 ΔU 约为 10% 左右。

4.6 脉冲变压器

脉冲变压器是晶闸管触发电路的常用元件之一。它在自动控制系统中主要用途是：升高或降低脉冲电压；建立负载或信号源之间的匹配关系；改变输出脉冲的极性。有时还用它来隔离信号源和负载之间的直流电位。

脉冲变压器在自动控制系统的脉冲技术中，常常是输入直流方波。它是一种宽频带变压器，亦即要有足够的脉冲宽度，而且脉冲前沿要陡，后沿下降要快，只有如此才能准确可靠地触发晶体管。以下在简单介绍脉冲变压器结构之后，再主要介绍该变压器对脉冲波形的影响。

☞ 4.6.1 结构

脉冲变压器的结构和一般控制变压器类似，由导电的绕组和导磁的铁心构成了脉冲变压器的核心部分。不过绝大多数脉冲变压器铁心（实质上是磁心）作成环形，材料一般为坡莫合金或锰锌铁淦氧磁性瓷等；其绕组是双边或三边的，第三边绕组一般是为改善某种性能而设置的，绕组特点是通过改变副绕组的绕向来改变输出端脉冲信号的极性。

☞ 4.6.2 如何增大脉冲宽度

若在脉冲变压器初级连续输入方波电压 U_1 时（参见图 4-18），初级绕组中的励磁电流 i_0 及其所建立的磁通之间的关系，可用磁滞回线 $B = f(H)$ 来说明，如图 4-19 所示。当 i_0 降为 0 时，H 由 H_m 也降到 0。由于铁心的磁滞现象，此时 B 并不为 0，而为剩磁磁密 B_r。当 i_0 重新增加或再度减少时，B 将沿着 B_r 到 B_m（或 B_m 到 B_r）而上升或下降，如图 4-19 中箭头方向所示。在原绕组所加方波电压 U_1 的 $0 \sim t_K$ 时间内，铁心中磁密的变化量

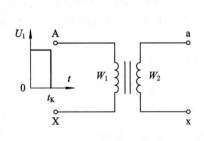

图 4-18　变压器输入方波电压

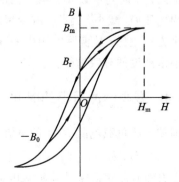

图 4-19　磁滞回线

是 $\Delta B = B_m - B_r$，次级绕组输出脉冲电势为 E_{2K}，若把 E_{2K} 视为常数，则有

$$E_{2K} = W_2 \frac{d\Phi}{dt} = W_2 A \frac{dB}{dt} \approx W_2 A \frac{B_m - B_r}{t_K}$$

故得

$$t_K = W_2 A \frac{B_m - B_r}{E_{2K}} \tag{4-34}$$

式中，t_K 为脉冲宽度(s)，即输出脉冲的持续时间；A 为脉冲变压器的铁心截面积。

由上式知，脉冲变压器的磁心可采用 B_m 大、B_r 小的材料，也就相当于加大了 t_K。为了延长 t_K，一般可在铁心上再增加一个绕组产生去磁磁势 $F_3 = I_3 W_3$，如图 4-20 所示。这样一来，如果磁滞回线(参见图 4-19)中的磁场强度 H 由 H_m 降到 0 时，剩磁磁通密度在 B_r 处，再通过去磁绕组产生磁势 F_3，使磁通密度降到曲线(参见图 4-19)上的 $-B_0$ 处。调节 I_3，还可以获得所需要的 t_K 时间。

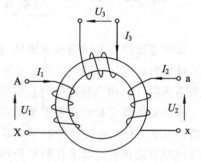

图 4-20 有去磁绕组的脉冲变压器

☞ 4.6.3 提高脉冲前沿的陡度

利用变压器的简化等效电路，如图 4-21 所示，接上电阻负载 R'_L，则脉冲变压器的电势平衡方程为

$$U_1 = i(R_K + R'_L) + L_K \frac{di}{dt}$$

解此微分方程，并代入 $t=0$ 时 $i=0$ 的初始条件得

$$i = \frac{U_1}{R_K + R'_L}(1 - e^{-\frac{t}{T}})$$

故脉冲变压器的输出电压 U_2 为

$$U_2 = iR'_L = \frac{U_1 R'_L}{R_K + R'_L}(1 - e^{-\frac{t}{T}}) \tag{4-35}$$

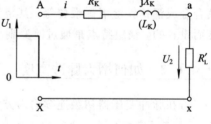

图 4-21 简化等效电路

式中，T 为脉冲波前沿上升的时间常数，$T = \frac{L_K}{R_K + R'_L}$。

由上式知，时间常数 T 愈短，前沿上升愈快。显然，若增加短路电阻 $R_K(=R_1 + R'_2)$，会使输出电压 U_2 减小。因此，减少短路电抗 $X_K(=X_{1\sigma} + X'_{2\sigma})$ 是可取的方法。由于电抗与匝数的平方成正比，故实际实用中采取较少的匝数(例如选 $W_1 = 20$ 匝，$W_2 = 14$ 匝)时是提高脉冲前沿陡度的有效途径。

☞ 4.6.4 减少脉冲后沿的时间

在前述分析负载电阻 R'_L 上的电流 i 和电压 U_2 情况时，由于 $X_m \gg X_K$，即 $L_m \gg L_K$，认为励磁支路断路，故 $X_K(X_K = \omega L_K)$ 起主要作用。现在我们分析脉冲的平顶部位，要假设副边电流上升过程结束后来计算励磁电流 i_0。因为空载损耗很小，故将 R_m、X_K、R'_2 均略去(这是由于 $L_m \gg L_K$，$R'_L \gg R'_2$)，相当于理想变压器全耦合的情况，则脉冲变压器的等效电

路如图 4 - 22(a)所示。若再将该电路图简化为图 4 - 22(b)所示的形式，令 $R = \dfrac{R'_{\mathrm{L}} R_1}{R'_{\mathrm{L}} + R_1}$，则其电势平衡方程式如下：

$$i_0 R + L_{\mathrm{m}} \frac{\mathrm{d}i_0}{\mathrm{d}t} = U_1 \frac{R}{R_1}$$

解此微分方程并代入初始条件：当 $t = 0$ 时，$i_0 = 0$，可得

$$i_0 = \frac{U_1}{R_1}(1 - \mathrm{e}^{-\frac{t}{T_0}}) \tag{4 - 36}$$

式中，T_0 为脉冲波平顶部分下降的时间常数，且

$$T_0 = \frac{L_{\mathrm{m}}}{\dfrac{R'_{\mathrm{L}} R_1}{R'_{\mathrm{L}} + R_1}}$$

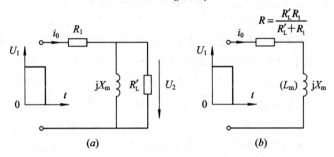

图 4 - 22 计算脉冲变压器 i_0 的等效电路

(a) 忽略 R'_2、X_{K} 和 R_{m}；(b) 从 X_{m} 两端看进去

由图 4 - 22(a)可知，R'_{L} 上的端电压 U_2 就是励磁电抗 X_{m} 上的电势 $L_{\mathrm{m}} \dfrac{\mathrm{d}i_0}{\mathrm{d}t}$，故有

$$U_2 = L_{\mathrm{m}} \frac{\mathrm{d}}{\mathrm{d}t}\left[\frac{U_1}{R_1}(1 - \mathrm{e}^{-\frac{t}{T_0}})\right] = \frac{R'_{\mathrm{L}}}{R'_{\mathrm{L}} + R_1} U_1 \mathrm{e}^{-\frac{t}{T_0}}$$

或者

$$U_2 = \frac{R}{R_1} U_1 \mathrm{e}^{-\frac{t}{T_0}} \tag{4 - 37}$$

电压 U_1、U_2 分别随时间 t 的变化如图 4 - 23 所示。

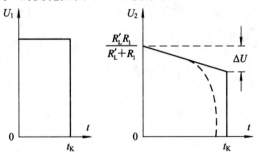

图 4 - 23 U_1 和 U_2 的波形

由图知，输出电压 U_2 随时间增加而下降，这种情况又叫顶部失真。输出电压的降落程度用 ΔU 表示：

$$\Delta U = \frac{R'_{\mathrm{L}} U_1}{R'_{\mathrm{L}} + R_1}(1 - \mathrm{e}^{-\frac{t_{\mathrm{K}}}{T_0}}) \tag{4 - 38}$$

由上式知，要使 ΔU 小，t_K/T_0 就要小，当 t_K 不变时，T_0 就得大，而 $T_0 = \dfrac{R_L' + R_1}{R_1 R_L'} L_m$，故当 R_L'、W_1 与 R_1 均为常数时，可通过采用高导磁率的铁心材料，并减少磁路长度和增加铁心截面积以达到增大 L_m 或 T_0、减少 ΔU 的目的。

由电机理论知，励磁电抗 X_m（或电感 L_m）将随饱和程度的增加而减小。那么，假设脉冲变压器的磁路较饱和时，图 4-23 的 U_2 实际值将沿图中虚线规律变化，显然，脉冲宽度减少且电压变化率增加，这是不允许的。而且磁路饱和后，次级和初级绕组电流将很大，有可能损坏脉冲变压器。故脉冲变压器尤其是直流方波脉冲变压器的铁心要设计在不饱和状态，或者使用时 U_1 不能过高，要符合规定值，方能克服这些不利因素。

4.7　单相自耦调压变压器

在电机试验时，常常用调压器来改变电压的大小。即使是已经具备的电源的电压值，例如 220 V、380 V 等，也要用调压器来将电网电压调到较准确的 220 V 或 380 V 等。这是因为电网供到用电户的电压值往往是存在误差的，甚至有时误差还很大。

由于调压器副方一般是连续可调的，故使用很方便。从变压器原理上讲，调压器属于自耦变压器，其结构示意图如图 4-24 所示。它只有一个绕组绕在环形铁心上。其工作原理如图 4-25 所示。该调压器绕组的特点是绕组的某一段（$\overline{ab}$ 段）是原边和副边的公共部分。绕组的另一端 d 是悬空的。中间抽头 a 到悬空头的一段（$\overline{ac}$ 段）只是在升高电压时才能用到。由图可以看出，绕组中部的抽头 a 和公共头 b 是自耦调压变压器的接电源的输入边（注意：输入边是调压器的固定端）；而负载应接到电刷引出的 c 和公共头 b 的输出边。电刷与铁心外径的铜导线相接触的表面已经将绝缘漆皮刮去，以便使电刷和铜线在任一位置都能可靠接触。机械结构上应使电刷和手柄连接，通过旋转手柄（图上未画出）就可以沿圆周方向移动电刷的位置。

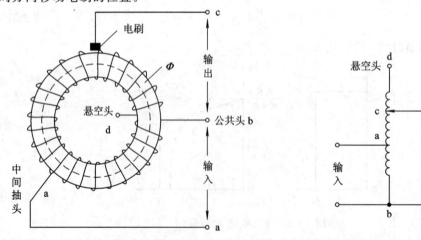

图 4-24　自耦变压器的结构示意图　　　图 4-25　自耦变压器工作原理图

当原边 $\overline{ab}$ 接上交流电源后，铁心中主磁通便在每匝线圈中感应电势，旋转手柄就使输出端的匝数改变，因而就可以改变输出电压，以达到连续调压的目的。自耦变压器只有一个绕组，具有省材料、效率高等优点，而且变比 k 越接近于 1，其优点就越突出。

小 结

通过本章学习，要求掌握如下基本内容：

（1）变压器的电势表达式为 $E_1 = 4.44 f W_1 \Phi_m$。定性分析时，$U_1 \approx E_1 = 4.44 f W_1 \Phi_m$，说明了主磁通与原边电压成正比。

（2）求变比的方法有：$k = U_1/U_2 = W_1/W_2$ 或 $k = I_2/I_1$。

（3）电势平衡和磁势平衡方程式分别为

$$\begin{cases} \dot{U}_1 = -\dot{E}_1 + \dot{I}_1(R_1 + jX_{1\sigma}) \\ \dot{U}'_2 = \dot{E}'_2 - \dot{I}'_2(R'_2 + jX'_{2\sigma}) \end{cases}$$

$$\dot{I}_1 W_1 + \dot{I}_2 W_2 = \dot{I}_0 W_1$$

（4）T 形等效电路是把变压器中的电磁关系转换成纯电路问题，掌握用该电路定量分析变压器的计算题，折算前、后的电势、电流、阻抗各关系式。

（5）学会用相量图定性分析变压器的问题。

（6）要掌握脉冲变压器的用途和特点以及改善性能的方法。

（7）掌握正确使用调压器的方法。

思考题与习题

4-1 某台变压器，额定电压 $U_{1n}/U_{2n} = 220/110$（V），额定频率 $f_n = 50$ Hz，问原边绕组能否接到下面的电源上？试分析原因。

（1）交流 380 V，50 Hz；（2）交流 440 V，100 Hz；（3）直流 220 V。

4-2 用硅钢片制作变压器铁心，铁心型式为环形（即 C 形），若装配时没将两个半环压紧而留下了一段气隙，如图 4-26 所示，问这时的励磁电流 I_0 与两个半环压紧时相比有何变化？

4-3 某台单相变压器原边有两个额定电压为 110 V 的线圈，如图 4-27 所示，图中副边绕组未画。若电源电压为交流 220 V 和 110 V 两种，问这两种情况分别将 1、2、3、4 这四个端点如何连接，接错时会产生什么后果？

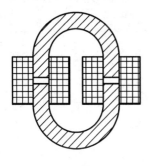

图 4-26 题 4-2 图

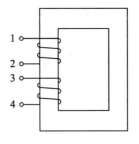

图 4-27 题 4-3 图

4 - 4　如何正确使用单相自耦调压变压器？

4 - 5　变压器折算后的等效电路是如何得来的？折算的目的和条件是什么？各参数的物理意义是什么？

4 - 6　脉冲变压器中如何增加脉冲宽度和提高脉冲波前沿的陡度？

4 - 7　画出容性负载时变压器的相量图。

4 - 8　有一台单相变压器，$U_{1n}/U_{2n}=35/6.0(\text{kV})$，$f_n=50$ Hz，铁心柱的有效截面积 $A=1120$ cm^2，磁密 $B_m=1.45$ T，试求高、低压绕组的匝数 W_1 和 W_2 及变压器的变比 k。

4 - 9　一台电源变压器，原边额定电压 220 V，副边有两个绕组，一个绕组的额定电压为 450 V，额定电流为 0.5 A；另一个绕组的额定电压为 110 V，额定电流为 2 A。问原边的额定电流 I_{1n} 约为多少？

4 - 10　已知一台变压器原边额定电压为 220 V，额定电流为 0.5 A，原边绕组电阻为 15 Ω，漏抗为 2 Ω，副边绕组电阻为 160 Ω，漏抗为 25 Ω，$W_1=704$ 匝，$W_2=2080$ 匝。当副边短路时，为使原边电流不超过额定电流，原边电压最大 U_{max} 不能超过多少伏？（提示：计算副边短路的 I_1 时可以忽略 I_0。）

4 - 11　已知一台单相变压器的各参数如下：$R_1=0.4$ Ω，$X_{1\sigma}=2.0$ Ω，$X_m=110$ Ω，$R_2=0.25$ Ω，$X_{2\sigma}=0.8$ Ω，变比 $k=2$，铁耗引起的等值电阻 $R_m=7.5$ Ω，已知该变压器接一纯电阻负载 $R_L=1.8$ Ω。试：

（1）画出 T 形等值电路并标出各参数值；

（2）定性画出相量图。

第 5 章 自整角机

5.1 自整角机的类型和用途

自整角机属于自动控制系统中的测位用微特电机。测位用微特电机包括：自整角机、旋转变压器(参见第 6 章)、微型同步器、编码器等七类。自整角机若按使用要求不同可分为力矩式自整角机和控制式自整角机两大类。若按结构、原理的特点又将自整角机分为控制式、力矩式、霍尔式、多极式、固态式、无刷式、四线式等七种。而前两种是自整角机的最常用运行方式。

无论自整角机作力矩式运行或者是控制式运行，每一种运行方式在自动控制系统中自整角机通常必须是两个(或两个以上)组合起来才能使用，不能单机使用。若成对使用的自整角机按力矩式运行时，其中有一个是力矩式发送机(国内代号为 ZLF，国际代号为 TX)，另一个则是力矩式接收机(国内代号为 ZLJ，国际代号为 TR)；而成双使用的自整角机按控制式运行时，其中必然有一个是控制式发送机(国内代号为 ZKF，国际代号为 CX)，另一个则是控制式变压器(国内代号为 ZKB，国际代号为 CT)。前述电机定子三相绕组为 Y 形(又称星形)接法，引出端符号分别为 D_1、D_2、D_3，转子单相绕组引出端用 Z_1 和 Z_2 表示，其电路图如图 5-1 所示。

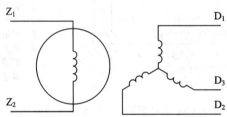

图 5-1 自整角机电路图

有时力矩式自整角机还用到差动发送机(国内、国际代号分别为 ZCF、TDX)和差动接收机(代号分别为 ZCJ、TDR)。差动发送机串接于 ZLF 和 ZLJ 之间，是将发送机(即 ZLF)转角及自身转角的和(或差)转变为电信号，输至接收机(即 ZLJ)；而差动接收机是串接于两个力矩式发送机(即 ZLF)之间，接收其电信号，并使自身转子转角为两发送机转角的和(或差)。有关详情见 5.5 节。

有时控制式自整角机还用到控制式差动发送机(国内、国际代号分别为 ZKC、CDX)。控制式差动发送机串接于 ZKF 和 ZKB 之间，将发送机转角及其自身转角的和(或差)转变成电信号,输至自整角机变压器即 ZKB。差动式自整角机的定、转子绕组均为三相,而且均接成 Y 形,它们的定、转子绕组引出端分别用 D_1、D_2、D_3 和 Z_1、Z_2、Z_3 表示,其电路图如图 5-2 所示。

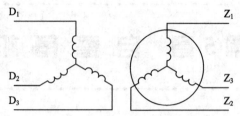

图 5-2　差动式自整角机电路图

控制式自整角机的功用是作为角度和位置的检测元件,它可将机械角度转换为电信号或将角度的数字量转变为电压模拟量,而且精密程度较高,误差范围仅有 $3'\sim14'$。因此,控制式自整角机在精密的闭环控制的伺服系统中是很适宜的。

力矩式自整角机的功用是直接达到转角随动的目的,即将机械角度变换为力矩输出,但无力矩放大作用,接收误差稍大,负载能力较差,其静态误差范围为 $0.5°\sim2°$。因此,力矩式自整角机只适用于轻负载转矩及精度要求不太高的开环控制的伺服系统里。

以下举例说明控制式自整角机在如图 5-3 所示的雷达俯仰角自动显示系统的应用,以便了解自整角机的功用。

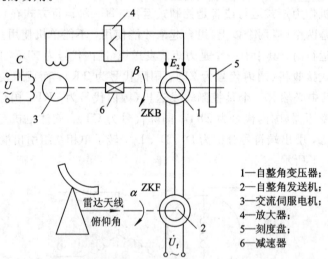

1—自整角变压器;
2—自整角发送机;
3—交流伺服电机;
4—放大器;
5—刻度盘;
6—减速器

图 5-3　雷达俯仰角自动显示系统原理图

图中两个自整角机上的三根定子绕组引出线对应连接,每台自整角机两根转子绕组引出线分别接电源和放大器,通过两个圆心的点划线表示其转轴。

ZKF 的转轴直接与雷达天线的俯仰角耦合,雷达天线的俯仰角 α 就是 ZKF 轴的转角;ZKB 转轴与由交流伺服电动机驱动的系统负载(这里是刻度盘)轴相连,所以其转角就是刻度盘的读数,以 β 表示。这样,当 ZKF 转子绕组加励磁电压 $\dot{U}_f$ 时,ZKB 转子绕组便输出一个交变电势 $\dot{E}_2$,其有效值与两轴的差角 γ(即 $\alpha-\beta$)近似成正比,也就是 $E_2\approx K(\alpha-\beta)=K\gamma$,式中 K 为常数。$\dot{E}_2$ 经放大器放大后送至交流伺服电动机的控制绕组,使电动机转动。当 $\alpha>\beta$ 即 $\gamma>0$ 时,伺服电动机将驱动刻度盘,使 β 增大,γ 减小,直到 $\gamma=0$,输出电势

$E_2=0$，即伺服电动机无信号电压时，方能停转；而当 $\alpha<\beta$ 即 $\gamma<0$ 时，$\dot{E}_2$ 的相位变反了，则伺服电动机将反向转动。此时 β 减小，γ 也减小，直到 $\gamma=0$，$E_2=0$ 时停止转动。由此可见，只要 α 和 β 有差别，即 $\gamma\neq0$，伺服电动机就会转动，趋向于使 γ 减小。若 α 不断变化，系统就会使 β 跟着 α 变化，以保持 $\gamma=0$，也就是说达到了电动机 3 和刻度盘 5 的转轴是自动跟随 ZKF 2 的雷达俯仰角旋转的目的，所以刻度盘上所指示的就是雷达俯仰角。

这个例子说明，利用控制式（或力矩式）自整角机可以方便地实现远距离显示和远距离操纵。

5.2 自整角机的基本结构

自整角机的结构和一般旋转电机相似，主要由定子和转子两大部分组成。定子铁心的内圆和转子铁心的外圆之间存在有很小的气隙。定子和转子也分别有各自的电磁部分和机械部分。自整角机的结构简图如图 5-4 所示。定子铁心是由冲有若干槽数的薄硅钢片叠压而成，图 5-5 所示为定子铁心冲片。图 5-6 所示为自整角机转子（有隐极和凸极两种）剖视图。定子铁心槽内布置有三相对称绕组，转子铁心上布置有单相绕组（差动式自整角机为三相绕组）。

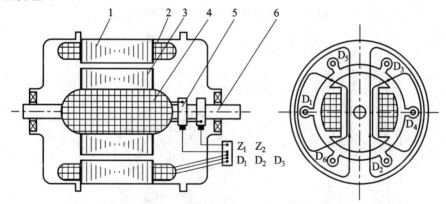

1—定子铁心；2—三相绕组；3—转子铁心；4—转子绕组；5—滑环；6—轴

图 5-4 自整角机结构简图

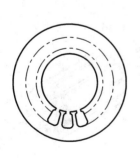

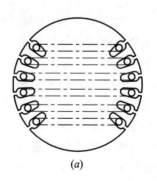

(a)

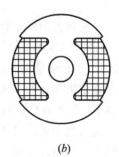

(b)

图 5-5 定子铁心冲片

图 5-6 自整角机转子

（a）隐极转子；（b）凸极转子

隐极式自整角机的定子和转子示意图如图 5-7 所示,其中沿定子内圆各槽内均匀分布有三个(也可称为三相)排列规律相同的绕组,每相绕组的匝数相等,线径和绕组形式均相同,三相空间位置依次落后 120°,这种绕组就称之为三相对称绕组。三相对称绕组可用图 5-8 所示的示意图来简单解释。设某相绕组集中成一个线圈,该线圈首、末端用 $D_1 - D_4$ 表示,另两个线圈的首、末端也就分别用 $D_2 - D_5$ 和 $D_3 - D_6$ 表示。为构成星形连接,将 D_4、D_5、D_6 短接在一起,首端 D_1、D_2、D_3 则引出(到接线板),如图 5-7 中的定子上的三根悬空线。

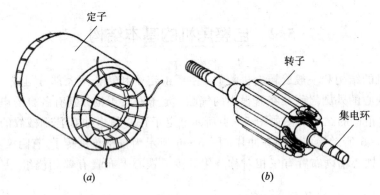

图 5-7 隐极式自整角机的定子和转子

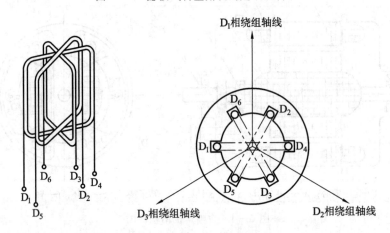

图 5-8 三相对称绕组示意图

自整角机的转子有隐极式和凸极式两种结构形式。通常 ZKB 和 ZKC 采用隐极式转子,而 ZLF 和 ZLJ 及 ZKF 则采用凸极式转子。图 5-7(b)为控制式自整角机变压器(ZKB)的转子结构图,它仅有一个绕组,称为自整角机的转子绕组;图 5-9 所示是差动式自整角机的转子结构,该电机转子绕组也有三相星接的对称绕组。为了使转子绕组与外电路相联接,在转子上装有集电环和电刷装置,集电环(或叫滑环)就是安装在轴(图上右端处)上的两个(差动式自整角机为三个)导电铜环。当然两个(或三个)滑环之间,以及转轴和滑环之间都应绝缘。单相(或三相)转子绕组的两个(或

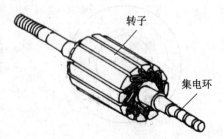

图 5-9 差动式自整角机的转子

三个)引线端分别焊接在两个(或三个)滑环上。电刷和滑环摩擦接触,通过电刷滑环将转子绕组出线端可靠地引接到接线板上,图 5-4 中的 Z_1 和 Z_2 就是接线板上的转子绕组的出线端。实际的接线板如图 5-10 中的第 9 号零件。

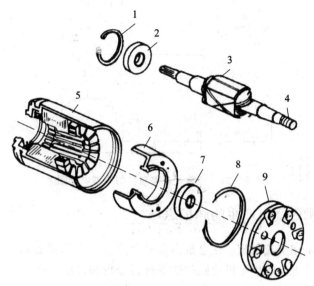

1、8—挡圈;2、7—轴承;3—转子;4—集电环;
5—定子;6—端盖;9—接线板

图 5-10　整体式自整角机的基本结构(此图转子为凸极式)

图 5-10 所示的是自整角机的基本结构。由于这种自整角机的定、转子都装在一个机壳里,故也称为整体式结构。为了表示内部结构,本图拆开画出。还有一种分装式结构的自整角机,也就是定、转子是分开的,它们分别是在现场安装固定。分装式自整角机的结构特点是电机外径较大、轴向长度较短,呈环状而非筒柱状。这种分装式结构习惯上不直接将转子装在轴上,而是内孔较大,以便在现场与转轴装配。但是,无论是整体式或是分装式,也无论是隐极转子或是凸极转子,它们的工作原理都是一致的。

5.3　控制式自整角机的工作原理

据前述,自动控制系统中的自整角机运行时必须是两个或两个以上组合使用。下面以控制式自整角机 ZKF 和 ZKB 成对运行为例来分析其工作原理,图 5-11 所示为它的原理电路图。图中左边为自整角机发送机(ZKF),右边为自整角机变压器(ZKB)。ZKF 和 ZKB 的定子绕组引线端 D_1、D_2、D_3 和 D_1'、D_2'、D_3' 对应连接,被称为同步绕组或整步绕组。ZKF 的转子绕组 Z_1、Z_2 端接交流电压 U_f 产生励磁磁场,故称之为励磁绕组;ZKB 的转子绕组通过 Z_1'、Z_2' 端输出感应电势,故被称之为输出绕组。图 5-11 所示的自整角机的输出绕组为什么可以输出电势?在什么条件下可以输出电势?为便于分析起见,ZKF 的转子单相绕组轴线相对定子 D_1 相绕组轴线的夹角用 θ_1 表示,ZKB 的输出绕组轴线相对 ZKB 的定子 D_1' 相绕组轴线的夹角用 θ_2 表示,而且设图中的 $\theta_2 > \theta_1$。以下通过分析 ZKF 的转子励磁磁场及其定子电流产生的定子磁场就能逐步理解控制式自整角机的工作原理。

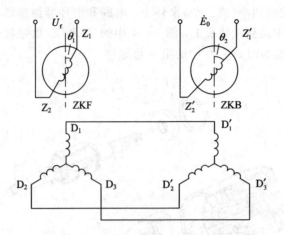

图 5-11　控制式自整角机的原理电路图

☞ 5.3.1　转子励磁绕组产生的脉振磁场

单相绕组通过单相交流电流，在电机内部就会产生一个脉振磁场，这是一般交流电机的共性问题。在这里结合自整角机的励磁磁场进行分析和讨论。

ZKF 转子励磁绕组接通单相电压 $\dot{U}_f$ 后，励磁绕组将流过电流：

$$i_f = I_{fm} \sin\omega t \qquad (5-1)$$

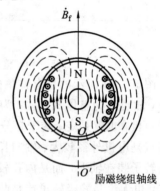

它将产生交变磁场。该磁场在自整角机气隙中的分布情况，以隐极转子为例来说明之，如图 5-12 所示（图中未画出定子绕组）。此图转子导体电流 $\dot{I}_f$ 方向是假设某瞬时的方向，而且 $i_f = I_{fm}$。磁力线方向用右手螺旋定则确定。通常转子为两极磁场。励磁磁场的轴线就是励磁绕组的轴线，如图 5-12 中的 $\dot{B}_f$ 方向。为了了解气隙中各

图 5-12　隐极转子励磁磁场分布

点磁密分布情况，我们设想从图 5-12 的 $O-O'$ 处切开，并沿定、转子圆周长方向展成直线，其展开图如图 5-13(a) 所示。图中作若干条磁力线闭合回路 $abcd$、$efgh$……，定、转子气隙 δ 处处相等，即称为均匀气隙。铁心内磁阻较空气隙的磁阻小得多而忽略。据磁路的欧姆定律和安培环路定理，可以得到图 5-13(b) 中的阶梯状的磁密分布曲线。再按傅氏级数把阶梯形波分解为基波和一系列的高次谐波，其中基波中幅值较各次谐波要大得多，对电机性能起着决定性作用。故以后分析中只研究基波磁通密度，而把其他各次谐波略去不计。转子励磁绕组所产生的气隙基波磁密 $B_f(X)$ 对某瞬时来说，沿定子内圆周长方向作余弦分布，如图 5-13(b) 的余弦曲线所示。

图中 B_{fm} 表示转子绕组通过的励磁电流 i_f 达到最大值时产生的磁密幅值。为便于分析，可把 $\dot{B}_f$ 作为一个磁通密度空间矢量。前述是假定励磁绕组通过的电流等于最大值 I_{fm} 时的 $\dot{B}_f$ 分布情况，即呈余弦波分布。但是，实际的励磁绕组所通过的电流 i_f 是随时间作正（或余）弦变化的，设 $i_f = I_{fm}\sin\omega t$。也就是 i_f 的振幅在随时间改变，它所产生的磁密也就跟着变正变负、变大变小，如图 5-14(a) 所示。图 5-14(b) 就表示五个不同时刻气隙磁密 B_f

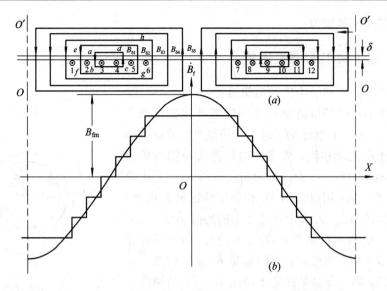

图 5 - 13 隐极转子励磁磁场展开图及 $B_f(X)$ 分布曲线

的分布曲线。由图看出，当 $t=t_1$ 瞬间，$\omega t=90°$，此时 $i_f=I_{fm}$，励磁磁密最大；而当 $t=t_2$ 瞬时，$\omega t=150°$，此时 $i_f=I_{fm}/2$，励磁磁密将减少一半；当 $t=t_3$ 瞬时，$\omega t=180°$，此时 $i_f=0$，所以气隙各点磁密也为 0；当 $t=t_4$ 瞬时，$\omega t=210°$，此时 $i=-I_{fm}/2$，气隙各点磁密的方向与 t_2 瞬时相反，大小相同；……依此类推。可画出图 5 - 14(b)的一簇分布曲线，把具有这种波形的磁场，即单相绕组通入单相交流电流后所产生的磁场常称为脉振（或叫脉动）磁场。这种脉振磁场的磁密幅值位置在空间永远固定于对应绕组的轴线上，其振幅也永远随时间交变。若用磁通密度空间矢量 $\boldsymbol{B}_f$ 来表示，如图 5 - 14(c)所示。

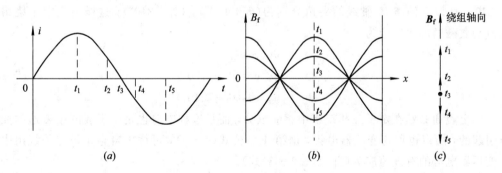

图 5 - 14 励磁电流和磁通密度分布曲线

(a) 励磁电流曲线；(b) 气隙磁通密度分布曲线；(c) 磁通密度空间矢量 $\boldsymbol{B}_f$

单相基波脉振磁场的物理意义可归纳如下：

(1) 对某瞬时来说，磁密的大小沿定子内圆周长方向作余弦（或正弦）分布；

(2) 对气隙中某一点而言，磁密的大小随时间作正弦（或余弦）变化（或脉动）。

(3) 磁密振幅的位置位于该单相绕组的轴线。

综合上述特点，单相脉振磁场写成瞬时值表达式：

$$b_{p1} = B_{m1} \sin\omega t \cos X \qquad (5-2)$$

式中，b_{p1} 为基波每相磁密瞬时值；B_{m1} 为基波每相电流达最大值时产生的磁密幅值；X 为沿周长方向的空间弧度值。

☞ 5.3.2 定子绕组的感生电流

自整角机发送机转子上的励磁绕组通过电流 i_f 后,将
产生脉振磁场,该磁场匝链定子各相绕组并在其中感应
电势。转子处于某一位置上时,定子三相绕组的感应电势
在时间上的相位彼此相同,而感应电势的大小则与转子
绕组在空间的位置有关。为便于分析,将图 5 - 11 中的
ZKF 画成图 5 - 15,用以求出 D_1 相绕组所匝链的磁通。
而且仅用一匝线圈 $Z_1 - Z_2$ 表示在转子上的励磁绕组,用另
一匝线圈 $D_1 - D_4$ 表示在定子上的 D_1 相绕组。设此瞬时脉
振磁通达到最大值。现把磁密空间矢量 $\dot{B}_f$ 分解成相互垂
直的两个分量:第一分量是在定子绕组 $D_1 - D_4$ 的轴线方
向,其值用 $B_f \cos\theta_1$ 表示;第二分量是与 $D_1 - D_4$ 线圈的轴
线方向垂直,其值用 $B_f \sin\theta_1$ 表示。设 $\dot{B}_f$ 矢量的方向与

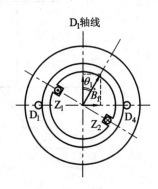

图 5 - 15 励磁磁通对定子
绕组的匝链

定子绕组 $D_1 - D_4$ 的轴线重合时,定子绕组 $D_1 - D_4$ 匝链全部的磁通 Φ_m,即一个极的磁通
量,但现在 $D_1 - D_4$ 绕组轴线方向的磁密为 $B_f \cos\theta_1$,故绕组 $D_1 - D_4$ 所匝链的磁通必定为
$\Phi_m \cos\theta_1$。B_f 的第二个分量所对应的磁通是不匝链绕组 $D_1 - D_4$ 的,因此,在任意 θ_1 角时,
D_1 相绕组所匝链的励磁磁通幅值为:

$$\Phi_1 = \Phi_m \cos\theta_1$$

由于定子三相绕组是对称的,D_2 相绕组在此图中超前 D_1 相绕组 $120°$,D_3 相超前 D_1 相绕
组 $240°$,所以它们与 $\dot{B}_f$ 轴线的夹角分别为 $(\theta_1 + 120°)$、$(\theta_1 + 240°)$。这样三相定子绕组所
匝链励磁磁通的幅值应为

$$\begin{cases} \Phi_1 = \Phi_m \cos\theta_1 \\ \Phi_2 = \Phi_m \cos(\theta_1 + 120°) \\ \Phi_3 = \Phi_m \cos(\theta_1 + 240°) \end{cases} \tag{5-3}$$

以上磁通必然在定子三相绕组中感应电势,而且这种电势也是由于线圈中磁通的交变
所引起的,所以也称为变压器电势,据第 4 章公式(4 - 9),可得出自整角机定子绕组中各
相变压器电势的有效值应为(并代入(5 - 3)式)

$$\begin{cases} E_1 = 4.44 f W_s \Phi_1 = E \cos\theta_1 \\ E_2 = 4.44 f W_s \Phi_2 = E \cos(\theta_1 + 120°) \\ E_3 = 4.44 f W_s \Phi_3 = E \cos(\theta_1 + 240°) \end{cases} \tag{5-4}$$

式中,W_s 为定子绕组每一相的有效匝数;E 为定子绕组轴线和转子励磁绕组轴线重合时
该相电势的有效值,也是定子绕组的最大相电势。由式(5 - 4)知 $E = 4.44 f W_s \Phi_m$。

由于 ZKF 和 ZKB 的定子绕组对应联结,ZKF 的定子三相电势必然在两定子形成的回
路中产生电流。为了计算各相电流,暂设两电机定子绕组(Y 形)的中点 O、O' 之间有连接
线,如图 5 - 16 所示的虚线。这样,各相回路就显而易见了。

以 D_1 相回路为例,设回路的总阻抗 Z_z 为 ZKF 和 ZKB 的每相定子绕组阻抗 Z_F 和 Z_B

以及各联接线阻抗 Z_i（由于实用中联接线较长）之和，即

$$Z_Z = Z_F + Z_B + Z_i \tag{5-5}$$

故流过 D_1 相回路中的电流有效值为：$I_1 = E_1/z_Z$（z_Z 为 Z_Z 的模）。同理流过 D_2、D_3 相回路中的电流有效值为：$I_2 = E_2/z_Z$，$I_3 = E_3/z_Z$。代入式（5-4）则三个绕组中的感生电流分别为

$$\begin{cases} I_1 = \dfrac{E_1}{z_Z} = \dfrac{E\cos\theta_1}{z_Z} = I\cos\theta_1 \\[2mm] I_2 = \dfrac{E_2}{z_Z} = \dfrac{E\cos(\theta_1+120°)}{z_Z} = I\cos(\theta_1+120°) \\[2mm] I_3 = \dfrac{E_3}{z_Z} = \dfrac{E\cos(\theta_1+240°)}{z_Z} = I\cos(\theta_1+240°) \end{cases} \tag{5-6}$$

式中，$I = E/z_Z$ 为励磁磁场轴线和定子绕组轴线重合时定子某相电流的有效值，即每相的最大电流有效值。

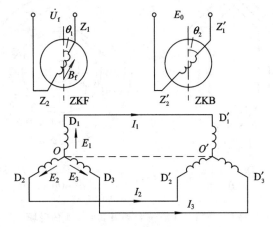

图 5 - 16　定子绕组中的电流

由图 5 - 16 看出流出中线的电流 $I_{O'O}$ 应该为 I_1、I_2、I_3 之和，代入式（5-6）后为

$$I_{O'O} = I\cos\theta_1 + I\cos(\theta_1+120°) + I\cos(\theta_1+240°) = 0$$

上式表明，中线没有电流，因此就不必接中线，这也就是自整角机的定子绕组只有三根引出线的原因。

☞ 5.3.3　定子电流产生的磁场

自整角机发送机定子绕组流过电流时，也要产生定子磁场。由于存在三相绕组，分别流过电流 $\dot{I}_1$、$\dot{I}_2$ 和 $\dot{I}_3$，它们共同产生一个定子合成磁场。我们先从某一相定子绕组感生电流所产生的磁场讲起，然后将三个磁场合成，就可得出合成磁场的结论。

实际的旋转电机（含自整角机）应为分布绕组，并非每相只一个线圈。也就是说，自整角机的定子每相有若干个线圈按一定规律嵌放于若干槽中，例如，在图 5 - 17（a）所示的 D_1 相绕组中，每相每对极有三个线圈串联，每个线圈（此例中）仅为一匝（也可以多匝而且一般都是多匝），导体号为 1，2，3，10，11，12 位置的直线部分称之为有效边，有效边部分是嵌在定子铁心的槽内，如图 5 - 17（b）所示的对应位置。线圈在定子铁心之外的部分是过渡线或引接线被称为绕组端部。图中 1—10、2—11、3—12 分别是一个线圈，亦即图中每

对极每相中有三个元件(线圈是组成绕组的元件)组成了一个线圈组。每个线圈组感生电势，产生电流之后就要产生磁场。根据右手螺旋定则，作出相应的磁力线，每条磁力线回路穿过定子和转子铁心以及两部分气隙，其方向如图 5－17(b)的虚线所示。现将图 5－17(b)和图 5－12 比较，虽然图 5－12 是讨论转子槽内导体，图 5－17(b)是讨论定子槽内导体，但两图都是一相绕组流过一相电流，其结论应该相同，即定子 D_1 相绕组感生电流所产生的磁场也是一个空间上作余(或正)弦分布、时间上作正(或余)弦脉动的两极脉振磁场；定子 D_1 相脉振磁场的振幅位置在该相绕组轴线上；D_1 相脉振磁场可以用磁密空间矢量 $\dot{B}_1$ 表示。同理，定子的 D_2、D_3 相绕组感生电流 $\dot{I}_2$、$\dot{I}_3$ 后，也产生各自的脉振磁场或用磁密空间矢量 $\dot{B}_2$、$\dot{B}_3$ 来表示。以下用公式来作基本推导。

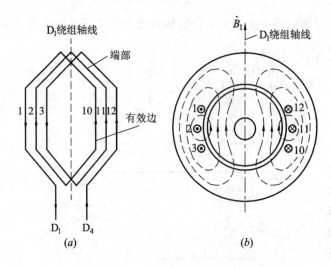

图 5－17　一相定子绕组及其所产生的磁场

据前述，定子绕组三相电流在时间上是同相位的，假设电流初相角为 $0°$，各相电流有效值已经用式(5－6)确定，则三相电流的瞬时值如下：

$$\begin{cases} i_1 = \sqrt{2}I\,\cos\theta_1\,\sin\omega t \\ i_2 = \sqrt{2}I\,\cos(\theta_1 + 120°)\,\sin\omega t \\ i_3 = \sqrt{2}I\,\cos(\theta_1 + 240°)\,\sin\omega t \end{cases} \tag{5-7}$$

自整角机气隙各点磁密总是与产生它的电流大小成正比。电机内部磁通密度某瞬时分布曲线中各点大小也应与电流瞬时值大小成正比，亦即磁密空间矢量的长度(即模值)正比于电流的瞬时值大小。因此三相定子磁密空间矢量 $\dot{B}_1$、$\dot{B}_2$、$\dot{B}_3$ 的长度应为(并代入式(5－7))

$$\begin{cases} B_1 = Ki_1 = B_m \cos\theta_1\,\sin\omega t \\ B_2 = Ki_2 = B_m \cos(\theta_1 + 120°)\,\sin\omega t \\ B_3 = Ki_3 = B_m \cos(\theta_1 + 240°)\,\sin\omega t \end{cases} \tag{5-8}$$

式中，K 为比例常数，是假定磁路不饱和的情况；B_m 为定子某相电流达最大值时产生的磁密幅值，$B_m = K\sqrt{2}I$。

综上所述，定子绕组各相电流均产生两极的脉振磁场，该磁场的幅值位置就在各相绕组的轴线上，脉振磁场的交变频率等于定子绕组电流的频率(即电源频率)，并且各相脉振磁场在时间上是同相位的。但是各相脉振磁场的幅值确实与转子的转角 θ_1 有关。三相合成磁密的结论可以用空间矢量的分解、合成法来分析。

设发送机转子绕组轴线相对 D_1 相绕组轴线的夹角为 θ_1，定子三相绕组的脉振磁场分别用磁通密度矢量 $\dot{B}_1$、$\dot{B}_2$、$\dot{B}_3$ 表示，如图 5 - 18 所示（为了简化，图中省略了 ZKB）。首先沿着转子励磁绕组的轴线作 x 轴，并使 y 轴和 x 轴正交。然后分别把磁通密度矢量 $\dot{B}_1$、$\dot{B}_2$、$\dot{B}_3$ 分解成 x 轴分量和 y 轴分量，各分量的长度分别为

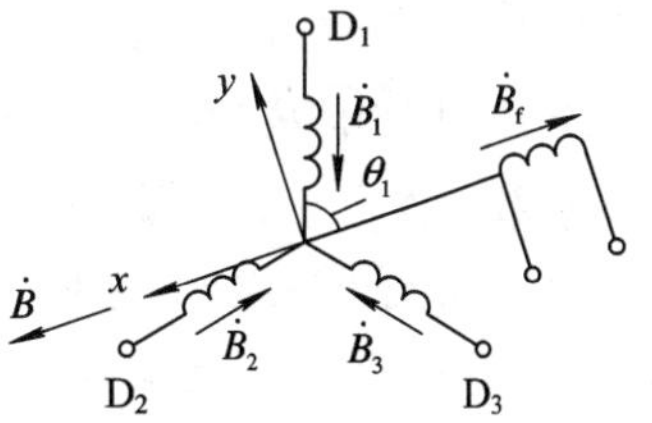

图 5 - 18　定子磁场的合成和分解

$$\begin{cases} B_{1x} = B_1 \cos\theta_1 \\ B_{2x} = B_2 \cos(\theta_1 + 120°) \\ B_{3x} = B_3 \cos(\theta_1 + 240°) \end{cases}$$

$$\begin{cases} B_{1y} = -B_1 \sin\theta_1 \\ B_{2y} = -B_2 \sin(\theta_1 + 120°) \\ B_{3y} = -B_3 \sin(\theta_1 + 240°) \end{cases}$$

x 轴方向总的磁通密度矢量的长度为

$$\begin{aligned} B_x &= B_{1x} + B_{2x} + B_{3x} \\ &= B_1 \cos\theta_1 + B_2 \cos(\theta_1 + 120°) + B_3 \cos(\theta_1 + 240°) \end{aligned}$$

把式(5 - 8)代入上式，则得

$$B_x = B_m \left[\cos^2\theta_1 + \cos^2(\theta_1 + 120°) + \cos^2(\theta_1 + 240°) \right] \sin\omega t$$

利用三角函数中的倍角公式：

$$\cos^2\theta_1 = \frac{1 + \cos 2\theta_1}{2}$$

计算得 $\qquad \cos^2\theta_1 + \cos^2(\theta_1 + 120°) + \cos^2(\theta_1 + 240°) = \dfrac{3}{2}$

故 $\qquad\qquad\qquad B_x = \dfrac{3}{2} B_m \sin\omega t \qquad\qquad\qquad\qquad (5 - 9)$

y 轴方向总的磁通密度矢量的长度为

$$\begin{aligned} B_y &= B_{1y} + B_{2y} + B_{3y} \\ &= -B_1 \sin\theta_1 - B_2 \sin(\theta_1 + 120°) - B_3 \sin(\theta_1 + 240°) \\ &= -B_m \left[\sin\theta_1 \cos\theta_1 + \sin(\theta_1 + 120°) \cos(\theta_1 + 120°) \right. \\ &\quad \left. + \sin(\theta_1 + 240°)\cos(\theta_1 + 240°) \right]\sin\omega t \end{aligned}$$

利用三角函数中的倍角公式 $\sin\theta_1 \cos\theta_1 = \dfrac{\sin 2\theta_1}{2}$，便可以计算出上式方括号内三项之和等于 0，故

$$B_y = 0$$

因此，定子三相合成磁场为

$$B = B_x + B_y = B_x = \frac{3}{2} B_m \sin\omega t \qquad\qquad (5 - 10)$$

由以上分析结果，概括如下结论：

(1) 定子三相合成磁密相量 $\dot{B}$ 在 x 轴方向，即 $\dot{B}$ 与励磁绕组轴线重合，但与 $\dot{B}_f$ 反向。

由于励磁绕组轴线与定子绕组 D_1 相轴线的夹角为 θ_1，因此定子合成磁密的轴线超前 D_1 相轴线$(180°-\theta_1)$。

（2）由于合成磁密 $\dot{B}$ 在空间的幅值位置不变，且其长度（即模值）是时间的正弦（或余弦）函数，故定子合成磁场也是一个脉振磁场。

（3）定子三相合成脉振磁密的幅值恒为一相磁密最大值的 3/2 倍，它的大小与转子相对定子的位置角 θ_1 无关。

定子三相合成磁密轴线之所以在励磁绕组轴线上，是由于定子三相是对称的。可以认为 ZKF 的励磁绕组属于变压器的原边（因接电源），ZKF 定子三相绕组作为变压器的副边，与它相联结形成回路的 ZKB 定子三相绕组可作为 ZKF 的对称电阻电感性负载。据变压器磁势平衡的理论，ZKF 的定子合成磁场必然对转子励磁磁场起去磁作用。因此，自整角机发送机的定子合成磁场的方向必定与转子励磁磁场方向相反，如图 5-19 所示。

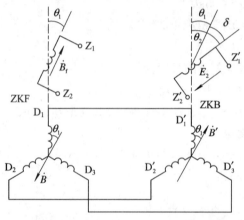

图 5-19 控制式自整角发送机、变压器的定子合成磁密

现在再来分析图 5-19 所示的 ZKB 的磁密。当三相电流 $\dot{I}_1$、$\dot{I}_2$、$\dot{I}_3$ 流过自整角机变压器的定子绕组时，在该机气隙中也同样产生一个合成的脉振磁密。因为 ZKB 和 ZKF 的三相整步绕组是对应联接的，所以各对应相的电流应该大小相等、方向相反（由图 5-16 看更清楚），因此 ZKB 定子合成磁密轴线应与 D_1' 相夹 θ_1 角，其方向与 ZKF 定子合成磁密相反。表示自整角机变压器定子合成磁场的磁通密度矢量用 $\dot{B}'$ 表示，如图 5-19 所示，图中已知 ZKB 输出绕组轴线对 D_1' 相绕组轴线的夹角为 θ_2，将 $\dot{B}'$ 与 ZKB 输出绕组轴线的夹角用 δ 角表示，则 $\delta = \theta_2 - \theta_1$。$\delta$ 角直接影响到自整角机系统输出电势的大小。

5.3.4 ZKB 转子输出绕组的电势

若 ZKF 的转子绕组轴线与定子 D_1 相绕组轴线空间夹角为 θ_1 时，励磁磁通在 D_1 相绕组中感应的变压器电势为 $E_1 = E\cos\theta_1$（由式(5-4)得）。同理，当 ZKB 的定子合成磁场的轴线与输出绕组轴线空间夹角为 $\delta = \theta_2 - \theta_1$ 时，合成磁场在输出绕组中感应的变压器电势有效值为

$$E_2 = E_{2max}\cos\delta \tag{5-11}$$

式中，E_{2max} 为 ZKB 输出绕组感应电势有效值达到最大时的值，即输出绕组轴线与定子合成磁场轴线重合时的电势大小。由于 ZKF 的励磁绕组外加电压 U_f 一般为固定值，成对运

行的自整角机的参数也不变，所以 E_{2max} 是一个常数。

由式(5-11)可以看出，变压器输出绕组电势的有效值与两转轴之间的差角 δ 的余弦成正比。当转角差 $\delta=0°$，$\cos\delta=1$ 时，ZKB 的转子输出电势 E_2 达最大；而当 $\delta=90°$ 时，$\cos\delta=0$，则 $E_2=0$。随动系统常用到协调位置这一术语。规定输出电势 $E_2=0$ 时的转子绕组轴线为控制式自整角机的协调位置，即图 5-20 中落后于 ZKB 定子合成磁场 $\dot{B}'$ 相位 $90°$ 的位置为协调位置(用 $\dot{X}_t$ 相量表示)；并把转子偏离此位置的角度定义为失调角 γ(注：失调角也是随动系统中常用术语之一)。由图 5-18 明显可见 $\delta=90°-\gamma$，代入式(5-11)得

$$E_2 = E_{2max}\cos(90°-\gamma) = E_{2max}\sin\gamma \qquad (5-12)$$

上式说明自整角机变压器(ZKB)的输出电势与失调角 γ 的正弦成正比，其相应曲线形状如图 5-21 所示。图上若在 $0°<\gamma<90°$ 的范围内，失调角 γ 增加输出电势 E_2 也增大；若 $90°<\gamma<180°$ 时，输出电势 E_2 将随失调角 γ 增大而减小；$\gamma=180°$ 时，输出电势 E_2 又变为 0。而且，当失调角 γ 变负时，输出电势 E_2 的相位将变为反相。

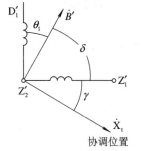

图 5-20　控制式自整角机的协调位置

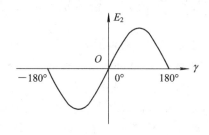

图 5-21　控制式自整角机的输出电势

若 γ 角用弧度作单位而且 γ 角又很小时，数学上 $\sin\gamma\approx\gamma$。例如，在 $\gamma=0°\sim10°$(即 $0\sim0.174\,53$ rad)时，用 γ 代替 $\sin\gamma$ 所造成的误差不大于 0.51%；在 $\gamma=0°\sim20°$(即 $0\sim0.349\,07$ rad)时误差不大于 2.02%…… 因此，失调角 γ 较小时，可近似认为 $E_2=E_{2max}\gamma$ 成立，即认为输出电势与失调角成正比。这样输出电势的大小就直接反映了发送机转轴和接收轴(随动系统中，自整角机变压器的转轴就是接收轴)之间转角差值的大小。

图 5-22 所示的随动系统中当 ZKB 输出绕组接上交流放大器时，可认为输出绕组电压也为

$$U_2 = U_{2max}\gamma \qquad (5-13)$$

这个电压经放大后，送给交流伺服电动机，伺服电动机就带着接收轴转动，以缩小或消除转角差值，达到了接收轴和发送轴自整角或自同步的目的。图中的 S、R(包括 S'、R')分别

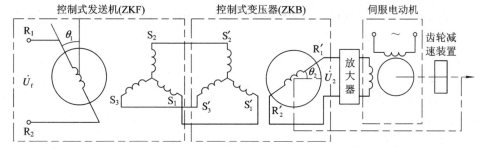

图 5-22　随动系统中的 ZKF—ZKB

表示定子、转子绕组的引线端符号（以前曾使用 D、E）。

以上所分析的内容就是控制式自整角机的工作原理。简单归纳如下：

（1）ZKF 的转子绕组产生的励磁磁场是一个脉振磁场，它在发送机定子绕组中感应变压器电势。定子各相电势时间上同相位，其有效值与定、转子间的相对位置有关。

（2）ZKF 定子合成磁场的轴线与转子励磁磁场的轴线重合，但方向恰好相反。

（3）ZKF 和 ZKB 的定子三相绕组对应联接时，两机定子绕组的相电流大小相等、方向相反，因而两机定子合成磁场的方向也应相反。

（4）ZKB 的输出电势的有效值 $E_2 = E_{2max}\sin\gamma$，其中 γ 叫失调角。失调角 $\gamma = 90° - \delta$，γ 角是实际 ZKB 转子绕组轴线（从 Z_2' 到 Z_1' 方向）偏离（超前）协调位置（$\dot{X}_t$ 方向）的角度（取正号）（图 5 - 20 所示）。协调位置为输出电势等于 0 的位置。在失调角比较小时，$U_2 = U_{2max}\gamma$，这里 γ 的单位取弧度（rad）。

☞ 5.3.5　控制式自整角机的主要技术指标之一——比电压

输出电压和失调角的关系为 $U_2 = U_{2max}\sin\gamma$，在 γ 角很小时，$U_2 = U_{2max}\gamma$；即此时可以用正弦曲线在 $\gamma = 0$ 处的切线近似地代替该曲线，如图 5 - 23 所示。这条切线的斜率称为比电压或电压陡度，其值等于在协调位置附近失调角变化 1° 时输出电压的增量，单位为 V/(°)。目前国产自整角变压器的比电压的数值范围为 0.3 V/(°)～1 V/(°)。由图 5 - 23 可见，比电压大，就是上述的切线的斜率大，也就是失调同样的角度所获得的信号电压大，因此系统的灵敏度就高。

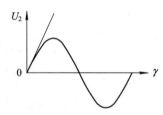

图 5 - 23　输出电压在 $\gamma = 0$ 时的切线

控制式自整角机主要技术指标有电气误差、零位电压、相位移、比电压、接触可靠性等等，可参阅有关资料。

5.4　带有控制式差动发送机的控制式自整角机

控制式自整角机除了作成对（ZKF 和 ZKB）运行外，还可在 ZKF 和 ZKB 之间再接入控制式差动发送机即 ZKC 作控制式运行。其目的是用来传递两个发送轴的角度和或角度差。第 5.2 节已说明差动式自整角机的结构特点：转子采用隐极式结构，而且转子铁心的槽中放置有三相对称分布绕组，并通过三组集电环和电刷引出，该转子示意图参见图 5 - 9；定子和普通自整角机完全相同，属三相对称绕组，参见图 5 - 7(a) 和图 5 - 8。

带有差动发送机（ZKC）的控制式自整角机工作原理如图 5 - 24 所示。这里有两只发送机，一只是普通的自整角发送机（ZKF），另一只则是控制式差动发送机（ZKC）。自整角变压器（ZKB）用来输出电压。图中 ZKC 的三相定子对称绕组引线端用 C_1、C_2、C_3 表示，其转子三相对称绕组用 C_1'、C_2'、C_3' 表示。转子绕组某相轴线与对应的定子绕组轴线的夹角定义为差动发送机转轴输入角 θ_2。

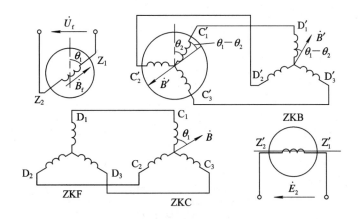

图 5-24　ZKF—ZKC—ZKB 的工作原理

设 ZKF、ZKC 和 ZKB 的定子绕组在空间的位置如图 5-24 所示固定不变，若假设初始状态为 $\theta_1 = \theta_2 = 0$，ZKB 的输出绕组 $Z_1' - Z_2'$ 的轴线与其定子 D_1' 相轴线相互垂直，则此时输出电势为 0。若给 ZKF 转轴输入 θ_1 角，给 ZKC 转轴输入 θ_2 角，即图 5-24 中的转子位置，这时，ZKC 定子绕组产生的合成磁场与定子 C_1 相轴线的夹角为 θ_1，如图中 $\dot{B}$ 所示。$\dot{B}$ 作为差动发送机的励磁磁通，并在它的转子三绕组中感应电势。由于差动发送机副边绕组是对称的，所以副边电流所产生的磁场必定反对激励它的励磁磁通。由图 5-24 可以看出，此时由于 ZKC 定子绕组所产生的磁场 $\dot{B}$ 与 ZKC 转子绕组 C_1' 的夹角为 $\theta_1 - \theta_2$，所以 ZKC 转子绕组所产生的磁场 B' 轴线必定与转子绕组 C_1' 相夹 $180° - (\theta_1 - \theta_2)$。又因为 ZKC 转子三相绕组和 ZKB 定子三相绕组对应连接，所以它们对应相的电流大小相等、方向相反，因此同一电流在 ZKB 定子三相绕组中所产生的磁场 B' 必定和 D_1' 绕组相夹 $\theta_1 - \theta_2$ 角。此磁场作为 ZKB 的励磁磁场，它与输出绕组轴的夹角为 $90° - (\theta_1 - \theta_2)$，因此，输出电势为

$$E_2 = E_{2max} \cos[90° - (\theta_1 - \theta_2)] = E_{2max} \sin(\theta_1 - \theta_2) \tag{5-14}$$

输出电势经放大器放大后，输给交流伺服电动机的控制绕组，伺服电动机就带着 ZKB 转轴按顺时针方向转动。当转过 $\theta_1 - \theta_2$ 角度时，由于 ZKB 的励磁磁场磁密空间相量 B' 与输出绕组轴线垂直，输出电势 $\dot{E}_2 = 0$，电机就不再转动了。可见，通过这样一个系统可以实现两发送轴角度差的传递。

如果 ZKC 从初始位置按逆时针方向转过 θ_2 角（ZKF 仍按顺时针方向转过 θ_1 角），则 ZKB 转过 $\theta_1 + \theta_2$ 角，其分析方法同上，此时可实现两发送轴角度和的传送。

下面以舰艇上火炮自动瞄准系统为例说明上述系统的应用。

图 5-25 是该系统的控制原理图。图中 ZKF、ZKC 和 ZKB 的位置基本和图 5-24 相对应，其中 θ_1（取为 45°）是火炮目标相对于正北方向的方位角，θ_1 作为自整角发送机 ZKF 的输入角；θ_2（取为 15°）是罗盘指针相对于舰头方向的角度（也就是舰的方位角），θ_2 作为 ZKC 的输入角。则 ZKB 的输出电势为

$$E_2 = E_{2max} \sin(\theta_1 - \theta_2) = E_{2max} \sin 30°$$

伺服电动机在 $\dot{E}_2$ 的作用下带动火炮转动。因为 ZKB 的转轴与火炮轴耦合，当火炮相对舰头转过 $\theta_1 - \theta_2 = 30°$ 时，ZKB 也将转过 $\theta_1 - \theta_2$ 角，则此时输出电势 $\dot{E}_2 = 0$。伺服电动机停止转动，火炮所处的位置正好对准目标，此时即可命令火炮开炮。由此可见，尽管舰艇

的航向不断变化，但火炮始终能自动对准某一目标。

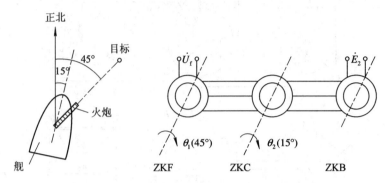

图 5 - 25　火炮相对于罗盘方位角的控制原理图

5.5　力矩式自整角机的运行

如果把图 5 - 3 中的伺服电动机和放大器及减速器取消，而将 ZKB 的转子绕组也接入交流励磁电压 $\dot{U}_f$，则 ZKB 的转子和 ZKF 的转子可以达到同步旋转或随动的目的。该对自整角机的运行就是力矩式自整角机运行方式。对应的两机分别称为力矩式发送机和力矩式接收机，其代号分别用 ZLF 和 ZLJ 表示。

☞ 5.5.1　力矩式自整角机的工作原理

力矩式自整角机的工作原理如图 5 - 26 所示。图中这一对力矩式自整角机（ZLF 和 ZLJ）的结构参数、尺寸等可以完全一样。

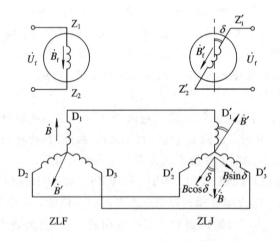

图 5 - 26　力矩式自整角机的工作原理图

我们假定图 5 - 26 中 ZLF 的转子励磁绕组轴线位置，是当两机加励磁后，由原来与 ZLJ 转子轴线相同的位置人为地顺时针方向旋转 δ 角的位置，当忽略磁路饱和时，我们可分别讨论 ZLF 和 ZLJ 单独励磁的作用，然后进行叠加。

(1) 只有 ZLF 励磁绕组接通电源 $\dot{U}_f$，将接收机 ZLJ 励磁绕组开路。此时所发生的情况与控制式运行类似，即发送机转子励磁磁通在发送机定子绕组中感应电势，因而在两机定子绕组回路中引起电流，三相电流在发送机的气隙中产生与发送机 $\dot{B}_f$ 方向相反的合成磁密 $\dot{B}$，而在接收机气隙中形成与发送机 $\dot{B}$ 的对应方向相反的合成磁密，这里仍用 $\dot{B}$ 来表示，如图 5 - 26 所示。

(2) 只将 ZLJ 单独加励磁，发送机励磁绕组开路。同理，此时接收机中的情况与上述发送机中的情况一样，而发送机中的情况也与上述接收机中的情况一样。亦即接收机定子三相电流产生的合成磁密 $\dot{B}'$ 与接收机的 $\dot{B}'_f$ 方向相反，而发送机定子合成磁密 B' 与接收机本身的合成磁密对应方向相反。如图 5 - 26 中的 ZLF 所示。

(3) 力矩式自整角机实际运行时，发送机和接收机应同时励磁，则发送机和接收机定子绕组同时产生磁密 $\dot{B}$、$\dot{B}'$，利用叠加原理可将它们合成。为了分析方便，把接收机中由 ZLF 励磁产生的磁密 $\dot{B}$ 沿 $\dot{B}'$ 方向分解成两个分量：

① 一个分量 $\dot{B}_d$ 和转子绕组轴线一致，其长度用 $B\cos\delta$ 表示。这样在转子绕组轴线方向上，定子合成磁密矢量的长度为 $B'_d = B' - B\cos\delta$。因为据前设定 $B = B'$，所以 $B'_d = B' - B\cos\delta = B(1-\cos\delta)$，$\dot{B}'_d$ 的实际方向与接收机励磁磁密 $\dot{B}_f$ 相反，即起去磁作用。当然，它不会使 ZLJ 的转子旋转。

② 另一个分量 $\dot{B}_q$ 和转子绕组轴线垂直，其长度为 $B\sin\delta$，即 $B_q = B\sin\delta$。然而，$\dot{B}'_f$ 和 $\dot{B}_q(= \dot{B}\sin\delta)$ 之间作用要产生转矩。因为根据载流线圈在磁场中会受到电磁力的作用原理，受力情况如图 5 - 27(a) 所示，所以两个磁场即 $\dot{B}'_f$ 和 $\dot{B}_q$ 之间的作用可以转化成载流的 ZLJ 励磁线圈和磁密 $B\sin\delta$ 之间的作用。在这里，ZLJ 励磁绕组相当于可转动的线圈，定子绕组所产生的磁密 $B\sin\delta(=B_q)$ 相当于外磁场。ZLJ 励磁绕组通电后，它的两个线圈边就受到 $B\sin\delta(=B_q)$ 所引起的磁场的作

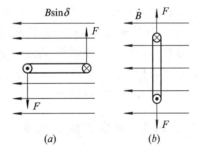

图 5 - 27 载流线圈在合成磁场中所受到的力矩

用力——转矩的方向是使载流线圈所产生的磁场方向和外磁场方向一致，即使 ZKJ 转子受到逆时针方向转矩，使角 δ 趋向于 $\delta = 0°$（如图 5 - 27(b) 所示），$\dot{B}'_f$ 和 $\dot{B}$ 方向相同时的方向。

以上说明了力矩式自整角机的工作原理。也就是说，发送机转子一旦旋转（以上例子为顺时针方向旋转）一个 δ 角，接收机转子就会朝着使角 δ 减小的方向转动。当 δ 减到 $0°$ 时，转矩等于 0，因而停止了转动，以达到协调或同步的目的。如果发送机（ZLF）转子连续转动，则接收机（ZLJ）转子便跟着转动，这就实现了转角随动的目的。实质上这个转角随动的过程，就是不断失调（即 $\delta \neq 0°$），而又不断协调的过程，也叫自动协调或自整角（从 $\delta \neq 0°$ 到使 $\delta = 0°$）过程，以达到力矩式自整角机具有自动跟随（注：是接收机转子自动跟随发送机转子转动）的功能。

☞ 5.5.2 力矩式自整角机的失调角和协调位置

力矩式自整角机的接收机 ZLJ 转子在失调时能产生转矩 T 来促使转子和发送机 ZLF

转子协调，这个转矩是由电磁作用产生的，被称为整步转矩。由于磁密 $B_q = B \sin\delta$ 起了关键作用，故整步转矩与 $\sin\delta$ 成正比，即

$$T = KB \sin\delta \qquad\qquad (5-15)$$

因为 $\delta = 0°$ 时，$T = 0$，所以当 ZLJ 的转子受到的转矩为零时，我们称自整角发送机与接收机处于协调位置（用 $\dot{X}_{tL}$ 相量表示）；当 $\delta \neq 0°$，$T \neq 0$ 时称自整角发送机与接收机失调。δ 角就称为失调角。图 5-28 为整步转矩与失调角的关系图。

当失调角很小时，可以证明，转矩与产生它的磁场成正比，再考虑到数学上 $\sin\delta \approx \delta$（$\delta$ 单位取 rad），则认为：

$$T = KB \sin\delta = KB\delta \qquad (5-16)$$

类似于控制式自整角机的比电压，当失调角为 1°（即 0.017 453 rad）时，力矩式自整角机所具有的整步转矩称为比整步转矩，用 T_θ 表示，即 $T_\theta = KB \sin 1° = 0.017\ 453KB$。

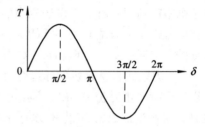

图 5-28　整步转矩与失调角的关系

由上式知，比整步转矩愈大，整步能力也越强。所以 T_θ 值是力矩式自整角接收机的一项重要性能指标，一般产品介绍或产品目录中均列出其数据。因为只有当整步转矩大于接收机轴上的总阻转矩 T_Z（包括负载、摩擦等转矩），即 $KB\delta \geqslant T_Z$ 时，它才能拖动负载跟着发送机 ZLF 转动，因此发送机和接收机之间必然保留了一定的失调角（或差角）。一般力矩式自整角机的比整步转矩 T_θ 只在 0.1 N·m～9.6 N·m 的范围，因此它只能带动轻负载，例如仪表指针类等。也可以说力矩式自整角机主要应用于传递数据的同步系统中，故有时把它又称为指示式自整角机。

☞ 5.5.3　减少振荡的措施

结构上有的自整角接收机还装有阻尼装置。阻尼装置有两种：一种是转子铁心中安置阻尼绕组，也称为电阻尼；另一种是在接收机的轴上装阻尼盘，又称机械阻尼。装置电阻尼或机械阻尼的目的是为了克服自整角机系统运行时的振荡现象。当发送机输入信号即转子很快转动一个较大的角度，使接收机与发送机的转子间失调角较大（即整步转矩很大）时，接收机转子将快速地跟随发送机转子转动。按照式 5-16，当达到协调位置即 $\delta = 0$，$T = 0$ 时，接收机理应停转，但实际上由于接收机转子（包括负载）具有惯性，它并不立即停在协调位置，而是超越此位置，使失调角相对变成负值，整步转矩 T 也就随之改变了转向，从而使接收机倒转。反转后，又由于惯性，倒转也会越过协调位置……这样周而复始地使接收机转子围绕协调位置作来回振荡，若不采取措施，振荡时间将很长。当然，环境空气阻力和轴上摩擦等的存在对振荡也有阻尼作用，使振荡逐渐衰减，但最有效的办法是在接收机中装设阻尼装置，可使自整角机在协调位置尽快稳定下来。为此，在自整角机的技术数据中常给出接收机转子阻尼时间的数值，它是一个测量值，其含义是：强迫自整角接收机失调 177°±2° 时，放松后经过衰减振荡到稳定在协调位置时所需的时间值。

☞ 5.5.4　力矩式自整角机的应用

力矩式自整角机广泛用作测位器。下面以测水塔水位的力矩式自整角机为例说明其用

途。图 5-29 为测量水塔内水位高低的测位器示意图。图中浮子随着水面升降而上下移动,并通过绳子、滑轮和平衡锤使自整角发送机 ZLF 转子旋转。据力矩式自整角机的工作原理知,由于发送机和接收机的转子是同步旋转的,所以接收机转子上所固定的指针能准确地指向刻度盘所对应的角度——也就是发送机转子所旋转的角度。若将角位移换算成线位移,就可方便地测出水面的高度,实现远距离测量。这种测位器不仅可以测量水面

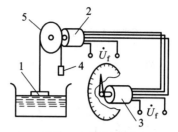

1—浮子;2—自整角发送机;
3—自整角接收机;4—平衡锤;5—滑轮

图 5-29 作为测位器的力矩式自整角机

或液面的位置,也可以用来测量阀门的位置、电梯和矿井提升机的位置、变压器分接开关位置等等。

☞ 5.5.5 力矩式差动自整角机

实际中除了使用力矩式发送机(ZLF)和接收机(ZLJ)之外,有时还用力矩式差动发送机(ZCF)或力矩式差动接收机(ZCJ)。

力矩式差动发送机(ZCF)的结构和控制式差动发送机(ZKC)极为相似,转子采用隐极式,而且定、转子都有三相对称绕组。力矩式差动接收机(ZCJ)除转子上带有机械阻尼器外,其余结构部分完全和 ZCF 一样。

如果要求力矩式接收机(ZLJ)显示两个输入角的和或差时,则可以在发送机 ZLF 与接收机 ZLJ 之间接一只力矩式差动发送机(ZCF),如图 5-30 所示。当发送机 ZLF 转子从定子 D_1 相轴线(一般作为基准轴线)转过 θ_1 角,差动发送机 ZCF 转子从 C_1 相绕组轴线(认为是电气零位的参考轴线)转过 θ_2 角时,则根据前述的力矩式自整角机的工作原理,接收机 ZLJ 必然从 D_1' 相轴线(即电气零位线)转过 $\theta_1-\theta_2$。对于角度前的正、负号的确定原则是:逆时针转向取"+"号,顺时针转向取"-"号。如图 5-30 所示的接收机所指示的角度为 $\theta_1-\theta_2$,由于 $\theta_2>\theta_1$,其值为负值,因此接收机 ZLJ 转子应顺时针转过 $\theta_1-\theta_2$ 角度。

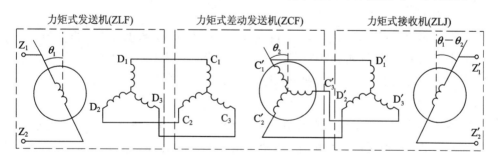

图 5-30 ZLF—ZCF—ZLJ 的工作原理

也可以在两台力矩式发送机 ZLF 之间接一台力矩式差动接收机 ZCJ,显示两个输入角的和或差,如图 5-31 所示。类似前述分析方法,将图中 θ_1 角取正值,θ_2 角取负值,则力矩式差动接收机 ZCJ 指示角度为 $\theta_1-(-\theta_2)=\theta_1+\theta_2$,即 ZCJ 转子将逆时针方向转过 $\theta_1+\theta_2$ 角。

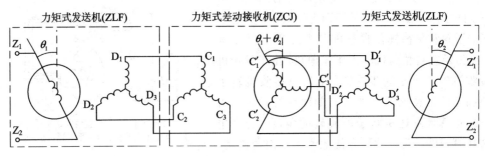

图 5 - 31　ZLF—ZCJ—ZLF 的工作原理

5.6　自整角机的选用和技术数据

在自动控制系统中，如果遇到要求能够自动跟随（或同步随动）、远距离测量、伺服机构的远距离控制等情况时，理所当然应选用自整角机。在选择自整角机时，必然牵扯到自整角机本身的技术数据以及在选用中应注意的一些问题，以下分别介绍。

☞ 5.6.1　自整角机的型号和技术数据

1. 型号

选择某自整角机时，一定要注意到该电机铭牌上的型号，根据型号就可大体了解这台电机的运行方式和尺寸大小。

例如：

某一自整角机型号为 36ZKF01；

另一自整角机型号为 28ZKB02；

再一自整角机型号为 70ZLJ01。

以上三个型号中前两位数字（由左向右排列）表示机座号，数据大者电机直径大，反之直径小；中间三个字母（例如 ZKB）表示产品名称代号，本章第 1 节中已经介绍过每一种国内代号的含义，这里不再重复；后两位数字表示性能参数序号。

2. 励磁电压

它是加在励磁绕组上的电压有效值。对于 ZKF、ZLF、ZLJ 而言，励磁绕组就是转子绕组；而对于 ZKB，励磁绕组是相当于这里的定子绕组，则励磁电压是指加在定子绕组上的最大线电压，其数值与所对接的 ZKF 定子绕组的最大线电压一致，例如 36ZKF01 的励磁电压为 115 V。

3. 最大输出电压

它是指额定励磁时自整角机副边的最大线电压。例如 36ZKF01 的最大输出电压为 90 V。对于发送机和接收机均指定子绕组的最大线电势；对于 ZKB，则指转子输出绕组的最大电势，此时它的定子绕组连接如图 5 - 32 或图 5 - 33 所示。

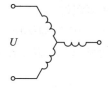

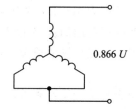

图 5 - 32　求自整角变压器最大输出电压时
　　　　　定子绕组的一种接线图

图 5 - 33　求自整角变压器最大输出电压时
　　　　　定子绕组的另一种接线图

4. 空载电流和空载功率

空载电流和空载功率是指副边空载时，励磁绕组的电流和消耗的功率。例如 36ZKF01 的空载电流为 92 mA；空载功率不大于 2 W。

5. 开路输入阻抗

它是指副边开路，从原边(即励磁端)看进去的等效阻抗。对于发送机和接收机是指定子绕组开路，从励磁绕组两端看进去的阻抗；对于 ZKB 是指输出绕组开路，从定子绕组两端看进去的阻抗。例如 36ZKF01 的开路输入阻抗为 1.25 kΩ。

6. 短路输出阻抗

它是指原边(励磁端)短路，从副边绕组两端看进去的阻抗值。例如 36ZKF01 的短路输出阻抗为不大于 150 Ω。

7. 开路输出阻抗

它是指原边(即励磁端)开路，从副边绕组两端看进去的阻抗。例如 12ZKF02 的开路输出阻抗为 60 Ω。

☞ 5.6.2　选用中注意的问题

(1) 具体是选择控制式或者选择力矩式自整角机，要根据实际需要和两种运行方式所具有的不同特点合理选择。表 5 - 1 对两种运行方式进行了比较。由表上分析可知，控制式自整角机适用于精度较高、负载较大的伺服系统。力矩式自整角机适用于精度较低的测位系统。

表 5 - 1　控制式自整角机和力矩式自整角机的比较

项　　　目	控 制 式 自 整 角 机	力 矩 式 自 整 角 机
负载能力	自整角变压器只输出信号，负载能力取决于系统中的伺服电动机及放大器的功率	接收机的负载能力受到精度及比整步转矩的限制，故只能带动指针、刻度盘等轻负载
系统结构	较复杂，需要用伺服电动机、放大器、减速齿轮等	较简单，不需要用其他辅助元件
精　　　度	较　　高	较　　低
系统造价	较　　高	较　　低

(2) 自整角机的励磁电压和频率必须与使用的电源符合。若电源可任意选择时，应选

用电压较高、频率为 400 Hz 的自整角机(因其性能较好,故体积较小)。

(3)相互联接使用的自整角机,其对接绕组的额定电压和频率必须相同。

(4)在电源容量允许的情况下,应选用输入阻抗较低的发送机,以便获得较大的负载能力。

(5)选用自整角变压器和差动发送机时,应选输入阻抗较高的产品,以减轻发送机的负载。

(6)当随动系统中自整角机在测位时,通常在调整以前,ZLF 和 ZLJ 的刻度盘上的读数是不一致的,因此需要进行零位调整。调零的方法是:转动 ZLF 转子使其刻度盘上的读数为 0;然后固定 ZLF 转子,再转动 ZLJ 定子,使 ZLJ 在协调位置时,刻度盘上的读数为 0,再固定 ZLJ 定子。

(7)发送机和接收机切勿调错。这是因为结构上,两者是有差异的;而且二者的参数也不尽相同,故二者也就不能互换。尤其是力矩式接收机本身装有阻尼装置,发送机则没装阻尼,这样如果两者接错,必然使自整角机产生振荡现象,影响正常运行。

小　结

自整角机是同步传递系统的关键元件之一,通常它是成对或三只自整角机同时运行。其运行方式有两种:一种是控制式;另一种是力矩式。控制式自整角机的输入量是自整角发送轴的转角,输出量是自整角变压器的输出电压,并通过放大器、伺服电动机带动接收轴跟随发送轴同步转动。力矩式自整角机自己能产生整步转矩,不需要放大器和伺服电动机,在整步转矩的作用下,接收机转子便追随发送轴同步转动。

控制式自整角机的精度比力矩式高,可以驱动随动系统中较大的负载。力矩式设备比较简单,被用于小负载、精度要求不太高的场合,常常用来带动指针或刻度盘作为测位器。

控制式运行时,对发送机加励磁。气隙磁通密度在空间按正弦分布,它在定子同步绕组中分别感应出相位相同、其值与转角 θ_1 有关的变压器电势,这些电势在发送机及 ZKB 的定子绕组中产生电流,形成磁场。ZKB 定子合成磁场对输出绕组轴线的夹角就等于两个转轴的转角差 $\theta_2 - \theta_1 = \delta$,如取 $\delta = 90°$ 时为协调位置,失调角 $\gamma = 90° - \delta$,则输出电压与失调角的正弦函数成正比。在失调角很小时,输出电压与失调角可近似认为成正比。

力矩式自整角机的 ZLF 和 ZLJ 转子绕组都加励磁。接收机定子交轴磁密 B_q(即与转子绕组轴线垂直的分量)与其励磁磁密相互作用产生整步转矩。整步转矩 T 与失调角 δ 的正弦函数成正比,在失调角很小时,T 近似与 δ 成正比。当 $\delta = 0$ 的位置,整角转矩 $T = 0$ 时转子绕组轴线的位置被称为协调位置,力矩式自整角机的失调角定义为发送轴和接收轴的转角差。

若要求力矩式接收机显示出两个输入角的和或差时,则可以在 ZLF 与 ZLJ 之间接一只力矩式差动发送机 ZCF。也可以在两台 ZLF 之间接一台力矩式差动接收机 ZCJ 来显示出两个输入角的和或差。

如果在控制式自整角机的 ZKF 和 ZKB 之间接入控制式差动发送机,则该系统用来传递两个发送轴的角度和或角度差。

要合理选用各种自整角机,满足各自整角机本身技术数据的规定。

思考题与习题

5-1 各种自整角机的国内代号分别是什么？自整角机的型号中各量含义是什么？

5-2 何为脉振磁场？它有何特点？

5-3 自整角变压器的转子绕组能否产生磁势？如果能，请说明有何性质？

5-4 说明 ZKF 的定子磁密的产生及特点。如果将控制式运行的自整角机中定子绕组三根引出线改接，例如图 5-19 中的 D_1 和 D_2' 连接，D_2 和 D_1' 连接，而 D_3 仍和 D_3' 连接，其协调位置和失调角又如何分析？

5-5 三台自整角机如图 5-34 接线，中间一台为力矩式差动接收机，左右两台均为力矩式发送机。试问：当左、右两台发送机分别转过 θ_1、θ_2 角度时，中间的接收机转子将转过的角度 θ 和 θ_1、θ_2 之间是什么关系？

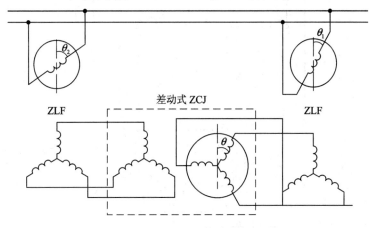

图 5-34 题 5-5 图

5-6 一对控制式自整角机如图 5-35 所示。当发送机转子绕组通上励磁电流，在气隙中产生磁通 $\Phi = \Phi_m \sin\omega t$ 后，转子绕组的感应电势为 E_f。设定、转子绕组的变比 $k = W_D/W_f$，定子回路总阻抗为 $Z\angle\varphi$。

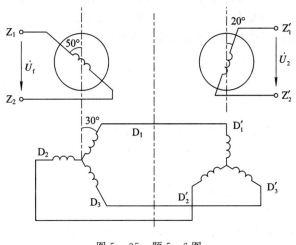

图 5-35 题 5-6 图

（1）写出发送机定子绕组各相电流的瞬时值 i_1、i_2 和 i_3 的表达式。

（2）画出自整角变压器转子的协调位置 $\dot{X}_t$。

（3）写出如图位置时，输出电压瞬时值 u_2 的表达式。式中用 U_{2m} 表示最大电压有效值，不考虑铁耗。

（4）求失调角 γ。

5-7 某对力矩式自整角机接线图如图 5-36 所示。

（1）画出接收机转子所受的转矩方向；

（2）画出接收机的协调位置 $\dot{X}_{tL}$；

（3）若把 D_1 和 D_2' 连接，D_2 和 D_1' 连接，D_3 和 D_3' 连接，在另一接线图上画出接收机转子的协调位置 $\dot{X}_{tL}$；

（4）求两种情况下的失调角 δ_1 和 δ_2。

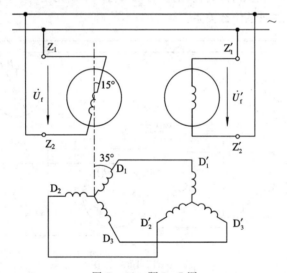

图 5-36 题 5-7 图

5-8 带有差动发送机的控制式自整角机接线图如图 5-24 所示，设 $\theta_1 = 50°$，$\theta_2 = 20°$，画出发送机 ZKB 的协调位置 $\dot{X}_t$，并求出失调角 γ 和 $\dot{B}'$ 与 D_1' 相轴线的夹角 θ。

5-9 带有差动接收机的力矩式自整角机接线图如图 5-31 所示，设 $\theta_1 = 30°$，$\theta_2 = 10°$，则两台 ZLF 均加励磁后画出定子绕组的合成磁场 $\dot{B}_{ZLF1}$、$\dot{B}_{ZLF2}$ 和 $\dot{B}_{ZCJ}$ 的位置，并求出力矩式差动接收机所指示的角度 δ 为多少度？

第6章　旋转变压器

6.1　旋转变压器的类型和用途

旋转变压器可以单机运行，也可以像自整角机那样成对或三机组合使用。旋转变压器的输出电压与转子转角呈一定的函数关系，它又是一种精密测位用的机电元件，在伺服系统、数据传输系统和随动系统中也得到了广泛的应用。

从电机原理来看，旋转变压器又是一种能旋转的变压器。这种变压器的原、副边绕组分别装在定、转子上。原、副边绕组之间的电磁耦合程度由转子的转角决定，故转子绕组的输出电压大小及相位必然与转子的转角有关。按旋转变压器的输出电压和转子转角间的函数关系，旋转变压器可分为正余弦旋转变压器（代号为 XZ）、线性旋转变压器（代号为 XX）以及比例式旋转变压器（代号为 XL）。其中，正余弦旋转变压器的输出电压与转子转角成正余弦函数关系；线性旋转变压器的输出电压与转子转角在一定转角范围内成正比；比例式旋转变压器在结构上增加了一个锁定转子位置的装置。这些旋转变压器的用途主要是用来进行坐标变换、三角函数计算和数据传输、将旋转角度转换成信号电压，等等。根据数据传输在系统中的具体用途，旋转变压器又可分为旋变发送机（代号为 XF）、旋变差动发送机（代号为 XC）和旋变变压器（代号为 XB）。其实，这里数据传输的旋转变压器在系统中的作用与相应的自整角机的作用是相同的。

若按电机极对数的多少来分，可将旋转变压器分为单极对和多极对两种。采用多极对是为了提高系统的精度。

若按有无电刷与滑环间的滑动接触来分类，旋转变压器可分为接触式和无接触式两大类。

本章将以单极对、接触式旋转变压器为研究对象阐明旋转变压器的工作原理、典型结构和误差补偿等，最后简单介绍感应同步器和感应移相器如何分别被用作精密位移测量和移相的元件。

6.2　旋转变压器的结构特点

旋转变压器的典型结构与一般绕线式异步电动机相似。它由定子和转子两大部分组成，每一大部分又有自己的电磁部分和机械部分。旋转变压器的结构示意图如图 6-1 所示，下面以正余弦旋转变压器的典型结构分析之。

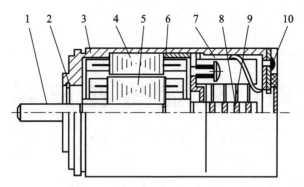

1—转轴；2、7—挡圈；3—机壳；4—定子；5—转子；
6—波纹垫圈；8—集电环；9—电刷；10—接线柱

图 6-1　旋转变压器结构示意图

定子的电磁部分仍然由可导电的绕组和能导磁的铁心组成。定子绕组有两个，分别叫定子励磁绕组（其引线端为 D_1、D_2）和定子交轴绕组（其引线端为 D_3、D_4）。两个绕组结构上完全相同，它们都布置在定子槽中，而且两绕组的轴线在空间互成 $90°$，其电路原理图如图 6-2 所示。定子铁心由导磁性能良好的硅钢片叠压而成，定子硅钢片内圆处冲有一定数量的规定槽形，用以嵌放定子绕组。定子铁心外圆是和机壳内圆过盈配合，机壳、端盖等部件起支撑作用，是旋转电机的机械部分。

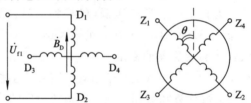

图 6-2　正余弦旋转变压器电路原理图

转子的电磁部分也由绕组和铁心组成。转子绕组也有两个，分别为正弦输出绕组（其引线端为 Z_3、Z_4）和余弦输出绕组（其引线端为 Z_1、Z_2）。它们均布置在转子槽中，而且两绕组轴线在空间也相隔 $90°$，其电路原理图如图 6-2 所示。转子硅钢片外圆处冲有均匀分布的槽，以便嵌放转子正、余弦绕组。转子铁心内圆是和转轴铁心挡过盈配合。转轴两端的轴承挡和端盖的轴承室之间装有轴承，以达到转子能自由旋转的目的。转子绕组引出线和滑环相接，滑环应有四个，均固定在转轴的一端。

电刷固定在后端盖上和滑环摩擦接触，这样转子绕组引出线就经过滑环和电刷而接到固定的接线柱上。但对于线性旋转变压器，由于转子并非连续旋转而是仅转过一定角度，所以一般是用软导线直接将转子绕组接到固定的接线柱上。即对于线性旋转变压器，可以省去滑环（又叫集电环）和电刷装置，使结构简单。

旋转变压器的精度比自整角机高，整个电机经过了精密地加工，电机绕组也进行了特殊设计，各部分材料也进行过严格选择和处理。为此，旋转变压器的绕组通常采用正弦绕组，以提高其精度；电刷及滑环材料采用金属合金，以提高接触可靠性及寿命；转轴采用不锈钢材料，机壳采用经阳极氧化处理的铝合金，电机各零部件之间的连接采用波纹垫圈及挡圈，整个电机又采取了全封闭结构，以适应冲击、振动、潮湿、污染等恶劣环境。

6.3　正余弦旋转变压器的工作原理

旋转变压器可以看做是原边（这里是在定子上）与副边（在转子上）绕组之间的电磁耦合程度能随着转子转角改变而改变的变压器。正余弦旋转变压器则能满足输出电压与转子转角保持正弦和余弦的函数关系。

☞ 6.3.1　空载运行时的情况

如图 6-2 中，设该旋转变压器空载，即转子输出绕组和定子交轴绕组开路，仅将定子绕组 D_1-D_2 加交流励磁电压 $\dot{U}_\mathrm{fl}$。那么气隙中将产生一个脉振磁密 $\dot{B}_D$，其轴线在定子励磁绕组的轴线上。据自整角机的电磁理论，磁密 $\dot{B}_D$ 将在副边即转子的两个输出绕组中感应出变压器电势。只是自整角机的副边为发送机定子三相绕组，而这里的旋转变压器的副边为转子两相绕组。这些变压器电势在时间上同相位，而有效值与对应绕组的位置有关。设图中余弦输出绕组 Z_1-Z_2 轴线与脉振磁密 $\dot{B}_D$ 轴线的夹角为 θ，仿照自整角机中所得出的结论公式（5-4），可以写出这里的励磁磁通 $\dot{\Phi}_D$ 在正、余弦输出绕组中分别感应电势。

$$\begin{cases} E_{R1} = E_R \cos\theta & \text{在 } Z_1\text{-}Z_2 \text{ 中} \\ E_{R2} = E_R \cos(\theta + 90°) = -E_R \sin\theta & \text{在 } Z_3\text{-}Z_4 \text{ 中} \end{cases} \tag{6-1}$$

式中，E_R 为转子输出绕组轴线与定子励磁绕组轴线重合时，磁通 $\dot{\Phi}_D$ 在输出绕组中感应的电势。若假设 $\dot{\Phi}_D$ 在励磁绕组 D_1-D_2 中感应的电势为 E_D，则旋转变压器的变比为

$$k_u = \frac{E_R}{E_D} = \frac{W_R}{W_D} \tag{6-2}$$

式中，W_R 表示输出绕组的有效匝数；W_D 表示励磁绕组的有效匝数。

把式（6-2）代入式（6-1）得

$$\begin{cases} E_{R1} = k_u E_D \cos\theta \\ E_{R2} = -k_u E_D \sin\theta \end{cases} \tag{6-3}$$

与变压器类似，可忽略定子励磁绕组的电阻和漏电抗，则 $E_D = U_\mathrm{fl}$，空载时转子输出绕组电势等于电压，于是式（6-3）可写成

$$\begin{cases} U_{R1} = k_u U_\mathrm{fl} \cos\theta \\ U_{R2} = -k_u U_\mathrm{fl} \sin\theta \end{cases} \tag{6-4}$$

由上式可见，当输入的电源电压不变时，两输出电压分别与转角 θ 有着严格的余弦和正弦关系。

☞ 6.3.2　负载后输出特性的畸变

旋转变压器在运行时总要接上一定的负载，如图 6-3 中 Z_3、Z_4 输出绕组接入负载阻抗 Z_L。由实验得出，旋转变压器的输出电压随转角的变化已偏离正弦关系，空载和负载时输出特性曲线的对比如图 6-4 所示。如果负载电流越大，两曲线的差别也越大。这种输出特性偏离理论上的正余弦规律的现象被称为输出特性的畸变。但是，这种畸变必须加以消除，以减少系统误差和提高精确度。

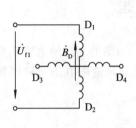
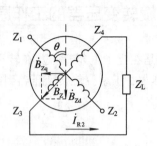
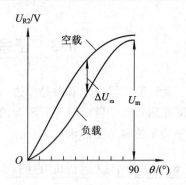

图 6 - 3　正弦输出绕组接负载 Z_L　　　　　图 6 - 4　输出特性的畸变

要消除输出特性曲线畸变,首先应分析发生畸变的原因。如图 6 - 3 所示的 $Z_3 - Z_4$ 输出绕组接入负载 Z_L 后,该绕组就有电流 $\dot{I}_{R2}$ 流过,必然在电机内部产生相应的脉振磁场。由于其基波脉振磁场的幅值位置在绕组 $Z_3 - Z_4$ 轴线上,所以仍用磁通密度空间相量 $\dot{B}_Z$ 来表示。为方便起见,把 $\dot{B}_Z$ 分解为两个分量:一个为直轴分量 $\dot{B}_{Zd}$,其方向和 $D_1 - D_2$ 定子绕组轴线一致,大小为 $B_Z \sin\theta$;另一个为交轴分量 $\dot{B}_{Zq}$,其方向和 $D_1 - D_2$ 绕组轴线成 90°,其值为 $B_Z \cos\theta$。

直轴分量磁通密度 $\dot{B}_{Zd}$ 所对应的磁通,其作用相当于普通变压器的磁通。据变压器的磁势平衡原理,当副方接入负载流过电流 $\dot{I}_2$ 时,原方电流必将增加一个负载分量 $\dot{I}_{1L}$,以保持主磁通 Φ 基本不变。实际上,由于原方电流增加会引起漏阻抗压降的增加,从而使主磁通 Φ 略有减小,因而电势 E_1、E_2 也略有减小。在旋转变压器中,副方电流所产生的直轴磁通密度的作用仍然如此。所不同的是,在一般变压器中,只要副方负载不变,电势 $\dot{E}_1$、$\dot{E}_2$ 也是不变的;但在旋转变压器中,由于副方电流及其所产生的直轴磁通密度不仅与负载大小性质有关,而且还与转角 θ 有关,故旋转变压器中直轴磁通所感应的电势 E_D 大小也随转角 θ 的变化而变化。但是,就输出电压曲线畸变的问题而言,直轴磁通所对应的直轴磁通密度对其影响是很小的。这种情况就和普通变压器中主磁通和感应电势的情况一样,只要原方电压不变,变压器从空载到负载时的主磁通和感应电势的大小将基本不变。

交轴分量磁通密度 B_{Zq} 的作用是引起旋转变压器输出电压畸变的主要原因。显然,由于 $B_{Zq} = B_Z \cos\theta$,故它所对应的交轴磁通 Φ_q 必定和 $B_Z \cos\theta$ 成正比:

$$\Phi_q \propto B_Z \cos\theta \tag{6-5}$$

由图 6 - 3 可以看出,Φ_q 与 $Z_3 - Z_4$ 输出绕组轴线的夹角为 θ,设 Φ_q 匝链 $Z_3 - Z_4$ 输出绕组的磁通为 Φ_{q34},则

$$\Phi_{q34} = \Phi_q \cos\theta$$

将式(6 - 5)代入上式,则

$$\Phi_{q34} \propto B_Z \cos^2\theta$$

磁通 Φ_{q34} 在 $Z_3 - Z_4$ 绕组中感应电势仍属变压器电势,其有效值为:

$$\Phi_{q34} = 4.44 f W_Z \Phi_{q34} \propto B_Z \cos^2\theta \tag{6-6}$$

式中,W_Z 为转子上 $Z_3 - Z_4$ 输出绕组的有效匝数。由上式知,旋转变压器 $Z_3 - Z_4$ 绕组接上负载后,除了电压 $U_{R2} = -k_u U_{f1} \sin\theta$ 以外,还附加了正比于 $B_Z \cos^2\theta$ 的电势 E_{q34}。这个电势的出现破坏了输出电压随转角作正弦函数变化的规律,即造成输出特性的畸变。而且在一

定转角下，E_{q34} 正比于 B_Z，而 B_Z 又正比于 Z_3 - Z_4 绕组中的电流 I_{R2}，即 I_{R2} 愈大，E_{q34} 也愈大，输出特性曲线畸变也愈严重。

可见，交轴磁通是旋转变压器负载后输出特性曲线畸变的主要原因。为了改善系统的性能，就应该设法消除交轴磁通的影响。消除输出特性畸变的方法也称为补偿。通常，有两种补偿方法：一种是副边补偿，另一种是原边补偿。

☞ 6.3.3　副边补偿的正余弦旋转变压器

副边补偿的正余弦旋转变压器实质上就是副边对称的正余弦旋转变压器，其电气接线图如图 6 - 5 所示。其励磁绕组 D_1 - D_2 加交流励磁电压 $\dot{U}_{f1}$，D_3 - D_4 绕组开路；转子 Z_1 - Z_2 输出绕组接阻抗 Z'，应使阻抗 Z' 等于负载阻抗 Z_L，方能使 $\Phi_{q12} = \Phi_{q34}$（即 $F_{R1q} = F_{R2q}$），以便得到全面补偿。

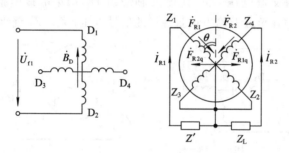

图 6 - 5　副边补偿的正余弦旋转变压器

副边补偿的理由是根据上一章自整角机控制式运行时所分析的那样，发送机 ZKF 定子绕组产生的合成脉振磁密 $\dot{B}$ 的幅值位置在励磁绕组轴线方向，其幅值为一恒值。也就是说，自整角机定子绕组只产生与转角 θ 无关的直轴磁场，并不产生交轴磁场，其根本原因是由于定子绕组及其所连接的负载是对称的。同理，若旋转变压器两转子绕组接上相等阻抗，即 $Z' = Z_L$，使副边电路成为对称后，能使 $F_{R1q} = F_{R2q}$，以抵消交轴磁通 Φ_{q34} 的作用，从而消除输出特性曲线的畸变。另外可用反证法证明，要使 $F_{R1q} = F_{R2q}$，应使 $Z_L = Z'$。

［证明］　设 K 为常数，通过 Z_1 - Z_2 绕组的电流为 $\dot{I}_{R1}$，产生的磁势为 $\dot{F}_{R1}$；通过 Z_3 - Z_4 绕组的电流为 $\dot{I}_{R2}$，产生磁势为 $\dot{F}_{R2}$，则

$$\begin{cases} F_{R1} = KI_{R1} \\ F_{R2} = KI_{R2} \end{cases} \tag{6 - 7}$$

注：以上磁势 F_R 和电流 I_R 之间的关系式，在电机学中为 $F_R = 0.9 \dfrac{I_R W_R}{p} k_{WR}$，在这里为了方便起见，写成式(6 - 7)的形式。

由图 6 - 5 知，交轴磁势为

$$\begin{cases} F_{R1q} = F_{R1} \sin\theta = KI_{R1} \sin\theta \\ F_{R2q} = F_{R2} \cos\theta = KI_{R2} \cos\theta \end{cases} \tag{6 - 8}$$

由图 6 - 5 的电路关系得

$$\begin{cases} \dot{I}_{R2} = \dfrac{\dot{U}_{R2}}{Z_L + Z_\sigma} = -\dfrac{k_u U_{f1}}{Z_L + Z_\sigma} \sin\theta \\ \dot{I}_{R1} = \dfrac{\dot{U}_{R1}}{Z' + Z_\sigma} = \dfrac{k_u U_{f1}}{Z' + Z_\sigma} \cos\theta \end{cases} \tag{6 - 9}$$

将式(6-9)代入式(6-8)得以下两式：

$$\dot{F}_{R1q} = K\dot{I}_{R1}\sin\theta = K\frac{k_u\dot{U}_{f1}\cos\theta}{Z'+Z_\sigma}\sin\theta \qquad (6-10)$$

$$\dot{F}_{R2q} = K\dot{I}_{R2}\cos\theta = -K\frac{k_u\dot{U}_{f1}\sin\theta}{Z_L+Z_\sigma}\cos\theta \qquad (6-11)$$

比较以上两式，如果要求全补偿即 $F_{R1q}=F_{R2q}$ 时，则只有 $Z'=Z_L$。以上两式的正负号也恰恰说明了不论转角 θ 是多少，只要保持 $Z'=Z_L$，就可以使要补偿的交轴磁势 F_{R2q}（对应于 Φ_{q34}）与另一绕组产生的磁势 F_{R1q} 大小相同，方向相反。从而消除了输出特性曲线的畸变。

☞ 6.3.4　原边补偿的正余弦旋转变压器

用原边补偿的方法也可以消除交轴磁通的影响，接线图如图 6-6 所示。此时定子 D_1-D_2 励磁绕组接通交流电压 $\dot{U}_{f1}$，定子交轴绕组 D_3-D_4 端接阻抗 Z；转子正弦绕组 Z_3-Z_4 接负载 Z_L，并在负载上输出正弦规律的信号电压；Z_1-Z_2 绕组开路。

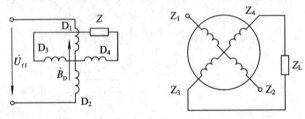

图 6-6　原边补偿的正余弦旋转变压器接线图

从图 6-6 可以看出，定子交轴绕组对交轴磁通 Φ_{q34} 来说是具有阻尼作用的一个绕组。根据楞次定律，旋转变压器在工作时交轴磁通 Φ_{q34} 在绕组 D_3-D_4 中要感生电流，该电流所产生的磁通对交轴磁通 Φ_{q34} 有着强烈的去磁作用，从而达到了补偿的目的。同证明副边补偿的方法类似，可以证明，当定子交轴绕组外接阻抗 Z 等于励磁电源内阻抗 Z_n，即 $Z=Z_n$ 时，由转子电流所引起的输出特性畸变可以得到完全的补偿。因为一般电源内阻抗 Z_n 值很小，所以实际应用中经常把交轴绕组直接短路，同样可以达到完全补偿的目的。

☞ 6.3.5　原、副边都补偿的正余弦旋转变压器

原边和副边都补偿时的正余弦旋转变压器如图 6-7 所示，此时其四个绕组全部用上，转子两个绕组接有外接阻抗 Z_L 和 Z'，使用时允许 Z_L 有一定的改变。

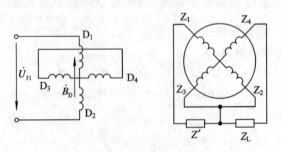

图 6-7　原、副边同时补偿的正余弦旋转变压器

与单独副边或单独原边补偿的两种方法比较，采用原、副边都补偿的方法，对消除输出特性畸变的效果更好。这是因为，单独副边补偿时补偿所用阻抗 Z' 的数值和旋转变压器所带的负载阻抗 Z_L 的值必须相等。对于变动的负载阻抗来说，这样不能实现完全补偿。而单独原边补偿时，交轴绕组短路，此时负载阻抗改变将不影响补偿程度，即与负载阻抗值的改变无关，所以原边补偿显得容易实现。但是同时采用原、副边补偿，对于减小误差、提高系统性能将是更有利的。

6.4 线性旋转变压器

线性旋转变压器是由正余弦旋转变压器改变连接线而得到的。即将正余弦旋转变压器的定子 $D_1 - D_2$ 绕组和转子 $Z_1 - Z_2$ 绕组串联，并作为励磁的原边，其电路图如图 6-8 所示。定子交轴绕组 $D_3 - D_4$ 端短接作为原边补偿，转子输出绕组 $Z_3 - Z_4$ 端接负载阻抗 Z_L，如果在 $D_1 - Z_2$ 端施加交流电压 $\dot{U}_{f1}$，则转子 $Z_3 - Z_4$ 绕组所感应的电压 U_{R2} 与转子转角 θ 有如下关系：

$$U_{R2} = \frac{k_u U_{f1} \sin\theta}{1 + k_u \cos\theta} \qquad (6-12)$$

式中，当变压比 k_u 取为 0.56～0.59 之间，则转子转角 θ 在 ±60° 范围内，输出电压 U_{R2} 随转角 θ 的变化将呈良好的线性关系。式(6-12)对应的曲线如图 6-9 所示。

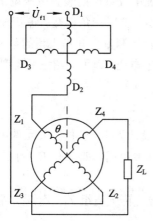
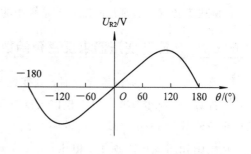

图 6-8　原边补偿的线性旋转变压器电路图 　　图 6-9　$U_{R2} = \dfrac{k_u \sin\theta}{1 + k_u \cos\theta} U_{f1}$ 曲线

输出电压 U_{R2} 与转角 θ 成正比即 $U_{R2} = K\theta$ 的旋转变压器被称为线性旋转变压器。当转角 θ 很小时，$\sin\theta \approx \theta$，所以当正余弦旋转变压器的转角很小时，输出电压近似是转角的线性函数。但是，若要求在更大的角度范围内得到与转角成线性关系的输出电压，直接使用原来的正余弦旋转变压器就肯定不能满足要求。因此，将接线图改为图 6-8 所示的方式，与此图对应的表达式(6-12)就成了线性旋转变压器的原理公式。该式推导方法如下：

在图 6-8 中，由于采用了原边补偿（当然也可采用副边补偿），其交轴绕组被短接，即认为电源内阻抗 Z_n 很小。交轴绕组的作用抵消了绝大部分的交轴磁通，可以近似认为该旋转变压器中只有直轴磁通 Φ_D。Φ_D 在定子 $D_1 - D_2$ 绕组中感应电势 E_D，则在转子 $Z_3 - Z_4$ 绕组中感应的电势为

$$E_{R2} = -k_u E_D \sin\theta$$

在转子 $Z_1 - Z_2$ 绕组中感应的电势为

$$E_{R1} = k_u E_D \cos\theta$$

因为定子 $D_1 - D_2$ 绕组和转子 $Z_1 - Z_2$ 绕组串联，所以若忽略绕组的漏阻抗压降时，则有

$$U_{f1} = E_D + k_u E_D \cos\theta$$

又因为转子输出绕组的电压有效值 U_{R2} 在略去阻抗压降时就等于 E_{R2}，即

$$U_{R2} = E_{R2} = k_u E_D \sin\theta$$

故以上两式的比值为

$$\frac{U_{R2}}{U_{f1}} = \frac{k_u \sin\theta}{1 + k_u \cos\theta}$$

上式与式(6-12)实质上是一致的，根据此式，当电源电压 U_{f1} 一定时，旋转变压器的输出电压 U_{R2} 随转角 θ 变化曲线与图 6-9 所示曲线一致。从数学推导可知，当转角 $\theta = \pm 60°$ 范围内，而且变压比 $k_u = 0.56$ 时，输出电压和转角 θ 之间的线性关系与理想直线相比较，误差远远小于 0.1%，完全可以满足系统要求。

6.5 旋转变压器的典型应用

旋转变压器广泛应用于解算装置和高精度随动系统中及系统的装置电压调节和阻抗匹配等。在解算装置中主要用来求解矢量或进行坐标转换，求反三角函数，进行加、减、乘、除及函数的运算等等；在随动系统中进行角度数据的传输或测量已知输入角的角度和或角度差；比例式旋转变压器则是匹配自控系统中的阻抗和调节电压。以下介绍三种典型例子。

☞ 6.5.1 用旋转变压器求反三角函数

当旋转变压器作为解算元件时，其变比系数 k_u 常设计为 1。它和有关元件配合可以进行数学计算、坐标变换等。以下仅以求反三角函数为例来说明。即已知 E_1 和 E_2 值，如何求反余弦函数 $\theta = \arccos(E_2/E_1)$ 的问题。

接线图如图 6-10 所示。电压 U_1 加在旋转变压器的转子绕组 $Z_1 - Z_2$ 端，略去转子绕

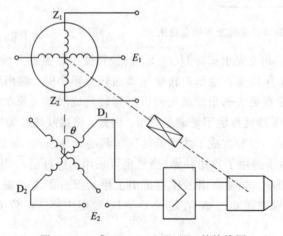

图 6-10 求 $\theta = \arccos(E_2/E_1)$ 的接线图

组阻抗压降则电势 $E_1 = U_1$；定子绕组 $D_1 - D_2$ 端和电势 E_2 串联后接至放大器，经放大器放大后加在伺服电动机的电枢绕组中，伺服电动机通过减速器与旋转变压器转轴之间机械耦合。$Z_1 - Z_2$ 绕组和 $D_1 - D_2$ 绕组设计制造的匝数相同，即 $k_u = 1$，所以 $Z_1 - Z_2$ 绕组通过电流后所产生的励磁磁通在 $D_1 - D_2$ 绕组中感应电势为 $E_1 \cos\theta$。放大器的输入端电势便为 $E_1 \cos\theta - E_2$。如果 $E_1 \cos\theta = E_2$，此时伺服电动机将停止转动，则 $E_2 / E_1 = \cos\theta$，因此转子转角 $\theta = \arccos(E_2 / E_1)$，这正是我们所要求的结果。可见利用这种方法可以求取反余弦函数。

☞ 6.5.2 比例式旋转变压器

比例式旋转变压器的用途是用来匹配阻抗和调节电压的。若在旋转变压器的定子绕组 $D_1 - D_2$ 端施以励磁电压 $\dot{U}_{f1}$，转子绕组 $Z_1 - Z_2$ 从基准电压零位逆时针转过 θ 角，则转子绕组 $Z_1 - Z_2$ 端的输出电压为

$$U_{R1} = k_u U_{f1} \cos\theta$$

此式与式（6 - 4）的第一式相同。此时，定子 $D_3 - D_4$ 绕组直接短路进行原边补偿，转子 $Z_3 - Z_4$ 绕组开路。将上式改写成：

$$\frac{U_{R1}}{U_{f1}} = k_u \cos\theta \tag{6 - 13}$$

上式中的转子转角 θ 在 $0° \sim 360°$ 之间变化，也就是 $\cos\theta$ 在 $+1.0 \sim -1.0$ 范围内变动。因变比 k_u 为常数，故比值 U_{R1}/U_{f1} 将在 $\pm k_u$ 的范围内变化。如果调节转子转角 θ 到某定值，则可得到唯一的比值 U_{R1}/U_{f1}。这就是比例式旋转变压器的工作原理，在自控系统中，若前级装置的输出电压与后级装置需要的输入电压不匹配，可以在其间放置一比例式旋转变压器。将前级装置的输出电压加在该旋转变压器的输入端，调整比例式旋转变压器的转子转角到适当值，即可得到输出后级装置所需要的输入信号电压。

☞ 6.5.3 由 XF、XC、XB 构成的角度数据传输系统

旋变发送机 XF、旋变差动发送机 XC 及旋变变压器 XB 的结构和本身的原理与正余弦旋转变压器完全相同。由 XF、XC、XB 构成的角度数据传输系统（如图 6 - 11 所示）与由 ZKF、ZKC、ZKB 组成的自整角机角度数据传输系统具有相同的功用。由旋转变压器所构成的角度传输系统也能精确地传输旋变发送机转子转角 θ_1 与旋变差动发送机转子转角 θ_2 之差角 $\theta_1 - \theta_2$。θ_1 和 θ_2 的正方向应按照逆时针方向取正，顺时针方向取负的原则来取。

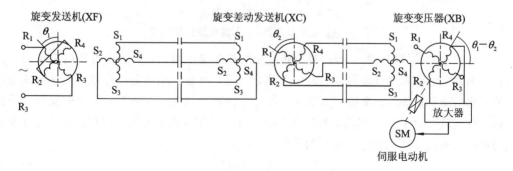

图 6 - 11 由 XF、XC、XB 组成的角度数据传输系统

当旋变变压器 XB 的输出绕组接一相或两相不对称负载时，负载电流产生电枢反应，使气隙中的正弦磁场发生畸变，会导致旋转变压器输出电压与转子转角成正余弦函数的关系产生偏差，造成解算精度和数据传输精度下降。为了提高精度消除偏差，仍然应采用原、副边补偿的方法。

6.6　多极和双通道旋转变压器

为了提高系统对检测的精度要求，采用了由两极和多极旋转变压器组成的双通道伺服系统。这样可以使精度从角分级提高到角秒级。双通道中粗测道由一对两极的旋转变压器组成，精测道由一对多极的旋转变压器组成。

☞ 6.6.1　采用多极旋转变压器提高系统精度的原理

对于多极旋转变压器来说，其工作原理和两极旋转变压器相同，不同的只是定、转子绕组所通过的电流会建立多极的气隙磁场。因此使旋转变压器输出电压值随转角变化的周期不同。图 6 - 12 中图 (a) 所示为两极旋转变压器的磁场分布展开图，图 (b) 所示为多极旋转变压器的磁场分布展开图。图中设线圈的跨距等于一个极距。当定子励磁相加电压时，沿定子内圆建立 p 对极的磁场，每对极所对应的圆心角为 $360°/p$。不难想象，转子每转过 $360°/p$，转子就转过一对极的距离，输出绕组电势变化一个周期，变化情况与两极旋转变压器转子转过一转 $360°$ 的变化情况一样。

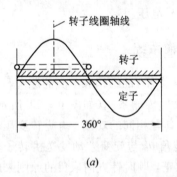
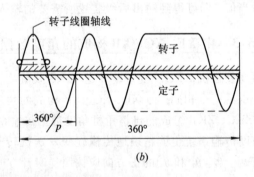

图 6 - 12　旋转变压器的展开图

(a) 两极旋转变压器；(b) 多极旋转变压器

与自整角机的情况一样，当一对旋转变压器作差角测量时，其输出电压的大小是差角的正弦函数。两极和多极旋转变压器的不同之处是，两极时输出电压有效值大小随差角作正弦变化的周期是 $360°$，多极时周期为 $360°/p$。亦即差角变化 $360°$ 时，多极的旋转变压器的输出电压就变化了 p 个周期，如图 6 - 13 所示。若用 θ 表示差角，用 $U_{2(l)}$、$U_{2(p)}$ 分别表示两极和多极旋转变压器输出电压的有效值，则

$$U_{2(l)} = U_{m(l)}\sin\theta \qquad\qquad (6 - 14)$$

$$U_{2(p)} = U_{m(p)}\sin p\theta \qquad\qquad (6 - 15)$$

式中，$U_{m(l)}$、$U_{m(p)}$ 分别为两极、多极旋转变压器的最大输出电压有效值。注意到多极旋转变压器每对极在定子内圆上所占的角度 $360°/p$ 指的是实际的空间几何角度，这个角度被称为机械角度。在四极及以上极数的电机中常常把一对极所占的 $360°$ 定义为电角度，这是因为绕组中感应电势变化一个周期为 $360°$。对于两极电机，其定子内圆所占电角度和机械角度相等均为 $360°$；而 p 对极电机，其定子内圆全部电角度为 $360° \cdot p$，但机械角度却仍为 $360°$。所以二者存在以下关系：

$$电角度 = 机械角度 \times 极对数 \tag{6-16}$$

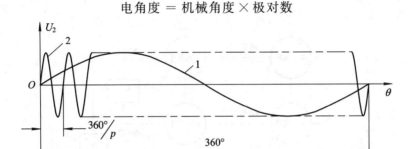

1—两极旋转变压器；2—多极旋转变压器

图 6 - 13　一对旋转变压器作差角测量时的输出电压波形

这样以来，式(6 - 14)和式(6 - 15)中正弦函数所对应的角度实际上是用电角度表示的，这个电角度当然和电压(或电势、电流)的时间相位角是对应相等的。式(6 - 14)中 θ 为两极时的电角度，式(6 - 15)中 $p\theta$ 为 p 对极时的电角度。经比较可知，多极旋转变压器把两极时的角度放大了 p 倍。这就是采用多极旋转变压器组成的测量角度系统可以大幅度提高精度的原因。

提高精度的原因可以用图 6 - 14 所示的例子再加解释。图中曲线 1 表示作角度测量时两极旋转变压器的输出电压有效值波形，曲线 2 表示此时多极旋转变压器的输出电压有效值波形。设在 θ_0 角时，两极旋转变压器的输出电压 U_0 经放大后尚不能驱动交流伺服电动机。但如果改用多极旋转变压器，在同样的 θ_0 时，由于电角度比两极时放大到 p 倍，图中仍为 θ_0 处，所以输出电压 $U_{2(p)} = U_{m(p)} \cdot \sin p\theta_0$ 的值比较高，即图中的 A 点。该点电压放大后可以使交流伺服电动机转动，直到 $U_{2(p)} = U_0$ 时才停转到图中 B 点。此

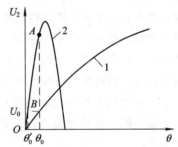

图 6 - 14　两极旋转变压器与多极旋转变压器的误差比较

时系统的误差由 θ_0 减少到 θ_0'。由图可知，θ_0' 较 θ_0 小得多，故使系统的精度大大提高。一般情况下，多极旋转变压器的极数越多，系统的精度就越高。

如果仅使用一对多极旋转变压器组成的测角系统，如图 6 - 13 中在机械角度 θ 等于 $360°/p$、$2 \cdot (360°/p)$、$3 \cdot (360°/p)$ …这些位置上时，其输出电压都为 0。则系统就会在这些假零位上协调，以致造成莫大错误。为了避免发生这种情况，故发展了双通道同步随动系统，电气变速双通道同步随动系统的原理图如图 6 - 15 所示。

在图 6 - 15 中，$1 \times XF$、$1 \times XB$ 分别表示两极的旋变发送机和两极旋变变压器，它们组成了粗测通道；$n \times XF$、$n \times XB$ 分别表示多极旋变发送机和多极旋变变压器，它们组成

精测通道。两个通道的旋变发送机和旋变变压器的轴分别直接耦合，如图中细实线所示。粗测和精测旋变变压器的输出都接到选择电路（或叫电子开关，见本节附注）SW。其作用如下：当发送轴和接收轴处于大失调角时，SW 只将粗测通道的电压输出，使系统工作在粗测信号下；而当发送轴和接收轴处于小失调角时，SW 只将精测通道的电压输出，使系统的精测通道断开。因此，这种双通道系统既充分利用了采用多极旋转变压器时的优点，又避免了假零位协调的缺点。

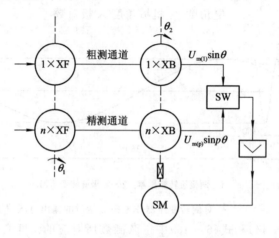

图 6 - 15　电气变速双通道同步随动系统原理图

　　如果将角位移时的转速用电角度来表示，则多极旋转变压器在系统中可将电气转速提高到 p 倍，因此这种系统又称之为电气变速式双通道同步随动系统。这时的极对数 p 也认为是电气速比。这种同步随动系统具有很高的精度，一般可以达到系统精度小于 $1'$。其精度高的原因：一方面是依靠增加电气速比 p 来减少系统误差；另一方面也是由于多极旋变电机本身较两极旋变的精度提高很多。因为当极对数增加时，每对极沿定子内圆所占的弧长就减短，那么在某一对极下，由于气隙不均匀等因素所引起的磁通密度非正弦分布的程度就小得多。如果各对极极面下的平均气隙仍不相等，则可通过各对应极对下的绕组之间进行串联以达到平均补偿，这样便使得多极旋变较两极旋变的精度大大提高。例如，一般两极旋变的精度只能做到几个或几十个角分，而多极旋变则可达到几十个角秒甚至达到 $3''\sim7''$。

☞ 6.6.2　多极旋转变压器的结构

　　用于电气变速的同步随动系统中的双通道旋转变压器，是由两极旋转变压器（粗机）和多极旋转变压器（精机）组合成一体的旋转变压器。从磁路组合情况可将它分为组装式和分装式两大类，如图 6 - 16(c) 和 (d) 所示。组装式的定、转子装在同一机壳内，通过轴伸、啮合齿轮和主轴联接，并通过电刷和滑环引入或输出电信号；分装式的转子一般为大内孔，可直接套在被测装置的主轴上，省略了传动齿轮，有利于提高整体的精度，分装式结构通常不带电刷和滑环，而且便于与总机配套。

　　从机械组合情况看，又可将双通道旋转变压器分为平行式和重叠式两类，如图 6 - 16 (a) 和 (b) 所示。机械组合式的结构，其精机和粗机在电磁方面互不干扰，容易保证精机的精度，而且使粗精机零位可调。但是磁路组合式结构简单，工艺性好，体积小，是机械组合式所不及的。

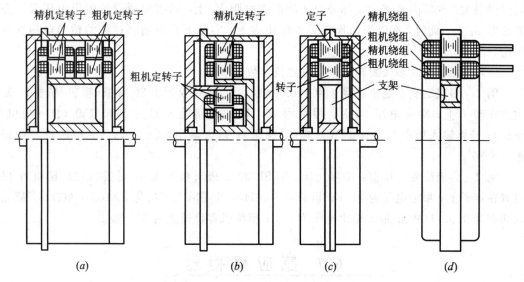

图 6 - 16 多极旋转变压器的基本结构形式

(*a*) 机械组合（平行式）；(*b*) 机械组合（重叠式）；

(*c*) 磁路组合（组装式）；(*d*) 磁路组合（分装式）

多极旋转变压器除了上述粗精机组合在一起的组合结构外，也有单独精机结构的多极旋转变压器，其结构形式也可分为组装式和分装式两种。它和磁路组合式的结构基本上是一样的，只不过其定、转子绕组均为多极绕组，并非两极绕组。

多极旋转变压器除了用于角度传输系统中之外，还可以用于解算装置和模数转换装置中。

多极双通道旋转变压器的常用极对数有 5、15、30、36、60、72，或 2、4、8、16、32、64、128 等。其常用机座号有 45、70、110、160、200、250、320、400 等几种。

☞ 6.6.3 说明

（1）按照前述旋转变压器提高精度的原理，自整角机也和旋转变压器一样，可以制成多极的结构，以大幅度地提高系统和自整角机本身的精度。多极自整角机也广泛应用于双通道甚至三通道的同步系统中。其理论和多极旋变相似，这里不再赘述了。

（2）关于图 6 - 15 中的选择电路 SW 问题，它实质上是一种电子开关。目前常用的一种电子开关如图 6 - 17 所示。它又叫无触点电子切换开关。这种开关的工作原理是利用了半导体元件非线性的伏安特性。在精测通道电路中，电阻 R_2 远大于 R_1。当失调角较大，输出电压较大时，整流器 B_1、B_2 的电阻很小，就相当于将精测

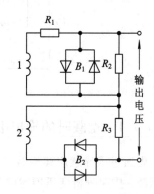

1—精测通道输出绕组；

2—粗测通道输出绕组；

图 6 - 17 无触点电子切换开关

通道的输出电压短路，而粗测通道的输出电压则大部分降落在电阻 R_3 上，因此，这时在输出端上只有粗测通道的输出电压起作用；当失调角很小时，输出电压不大，整流器 B_1 的电阻变得很大，则精测通道的大部分电压降落在电阻 R_2 上，而粗测通道的输出电压降落在整流器 B_2 上。此时，在电子切换开关的输出端上，实际上只有精测通道的输出电压在起作用。

（3）磁路组合式多极旋转变压器主要技术数据举例。

例 1 多极旋变发送机：型号为 110XFS1/30a；极对数为 1/30 对极（粗机/精机）；励磁方在转子上；额定电压 36 V；频率为 400 Hz；开路输入阻抗 2000/150（Ω）（粗机/精机）；开路输入功率 0.5/6.5（W）（粗机/精机）；最大输出电压为 12 V；粗精机零位偏差 0°±30′。

例 2 多极旋变变压器：型号为 110XBS1/30a；极对数为 1/30 对极（粗机/精机）；励磁方在定子上；额定电压为 12 V；频率为 400 Hz；开路输入阻抗为 3000/200（Ω）；开路输入功率为 0.03/1（W）；最大输出电压为 6 V；粗精机零位偏差为 3°±30′。

6.7 感 应 移 相 器

感应移相器是在旋转变压器基础上演变而成的一种自控元件，它作为移相元件常用于测角或测距及随动系统中。其主要特点是输出电压的相位与转子转角成线性关系，而且其输出电压的幅值能保持恒定。

感应移相器的基本结构与旋转变压器相同，若将旋转变压器的输出绕组接上移相电路，如图 6-18 所示，当其中电阻 R 和电容 C 以及旋转变压器本身的参数满足一定的条件时，则旋转变压器就转变成感应移相器了。当定子边加上单相励磁电压 $\dot{U}_{f1}$ 时，感应移相器的输出电压 $\dot{U}_R$ 将是一个幅值不变、相位与转子转角 θ 成线性关系的交流电压。

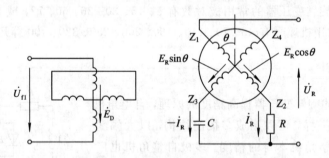

图 6-18 感应移相器工作原理图

☞ 6.7.1 空载时的输出电压

先通过推导感应移相器空载时的输出电势来加以说明。为简便起见，忽略绕组的漏阻抗压降。按照分析变压器时的规定正方向，根据基尔霍夫第二定律列出该正方向下（如图 6-18 所示）的转子边正、余弦绕组的电势平衡方程式：

$$\dot{U}_R = \dot{E}_R \cos\theta - \dot{I}_R R \qquad (6-17)$$

$$\dot{U}_R = \dot{E}_R \sin\theta - (-\dot{I}_R)\frac{1}{j\omega C} \tag{6-18}$$

由于以上两式的右边均等于 $\dot{U}_R$，故可将它们相等，从中解得

$$\dot{I}_R = \frac{\dot{E}_R \cos\theta - \dot{E}_R \sin\theta}{R + \dfrac{1}{j\omega C}}$$

若使移相回路的参数能满足如下条件：

$$R = \frac{1}{\omega C} \quad 即 \quad R = X_C$$

则

$$\dot{I}_R = \frac{\dot{E}_R}{R}(\cos\theta - \sin\theta)\frac{1}{1-j} \tag{6-19}$$

将式(6-19)代入式(6-17)得

$$\begin{aligned}
\dot{U}_R &= \dot{E}_R \cos\theta - \frac{\dot{E}_R}{R}(\cos\theta - \sin\theta)\frac{1}{1-j}R \\
&= \frac{\dot{E}_R(\sin\theta - j\cos\theta)}{1-j} = \frac{\dot{E}_R(\cos\theta + j\sin\theta)(-j)}{1-j} \\
&= \frac{\dot{E}_R}{\sqrt{2}}e^{j(\theta - 45°)} \tag{6-20}
\end{aligned}$$

从式(6-20)看出，输出电压 U_R 可满足幅值不变的要求，而相位与转子转角 θ 成线性关系。

☞ 6.7.2 负载时感应移相器的输出电压

为了使感应移相器在负载后仍能保持上述关系，感应移相器本身的参数和外接电路必须满足以下两个条件：

$$\left.\begin{aligned}
R_{2R} &= X_{2R} \\
R + R_{2R} &= \frac{1}{\omega C} - X_{2R}
\end{aligned}\right\} \tag{6-21}$$

式中，R_{2R} 为感应移相器本身输出阻抗中的电阻分量；X_{2R} 为感应移相器本身输出阻抗中的电抗分量。此时，输出电压公式也和式(6-20)相符合，即

$$\dot{U}_R = \frac{\dot{E}_R}{\sqrt{2}}e^{j(\theta - 45°)}$$

要证明负载后式(6-20)成立是比较复杂的。首先要列出原、副边四个回路的电势平衡方程式，在列写的过程中要注意考虑它们之间的互感作用；再求解方程组得出负载电流及负载电压公式，并对电压公式进行变换；最后再代入上述两个条件，则式(6-21)即可证得。具体推导从略。

在某些频率较高的感应移相器中，其电容相回路往往还串有补偿电阻 R_C（参见图6-19）。因为感应移相器本身一般是 $X_{2R} > R_{2R}$ 的情况，很难达到 $X_{2R} = R_{2R}$。为了使感应移相器输出电压保持正常要求，因而要加上补偿电阻 R_C，这里的 R_C 值就满足下式：

$$R_C = X_{2R} - R_{2R}$$

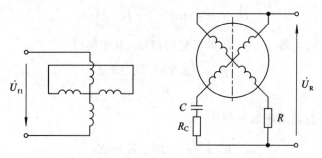

图 6 - 19　感应移相器加补偿电阻 R_C 的原理图

☞ 6.7.3　感应移相器的应用举例

1. 感应移相器应用于随动系统中

由一对感应移相器组成的同步随动系统如图 6 - 20 所示。当发送机和两转角处于失调位置时，两机输出电压的相位不一致，通过相位比较器得到相位差值。相位比较器的输出电压经过放大器送到伺服电动机的控制绕组使之转动。伺服电动机通过齿轮箱又带动接收机转子转动，直到接收机的位置与发送机的位置一致为止。此时，发送机转子和接收机转子协调，两机输出电压相位一致，相位比较器输出电压在零值，伺服电动机即停止转动。

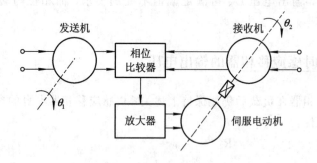

图 6 - 20　由一对感应移相器组成的同步随动系统

2. 感应移相器应用于测角装置中

在测角装置中可以将感应移相器作为角度—相位转换器，然后对相位进行测量。图 6 - 21 是该转换器的电气原理示意图。

图中感应移相器的作用是将机械转角 θ 变换成输入电压和输出电压的相位差 $\Delta\varphi$，输入电压和输出电压分别经过限幅放大并整形后送入检相装置。检相装置输出一个宽度为 Δt 的脉冲，Δt 正比于相位差 $\Delta\varphi$，再经过控制门使该脉冲在 Δt 时间内被来自石英振荡器的高频脉冲所填满。另外，石英晶体振荡器的输出经分频器和触发器输出一个宽度为标准时间（例如 1 s）的脉冲，去控制一个门，这样送到计数器的信号，就是一个标准时间内总的脉冲数。显然，脉冲总数正比于 Δt，而 Δt 正比于 $\Delta\varphi$，$\Delta\varphi$ 又正比于被测转角 θ，因此计数器所表示的脉冲数标志着被测转角的大小，这样，就完成了角度—相位的转换。最后通过检相、分频、计数器等电子线路将转角测量出来。

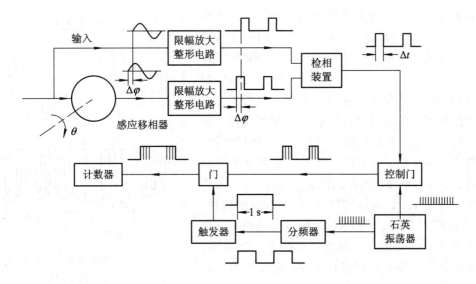

图 6 - 21　感应移相器作为角度—相位转换器

6.8　感 应 同 步 器

　　感应同步器是一种高精度测位用的机电元件,其基本原理是基于多极双通道旋转变压器之上。它的定、转子(或叫初、次级)绕组均采用了印制绕组,从而使之具有一些独有的特性,它广泛应用于精密机床数字显示系统和数控机床的伺服系统以及高精度随动系统中。感应同步器由几伏的电压励磁,励磁电压的频率为 10 kHz,输出电压较小,一般为励磁电压的 1/10 到几百分之一。感应同步器的结构形式有直线式和圆盘式两大类,分述如下。

☞ 6.8.1　直线式感应同步器

　　直线式感应同步器的结构示意图如图 6 - 22 所示。

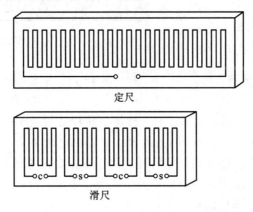

图 6 - 22　直线式感应同步器结构示意图

直线式感应同步器由定尺和滑尺组成，用于检测直线位移。定尺和滑尺的基板通常采用厚度约为 10 mm 的钢板，基板上敷有约 0.1 mm 厚的绝缘层，并粘压一层约 0.06 mm 厚的铜箔，采用与制造印制电路板相同的工艺作出感应同步器的印制绕组。为防止绕组损坏，在绕组表面再喷涂一层绝缘漆。图 6-23 仅显示定尺和滑尺的印制绕组。由此图看出，定尺绕组为单相的，它由许多具有一定宽度的导片串联组成。一般导片间的距离定为 1 mm，定尺总长分别为 136 mm、250 mm、750 mm、1000 mm 四种，最常用的是 250 mm。滑尺上有许多组绕组，图中 s、c 分别表示正弦和余弦绕组。由图 6-23 可知，所有各相绕组的导片分别各自串联，滑尺则构成两相绕组。

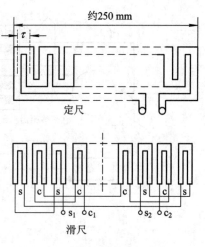

图 6-23　直线式感应同步器定、
滑尺的印制绕组

直线感应同步器在机床上安装使用时，如图 6-24 所示。将定尺 1 固定在机床的静止部件 3 上，滑尺 2 固定在机床的运动部件 5 上，两者相互平行，间隙约为 0.25 mm。定尺表面已喷涂一层耐热的绝缘漆，用以保护尺面。滑尺上还粘合一层铝箔以防止静电感应。为了工作可靠，还装有保持罩 4，以防铁屑等异物落入而影响正常工作。

要了解直线感应同步器的工作原理，可从它的磁场分布开始。设定尺绕组上加励磁电压 $\dot{U}_{\mathrm{fl}}$，在垂直于定、滑尺导片某位置作一剖面，则可得图 6-25 的磁场分布示意图。图中小圆圈表示导片电流的位置和方向，$\odot$ 和 $\otimes$ 分别表示电流离开和流入纸面，并按右手螺旋定则作出每根导片通电时所产生的磁力线（图中虚线所示）。

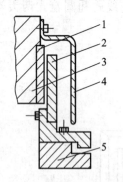

图 6-24　直线式感应同步器在
机床上的安装简图

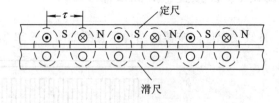

图 6-25　直线式感应同步器的磁场
分布示意图

假设图中有六个导片，将产生六个极，故每个导片就相当于一般电机的一个极，相邻两导片之间的距离就是一个极距 τ。因为定尺绕组励磁电流是交变的，所以这个磁场是一个磁极轴线位置不变，而气隙各点磁密将随时间作正弦变化的脉振磁场。该磁场在滑尺的导片上感应变压器电势。由于该电势的有效值取决于定尺和滑尺之间的电磁耦合程度，因此电势大小必定与定尺、滑尺的相对位置密切相关。以下将分析当定尺和滑尺相对位置改变时，滑尺上的一个导片匝链磁通和感应电势的变化情况。

　　设滑尺上某处一导片(图 6 - 26 滑尺上的"○")在 a 位置时，导片匝链的磁通最大，感应电势必然最大；在 b 位置时，由于此导片左右两侧的定尺载流导体对它没有匝链磁通，所以感应电势为零；滑尺移到 c 位置时，滑尺上该导片又匝链最大磁通，但与 a 位置时的磁通方向相反，因此感应电势为负的最大。感应电势变化半个周期，滑尺移动了一个极距。依此类推，若用 x 表示滑尺的位移，E 表示一个导片电势的有效值，则滑尺移动两个极距，即 $x=2\tau$，电势将变化一个周期，图 6 - 27 为滑尺导片电势随位置 x 变化示意图。它之所以呈余弦或正弦函数的变化规律完全是依靠严格设计和精密加工得到的。

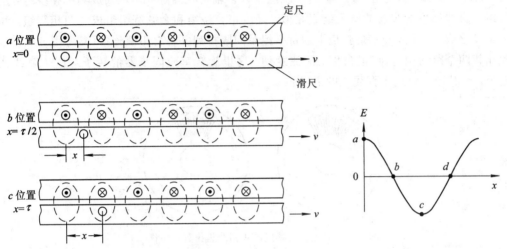

图 6 - 26　定、滑尺相对位置改变时滑尺　　　　图 6 - 27　滑尺导片电势有效值随
　　　　导片所匝链磁通的变化　　　　　　　　　　　　位置 x 变化示意图

　　滑尺导片电势也可用函数式来表示。首先将对应于位移 x 的电角度表达出来。已知一对极距离为 2τ，对应的电角度为 $360°$，那么对应于位置 x(米)的电角度为

$$\theta = \frac{360°}{2\tau}x = \frac{180°}{\tau}x \quad (\text{电角度}) \tag{6 - 22}$$

然后就可以写出一个导片的感应电势有效值为

$$E = E_{1m}\cos\theta = E_{1m}\cos\left(\frac{180°}{\tau}x\right)$$

式中，E_{1m} 是一个导片在 $x=0$，2τ，4τ，$\cdots$ 位置时感应电势的有效值，也是导片电势的最大有效值。

　　滑尺上的余弦绕组是由许多导片串联起来的，如果导片数为 C_1，则余弦绕组总电势为

$$E_C = EC_1 = E_{1m}C_1\cos\left(\frac{180°}{\tau}x\right) = E_m\cos\left(\frac{180°}{\tau}x\right) \tag{6 - 23}$$

式中，E_m 为余弦绕组最大的相电势，单位为 V；x 为余弦绕组轴线相对励磁绕组轴线的位移，单位为 m。由图 6 - 22 可知，正弦绕组 s 与余弦绕组 c 两轴线在空间移过半个极距即 $\tau/2$，亦即二者相差 $90°$ 电角度，故正弦绕组的感应电势表达式可以写成

$$E_s = E_m\cos\left(\frac{180°}{\tau}x + 90°\right) = -E_m\sin\left(\frac{180°}{\tau}x\right) \tag{6 - 24}$$

　　由以上两式可以看出，滑尺移动一对极距即 2τ 的长度，感应电势变化一个周期。若滑尺移动 p 对极距，则感应电势就变化 p 个周期。因此，感应同步器滑尺上正、余弦绕组的

输出电势和多极旋转变压器的输出电势是完全相仿的，区别是这里用$(180°/\tau)\cdot x$来表示电角度。

☞ **6.8.2　旋转式感应同步器**

图 6-28 所示是旋转式感应同步器定、转子绕组排列示意图。旋转式感应同步器又称为盘式感应同步器。与直线感应同步器一样，其定、转子(相当于直线感应同步器的定尺、滑尺)绕组也做成印制绕组。其中，转子绕组由许多辐射状的导片串联而成为单相绕组，定子绕组和直线感应同步器的滑尺绕组相似，是由正弦绕组和余弦绕组组成的两相绕组，每相绕组又分成若干组，正、余弦绕组的每一组是间隔排列并各自串联连接(参考图 6-23)，因此相邻两个组均相差 90°电角度。应注意到，这里旋转感应同步器的转子对应于直线式的定尺，而其定子对应于直线式的滑尺。

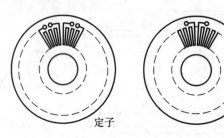

定子　　　　　　　　转子

图 6-28　旋转式感应同步器绕组排列示意图

旋转式感应同步器的工作原理与直线式感应同步器和多极旋变相类似。转子单相绕组通过电刷滑环加励磁电压后，其每一个导片便形成一极，相邻两导片间的距离就等于一个极距τ，则极对数p等于导片数的$1/2$，并且经过设计分析，使气隙磁密沿圆周方向作p个周期的正弦分布。

设定子上的余弦绕组与转子励磁绕组轴线间的夹角为θ，相应的电角度为$p\theta$。则与多极旋变相类似，其定子上的正、余弦绕组的输出电势应该是对应电角度的正、余弦函数。即

$$E_s = E_m \sin p\theta \tag{6-25}$$

$$E_c = E_m \cos p\theta \tag{6-26}$$

式中，E_m为最大的感应电势。

可见，旋转式感应同步器的转子每转一转，正、余弦绕组的感应电势就变化p个周期。根据实际工作需要，该种感应同步器的极对数可制成 50～1000 对极。例如当极对数为 180 时，其极距为 1°，其外径制成$\phi 50\ mm\sim\phi 300\ mm$。

综上所述，感应同步器有以下优点：

(1) 精度高。感应同步器的极对数很多，各对极下的导片相互串联产生了平均效应，补偿了某一极所存在的局部误差，故大大提高了精度。

例如对于极距为 1 mm 的直线式感应同步器，其精度可达 0.25 μm；外径为 300 mm、极对数为 360 的旋转式感应同步器的精度可达±1″～2″，重复精度可达 0.1″～0.2″。

(2) 直线感应同步器可直接固定在机床的运动部分和静止部分，不需要经过中间的传动装置而直接测量位移，因而可以消除由于传动装置带来的齿隙误差。同时它的定、滑尺

基片的膨胀系数与机床一样，温度变化不会造成附加的测量误差。

（3）把几个定尺联接起来，还可以长距离工作，高速度移动。

（4）制造方便，坚固耐用，对环境适应性强，维护简便。

需要指出，由于感应同步器输出阻抗高，输出电压只有几个毫伏，所以必须在输出端接前置放大器。

由于感应同步器具有上述一些优点，它在精密位移检测、数控机床和高精度随动系统中得到了广泛的应用。直线式感应同步器主要用于长度计量仪器（与数字显示仪表配套实现高精度的位移显示），还能作点位控制和轮廓控制数控机床的位置检测元件。采用旋转式感应同步器检测角位移可用于机床和仪器的转台、火炮控制、雷达天线的定位跟踪，等等。

与多极旋转变压器相比，同步感应器的精度高，因此它也可以与两极旋变组成双通道系统，也可以与两极旋变、多极旋变组成三通道系统。

在以感应同步器作为位移检测元件的自动控制系统中，根据感应同步器的励磁方式和输出信号处理方式的不同，把系统分为鉴幅工作方式和鉴相工作方式。现分述这两种方式下同步感应器励磁信号和输出信号的特点。

1. 鉴幅工作方式

在滑尺（或定子）的正、余弦绕组上施加频率、相位均相同，但幅值按某角度作正、余弦变化的电压 e_a、e_b：

$$e_a = E_0 \cos\theta_1 \sin\omega t$$
$$e_b = E_0 \sin\theta_1 \sin\omega t$$

式中，θ_1 称为指令位移角。假定滑尺余弦绕组相对定尺绕组位移 x，其对应的电角度 $\theta = (180°/\tau) \cdot x$ 或者旋转式的定子余弦绕组相对转子绕组位移 θ 电角度，根据式（6-4），余弦绕组所产生的磁通在定尺（或转子）绕组中感应的电势为 $k_u e_b \cos\theta$，正弦绕组所产生的磁通在定尺（或转子）绕组中感应的电势为 $-k_u e_a \sin\theta$。所以定尺（或转子）绕组中总的感应电势为

$$
\begin{aligned}
e &= k_u e_b \cos\theta - k_u e_a \sin\theta \\
&= k_u E_0 (\sin\theta_1 \cos\theta - \cos\theta_1 \sin\theta) \sin\omega t \\
&= k_u E_0 \sin(\theta_1 - \theta) \sin\omega t
\end{aligned}
$$

可见感应同步器输出电势的幅值正比于指令位移角和滑尺（或定子）位移角的差角 $\theta_1 - \theta$ 的正弦函数。如果将感应同步器的输出经放大后控制电机转动，那么，只有当 $\theta = \theta_1$ 或 $x = \theta_1 \tau/180°$，感应同步器的输出电压为 0 时，电机才停止转动。这样一来，工作台就能严格按照指令转动或移动。由于这种系统是用鉴别感应同步器输出电压幅值是否为 0 来进行控制的，所以称为鉴幅工作方式或鉴零工作方式。

2. 鉴相工作方式

在正余弦绕组上施加幅值、频率相同，但相位差为 90° 的电压 e_a、e_b：

$$e_a = E_0 \cos\omega t$$
$$e_b = E_0 \sin\omega t$$

则定尺（或转子）绕组的感应电势为

$$e = k_u e_b \cos\theta - k_u e_a \sin\theta$$
$$= k_u E_0 (\sin\omega t \cos\theta - \cos\omega t \sin\theta)$$
$$= k_u E_0 \sin(\omega t - \theta) \tag{6-27}$$

对于直线感应同步器，式中，θ 为对应滑尺位移 x 的电角度，即 $\theta = (180°/\tau) \cdot x$。对于旋转式感应同步器，$\theta$ 为转子的位移角(电角度)。由式(6-27)可以看出，感应同步器把滑尺的直线位移或转轴的转角变换成输出电压的时间相位移。只要通过一定的电路鉴别出输出电压时间相位移，就可以知道滑尺的位移距离或转轴转过的角度。因此这种情况下的感应同步器是处于鉴相工作方式。

小　结

(1) 旋转变压器在自动控制系统中主要用来进行数学中三角函数计算或测量发送轴和接收轴的差角。因此，必须掌握正余弦旋转变压器及其用来测量差角的工作原理。

(2) 没有补偿的旋转变压器在接负载时要出现交轴磁势，使输出特性曲线畸变，因此必须进行补偿。单独原边补偿时，将原边交轴绕组接上一个与电源内阻抗相等的阻抗或直接短路；单独副边补偿就是将副边中与输出绕组正交的绕组，接上一个与负载阻抗相等的阻抗，此时，转子电流所产生的直轴磁场与转角 θ 无关，因此原边电流与转角 θ 无关。旋转变压器的输入阻抗与转角无关，这是副边补偿的优点。原边补偿的优点是交轴绕组的阻抗与负载阻抗无关。原、副边同时补偿的旋转变压器就能兼顾上述两个优点。

(3) 用一对旋转变压器测量差角时，其工作原理、误差分析的方法及特性指标的定义均与自整角控制式运行时相同，故又叫四线自整角机。但旋转变压器的精度比自整角机高，它适用于高精度的同步系统。

(4) 为了保证旋转变压器有良好的特性，在使用中必须注意：

① 原边只用一相绕组励磁时，另一相绕组应连接一个与电源内阻抗相同的阻抗或直接短接。

② 原边两相绕组同时励磁时，两个输出绕组的负载阻抗要尽可能相等。

③ 使用中必须准确调整零位，以免引起旋转变压器性能变差。

(5) 采用由两极和多极旋转变压器组成的双通道伺服系统，可以提高系统对检测的精度要求，可从角分级提高到角秒级。双通道是指粗测通道和精测通道。其中粗测通道由一对两极旋变组成，而精测通道是由一对多极旋变组成。

(6) 感应移相器是在旋转变压器基础上演变而来的。它作为移相元件常用于测角、测距或随动系统中。其主要特点是输出电压的相位与转子转角呈线性关系，输出电压的幅值能保持恒定。

(7) 感应同步器是一种基于多极旋转变压器工作原理的高精度测位用自控元件，其固定部分和运动部分均采用印制绕组。按装置型式可将感应同步器分为分装式或组装式两大类；按运行方式又可将它分为直线式和旋转式两大类。感应同步器已广泛应用于高精度的数字位置伺服系统、数显系统和同步随动系统。

思考题与习题

6-1 消除旋转变压器输出特性曲线畸变的方法是什么？

6-2 正余弦旋转变压器副方全补偿的条件是什么？原方全补偿的条件又是什么？

6-3 旋转变压器副方全补偿时只产生与转角如何（有关；无关）的直轴磁场？而能否（不；可以）产生交轴磁场，其原因是什么？

6-4 采用原方全补偿时，旋转变压器在工作时交轴磁通在某绕组中感生电流，该电流所产生的磁通对交轴磁通有什么作用？单独原边全补偿时，负载阻抗改变将能否（不；可以）影响其补偿程度，即与负载阻抗值的改变是否有关？

6-5 线性旋转变压器是如何从正余弦旋转变压器演变过来的？线性旋转变压器的转子绕组输出电压 U_{R2} 和转角 θ 的关系式是什么？改进后的线性旋变，当误差小于 0.1% 时，转角 θ 的角度范围是什么？

6-6 比例式旋转变压器的工作原理是什么？

6-7 感应移相器的主要特点是什么？具备这些特点的原因是什么？

6-8 直线式感应同步器的工作原理是什么？该电机的绕组是如何设制的？

6-9 在什么条件下，可以用一对多极旋变构成单通道同步随动系统？

6-10 提高电气速比可以提高双通道同步系统的精度，但是如果电气速比 p 值太大将会产生什么问题？若进一步提高系统精度，还可以采用什么办法？

6-11 有一旋变发送机 XF 和一只旋变变压器 XB 定子绕组对应联接作控制式运行，如图 6-29 所示，已知：图中的 $\theta_1=50°$，$\theta_2=15°$，试求：

（1）旋变变压器转子的输出绕组的协调位置 $\dot{X}_T$；

（2）失调角 γ。

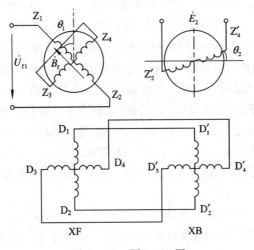

图 6-29 题 6-11 图

第7章　异步型交流伺服电动机

7.1　概　　述

　　功率从几瓦到几十瓦的异步型交流伺服电动机在小功率随动系统中得到非常广泛的应用。与直流伺服电动机一样，交流伺服电动机在自动控制系统中也常被用来作为执行元件。如图 7－1 所示，伺服电动机的轴上带有被控制的机械负载（由于电动机转速较高，一般均通过减速齿轮再与负载相连接），在电机绕组的两端施加控制电信号 U_k。当要求负载转动的电信号 U_k 一旦加到电动机的绕组上时，伺服电动机就要立刻带动负载以一定的转速转动；而当 U_k 为 0 时，电动机应立刻停止不动。U_k 大，电动机转得快；U_k 小，电动机转得慢；当 U_k 反相时，电动机要随之反转。所以，伺服电动机是将控制电信号快速地转换为转轴转动的一个执行元件。

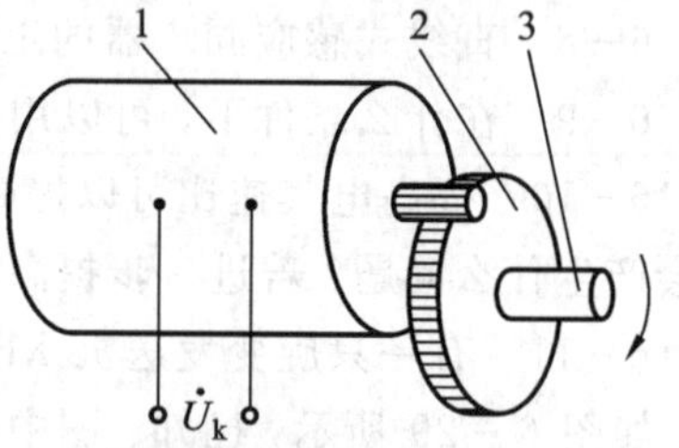

控制电信号
1—交流伺服电动机；
2—减速齿轮；
3—机械负载轴

图 7－1　异步型交流伺服电动机的功用

　　交流伺服电动机在自动控制系统中的典型用途如图 5－3 所示，这是一个自整角伺服系统示意图。这里，交流伺服电动机一方面起动力作用，驱动自整角变压器转子和负载转动，但主要还是起一个执行元件的作用。它带动负载和自整角变压器转子转动是受到控制的，当雷达转轴位置 α（称为主令位置）改变时，由于负载位置 $\beta \neq \alpha$，自整角变压器就有电压输出，通过放大器伺服电动机接受到控制电信号 U_k，就带动负载和自整角变压器转动，直至 $\alpha = \beta$。所以，伺服电动机直接地受电信号 U_k 的控制，间接地受主令位置 α 的控制。伺服电动机的转动总是使 β 接近 α，直至 $\beta = \alpha$，使负载和主令位置处于协调。

　　由于交流伺服电动机在控制系统中主要作为执行元件，自动控制系统对它提出的要求主要有下列几点：

　　(1) 转速和转向应方便地受控制信号的控制，调速范围要大；

　　(2) 整个运行范围内的特性应具有线性关系，保证运行的稳定性；

　　(3) 当控制信号消除时，伺服电动机应立即停转，也就是要求伺服电动机无自转现象；

　　(4) 控制功率要小，启动转矩应大；

　　(5) 机电时间常数要小，始动电压要低。当控制信号变化时，反应应快速、灵敏。

7.2　异步型交流伺服电动机的结构特点和工作原理

☞ 7.2.1　结构特点

　　异步型交流伺服电动机的结构主要可分为两大部分，即定子部分和转子部分。其中定子的结构与旋转变压器的定子基本相同，在定子铁心中也安放着空间互成 90°电角度的两相绕组，如图 7 - 2 所示。其中 $l_1 - l_2$ 称为励磁绕组，$k_1 - k_2$ 称为控制绕组，所以异步型交流伺服电动机是一种两相的交流电动机。

　　转子的结构常用的有鼠笼形转子和非磁性杯形转子。鼠笼形转子异步型交流伺服电动机的结构如图 7 - 3 所示，它的转子由转轴、转子铁心和转子绕组等组成。转子铁心是由硅钢片叠成的，每片冲成有齿有槽的形状，如图 7 - 4 所示，然后叠压起来将轴压入轴孔内。铁心的每一槽中放有一根导条，所有导条两端用两个短路环连接，这就构成转子绕组。如果去掉铁心，整个转子绕组形成一鼠笼状，如图 7 - 5 所示，鼠笼（形）转子即由此得名。鼠笼的材料有用铜的，也有用铝的，为了制造方便，一般采用铸铝转子，即把铁心叠压后放在模子内用铝浇铸，把鼠笼导条与短路环铸成一体。

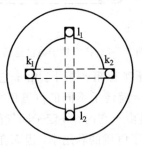

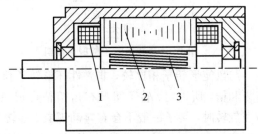

1—定子绕组；2—定子铁心；3—鼠笼转子

图 7 - 2　两相绕组分布图　　　　　图 7 - 3　鼠笼形转子交流伺服电动机

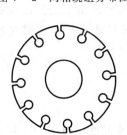

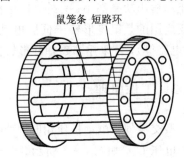

图 7 - 4　转子冲片　　　　　　　图 7 - 5　鼠笼形转子绕组

　　非磁性杯形转子交流伺服电动机的结构如图 7 - 6 所示。图中外定子与鼠笼形转子伺服电动机的定子完全一样，内定子由环形钢片叠成，通常内定子不放绕组，只是代替鼠笼转子的铁心，作为电机磁路的一部分。在内、外定子之间有细长的空心转子装在转轴上，空心转子作成杯子形状，所以又称为空心杯形转子。空心杯由非磁性材料铝或铜制成，它的杯壁极薄，一般在 0.3 mm 左右。杯形转子套在内定子铁心外，并通过转轴可以在内、外定子之间的气隙中自由转动，而内、外定子是不动的。

杯形转子与鼠笼转子从外表形状来看是不一样的。但实际上，杯形转子可以看做是鼠笼条数目非常多的、条与条之间彼此紧靠在一起的鼠笼转子，杯形转子的两端也可看做由短路环相连接，如图 7-7 所示。这样，杯形转子只是鼠笼转子的一种特殊形式。从实质上看，二者没有什么差别，在电机中所起的作用也完全相同。因此在以后分析时，只以鼠笼转子为例，分析结果对杯形转子电动机也完全适用。

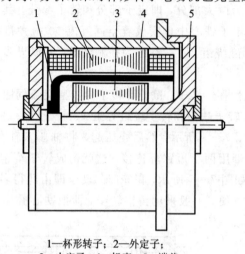

1—杯形转子；2—外定子；
3—内定子；4—机壳；5—端盖

图 7-6　杯形转子伺服电动机

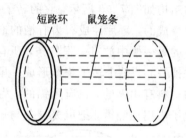

图 7-7　杯形转子与鼠笼转子相似

与鼠笼形转子相比较，非磁性杯形转子惯量小，轴承摩擦阻转矩小。由于它的转子没有齿和槽，所以定、转子间没有齿槽粘合现象，转矩不会随转子不同的位置而发生变化，恒速旋转时，转子一般不会有抖动现象，运转平稳。但是由于它内、外定子间气隙较大（杯壁厚度加上杯壁两边的气隙），所以励磁电流就大，降低了电机的利用率，因而在相同的体积和重量下，在一定的功率范围内，杯形转子伺服电动机比鼠笼转子伺服电动机所产生的启动转矩和输出功率都小；另外，杯形转子伺服电动机结构和制造工艺又比较复杂。因此，目前广泛应用的是鼠笼形转子伺服电动机，只有在要求运转非常平稳的某些特殊场合下（如积分电路等），才采用非磁性杯形转子伺服电动机。

☞ 7.2.2　工作原理

异步型交流伺服电动机使用时，励磁绕组两端施加恒定的励磁电压 $\dot{U}_f$，控制绕组两端施加控制电压 $\dot{U}_k$，如图 7-8 所示。当定子绕组加上电压后，伺服电动机就会很快转动起来，将电信号转换成转轴的机械转动。为了说明电动机转动的原理，首先观察下面的实验。

图 7-9 是一个简单的实验装置。一个能够自由转动的鼠笼转子放在可用手柄转动的两极永久磁铁中间，当转动手柄使永久磁铁旋转时，就会发现磁铁中间的鼠笼转子也会跟着磁铁转动起来。转子的转速比磁铁慢，当磁铁的旋转方向改变时，转子的旋转方向也跟着改变。现在来分析一下鼠笼转子跟着磁铁转动的原理。

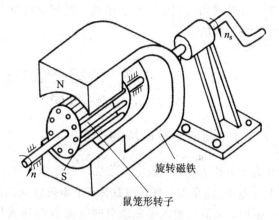

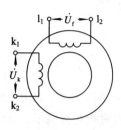

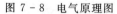

图 7 - 8　电气原理图　　　　　图 7 - 9　异步型伺服电动机工作原理

当磁铁旋转时，在空间形成一个旋转磁场。假设图7 - 9中的永久磁铁按顺时针方向以 n_s 的转速旋转，那么它的磁力线也就以顺时针方向切割转子导条。相对于磁场，转子导条以逆时针方向切割磁力线，在转子导条中就产生感应电势。根据右手定则，N 极下导条的感应电势方向都是垂直地从纸面出来，用 ⊙ 表示，而 S 极下导条的感应电势方向都是垂直地进入纸面，用 ⊗ 表示，如图 7 - 10 所示。由于鼠笼转子的导条都是通过短路环连接起来的，因此在感应电势的作用下，在转子导条中就会有电流流过，电流有功分量的方向和感应电势方向相同。再根据通电导体在磁场中受力原理，转子载流导条又要与磁场相

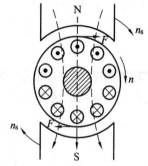

图 7 - 10　鼠笼转子的转向

互作用产生电磁力，这个电磁力 F 作用在转子上，并对转轴形成电磁转矩。根据左手定则，转矩方向与磁铁转动的方向是一致的，也是顺时针方向。因此，鼠笼转子便在电磁转矩作用下顺着磁铁旋转的方向转动起来。

但是转子的转速总是比磁铁转速低，这是因为电动机轴上总带有机械负载，即使在空载下，电机本身也会存在阻转矩，如摩擦、风阻等。为了克服机械负载的阻力矩，转子绕组中必须要有一定大小的电流以产生足够的电磁转矩，而转子绕组中的电流是由旋转磁场切割转子导条产生的，那么要产生一定数量的电流，转子转速必须要低于旋转磁场的转速。显然，如果转子转速等于磁铁的转速，则转子与旋转磁铁之间就没有相对运动，转子导条将不切割磁力线，这时转子导条中不产生感应电势、电流以及电磁转矩。那么，转子转速究竟比旋转磁场转速低多少呢？这主要由机械负载的大小来决定。如果机械负载的阻转矩较大，就需要较大的转子电流，转子导体相对旋转磁场必须有较大的相对切割速度，以产生较大的电势，也就是说，转子转速必须更多地低于旋转磁场转速，于是转子就转得越慢。

从上面的简单实验清楚地说明，鼠笼转子（或者是非磁性杯形转子）会转动起来是由于在空间中有一个旋转磁场。旋转磁场切割转子导条，在转子导条中产生感应电势和电流，转子导条中的电流再与旋转磁场相互作用就产生力和转矩，转矩的方向和旋转磁场的转向相同，于是转子就跟着旋转磁场沿同一方向转动。这就是异步型交流伺服电动机的简单工作原理。但应该注意的是，在实际的电机中没有一个像图 7 - 9 中所示那样的旋转磁铁，电

机中的旋转磁场由定子两相绕组通入两相交流电流所产生。下节就来分析两相绕组是怎样产生旋转磁场的。

7.3　两相绕组的圆形旋转磁场

☞ 7.3.1　圆形旋转磁场的产生

为了分析方便，先假定励磁绕组有效匝数 W_f 与控制绕组有效匝数 W_k 相等。这种在空间上互差 90°电角度、有效匝数相等、阻抗相同的两个绕组称为两相对称绕组。

同时，又假定通入励磁绕组的电流 $\dot{I}_f$ 与通入控制绕组的电流 $\dot{I}_k$ 相位上彼此相差 90°，幅值彼此相等，这样的两个电流称为两相对称电流，用数学式表示为

$$\begin{cases} i_k = I_{km} \sin \omega t \\ i_f = I_{fm} \sin(\omega t - 90°) \\ I_{fm} = I_{km} = I_m \end{cases}$$

波形图如图 7-11 所示。下面分析一下将这样的电流通入两相对称绕组后，不同时间电机内部所形成的磁场。

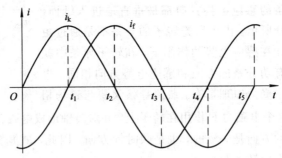

图 7-11　两相对称电流

图 7-12 就是表示不同瞬间电机磁场分布的情况。先看图 7-12(a)，这个图是对应 t_1 的瞬间。由图 7-11 可以看出，此时控制电流具有正的最大值，励磁电流为 0。假定正值电流是从绕组始端流入、从末端流出，负值电流从绕组末端流入、从始端流出，并用 ⊗ 表示电流流入纸面，⊙ 表示电流流出纸面，那么此时控制电流是从控制绕组始端 k_1 流入、从末端 k_2 流出。根据电流方向，利用右手螺旋定则，可画出如虚线所示的磁力线方向。显然这是两极磁场的图形。另外根据第 5 章分析，控制绕组通入电流以后所产生的是一个脉振磁场，这个磁场可用一个磁通密度空间矢量 $\mathbf{B}_k$ 表示，$\mathbf{B}_k$ 的长度正比于控制电流的值。由于此时控制电流具有正的最大值，因此 $\mathbf{B}_k$ 的长度也为最大值，即 $B_k = B_m$，方向是沿着控制绕组轴线，并由右手螺旋定则根据电流方向确定是朝下的。由于此时励磁电流为 0，励磁绕组不产生磁场，即 $B_f = 0$，所以控制绕组产生的磁场就是电机的总磁场。若电机的总磁场用磁密矢量 $\mathbf{B}$ 表示，则此刻 $B = B_k$，电机总磁场的轴线与控制绕组轴线重合，总磁场的幅值为

$$B = B_k = B_m$$

式中，B_m 为一相磁密矢量幅值的最大值。

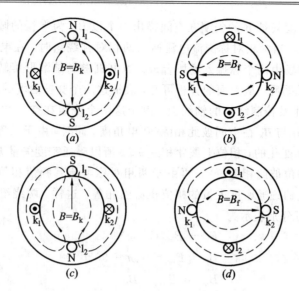

图 7 - 12　两相绕组产生的圆形旋转磁场

(a) $t=t_1$; (b) $t=t_2$; (c) $t=t_3$; (d) $t=t_4$

图 7 - 12(b) 是对应 t_2 的瞬间，此时励磁电流具有正的最大值，而控制电流为 0，控制绕组不产生磁场，即 $B_k=0$，励磁绕组产生的磁场就是电机的总磁场，它的磁场图形如图中虚线所示。因为 $B_k=0$，所以 $B=B_f$，此时电机磁场轴线与励磁绕组轴线相重合，与上一瞬间相比，磁场的方向在空间按顺时针方向转过 90°，磁场的幅值也为

$$B = B_f = B_m$$

图 7 - 12(c) 是对应 t_3 瞬间，这时控制电流具有负的最大值，励磁电流为 0。这个情况与 t_1 瞬间情况的差别仅是控制电流方向相反，因此两者所形成的电机磁场的幅值和位置都相同，只是磁场方向改变，电机磁场的轴线比上一瞬间在空间按顺时针方向又转过 90°，与控制绕组轴线相重合，磁场的幅值仍为

$$B = B_k = B_m$$

用同样方法可分析图 7 - 12(d) 的情况，此时对应 t_4 的瞬间，电机磁场的轴线按顺时针方向再转过 90°，与励磁绕组轴线相重合，也有如下关系：

$$B = B_f = B_m$$

对应图 7 - 11 的瞬间 t_5，控制电流又达到正的最大值，励磁电流为 0，电机的磁通密度矢量 **B** 又转到图 7 - 12(a) 所表示的位置。

从以上分析可见，当两相对称电流通入两相对称绕组时，在电机内就会产生一个旋转磁场，这个旋转磁场的磁通密度 B 在空间也可看成是按正弦规律分布的，其幅值是恒定不变的 (等于 B_m)，而磁通密度幅值在空间的位置却以转速 n_s 在旋转，如图 7 - 13 所示。

当控制电流从正的最大值经过一个周期又回到正的最大值，即电流变化一个周期时，旋转磁场在空间转了一圈。

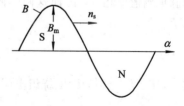

图 7 - 13　旋转磁场示意图

由于电机磁通密度幅值是恒定不变的，在磁场旋转过程中，磁通密度矢量 **B** 的长度在任何瞬间都保持为恒值，等于一相磁通密度矢量的最大值 B_m，它的方位随时间的变化在空

间进行旋转，磁通密度矢量 **B** 的矢端在空间描出一个以 B_m 为半径的圆，这样的磁场称为圆形旋转磁场。所以，当两相对称交流电流通入两相对称绕组时，在电机内会产生圆形旋转磁场。电机的总磁场由两个脉振磁场所合成。当电机磁场是圆形旋转磁场时，这两个脉振磁场又是怎样的关系呢？从上面的分析可知，表征这两个脉振磁场的磁通密度矢量 **B_f** 和 **B_k** 分别位于励磁绕组及控制绕组的轴线上。由于这两个绕组在空间彼此相隔 90°电角度，因此磁通密度矢量 **B_f** 与 **B_k** 在空间彼此相隔 90°电角度。同时，由于励磁电流与控制电流都是随时间按正弦规律变化的，相位上彼此相差 90°。所以磁通密度矢量 **B_f** 和 **B_k** 的长度也随时间作正弦变化，相位彼此相差 90°。再由于两相对称电流其幅值相等，因此当匝数相等时，两相绕组所产生的磁通密度矢量的幅值也必然相等。这样，两绕组磁通密度矢量的长度随时间变化关系可分别表示为

$$B_k = B_{km} \sin \omega t$$
$$B_f = B_{fm} \sin(\omega t - 90°)$$
$$B_{km} = B_{fm} = B_m$$

(7 - 1)

相应的变化图形如图 7 - 14 所示。任何瞬间电机合成磁场的磁通密度矢量的长度为

$$B = \sqrt{B_k^2 + B_f^2} = \sqrt{[B_{km} \sin \omega t]^2 + [B_{fm} \sin(\omega t - 90°)]^2} = B_m$$

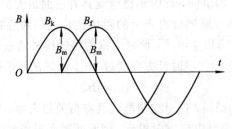

图 7 - 14 磁通密度随时间的变化

综上所述，可以这样认为：在两相系统里，如果有两个脉振磁通密度，它们的轴线在空间相夹 90°电角度，脉振的时间相位差为 90°，其脉振的幅值又相等，那么这样两个脉振磁场的合成必然是一个圆形旋转磁场。

当两相绕组匝数不相等时，设匝数比为

$$k = \frac{W_f}{W_k}$$

(7 - 2)

可以看出，只要两个脉振磁场的磁势幅值相等，即 $F_{fm} = F_{km}$，它们所产生的两个磁通密度的脉振幅值就相等，因而这两个脉振磁场合成的磁场也必然是圆形旋转磁场。由于磁势幅值

$$F_{fm} \propto I_f W_f$$
$$F_{km} \propto I_k W_k$$

式中，I_f、I_k 分别为励磁绕组电流及控制绕组电流的有效值。所以当 $F_{fm} = F_{km}$ 时，必有

$$I_f W_f = I_k W_k$$

(7 - 3)

或

$$\frac{I_k}{I_f} = \frac{W_f}{W_k} = k$$

(7 - 4)

这就是说,当两相绕组有效匝数不相等时,若要产生圆形旋转磁场,这时两个绕组中的电流值也应不相等,且应与绕组匝数成反比。

☞ **7.3.2 旋转磁场的转向**

异步型交流伺服电动机的转子是跟着旋转磁场转的,也就是说,旋转磁场的转向决定了电机的转向。下面说明怎样确定旋转磁场的转向。

对图 7-12 进行分析就可看出,旋转磁场的转向是从流过超前电流的绕组轴线转到流过落后电流的绕组轴线。图 7-12 中控制电流 i_k 超前励磁电流 i_f,所以旋转磁场是从控制绕组轴线转到励磁绕组轴线,即按顺时针的方向转动的,如图 7-15 所示。显然,当任意一个绕组上所加的电压反相时(电压倒相或绕组两个端头换接),则流过该绕组的电流也反相,即原来是超前电流的就变成落后电流,原来是落后电流的则变成超前电流(如在图 7-16 中,原来超前

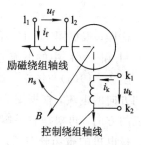

图 7-15　旋转磁场转向

电流 i_k 变成落后电流 i_k'),因而旋转磁场转向改变,变成逆时针方向,如图 7-17 所示。这样电机的转向也发生变化。实际上,在系统中使用时,就是采用这种方法使异步型交流伺服电动机反转的。

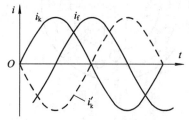

图 7-16　一相电压倒相后的绕组电流波形

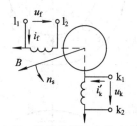

图 7-17　旋转磁场转向的改变

☞ **7.3.3 旋转磁场的转速**

旋转磁场的转速决定于定子绕组极对数和电源的频率。图 7-12 所示的是一台两极的电机,即极对数 $p=1$。对两极电机而言,电流每变化一个周期,磁场旋转一圈,因而当电源频率 $f=400$ Hz,即每秒变化 400 个周期时,磁场每秒应当转 400 圈,故对两极电机,即 $p=1$ 而言,旋转磁场转速为

$$n_s = f = 24\,000 \text{ r/min}$$

当电源频率 $f=50$ Hz 时,旋转磁场转速为

$$n_s = f = 3000 \text{ r/min}$$

下面进一步研究四极电机的情况。图 7-18 是一台四极电机定子的示意图。图中在定子的圆周上均布有 4 套相同的绕组,将绕组 $k_1 - k_2$ 和 $k_1' - k_2'$ 串联后组成控制绕组,其上施加控制电压 U_k;将绕组 $l_1 - l_2$ 和 $l_1' - l_2'$ 串联后组成励磁绕组,接到励磁电源上去。根据这种接法,显然组成控制绕组的两个绕组 $k_1 - k_2$ 和 $k_1' - k_2'$ 所流过的电流大小相等,方向也相同。励磁绕组也是如此。

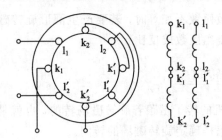

图 7 - 18　四极电机的绕组

这样，根据图 7 - 12 所示的电流方向，也可标出四极电机在不同瞬时的电流方向，绕组 $l_1'-l_2'$ 和 $k_1'-k_2'$ 中的电流方向分别与绕组 l_1-l_2 和 k_1-k_2 中的电流方向相同。

图 7 - 19(a)与图 7 - 12(a)相对应，是 $t=t_1$ 瞬时的情况。这时控制绕组的两个绕组有相同方向的电流，根据图 7 - 12(a)所标的电流方向，在图 7 - 19(a)中也可标出控制绕组电流的方向，再根据右手螺旋定则，可以得到如图中所示的磁场分布情况。显然，它是一台四极电机的磁场分布图。

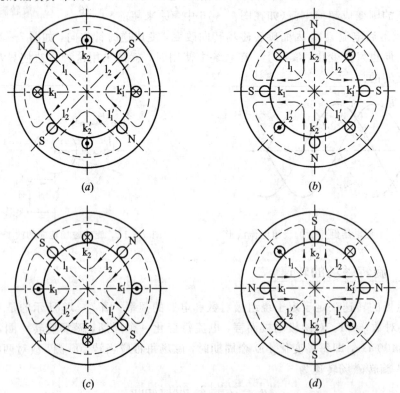

图 7 - 19　四极电机的旋转磁场

(a) $t=t_1$；(b) $t=t_2$；(c) $t=t_3$；(d) $t=t_4$

用同样的方法可以得到图 7 - 19(b)、(c)、(d)。可见，它们都表示一台四极电机的磁场分布图，而且每个瞬时磁场的位置都比上一个瞬时按顺时针方向转过 45°。

当控制电流经过一个周期又回到正的最大值时，电机磁场又回到图 7 - 19(a)所示的情况，与图 7 - 19(d)相比较，此时磁场又转过 45°。

从对图 7 - 19 的分析可知，当控制电流从正的最大值经过一个周期又回到正的最大值，即电流变化一个周期时，磁场只转过半圈。因此，如果电源频率 $f = 50$ Hz，即电流每秒变化 50 周时，磁场每秒只转过 25 圈，也就是说，对四极电机，即极对数 $p = 2$ 而言，旋转磁场转速为

$$n_s = \frac{f}{2} = 1500 \text{ r/min}$$

当知道两极电机 $p = 1$，$n_s = f$；四极电机 $p = 2$，$n_s = f/2$ 以后，就可推论出对于极对数为 p 的电机，旋转磁场转速的一般表达式为

$$n_s = \frac{f}{p} \text{ (r/s)} = \frac{60f}{p} \text{ (r/min)} \tag{7-5}$$

旋转磁场的转速常称为同步速，以 n_s 表示。

异步型交流伺服电动机使用的电源频率通常是标准频率 $f = 400$ Hz 或 50 Hz，当频率固定不变时，由式(7-5)可以看出，旋转磁场的转速 n_s 反比于极对数 p，极数越多，转速越低，p 与 n_s 之间的数值关系如表 7-1 所示。

表 7-1　p 与 n_s 的数值关系

p		1	2	3	4
$n_s/(\text{r/min})$	$f = 50\,(\text{Hz})$	3000	1500	1000	750
	$f = 400\,(\text{Hz})$	24 000	12 000	8000	6000

如果忽略谐波，气隙磁通密度 B_δ 沿着圆周空间是正弦分布的，对于两极电机，旋转磁场沿着圆周有一个正弦分布的磁通密度波，如图 7-13 所示。对于多极电机，如果极对数为 p，那么沿着圆周空间就有 p 个正弦分布的磁通密度波。图 7-20 就是表示四极电机的磁通密度波在空间以 n_s 同步速旋转的示意图。

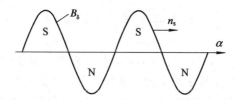

图 7-20　四极电机的旋转磁通密度波

关于交流旋转电机磁场的分析作如下总结：

(1) 单相绕组通入单相交流电后，所产生的是一个脉振磁场。

(2) 圆形旋转磁场的特点是：它的磁通密度在空间按正弦规律分布，其幅值不变并以恒定的速度在空间旋转。

(3) 两相对称绕组通入两相对称电流就能产生圆形旋转磁场；或者说，空间上相夹 90° 电角度，时间上彼此有 90° 相位差，幅值又相等的两个脉振磁场必然形成圆形旋转磁场。

(4) 旋转磁场的转向是从超前相的绕组轴线(此绕组中流有相位上超前的电流)转到落后相的绕组轴线。把两相绕组中任意一相绕组上所加的电压反相(即相位改变 180°)，就可以改变旋转磁场的转向。

(5) 旋转磁场的转速称为同步速，只与电机极数和电源频率有关，其关系为

$$n_s = \frac{f}{p} \text{ (r/s)} = \frac{60f}{p} \text{ (r/min)}$$

7.4　圆形旋转磁场作用下的运行分析

前两节介绍了异步型交流伺服电动机的工作原理,分析了圆形旋转磁场的形成及其特性,这对认识异步型交流伺服电动机来说还只是个开始。在这基础上我们要进一步研究电机内部的一些电磁关系和运行特性,如转速、转矩、电流、磁通之间的相互关系,电压平衡,机械特性等,这些对于正确地选用电机来说都是非常需要的。

☞ 7.4.1　转速和转差率

前已指出,电机跟着旋转磁场转动时的转速 n 总是低于旋转磁场的转速即同步速 n_s。转子转速与同步速之差,也就是转子导体切割磁场的相对速率为

$$\Delta n = n_s - n \qquad\qquad (7-6)$$

Δn 也称为转差。但在实用上经常用转差率 s,就是转差与同步速之比值,即

$$s = \frac{\Delta n}{n_s} = \frac{n_s - n}{n_s} \qquad\qquad (7-7)$$

因而,转子转速为

$$n = n_s(1-s) \qquad\qquad (7-8)$$

显然,转差率 s 越大,转子转速就越低。因此,当负载转矩增大时,转子转速就下降,转差率 s 就要增大,使转子导体中的感应电势及电流增加,以产生足够的电磁转矩来平衡负载转矩。异步型交流伺服电动机转子电流 I_R、转速 n、转差率 s 随负载转矩 T_L 变化的情况可表示为

$$T_L \uparrow \longrightarrow I_R \uparrow \longrightarrow n \downarrow \longrightarrow s \uparrow$$
$$T_L \downarrow \longrightarrow I_R \downarrow \longrightarrow n \uparrow \longrightarrow s \downarrow$$

由式(7-8)可见,当 $s=0$ 时,$n=n_s$,此时转子转速与同步速相同,转子导体不感应电势,也不产生转矩,这相当于转子轴上的负载转矩等于 0 的理想空载情况。但是必须指出,这只是理想状态,实际上即使外加负载转矩为 0,交流伺服电动机本身仍存在有阻转矩(例如摩擦转矩和附加转矩等),它对小功率电机影响较大。所以,在圆形旋转磁场作用下,异步型交流伺服电动机的空载转速只有同步转速的 5/6 左右。

当 $s=1$,$n=0$ 时,此时转子不动(又称为堵转),旋转磁场以同步速 n_s 切割转子,转子导体中的感应电势和电流很大。这相当于电机合上电源转子将要启动的瞬间,或者负载转矩将电机轴卡住不动的情况。

由于这种交流伺服电动机转速总是低于旋转磁场的同步速,而且随着负载阻转矩值的变化而变化,因此该类交流伺服电动机称为两相异步型伺服电动机。所谓异步,就是指电机转速与同步速有差异。

☞ 7.4.2　电压平衡方程式

1. 转子不动时的电压平衡方程式

伺服电动机在正常运行时总是旋转的,转子不动只是电动机运行的一个特殊情况,由

于这种情况比较简单，所以先从这里开始研究。

　　首先分析定子绕组中感应电势的值和频率。图 7 - 21 表示当定子绕组通电后在气隙中形成的圆形旋转磁场 B_δ 以同步速 n_s 在空间旋转，定、转子铁心中各放着一根导体(实际是绕组的一段导体)。于是这个旋转磁场就切割这两根导体，并在其中也就是在绕组中产生感应电势。根据电磁感应定律，磁场切割导体时在导体中所产生的感应电势为

$$e = B_\delta l v \tag{7-9}$$

式中，v 为旋转磁场切割定、转子导体的线速度；l 为铁心长度。

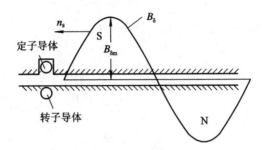

图 7 - 21　旋转磁场切割定转子导体

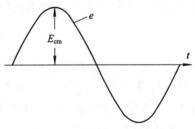

图 7 - 22　感应电势随时间的变化

　　由于旋转磁场的气隙磁通密度在空间是按正弦规律分布的，在这样磁场的切割下，在定、转子绕组中所产生的感应电势 e 随时间也是按正弦规律变化，如图 7 - 22 所示。感应电势交变的频率与旋转磁场切割速度和极数有关。

　　当转子不动时，旋转磁场切割定、转子导体的速度都等于同步速 n_s，因而在定、转子绕组中感应电势的频率是相等的，即

$$f_s = f_R \tag{7-10}$$

　　如果旋转磁场极对数 $p=1$，旋转磁场在空间转 1 转，定、转子绕组中的感应电势也交变 1 次；当旋转磁场极对数为 p 时(如图 7 - 20 表示 $p=2$)，旋转磁场转 1 转，定、转子绕组中的感应电势就要交变 p 次。如果旋转磁场转速为 n_s(r/min)，则定、转子绕组中的感应电势频率为

$$f_s = f_R = \frac{p n_s}{60} \text{ Hz} \tag{7-11}$$

将式(7 - 11)与式(7 - 5)进行比较，可以很明显地看出，当转子不动时旋转磁场在定、转子绕组中所产生的感应电势频率与电源的频率是完全相同的，即 $f_s = f_R = f$(由于电源频率 f 与定子绕组感应电势频率 f_s 相等，为了表示方便起见，在以后分析中，二者都以符号 f 表示)。

　　再来分析感应电势的值。由图 7 - 21 可见，当旋转磁场最大值 $B_{\delta m}$ 转到定、转子导体所处的位置时，这时导体中的感应电势为最大值，故导体感应电势最大值为

$$E_{cm} = B_{\delta m} l v \tag{7-12}$$

由式(7 - 11)可得线速度与感应电势频率的关系式为

$$v = \frac{\pi D_s n_s}{60} = \frac{\pi D_s}{60} \cdot \frac{60f}{p} = \frac{\pi D_s}{p} f \qquad (7-13)$$

式中，D_s 为定子铁心内径。

旋转磁场每极磁通

$$\Phi = B_p \tau l \qquad (7-14)$$

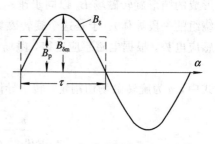

式中，τ 为极距，$\tau = \dfrac{\pi D_s}{2p}$，$l$ 为铁心长度；B_p 为磁通密度的平均值，如图 7-23 所示。且

$$B_p = \frac{1}{\pi} \int_0^\pi B_{\delta m} \sin\alpha \, d\alpha = \frac{2}{\pi} B_{\delta m} \qquad (7-15)$$

图 7-23 气隙磁通密度的平均值

所以，每极磁通为

$$\Phi = \frac{2}{\pi} B_{\delta m} \tau l = B_{\delta m} \frac{D_s}{p} l \qquad (7-16)$$

气隙磁通密度幅值为

$$B_{\delta m} = \frac{p\Phi}{D_s l} \qquad (7-17)$$

将式(7-13)及式(7-17)代入式(7-12)，经过整理后，可得每根导体感应电势有效值为

$$E_c = \frac{1}{\sqrt{2}} E_{cm} = 2.22 f\Phi \qquad (7-18)$$

由于定、转子绕组都是由很多导体串联而成的，定、转子绕组中的感应电势就等于串联导体数（通常用匝数表示，串联导体数等于串联匝数的两倍）乘上每根导体的感应电势。这样定、转子绕组的感应电势有效值可分别表示为

励磁绕组感应电势：

$$E_f = 2W_f E_c = 4.44 W_f f\Phi \qquad (7-19)$$

控制绕组感应电势：

$$E_k = 2W_k E_c = 4.44 W_k f\Phi \qquad (7-20)$$

转子绕组感应电势：

$$E_R = 2W_R E_c = 4.44 W_R f\Phi \qquad (7-21)$$

式中，W_f、W_k、W_R 分别为励磁、控制、转子绕组的有效匝数（根据电机原理中的分析，鼠笼转子绕组的有效匝数 $W_R = 1/2$）。

将式(7-19)～式(7-21)与变压器绕组的感应电势表达式(4-9)相比较，可见两者相同，但应注意的是变压器的 Φ_m 表示交变磁通的幅值，而这里的 Φ 表示旋转磁场的每极磁通。

上面所谈到的旋转磁场所产生的磁通 Φ，它既匝链定子绕组，又匝链转子绕组，称为电机的主磁通。此外，当定、转子绕组中流过电流时，还会产生一些只单独匝链本身绕组的磁通 $\Phi_{\sigma s}$ 及 $\Phi_{\sigma R}$，如图 7-24 所示。这些磁通称为定、转子绕组漏磁

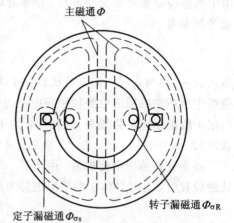

图 7-24 主磁通和漏磁通

通，它们分别按照定、转子电流的频率 f 与 f_R 交变（当转子不动时 $f_R = f$）。这样，在绕组中除了旋转磁场产生的感应电势 $\dot{E}_f$、$\dot{E}_k$、$\dot{E}_R$ 外，还有漏磁通所感应出的漏磁电势 $\dot{E}_{\sigma f}$、$\dot{E}_{\sigma k}$、$\dot{E}_{\sigma R}$，通常漏磁电势用电抗压降表示，即

励磁绕组漏磁电势：

$$\dot{E}_{\sigma f} = -\mathrm{j}\dot{I}_f X_f \tag{7-22}$$

控制绕组漏磁电势：

$$\dot{E}_{\sigma k} = -\mathrm{j}\dot{I}_k X_k \tag{7-23}$$

转子绕组漏磁电势：

$$\dot{E}_{\sigma R} = -\mathrm{j}\dot{I}_R X_R \tag{7-24}$$

式中，$\dot{I}_f$、$\dot{I}_k$、$\dot{I}_R$ 分别为励磁、控制、转子电流；X_f、X_k、X_R 分别为励磁、控制、转子绕组的漏电抗。

此外，在定、转子绕组中均有电阻，当电流流过时，要产生定子和转子电阻压降，它们分别是

励磁绕组电阻压降：　　　　　　$$\dot{U}_{rf} = \dot{I}_f R_f \tag{7-25}$$

控制绕组电阻压降：　　　　　　$$\dot{U}_{rk} = \dot{I}_k R_k \tag{7-26}$$

转子绕组电阻压降：　　　　　　$$\dot{U}_{rR} = \dot{I}_R R_R \tag{7-27}$$

式中，R_f、R_k、R_R 分别为励磁、控制、转子绕组电阻。

根据上面分析，就可以列出转子不动时异步型交流伺服电动机的电压平衡方程式：

$$\dot{U}_f = -\dot{E}_f + \dot{I}_f R_f + \mathrm{j}\dot{I}_f X_f \tag{7-28}$$

$$\dot{U}_k = -\dot{E}_k + \dot{I}_k R_k + \mathrm{j}\dot{I}_k X_k \tag{7-29}$$

$$\dot{E}_R = \dot{I}_R R_R + \mathrm{j}\dot{I}_R X_R \tag{7-30}$$

可以看出，在定子方面，外加电压与定子绕组的感应电势以及电阻、电抗压降相平衡；在转子方面，转子绕组感应电势与转子绕组的电阻、电抗压降相平衡。

2. 电机运行时的电压平衡方程式

设伺服电动机的转子带着负载以转速 n 在运转，这时在定子方面，由于旋转磁场相对定子绕组的速度仍是同步速 n_s，定子绕组中的电势和电流频率仍为 f，因此定子绕组感应电势及电抗、电阻压降表达式与前面转子不动时完全相同，这里不再详述。但是在转子方面却与前面有所不同。这时由于旋转磁场在空间以同步速 n_s 旋转，而转子朝着同一方向以转速 n 在转动，所以，旋转磁场不是以 n_s，而是以转差 $\Delta n = n_s - n$ 的相对速度切割转子导体，因而转子导体中感应电势和电流的频率应为

$$f_R = \frac{p\Delta n}{60} = \frac{p(n_s - n)}{60}$$

或

$$f_R = \frac{n_s - n}{n_s} \cdot \frac{p n_s}{60} = sf \tag{7-31}$$

这就是说，电机转动时，转子导体中感应电势和电流的频率等于电源频率乘以转差率。只有当转子不动即 $n=0$、$s=1$ 时，才有 $f_R = f$，这时转子频率与定子频率相同。

由于转子转动时，旋转磁场切割转子导体的线速度为

$$v_R = \frac{\pi D_s \Delta n}{60} = \frac{\pi D_s s n_s}{60} = \frac{\pi D_s}{p} s f \tag{7-32}$$

因而转子转动时转子绕组感应电势变为

$$E_{Rs} = 4.44 W_R s f \Phi \qquad (7-33)$$

由式(7-21)，转子不动时的转子绕组感应电势为

$$E_R = 4.44 W_R f \Phi$$

所以

$$E_{Rs} = s E_R \qquad (7-34)$$

即转子转动时，转子电势 E_{Rs} 等于转子不动时的电势 E_R 与转差率 s 的乘积。可以看出：转子感应电势在转子不动时为最大；当电机转动以后，由于转差率 s 减小，转子感应电势也就减小；当理想空载 $n = n_s$，$s = 0$ 时，则转子感应电势 $E_{Rs} = 0$。

由于转子电流的频率由 $f_R = f$ 变为 $f_R = sf$，故而由转子电流所产生的转子漏磁通的交变频率也变为 sf，而漏磁通所感应的漏磁电势及与它相对应的漏电抗是与漏磁通变化的频率成正比的，因而转子转动时，转子漏磁电势及漏电抗可表示为

$$\dot{E}_{\sigma Rs} = s \dot{E}_{\sigma R} \qquad (7-35)$$

$$X_{Rs} = s X_R \qquad (7-36)$$

式中，$\dot{E}_{\sigma R}$ 为转子不动时的转子漏磁电势；X_R 为转子不动时的转子漏电抗。所以转子漏电抗也是一个变数，转子静止时 $X_{Rs} = X_R$，转动时随转差率 s 的减小而减小。这样转子漏磁电势可表示为

$$\dot{E}_{\sigma Rs} = -j \dot{I}_R X_{Rs} = -j \dot{I}_R s X_R \qquad (7-37)$$

根据上面分析，注意到转子转动时转子方面的变化，又可列出转子旋转时的电压平衡方程式为

$$\dot{U}_f = -\dot{E}_f + \dot{I}_f R_f + j \dot{I}_f X_f \qquad (7-38)$$

$$\dot{U}_k = -\dot{E}_k + \dot{I}_k R_k + j \dot{I}_k X_k \qquad (7-39)$$

$$s \dot{E}_R = \dot{I}_R R_R + j \dot{I}_R X_R s \qquad (7-40)$$

电压平衡是电机中的一个很重要的规律，利用它可以分析电机运行中发生的许多物理现象。对交流伺服电动机也是如此。

☞ 7.4.3　圆形旋转磁场时的定子绕组电压

要得到圆形旋转磁场，加在励磁绕组和控制绕组上的电压应符合怎样条件呢？分两种情况来说：

(1) 当励磁绕组有效匝数 W_f 和控制绕组有效匝数 W_k 相等，即 $W_f = W_k$ 时，定子绕组为对称两相绕组，产生圆形磁场的定子电流必须是两相对称电流，即两相电流幅值相等，相位相差 $90°$，用复数表示为

$$\dot{I}_k = j \dot{I}_f \qquad (7-41)$$

由于控制电流 $\dot{I}_k$ 在相位上超前励磁电流 $\dot{I}_f$ 相位 $90°$，所以圆形旋转磁场的转向是从控制绕组轴线转到励磁绕组轴线，如图 7-15 所示。显然这时控制绕组感应电势 $\dot{E}_k$ 在相位上应超前励磁绕组感应电势 $\dot{E}_f$ 相位 $90°$，而其值相等，用复数表示为

$$\dot{E}_k = j \dot{E}_f \qquad (7-42)$$

因为匝数相等，励磁绕组和控制绕组参数相等，即

$$R_k = R_f \tag{7-43}$$

$$X_k = X_f \tag{7-44}$$

将式(7-41)~式(7-44)代入式(7-39)得

$$\dot{U}_k = j(-\dot{E}_f + \dot{I}_f R_f + j\dot{I}_f X_f) = j\dot{U}_f \tag{7-45}$$

这表示两相绕组匝数相等时，为得到圆形旋转磁场，要求两相电压值相等，相位差成 90°，如图 7-25(a)所示。这样的两个电压称为两相对称电压。

（2）当两相绕组匝数不等时，设 $W_f/W_k = k$，此时为得到圆形旋转磁场，两相电流幅值不等、相位仍差 90°。根据式(7-4)，并将两相电流用复数形式表达，可得

$$\dot{I}_k = jk\dot{I}_f \tag{7-46}$$

由式(7-19)和式(7-20)可知定子感应电势的值与匝数成正比，控制绕组感应电势 $\dot{E}_k$ 在相位上仍超前励磁绕组感应电势 $\dot{E}_f$ 相位 90°，故可表示为

$$\dot{E}_k = j\frac{\dot{E}_f}{k} \tag{7-47}$$

另外，当两相绕组在定子铁心中对称分布时，每相绕组占有相同的槽数，因为电阻

$$R = \rho \frac{l}{S} \tag{7-48}$$

其中每相绕组导线的长度正比于匝数，即 $l \propto W$；导线截面积反比于匝数，即 $S \propto 1/W$。所以电阻 $R \propto W^2$，由此可得

$$\frac{R_f}{R_k} = \left(\frac{W_f}{W_k}\right)^2 = k^2$$

或

$$R_k = \frac{R_f}{k^2} \tag{7-49}$$

同时定子漏电抗

$$X = \omega L = \omega \frac{W\Phi}{I} = \omega \frac{W^2\Phi}{IW} = \omega W^2 G \tag{7-50}$$

式中，G 为定子漏磁导，是一个常数。所以漏电抗 $X \propto W^2$，由此可得

$$\frac{X_f}{X_k} = \left(\frac{W_f}{W_k}\right)^2 = k^2$$

或

$$X_k = \frac{X_f}{k^2} \tag{7-51}$$

将式(7-46)、式(7-47)、式(7-49)和式(7-51)代入式(7-39)，整理后可得

$$\dot{U}_k = j\frac{\dot{U}_f}{k} \tag{7-52}$$

两相电压有效值之比：

$$\frac{U_k}{U_f} = \frac{1}{k} = \frac{W_k}{W_f} \tag{7-53}$$

这说明当两相绕组匝数不相等时，要得到圆形旋转磁场，两相电压的相位差应是 90°，其值应与匝数成正比，如图 7-25(b)所示。

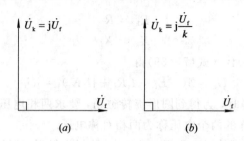

图 7 - 25　圆形磁场时的两相电压相量图

$(a)\ W_k = W_f$；$(b)\ W_f/W_k = k$

一般地，当两相绕组产生圆形旋转磁场时，这时加在定子绕组上的电压分别定义为额定励磁电压 $\dot{U}_{fn}$ 和额定控制电压 $\dot{U}_{kn}$，并称两相交流伺服电动机处于对称状态。由以上分析可知，当 $W_k = W_f$，则

$$U_{fn} = U_{kn} \tag{7-54}$$

若 $W_f/W_k = k$，则

$$\frac{U_{kn}}{U_{fn}} = \frac{1}{k} = \frac{W_k}{W_f} \tag{7-55}$$

两相绕组额定电压值与绕组匝数成正比的关系是非常有用的，在某些场合下，例如当采用晶体管伺服放大器时，控制电压往往要求比励磁电压低，这时应选用控制绕组的匝数低于励磁绕组的匝数。

☞ 7.4.4　转矩及机械特性

1. 电磁转矩的表达式

异步型交流伺服电动机的电磁转矩表达式，可以从载流导体在磁场中要受到电磁力作用的基本原理出发进行推导。

图 7 - 26 表示旋转磁场的气隙磁通密度波 B_δ 以同步速 n_s，而转子以转速 n 从右向左旋转，转子上有 $Z_R (=10)$ 根鼠笼条分布在它的圆周上，每两根鼠笼条之间相夹的角度为 α。当旋转磁场以相对速度 $\Delta n = n_s - n$ 切割转子导条时，转子导条中就产生了感应电势。由于磁通密度 B_δ 在空间为正弦分布，因此对每一根导条来说，它所切割的磁通密度的值随时间作正弦变化。根据 $e = B_\delta l v$，转子上每根导条的感应电势 e 随时间也作正弦变化，并与它所切割的气隙磁通密度 B_δ 同相。如果在某一瞬间 t 时，旋转磁场的气隙磁通密度波 B_δ 与转子导条的相对位置如图 7 - 26 所示，那么此时气隙磁通密度 B_δ 沿着圆周的分布曲线，

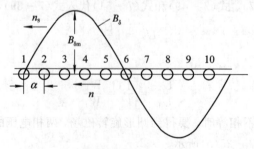

图 7 - 26　某一瞬间鼠笼转子与旋转磁场的相对位置

也可表示为在此瞬间转子各导条中的电势分布曲线。这时转子各导条的电势为

导条 1　$e_1 = E_{Rm} \sin 0°$

导条 2　$e_2 = E_{Rm} \sin \alpha$

导条 3　$e_3 = E_{Rm} \sin 2\alpha$

⋮　　　　⋮

导条 10　$e_{10} = E_{Rm} \sin 9\alpha$

上述各式中的 E_{Rm} 为转子导条的电势最大值，就是当导条切割磁通密度最大值 $B_{\delta m}$ 时所产生的感应电势。

由于转子绕组存在漏电抗，转子阻抗是电感性的，转子导条中的电流要落后于电势一个阻抗角 φ_R，这时导条的电流为

导条 1　$i_1 = I_{Rm} \sin(-\varphi_R)$

导条 2　$i_2 = I_{Rm} \sin(\alpha - \varphi_R)$

导条 3　$i_3 = I_{Rm} \sin(2\alpha - \varphi_R)$

⋮　　　　　⋮

导条 10　$i_{10} = I_{Rm} \sin(9\alpha - \varphi_R)$

式中，I_{Rm} 为转子导条的电流最大值。根据 $f = B_\delta i l$ 的原理求力，可得这时各导条所受到的电磁力为

导条 1　$F_1 = B_{\delta 1} i_1 l = 0 \times i_1 \times l = 0$

导条 2　$F_2 = B_{\delta 2} i_2 l = B_{\delta m} \sin\alpha I_{Rm} \sin(\alpha - \varphi_R) l$

导条 3　$F_3 = B_{\delta 3} i_3 l = B_{\delta m} \sin 2\alpha I_{Rm} \sin(2\alpha - \varphi_R) l$

⋮　　　　　⋮

导条 10　$F_{10} = B_{\delta 10} i_{10} l = B_{\delta m} \sin 9\alpha I_{Rm} \sin(9\alpha - \varphi_R) l$

式中，l 为转子导条长度。利用三角函数的变换式

$$\sin A \sin B = \frac{1}{2}\left[\cos(A - B) - \cos(A + B)\right]$$

则各导条所受到的电磁力为

导条 1　$F_1 = 0$

导条 2　$F_2 = \dfrac{1}{2} B_{\delta m} I_{Rm} l \left[\cos \varphi_R - \cos(2\alpha - \varphi_R)\right]$

导条 3　$F_3 = \dfrac{1}{2} B_{\delta m} I_{Rm} l \left[\cos \varphi_R - \cos(4\alpha - \varphi_R)\right]$

⋮　　　　　⋮

导条 10　$F_{10} = \dfrac{1}{2} B_{\delta m} I_{Rm} l \left[\cos \varphi_R - \cos(18\alpha - \varphi_R)\right]$

将所有 Z_R 根转子导条（这里 $Z_R = 10$）所受到的力加起来，就可得到整个转子所受到的电磁力。注意到上面各式括弧中的第二项加起来之和为 0（因为这实际上是长度为 1、互差 2α 角、在 720° 内均布的 10 根矢量在坐标轴上的投影之和），则整个转子所受到的电磁力为

$$F = \sum F_i = \frac{1}{2} B_{\delta m} I_{Rm} l \cos \varphi_R \cdot Z_R \tag{7-56}$$

作用在转子上的电磁转矩等于电磁力乘上转子的半径，即转矩为

$$T = F\frac{D_R}{2} = \frac{1}{2}B_{\delta m}I_{Rm}l\cos\varphi_R \cdot Z_R \cdot \frac{D_R}{2} \tag{7-57}$$

式中，D_R 为转子铁心外径。

必须指出，式(7-56)和式(7-57)的电磁力和电磁转矩表达式虽然是在某一瞬时的情况下推出的，但它们却可以表示任何时间转子所受到的电磁力和电磁转矩。这是因为对于某一导条来说，导条中的电流及电磁转矩是随时间而变的，取决于磁场与它的瞬时相对位置，但是对于整个转子来说，由于转子导条是均匀分布的，它们分别处于磁场中不同位置，这种情况在不同时间是完全一样的，因而转子总的电磁转矩与磁场位置无关，是一个不随时间而变的常数。

考虑到转子电流最大值 I_{Rm} 与有效值 I_R 的关系为

$$I_{Rm} = \sqrt{2}I_R \tag{7-58}$$

再根据式(7-17)，气隙磁通密度最大值可表示为

$$B_{\delta m} = \frac{p\Phi}{D_s l} \tag{7-59}$$

考虑到 $D_s \approx D_R$，并将式(7-58)和式(7-59)代入式(7-57)，经过整理，可得作用在转子上的电磁转矩为

$$T = \frac{\sqrt{2}}{4}Z_R p\Phi I_R \cos\varphi_R \tag{7-60}$$

可见，异步型交流伺服电动机电磁转矩表达式与直流电动机电磁转矩公式 $T = C_T\Phi I_a$（见式(3-3)）极为相似，它表明异步型交流伺服电动机电磁转矩与每极磁通 Φ 及转子电流的有功分量 $I_R\cos\varphi_R$ 成正比。

再从式(7-40)可得转子电流 I_R 为

$$I_R = \frac{sE_R}{\sqrt{(sX_R)^2 + R_R^2}} = \frac{E_R}{\sqrt{X_R^2 + \left(\dfrac{R_R}{s}\right)^2}} \tag{7-61}$$

由式(7-19)和式(7-21)可得转子绕组电势与励磁绕组电势的关系为

$$\frac{E_R}{E_f} = \frac{W_R}{W_f}$$

即

$$E_R = \frac{W_R}{W_f}E_f \tag{7-62}$$

将此式代入式(7-61)，可得

$$I_R = \frac{W_R E_f}{W_f\sqrt{X_R^2 + \left(\dfrac{R_R}{s}\right)^2}} \tag{7-63}$$

考虑到励磁绕组的电阻压降 $I_f R_f$ 和电抗压降 $I_f X_f$ 相对于电势 E_f 来说是相当小的，近似地可以被忽略，故式(7-38)电压平衡方程式可近似地写成：

$$\dot{U}_f \approx -\dot{E}_f \tag{7-64}$$

再由式(7-19)可得

$$U_f \approx E_f = 4.44W_f f\Phi \tag{7-65}$$

这样，转子电流可近似地表示为

$$I_R = \frac{W_R U_f}{W_f \sqrt{X_R^2 + \left(\dfrac{R_R}{s}\right)^2}} \qquad (7-66)$$

每极磁通可近似地表示为

$$\Phi \approx \frac{U_f}{4.44 W_f f} \qquad (7-67)$$

式(7-60)中的 $\cos \varphi_R$ 是转子电路中的功率因数，从式(7-40)可以看出：

$$\cos \varphi_R = \frac{R_R}{\sqrt{(s X_R)^2 + R_R^2}} = \frac{\dfrac{R_R}{s}}{\sqrt{X_R^2 + \left(\dfrac{R_R}{s}\right)^2}} \qquad (7-68)$$

将式(7-66)、式(7-67)和式(7-68)代入式(7-60)，经过整理可得电磁转矩为

$$T = \frac{Z_R p W_R U_f^2 R_R}{4\pi W_f^2 f s \left[X_R^2 + \left(\dfrac{R_R}{s}\right)^2 \right]} \qquad (7-69)$$

这个近似的转矩表达式是一个很重要的公式，因为它表示了异步型交流伺服电动机电磁转矩与电压、电机参数及转差率之间的关系。对已制成的电机，电机参数是一定的，f 又为常数，因此当电机转速一定，也就是转差率 s 不变时，电磁转矩与电压平方成正比，即

$$T \propto U_f^2$$

当励磁绕组两端接在恒定的交流电源上时，励磁电压 U_f 的值将保持不变，所以对于一定的电机，电磁转矩随转差率 s（也就是转速）的变化而变化。由于式(7-69)是一个重要公式，故有必要对它进行一些分析和讨论。

2. 转矩公式和机械特性的讨论

异步型交流伺服电动机的电磁转矩 T 与转差率 s（或转速 n）的关系曲线，即 $T = f(s)$ 曲线（或 $T = f(n)$ 曲线）称为机械特性。根据式(7-69)，当电压一定时，可作出不同转子电阻 R_R 的机械特性曲线族如图 7-27 所示。

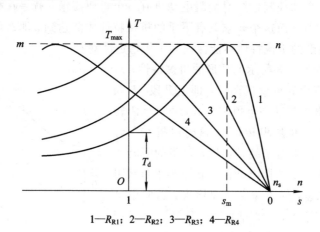

1—R_{R1}；　2—R_{R2}；　3—R_{R3}；　4—R_{R4}

图 7-27　不同转子电阻的机械特性（$R_{R4} > R_{R3} > R_{R2} > R_{R1}$）曲线族

由图可见（以曲线 1 为例），当理想空载即 $n=n_s$、$s=0$ 时，电磁转矩 $T=0$，随着转差率增加（即转速的减少），电磁转矩增加；当转差率 $s=s_m$ 时，转矩达到最大值 T_{max}，以后转矩逐渐减小；当转差率 $s=1$、$n=0$ 即电机不转时，转矩为 T_d，该值称为异步型交流伺服电动机的堵转转矩。

将 $s=1$ 代入式(7-69)，便可得到堵转转矩的表达式为

$$T_d = \frac{Z_R p W_R U_f^2 R_R}{4\pi W_f^2 f (X_R^2 + R_R^2)} \tag{7-70}$$

可见，堵转转矩与电压平方成正比，堵转转矩大，电机启动时带负载能力大，电机加速也比较快。对于一定的异步型交流伺服电动机，对堵转转矩值有一定的要求。

利用微积分中求最大值的方法，还可求出产生最大转矩时的转差率 s_m 及最大转矩 T_{max} 值。将式(7-69)对 s 求导，并使其导数等于 0，即可得

$$s_m = \frac{R_R}{X_R} \tag{7-71}$$

s_m 称为临界转差率。将式(7-71)代入式(7-69)中，即可得到最大转矩

$$T_{max} = \frac{Z_R p W_R U_f^2}{8\pi W_f^2 f X_R} \tag{7-72}$$

从式(7-71)和式(7-72)可以看出，临界转差率 s_m 与转子电阻 R_R 成正比，但最大转矩的值却与转子电阻无关。这样，当转子电阻增大时，最大转矩值保持不变，而临界转差率随着增大。图 7-27 表示转子电阻 4 种不同数值时的 4 条机械特性。由图可见，随着转子电阻增大，特性曲线的最大值点沿着平行于横轴的直线 mn 向左移动，这样可保持最大转矩不变，而临界转差率成比例地增大。

比较图 7-27 中不同转子电阻时的各种机械特性，就可发现，在伺服电动机运行范围内（即 $0<s<1$），不同转子电阻的机械特性的形状有很大差异。当转子电阻较小时，机械特性呈现出凸形，电磁转矩有一峰值（即最大转矩），如曲线 1、2 所示。随着转子电阻的增加，当 $s_m \geqslant 1$ 时，电磁转矩的峰值已移到第二象限，因此在 $0<s<1$ 的范围中，呈现出下垂的机械特性，如曲线 3、4 所示。应该指出，对于伺服电动机来说，必须具有这种下垂的机械特性，这是因为自动控制系统对伺服电动机有一个重要要求，就是在整个运行范围内应保证其工作的稳定性，而这个要求只有下垂的机械特性才能达到。那么什么叫稳定性和不稳定性，为什么凸形的机械特性不能保证其工作稳定性呢？

现在来分析图 7-28 所示的凸形的机械特性。这种机械特性以峰值为界可分成两段，即上升段 ah 和下降段 hf。假定电机带动一个恒定负载，负载的阻转矩为 T_L（包括电机本身的阻转矩），这时电机在下降段 g 点稳定运转。如果由于某种原因，负载的阻转矩由 T_L 突然增加到 T_L'，这样电动机的转矩小于负载阻转矩，电机就要减速，转差率 s 就要增大，这时电动机的转矩也要随着增大，一直增加到等于 T_L'，与负载的阻转矩相平衡为止，这样电机在 g' 点又稳定地运转。从图可以看出，这时转速 n 比原来降低了，但转

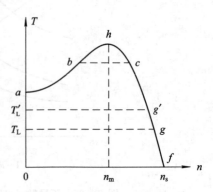

图 7-28　稳定和不稳定运行

矩却增加了。如果负载阻转矩又突然恢复到 T_L，这时电动机转矩大于负载转矩，电机就要加速，转差率 s 就要减小，因而电动机的转矩也随着减小，一直减小到等于 T_L 为止，又恢复到 g 点稳定运转。由此看来，在特性下降段 hf 也就是从 n_s 到 n_m 的转速范围内，负载阻转矩改变时，电动机具有自动调节转速而达到稳定运转的性能，因此从 n_s 到 n_m 的转速范围对负载来说被称为稳定区。

如果电动机运行在特性上升段 ah，情况就不同了。假定电动机在 b 点运行，当负载阻转矩突然增加时，电动机转速就要下降。从图中可以看出，在 b 点运行时，如转速下降，则电动机转矩要减小，造成电机转矩更小于负载阻转矩，结果电动机转速一直下降，直到停止为止。如果电机在 b 点运转，而负载阻转矩突然下降，那么电动机转速就要增加，转速增加后电动机转矩也随之增大，造成电机转矩更大于负载阻转矩，结果电动机的转速一直上升，直到在稳定区 hf 运转于 c 点为止。因此电动机在上升段 ah，即在从 n_m 到 0 的转速范围内运行时，对负载来说运转是不稳定的，叫做不稳定区。

从以上所述可得出，对于一般负载（如恒定负载）只有在机械特性下降段，即导数 $\mathrm{d}T/\mathrm{d}n < 0$ 处才是稳定区，才能稳定运行。所以，为了使伺服电动机在转速从 $0 \sim n_s$ 的整个运行范围内都保证其工作稳定性，它的机械特性就必须在转速从 $0 \sim n_s$ 的整个运行范围内都是下垂的，如图 7 - 29 所示。显然，要具有这样下垂的机械特性，异步型交流伺服电动机要有足够大的转子电阻，使临界转差率 $s_m > 1$。

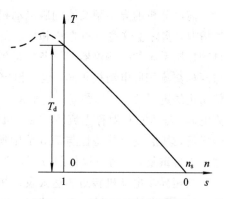

图 7 - 29　圆磁场时的机械特性

另外，从图 7 - 27 中几条曲线形状的比较还可看出，转子电阻越大，机械特性越接近直线（如图中特性 3 比特性 2、1 更接近直线），使用中往往对伺服电动机的机械特性非线性度有一定限制，为了改善机械特性线性度，也必须提高转子电阻。

所以，具有大的转子电阻和下垂的机械特性是异步型交流伺服电动机的主要特点。

但是转子电阻也不能过分增加，比较图 7 - 27 中曲线 3 和 4 可以看出，当 $s_m > 1$ 后，倘若继续增加转子电阻，堵转转矩 T_d 将随转子电阻增加而减小，这将使时间常数增大，影响电机的快速性能。同时，由于机械特性上 $|\mathrm{d}T/\mathrm{d}n|$ 值也随着减小，即转矩的变化对转速的影响增大，电机运行稳定性变差。此外，转子电阻取得过大，电动机的转矩会显著减小，效率和材料利用率大大降低。

为了表示伺服电动机的运行稳定性，常引用阻尼系数的概念。下垂机械特性负的斜率（即 $\mathrm{d}T/\mathrm{d}n < 0$）表示了伺服电动机内部具有一种粘性阻尼的特性，这种阻尼特性通常以阻尼系数 D 来量度，用数学式表示为

$$D = 9.55 \left| \frac{\mathrm{d}T}{\mathrm{d}n} \right|$$

若把对称状态下的机械特性用直线代替，则与此直线的斜率相对应的阻尼系数为理论阻尼系数，其值为

$$D = 9.55 \frac{T_d}{n_0}$$

式中，T_d 为对称状态时的堵转转矩；n_0 为对称状态时的空载转速。

在一定转速范围内，如果将机械特性近似地看做直线，则在该范围内的阻尼系数为

$$D = 9.55 \frac{T_2 - T_1}{n_1 - n_2}$$

式中，T_1、T_2 和 n_1、n_2 分别为该范围内机械特性上相应的转矩和转速值。

阻尼系数的物理含义是很显然的。阻尼系数 D 值越大，即机械特性上 $|dT/dn|$ 值越大，表示转矩的变化对转速的影响很小，电机运行比较稳；相反，阻尼系数 D 值越小，表示转矩的变化对转速影响很大，电机运行很不稳。

7.5　三相异步电动机的磁场及转矩

前面分析的异步型交流伺服电动机的圆形旋转磁场及运行性能是针对定子为两相绕组的情况，实际上这些分析方法和导出的公式也可以推广到定子是多相绕组的电机。例如在自动控制系统的一些仪器和设备中得到广泛应用的小容量三相异步电动机，它的转子结构与两相交流伺服电动机相同，也是鼠笼形转子，定子铁心中放置着三相对称绕组（如同自整角机的定子绕组，如图 5-3 所示）。对于这样的三相对称绕组，如果其线端接上三相交流电源，通入三相对称电流后，在电机内部也会产生如图 7-13 或图 7-20 所示的圆形旋转磁场，其形成及其特性与 7.3 节中所论述的两相绕组所产生的圆形旋转磁场完全一样，这里不再重复，读者可以仿照分析，它是三相异步电动机工作原理的基础。

三相异步电动机转矩表达式及机械特性的推导和分析方法也与两相交流伺服电动机相同，上节导出的电磁转矩表达式（7-69）也适合于三相异步电动机。若三相异步电动机定子每相有效匝数为 W_s，电源相电压为 U，频率为 f，并考虑到鼠笼转子绕组有效匝数 $W_R = 1/2$，则式（7-69）可转化为三相异步电动机电磁转矩表达式

$$T = \frac{Z_R p R_R U^2}{8\pi f W_s^2 s \left[X_R^2 + \left(\dfrac{R_R}{s} \right)^2 \right]} \tag{7-73}$$

显然它的不同转子电阻的机械特性也是如图 7-27 所示。由于这类电机通常作为电力拖动中的驱动电机，带动某种机械负载转动，将电能转化为机械能，对它的主要要求是应具有高的效率，为了减少电气损耗，提高电机效率，三相异步电动机一般设计成具有较小的转子电阻，所以它的机械特性是呈凸形的曲线，如图 7-30 所示。

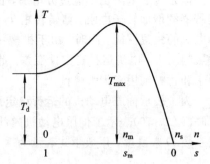

图 7-30　三相异步电动机机械特性

将转差率 $s = 1$ 及 $s = s_m = R_R/X_R$ 代入式（7-73），可得堵转转矩为

$$T_d = \frac{Z_R p R_R U^2}{8\pi f W_s^2 (X_R^2 + R_R^2)}$$

最大转矩为

$$T_{\max} = \frac{Z_\mathrm{R}\, pU^2}{16\pi f W_\mathrm{s}^2 X_\mathrm{R}}$$

它们都与电源电压的平方成正比。

7.6　移相方法和控制方式

从上所述可知，为了在电机内形成一个圆形旋转磁场，要求励磁电压 $\dot U_\mathrm{f}$ 和控制电压 $\dot U_\mathrm{k}$ 之间应有 90° 的相位差。但是，在实际工作中经常是单相或三相电源，极少有 90° 相移的两相电源，这就需要设法使现有的电源改变成具有 90° 相移的两相电源，以满足交流伺服电动机的需要。下面就来介绍几种常用的移相方法。

1. 利用三相电源的相电压和线电压构成 90° 的移相

三相电源如有中点，可取一相电压如 $\dot U_\mathrm{A}$（或经过单相变压器变压）加到控制绕组上，另外两相的线电压如 $\dot U_\mathrm{CB}$（也可经过单相变压器变压）供给励磁绕组，从图 7 – 31 所示的相量图可知，因 $\dot U_\mathrm{A}\perp\dot U_\mathrm{BC}$，所以 $\dot U_\mathrm{A}$ 和 $\dot U_\mathrm{BC}$ 两个电压的相位差为 90°。

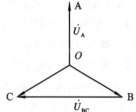

图 7 – 31　相电压和线电压的相移

三相电源如无中点，这时可接上一个三相变压器，利用三相变压器副边上的相电压和线电压形成具有 90° 相移的两相电压，如图 7 – 32(a) 所示。也可采用一个具有中点抽头的带铁心的电抗线圈（或变压器绕组）造成人工中点，把电抗线圈两端接在三相电源的 B、C 两头上；如果它的中间抽头为 D 点，那么 $\dot U_\mathrm{BC}$ 与 $\dot U_\mathrm{DA}$ 两个电压的相位差也正好是 90°，如图 7 – 32(b) 所示。

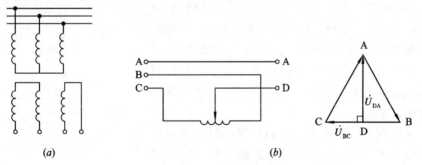

(a)　　　　　　　　　　　　　　　　(b)

图 7 – 32　三相电源变换成两相电源

(a) 利用三相变压器；(b) 利用带中间抽头的电抗线圈

2. 利用三相电源的任意两个线电压

三相电源三个线电压的相位互差 120°，有时为了方便，直接取任意两个线电压使用，若再加上系统中其他元件（如自整角机、伺服放大器等）的相位移，这时加到伺服电动机定子绕组上的两个电压就能接近 90° 的相位差。

3. 采用移相网络

在系统的控制线路中，为了使伺服电动机的控制电压与励磁电压成 90° 的相移，往往采用移相网络，如图 7 – 33 所示。这时把线路上恒定的单相交流电源 $\dot U$ 作为基准电压供给系统中的各个元件（如图中的自整角机及交流伺服电动机），由敏感元件（如自整角变压器）

输出的偏差信号经过电子移相网络再输入到交流放大器中去，这样通过移相网络移相，再加上敏感元件和放大器的相移，在交流放大器输出端就能得到与系统基准电压 $\dot{U}$ 成 90°相移的控制电压 $\dot{U}_k$。

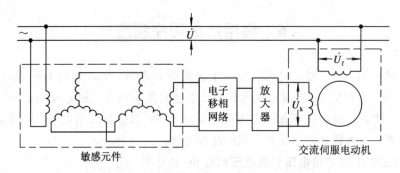

图 7 - 33　采用电子移相网络的伺服系统

以上几种移相方法是直接将电源移相或通过移相网络使励磁电压和控制电压之间有一固定的 90°相移，这些移相方法统称为电源移相。采用电源移相时，交流伺服电动机只是通过改变控制电压的值来控制转速的，而定子绕组上两电压的相位差恒定地保持为 90°。这种控制方式常称为幅值控制。

4. 在励磁相中串联电容器

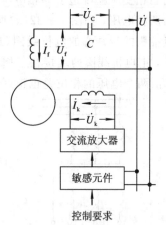

图 7 - 34　电容伺服电动机控制线路图

这种移相方法只要在交流伺服电动机的励磁相电路中串联（或串、并联）上一定的电容 C，在放大器之前就不需要再引入电子移相网络了，其控制线路如图 7 - 34 所示。这时，线路上的单相电源 $\dot{U}$ 一方面直接供给敏感元件，同时又通过串联电容器 C 供给伺服电动机的励磁绕组。由于这种移相方法非常简单方便，因此在自动控制系统中得到非常广泛的应用。采用励磁相串联电容器移相的交流伺服电动机通常简称为电容伺服电动机，这种移相方法简称为电容移相。下面来分析电容的移相作用。

交流伺服电动机的励磁绕组和控制绕组如同带有铁心的电感线圈一样，它们对电源来说是属于电感性负载，因此励磁电流 $\dot{I}_f$ 和控制电流 $\dot{I}_k$ 分别落后励磁电压 $\dot{U}_f$ 与控制电压 $\dot{U}_k$ 一个阻抗角 φ_f 与 φ_k，而电容器两端的电压 $\dot{U}_C = -j\dot{I}_f/(\omega C)$ 落后于电流 $\dot{I}_f$ 90°，电源电压 $\dot{U} = \dot{U}_C + \dot{U}_f$。如果选择移相电容器的电容值 C，使它的容抗 $1/(\omega C)$ 大于励磁绕组的感抗，这样整个励磁回路的阻抗就成为容性的，即励磁回路电流 $\dot{I}_f$ 的相位将领先于电源电压 $\dot{U}$，因而励磁电压 $\dot{U}_f$ 也将领先电源电压。显然，可改变电容值 C，使励磁电流 $\dot{I}_f$ 和励磁电压 $\dot{U}_f$ 领先于电源电压 $\dot{U}$ 某一需要的角度。图 7 - 35 就是表示 $\dot{U}_f$ 超前 $\dot{U}$ 为 90°时的电压相量图（图中 $Z_f = R_f + jX_f$ 为励磁绕组的等效阻抗）。

如果敏感元件加上放大器的相移不大，控制电压 $\dot{U}_k$ 可近似地看做与电源电压 $\dot{U}$ 同相，这样 $\dot{U}_f$ 与 $\dot{U}_k$ 之间的相位差也就成为 90°了。若励磁绕组阻抗角 φ_f 与控制绕组阻抗角 φ_k 相等（如图 7 - 35 所示的情况），则 $\dot{U}_f$ 与 $\dot{U}_k$ 之间的相位差也就是励磁电流 $\dot{I}_f$ 与控制电

流 $\dot{I}_k$ 之间的相位差，在图 7 - 35 所示的情况下，励磁电流 $\dot{I}_f$ 与控制电流 $\dot{I}_k$ 之间的相位差也为 90°（若阻抗角 $\varphi_k \neq \varphi_f$，则两电压之间的相位差不等于两电流之间的相位差）。

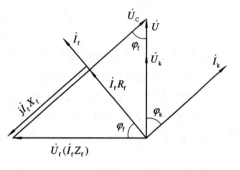

　　由上可见，在励磁相电路中串联电容 C，可使电压 $\dot{U}_f$ 与 $\dot{U}_k$ 以及电流 $\dot{I}_f$ 与 $\dot{I}_k$ 之间产生一定的相移，因此电容 C 起移相的作用，故称移相电容。

图 7 - 35　电容伺服电动机的电压相量图

　　下面来求 $\dot{U}_f$ 与 $\dot{U}_k$ 相位差为 90°时的电容值。由图 7 - 35 可以看出，在 $\dot{U}$、$\dot{U}_f$ 和 $\dot{U}_c$ 组成的直角三角形中，有

$$\frac{U_f}{U_c} = \sin \varphi_f \qquad (7 - 74)$$

若励磁绕组阻抗为 Z_f，电容 C 的容抗为 X_c，则

$$U_f = I_f Z_f$$
$$U_c = I_f X_c$$

所以

$$\frac{U_f}{U_c} = \frac{I_f Z_f}{I_f X_c} = \frac{Z_f}{X_c} \qquad (7 - 75)$$

将式(7 - 74)代入式(7 - 75)，即可求出 $\dot{U}_f$ 与 $\dot{U}_k$ 相位差为 90°时所需电容器的容抗值，为

$$X_c = \frac{Z_f}{\sin \varphi_f} \qquad (7 - 76)$$

由于容抗

$$X_c = \frac{10^6}{\omega C} = \frac{10^6}{2\pi f C}$$

所以，这时电容器的电容值为

$$C = \frac{\sin \varphi_f}{2\pi f Z_f} \cdot 10^6 \quad (\mu F) \qquad (7 - 77)$$

相应地，U_f 和 U_c 与电源电压 U 的关系为

$$U_f = U \tan \varphi_f \qquad (7 - 78)$$
$$U_c = U \sec \varphi_f \qquad (7 - 79)$$

　　由于 $\sec \varphi_f$ 值总是大于 1，通常 $\tan \varphi_f$ 也大于 1，因此串联电容后，励磁绕组和电容器上的电压会超过电源电压，这是值得注意的。

　　必须指出，阻抗 Z_f 和阻抗角 φ_f 是随着转速变化的。因为如果去掉移相电容，在励磁绕组和控制绕组上加入额定电压，使电机在对称状态下运行，当改变负载转矩使电机转速变化时，可以看到电流 $\dot{I}_f$ 的值和相位也随之变化，从而使阻抗 $Z_f = \dot{U}_f / \dot{I}_f$ 的值和阻抗角随着转速而变化。这样，根据在某一转速下测得的 Z_f 和 φ_f，用式(7 - 77)确定的电容值只能保证在这一个转速下相位差成 90°，在其他转速下就不是了。通常需要的是在转速等于 0 时产生相位差 90°，如用 Z_{f0} 及 φ_{f0} 表示转速 $n=0$ 时的阻抗和阻抗角，C_0 表示这时所需的电容值，则根据式(7 - 77)可得

$$C_0 = \frac{\sin \varphi_{f0}}{2\pi f Z_{f0}} \cdot 10^6 \quad (\mu F) \tag{7-80}$$

这样，如果已知励磁绕组阻抗 Z_{f0} 及其阻抗角 φ_{f0}，就可确定转速等于 0 时 $\dot{U}_f$ 与 $\dot{U}_k$ 相移为 90° 所需的电容值 C_0。下面介绍用试验求取 Z_{f0} 及 φ_{f0} 的方法。

试验接线图如图 7-36(a) 所示。这时控制绕组 $k_1 - k_2$ 不加电压，因而转子不动，转速 $n = 0$。先断开开关 S，在励磁绕组上加以电压 U_f，用电压表及电流表量测电压与电流的数值，则阻抗为

$$Z_{f0} = \frac{U_f}{I_f}$$

再合上开关 S，接上可变电容器 C，并改变电容值，使电流表读数达到最小，这时流经电容 C 的电流 I_C 完全补偿了绕组中的无功电流 I_{fr}，只剩下有功电流 I_{fa}，电流表的读数就是 I_{fa} 的值。图 7-36(b) 就是这时的电压和电流相量图，由图可见，

$$\cos \varphi_{f0} = \frac{I_{fa}}{I_f}$$

将两次电流表的数值相除即得 $\cos \varphi_{f0}$，因而也可求得阻抗角 φ_{f0}。

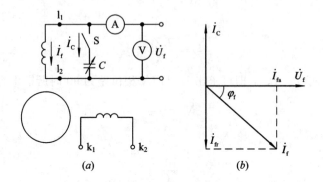

图 7-36 Z_{f0} 及 φ_{f0} 的确定

(a) 求取 Z_{f0}、φ_{f0} 的线路；(b) 电流、电压相量图

除了用式 (7-80) 求取电容值外，还可用示波器看李沙育图形的方法来选择电容，使电压 $\dot{U}_f$ 与 $\dot{U}$ 的相位差成 90°，试验按图 7-37 接线，控制绕组上不加电压，电机不转。将 $\dot{U}$ 和 $\dot{U}_f$ 分别送到示波器的水平输入端和垂直输入端，改变电容 C 值，当示波器屏上出现直立椭圆时，就表示 $\dot{U}_f$ 和 $\dot{U}$ 的相位差为 90°，这时可变电容器的电容值就是应串电容的数值。

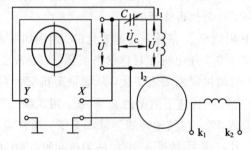

图 7-37 用示波器选择电容

　　一般频率为 400 Hz 的电容伺服电动机所串电容量为零点几个微法到几个微法，50 Hz 者为几个微法到几十个微法。

　　在实际使用中往往要求不但使 $\dot{U}_f$ 与 $\dot{U}_k$ 相移 90°，而且还要求线路上电源电压 $\dot{U}$ 与励磁绕组上电压 $\dot{U}_f$ 值相等，且等于其额定值，即 $U = U_f = U_{fn}$，这时电机运行的情况与电源移相时相同（但这只是对电机某一特定转速而言）。要同时达到这两个要求，只采用串联电容显然是不够的，还必须在励磁绕组两端再并联上电容，如图 7 - 38(a) 所示，下面来导出电容 C_1 及 C_2 的值。

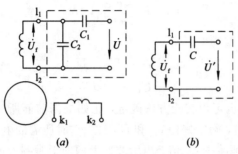

图 7 - 38　串并联电容移相

　　如果对图 7 - 38(a) 进行分析，可以看出，图中虚线方框图中的电路，对于励磁绕组来说可看成是一个有源两端网络；根据有源两端网络定理，这个有源两端网络可以等值地用一个有源支路来代替，如图 7 - 38(b) 所示。图中容抗为

$$X_C = \frac{X_{C1} X_{C2}}{X_{C1} + X_{C2}} \tag{7-81}$$

电压为

$$\dot{U}' = \frac{X_{C2}}{X_{C1} + X_{C2}} \dot{U} \tag{7-82}$$

根据式 (7 - 76) 和式 (7 - 78)，当励磁绕组串联电容时，为使励磁电压 $\dot{U}_f$ 和 $\dot{U}'$ 相位差成 90°，则有

$$X_C = \frac{Z_f}{\sin \varphi_f} \tag{7-83}$$

$$U_f = U' \tan \varphi_f \tag{7-84}$$

由式 (7 - 84) 和式 (7 - 82) 得

$$U_f = \frac{X_{C2}}{X_{C1} + X_{C2}} \tan \varphi_f \cdot U$$

要使 $U_f = U$，则

$$\frac{X_{C2}}{X_{C1} + X_{C2}} \tan \varphi_f = 1 \tag{7-85}$$

由式 (7 - 81) 和式 (7 - 83) 得

$$\frac{X_{C1} \cdot X_{C2}}{X_{C1} + X_{C2}} = \frac{Z_f}{\sin \varphi_f} \tag{7-86}$$

解联立式 (7 - 85) 和式 (7 - 86) 可得

$$X_{C1} = \frac{Z_f}{\cos \varphi_f}$$

$$X_{C2} = \frac{Z_f}{\sin \varphi_f - \cos \varphi_f}$$

相应地

$$C_1 = \frac{\cos \varphi_f}{2\pi f \cdot Z_f} \cdot 10^6 \quad (\mu F) \tag{7-87}$$

$$C_2 = \frac{\sin \varphi_f - \cos \varphi_f}{2\pi f Z_f} \cdot 10^6 \quad (\mu F) \tag{7-88}$$

$$C_1 + C_2 = \frac{\sin \varphi_f}{2\pi f Z_f} \cdot 10^6 \quad (\mu F)$$

这时，两电容器上的电压值为

$$U_{C2} = U_f = U$$

$$U_{C1} = \sqrt{2}U$$

当然，C_1 和 C_2 的值也可用实验方法确定，比如根据前面所述的用示波器看李沙育图形的方法，可先只串联 C_1，确定好使 $\dot{U}_f$ 和 $\dot{U}$ 相移 $90°$ 时所需的电容值，然后并联上 C_2，逐渐增加 C_2 值，同时相应地减少 C_1 值。当示波器上的图形是圆形时（示波器的 X 轴和 Y 轴输入调到相同的放大倍数），这就表示 $\dot{U}_f$ 和 $\dot{U}$ 不但相移 $90°$，而且其值相等。这时 C_1、C_2 值即为应串联和并联的电容值。

除了串、并联电容的方法外，有时还采用电阻和电容串联进行移相，如图 7-39(a) 所示。只要选择适当的电阻 R 和电容 C 值，也能使 $U_f = U$ 且相移为 $90°$。图 7-39(b) 所示是这时的电压相量图，由图不难求出

$$X_C = Z_f(\sin \varphi_f + \cos \varphi_f)$$

$$R = Z_f(\sin \varphi_f - \cos \varphi_f)$$

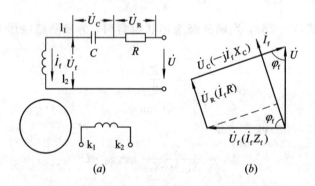

图 7-39　电阻、电容串联移相
(a) 线路图；(b) 电压、电流相量图

由于电容移相方法只能在某一特定的转速下（如启动时）使励磁电压 $\dot{U}_f$ 与控制电压 $\dot{U}_k$ 相移 $90°$，当系统改变控制电压 $\dot{U}_k$ 的值，对伺服电动机进行转速控制而使其转速发生变化时，这时励磁电压 $\dot{U}_f$ 与控制电压 $\dot{U}_k$ 之间的相移就不再是 $90°$，而且随着转速的变化而变化。这就是说，系统对电容伺服电动机控制时，不但控制电压 $\dot{U}_k$ 的值在改变，而且控制电压 $\dot{U}_k$ 与励磁电压 $\dot{U}_f$ 之间的相位移也在变化，所以这种控制方式常称为幅相控制。

7.7 椭圆形旋转磁场及其分析方法

7.4 节分析了异步型交流伺服电动机在圆形旋转磁场作用下的运行情况，这时电机处于对称状态，加在定子两相绕组上的电压都是额定值。但这只是交流伺服电动机运行中的一种特殊状态，交流伺服电动机在系统中工作时，为了对它的转速进行控制，加在控制绕组上的控制电压是在变化的，经常不等于其额定值，电机也经常处于不对称状态。下面就来分析电机处于这种不对称状态下的磁场及其特性。

☞ 7.7.1 椭圆形旋转磁场的形成

由于交流伺服电动机在运行过程中控制电压经常在变化，因此两相绕组所产生的磁势幅值一般是不相等的，即 $I_k W_k \neq I_f W_f$，这样代表两个脉振磁场的磁通密度矢量幅值也不相等，即 $B_{km} \neq B_{fm}$，而且通入两个绕组中的电流在时间上相位差也不总是 90°，这时在电机中产生的是怎样的磁场呢？

首先分析通入绕组中的两相电流相位差为 90°，两个绕组所产生的磁势幅值不等时的情形。这时两个绕组产生的磁通密度矢量幅值也不相等，磁通密度矢量长度随时间变化的图形如图 7 - 40 所示。仿照图 7 - 12 的分析方法，可画出对应于 $t_0 \rightarrow t_6$ 各瞬间的磁通密度空间矢量图，如图 7 - 41 所示。如果把对应于各瞬间的合成磁通密度空间矢量 $\dot{B}$ 画在一个图形里，磁通密度 $\dot{B}$ 的矢端轨迹就是一个椭圆，如图 7 - 42 所示（没有按比例画），这样的磁场称为椭圆形磁场。在该椭圆里，长轴为 B_{fm}，短轴为 B_{km}，令 α 为椭圆的长、短轴之比，

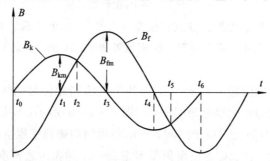

图 7 - 40 椭圆磁场时磁通密度矢量长度的变化

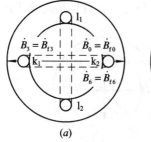 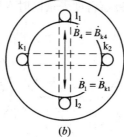 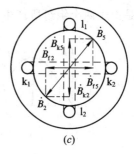

图 7 - 41 椭圆磁场的形成

(a) $t = t_0$，t_3，t_6；(b) $t = t_1$，t_4；(c) $t = t_2$，t_5

则

$$\alpha = \frac{B_{km}}{B_{fm}} \tag{7-89}$$

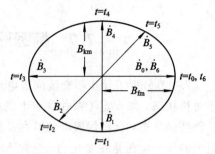

图 7-42　椭圆磁场

α 的值决定了磁场椭圆的程度，图 7-43 就是 α 不同值时得到的不同椭圆。由图可见，随着 α 值的减小，磁场的椭圆度增大，当 $\alpha=1$，图形是个圆，这时两个绕组所产生的磁通密度矢量幅值相等，产生圆形旋转磁场；当 $\alpha=0$，图形是条线，这时控制绕组中的电流为 0，电机是单相运行，只有励磁绕组产生磁场，这个磁场是单相脉振磁场，是椭圆磁场的一种极限情况。

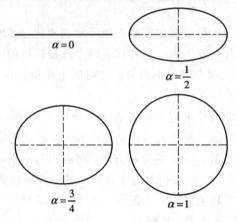

图 7-43　不同 α 值时的椭圆

　　上面的分析是假定两个绕组的电流相位差 β 为 90°。如果 β 不是 90°，就会像 $\alpha \neq 1$ 一样产生椭圆磁场，这只要看两种特殊情况，即相位差 $\beta=0°$ 和 $\beta=90°$ 就可推至一般情况，得出其规律。

　　先看两个绕组中的电流相位差 $\beta=0°$，即两个电流同相位时的情况，这时两个脉振磁通密度矢量随时间变化的相位也是相同的，如图 7-44(a) 所示（图中磁通密度矢量幅值相等，即 $\alpha=1$）。图 7-44(b) 是对应于时间 $t_1 \sim t_6$ 各瞬间的磁通密度空间矢量图。由图可见，当 $\beta=0°$ 时，α 无论多大，合成磁通密度矢量 B 总是一个脉振磁通密度矢量，所产生的是一个脉振磁场，它在空间的位置保持不变，而长度却随时间交变。$\beta=0°$ 时产生脉振磁通密度的原因，是由于两个绕组所产生的磁通密度矢量同时变正变负，而且是同时成比例地变大变小。

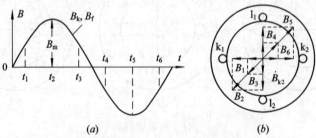

图 7-44　同相电流产生的脉振磁场

再看 $\beta = 90°$ 的情况，这种情况是前面分析过的，若 $\alpha = 1$，则产生圆形磁场，$\alpha \neq 1$ 产生椭圆磁场。

如果 β 既不等于 $0°$，又不等于 $90°$，可以想象所产生的磁场一定既不是脉振的，又不是圆形的，那它一定是椭圆磁场了。此时可将电流 $\dot{I}_k$ 分解成两个分量，其中 $I_k \cos \beta$ 与电流 $\dot{I}_f$ 同相，而 $I_k \sin \beta$ 与电流 $\dot{I}_f$ 成 $90°$ 相位差，如图 7-45 所示。由上所述，$I_k \cos \beta$ 这个同相分量与 $\dot{I}_f$ 一起作用只能产生脉振磁场，只有 $I_k \sin \beta$ 这个正交分量与 $\dot{I}_f$ 一起作用才会产生旋转磁场。显然，相位差 β 越接近 $90°$，正交分量就越大，磁场就越接近圆形；相反，β 越偏离 $90°$，正交分量就越小，磁场椭圆度也就越大。

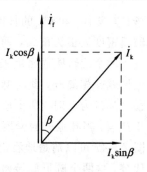

图 7-45　电流相量图

椭圆形旋转磁场不但磁通密度矢量 **B** 的长度在变化，而且其转速也是个变数。由图 7-40 和图 7-41 可见，从 $t_0 \to t_1$ 是经过 1/4 周期，合成磁通密度矢量 **B** 在空间也转过 $90°$，但是从 $t_1 \to t_2$ 是小于 1/8 周期，而合成磁通密度矢量 **B** 在空间却转过 $45°$。可见，磁场旋转的速度在不同瞬间是不同的。

这种幅值和转速都在变化的椭圆形旋转磁场，对于分析伺服电动机的特性是很不方便的，因此需要用分解法把它分为正向圆形磁场和反向圆形磁场来研究。

☞ 7.7.2　椭圆形旋转磁场的分析方法——分解法

先分析脉振磁场的情况。所谓脉振磁场就是椭圆形，磁场的椭圆度大到极端的情况。对于一个脉振磁场，可以把它分解成两个幅值相等、转速相同，但转向相反的圆形磁场来等效。现用图 7-46 和图 7-47 来说明。

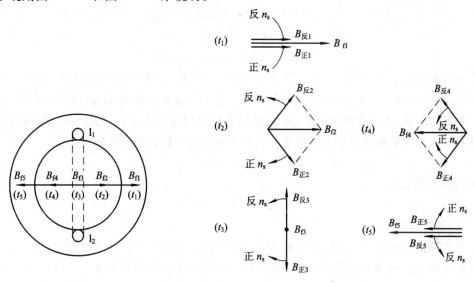

图 7-46　单相脉振磁场　　　　　图 7-47　脉振磁场的分解

图 7-46 是表示 5 个不同时间励磁绕组所产生的脉振磁场，它们分别可用 5 个 B_f 磁通密度矢量来表示，这些矢量位置都位于绕组 $l_1 - l_2$ 的轴线上。

图 7-47 就是用两个旋转磁通密度矢量 $B_{正}$ 和 $B_{反}$ 来代替脉振磁通密度矢量 B_f 的情

形，矢量 $B_正$ 和 $B_反$ 的长度都等于脉振磁通密度矢量幅值之半，而转向相反。当 t_1 时，脉振磁通密度矢量为最大，两个旋转磁通密度矢量正好转到互相重合的位置，脉振磁通密度矢量为两个旋转磁通密度矢量的代数和；t_2 时，脉振磁通密度矢量减小，两个旋转磁通密度矢量就互相离开，此时脉振磁通密度矢量为两个旋转磁通密度矢量的几何和；当脉振磁通密度矢量为 0 时，两个旋转磁通密度矢量正好转到方向相反的位置，旋转磁通密度矢量互相抵消；当脉振磁通密度矢量为负值时，两个旋转磁通密度矢量的夹角大于 180°。所以从图 7－47 可以清楚地看出，一个脉振磁场可用两个幅值相等、转向相反的圆形旋转磁场来代替，这两个圆形旋转磁场的磁通密度矢量都等于脉振磁通密度矢量幅值之半，转速等于脉振磁通密度变化的频率 f（这是对两极电机而言，对于多极电机，可以证明转速等于 f/p）。

下面再来分析一般椭圆磁场的情况，例如当伺服电动机两个绕组中的电流相位差为 90°，但磁势的幅值不相等时所产生的椭圆磁场的情况。这时，两相磁通密度矢量长度变化的波形如图 7－40 所示，若两个磁势幅值之比，也就是磁通密度的幅值之比为 α，则磁通密度随时间变化的关系可用数学式表示为

$$B_f = B_{fm} \sin(\omega t - 90°)$$

$$B_k = \alpha B_{fm} \sin \omega t$$

将磁通密度 B_f 进行如下的分解：

$$B_f = B_{fm} \sin(\omega t - 90°)$$
$$= \alpha B_{fm} \sin(\omega t - 90°) + (1-\alpha) B_{fm} \sin(\omega t - 90°)$$
$$= B_{f1} + B_{f2}$$

上式的意思就是磁通密度 B_f 可看做由

$$B_{f1} = \alpha B_{fm} \cdot \sin(\omega t - 90°)$$

和

$$B_{f2} = (1-\alpha) B_{fm} \sin(\omega t - 90°)$$

两个磁通密度矢量的合成。经过这样分解可以看出，B_{f1} 与 B_k 两个磁通密度矢量脉振的幅值相等，相位上 B_{f1} 比 B_k 落后 90°，正好形成一个与原来椭圆磁场同方向（称为正向）的圆形旋转磁场，而 B_{f2} 就是沿着绕组 $l_1 - l_2$ 的轴线进行交变的脉振磁场。于是一个椭圆形旋转磁密就可看做一个圆形磁密和一个脉振磁密的合成，圆形旋转磁密的幅值为

$$B_圆 = \alpha B_{fm}$$

脉振磁场的幅值为

$$B_脉 = (1-\alpha) B_{fm}$$

如图 7－48(a) 所示。

再根据前面的分析，脉振磁密 B_{f2} 又可分解为两个转向相反、幅值都等于脉振磁通密度最大值之半的圆磁场，因此原来的椭圆磁场就可用两个正向圆磁场和一个反向圆磁场来等效，如图 7－48(b) 所示。两个正向圆磁场由于转速相同，而且磁场的轴线一致，所以可合成一个圆磁场，与原来的磁场同方向旋转。它的幅值用 $B_正$ 表示，即

$$B_正 = \alpha B_{fm} + \frac{1-\alpha}{2} B_{fm} = \frac{1+\alpha}{2} B_{fm}$$

这样，原来的椭圆磁场最后可用一个正向圆形旋转磁场和一个反向圆形旋转磁场与它等效，如图 7-48(c)所示，它们的幅值分别为

$$B_{正} = \frac{1+\alpha}{2} B_{fm} \qquad\qquad (7-90)$$

$$B_{反} = \frac{1-\alpha}{2} B_{fm} \qquad\qquad (7-91)$$

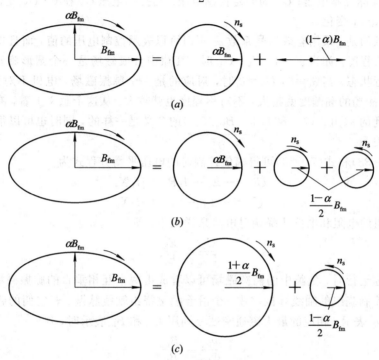

图 7-48 椭圆磁场的分解

通过上面分析，可得出如下结论：交流伺服电动机在一般的运行情况时，定子绕组产生的是一个椭圆形旋转磁场，椭圆形磁场可用两个转速相同、转向相反的圆形旋转磁场来代替，其中一个的转向与原来的椭圆磁场转向相同，称为正向圆形旋转磁场；另一个则相反，称为反向圆形旋转磁场。如果磁场的椭圆度越小（即 α 越接近 1），从式(7-90)及式(7-91)可以看出，反向旋转磁场就越小，而正向旋转磁场就越大；反之，如果磁场椭圆度越大（即 α 接近 0），则反向旋转磁场就越大，正向旋转磁场就越小。但不管 α 多大，反向旋转磁场幅值总是小于正向旋转磁场幅值，只有当控制绕组中的电流为 0，即 $\alpha=0$，成为脉振磁场时，正、反向旋转磁场幅值才相等。

7.8 幅值控制下的运行分析

☞ 7.8.1 有效信号系数 α_e

采用幅值控制的交流伺服电动机在系统中工作时，励磁绕组通常是接在恒值的交流电源上，其值等于额定励磁电压，励磁电压 $\dot{U}_f$ 与控制电压 $\dot{U}_k$ 之间固定地保持 $90°$ 的相位差，

而控制电压 $\dot{U}_k$ 的值却经常地在变化。在实际使用中，为了方便起见，常将控制电压用其相对值来表示，同时考虑到控制电压是表征对伺服电动机所施加的控制电信号，所以称这个相对值为有效信号系数，并用 α_e 表示，即

$$\alpha_e = \frac{U_k}{U_{kn}} \qquad\qquad (7-92)$$

式中，U_k 为实际控制电压；U_{kn} 为额定控制电压。当控制电压 U_k 在 $0 \sim U_{kn}$ 变化时，有效信号系数 α_e 在 $0 \sim 1$ 变化。

值得注意的是，采用有效信号系数 α_e 不但可以表示控制电压的值，而且也可表示电机不对称运行的程度。如当 $\alpha_e = 1$，$U_k = U_{kn}$ 时，气隙中合成磁场是一个圆形旋转磁场，电机处于对称运行状态；当 $\alpha_e = 0$，$U_k = 0$ 时，对应的是一个脉振磁场，电机不对称程度最大；α_e 越接近 0，磁场的椭圆度就越大，不对称程度也就越大。从这个意义上看，有效信号系数 α_e 与前面提到的 α（由式(7-89)，$\alpha = B_{km}/B_{fm}$）的含义是一样的，同时也可以很方便地证明 α 与 α_e 间的关系。

由式(7-38)和式(7-39)可得幅值控制时的电压平衡方程式为

$$\dot{U}_k = -\dot{E}_k + \dot{I}_k R_k + j\dot{I}_k X_k$$
$$\dot{U}_{fn} = -\dot{E}_f + \dot{I}_f R_f + j\dot{I}_f X_f$$

由于定子绕组的电阻和电抗压降相对电势来说很小，所以

$$\frac{U_k}{U_{fn}} \approx \frac{E_k}{E_f} \qquad\qquad (7-93)$$

当电机不对称运行时，气隙中的椭圆磁场可以看成由两个互相垂直的脉振磁场所合成，其中一个沿着控制绕组的轴线脉振，另一个沿着励磁绕组轴线脉振。若它们的磁通最大值分别用 Φ_{km} 和 Φ_{fm} 表示，相应的最大磁通密度分别用 B_{km} 和 B_{fm} 表示时，则

$$\frac{\Phi_{km}}{\Phi_{fm}} = \frac{B_{km}}{B_{fm}} \qquad\qquad (7-94)$$

这时定子绕组中的电势分别由这两个脉振磁通感应所产生。根据变压器的原理，感应电势之比为

$$\frac{E_k}{E_f} = \frac{W_k \Phi_{km}}{W_f \Phi_{fm}} \qquad\qquad (7-95)$$

根据式(7-93)、式(7-94)和式(7-95)可得

$$\frac{U_k}{U_{fn}} \approx \frac{W_k B_{km}}{W_f B_{fm}} = \frac{1}{k}\frac{B_{km}}{B_{fm}}$$

再考虑到式(7-55)的关系，可得

$$\frac{U_k}{U_{kn}} \approx \frac{B_{km}}{B_{fm}}$$

此式的左边是 α_e，右边是 α，所以

$$\alpha_e \approx \alpha$$

由此可明显地看出，改变控制电压，即改变 α_e 的大小，也就改变了电机不对称程度，所以两相交流伺服电动机是靠改变电机运行的不对称程度来达到控制的目的。

☞ 7.8.2　不同有效信号系数时的机械特性

根据对椭圆形旋转磁场的分析，可作出交流伺服电动机不同有效信号系数时的机械特

性。当 $\alpha_e=1$ 时，气隙磁场是圆形旋转磁场；当 $\alpha_e\neq1$ 时，气隙磁场是椭圆形旋转磁场，它可用正转和反转两个圆磁场来代替，它们的作用可以想象为有两对大小不同的磁铁 N‑S 和 N′‑S′在空间以相反的方向旋转，其中和转子同方向旋转的一对大磁铁 N‑S 等效正向圆形旋转磁场，如图 7‑49(a) 所示；另一对小磁铁 N′‑S′等效反向圆形旋转磁场，如图 7‑49(b) 所示，其转速都等于同步速 n_s。

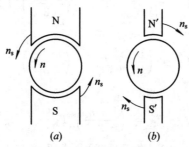

图 7‑49　椭圆磁场的作用

如果转子转速为 n，转子相对于正向旋转的 N‑S 磁铁的转差率为

$$s_{正}=\frac{n_s-n}{n_s}$$

当 $0<s_{正}<1$ 时，N‑S 磁铁所产生的转矩 $T_{正}$ 驱使转子转动。但对于反向旋转的这对磁铁 N′‑S′来说，它的转向与转子转向相反，转子相对于 N′‑S′的转差率为

$$s_{反}=\frac{n_s+n}{n_s}=\frac{2n_s-(n_s-n)}{n_s}=2-s_{正}$$

当 $0<s_{正}<1$ 时，$1<s_{反}<2$。

根据对异步型交流伺服电动机工作原理的分析，旋转磁场与转子感应电流相互作用所产生的电磁转矩，它的方向总是与旋转磁场的转向相同，也就是说，电磁转矩总要力图使转子顺着旋转磁场的转向旋转。由于反向旋转磁场与转子转向相反，因此反向旋转磁场所产生的转矩 $T_{反}$ 与转子转向也相反，是阻止转子转动的。

这样，正向圆形旋转磁场所产生的转矩 $T_{正}$ 与反向圆形旋转磁场所产生的电磁转矩 $T_{反}$ 具有相反的方向，电动机的总转矩便是这两个转矩之差，即

$$T=T_{正}-T_{反}$$

若 B_{fm} 表示沿着励磁绕组轴线脉振的磁通密度向量幅值，B_{km} 表示沿着控制绕组轴线脉振的磁通密度矢量幅值，当 $\alpha_e=1$ 时，气隙磁场是圆形磁场，它的磁通密度幅值 $B_{\delta m}=B_{km}=B_{fm}$；当 $\alpha_e\neq1$ 时，气隙磁场是椭圆形磁场，它可用正转和反转两个圆磁场来代替。由式 (7‑90) 和式 (7‑91) 得磁通密度幅值为

$$B_{正}=\frac{1+\alpha}{2}B_{fm}=\frac{1+\alpha_e}{2}B_{fm} \tag{7-96}$$

$$B_{反}=\frac{1-\alpha}{2}B_{fm}=\frac{1-\alpha_e}{2}B_{fm} \tag{7-97}$$

式中，α 为磁通密度矢量幅值之比，即 $\alpha=B_{km}/B_{fm}$。

在圆形磁场作用下，对于一定的转差率 s 和电机参数，由式 (7‑70) 和式 (7‑65) 可以看出，转矩 $T\propto\Phi^2$，再考虑到式 (7‑17)，则

$$T\propto B_{\delta m}^2$$

即对于一定的转速，转矩与气隙磁通密度幅值的平方成正比。设已知对称状态时($\alpha_e = 1$，$B_{\delta m} = B_{fm}$)，正向旋转磁场产生的机械特性如图 7-50 中的 T_{10} 曲线，则可作出对称状态时反向旋转磁场(实际上不存在，是假设的)产生的机械特性 T_{20} 曲线(该两曲线是对称于纵坐标，图中作出的是 $-T_{20}$ 曲线)，当 $\alpha_e \neq 1$ 时，正转圆形磁场所产生的转矩为

$$T_{正} = \left(\frac{B_{正}}{B_{\delta m}}\right)^2 T_{10} = \left(\frac{1+\alpha_e}{2}\right)^2 T_{10} \qquad (7-98)$$

反转圆形磁场所产生的转矩为

$$T_{反} = \left(\frac{B_{反}}{B_{\delta m}}\right)^2 T_{20} = \left(\frac{1-\alpha_e}{2}\right)^2 T_{20} \qquad (7-99)$$

这样，不对称状态的转矩为

$$T = T_{正} - T_{反} = \left(\frac{1+\alpha_e}{2}\right)^2 T_{10} - \left(\frac{1-\alpha_e}{2}\right)^2 T_{20} \qquad (7-100)$$

图 7-50 表示根据式(7-98)、式(7-99)及式(7-100)，由 T_{10} 及 $-T_{20}$ 曲线作出有效信号系数 α_e 的转矩 $T_{正}$、$T_{反}$ 及 T 曲线。当 α_e 变小，由式(7-98)和式(7-99)可知，正转圆形磁场所产生的转矩 $T_{正}$ 减小，反转圆形磁场所产生的转矩 $T_{反}$ 增大，合成转矩 T 曲线必然向下移动。根据式(7-100)，就可作出各种不同有效信号系数 α_e 时的机械特性曲线族，如图 7-51 所示。从图 7-50 及图 7-51 可以看出，在椭圆形磁场中，由于反向旋转磁场的存在，产生了附加的制动转矩 $T_{反}$，因而使电机的输出转矩减少，同时在理想空载情况下，转子转速已不能达到同步速 n_s(即 $s_{正} = 0$)，只能达到小于 n_s 的 n_0'，在转子转速 $n = n_0'$ 时，正向转矩与反向转矩正好相等，合成转矩 $T = 0$，转速 n_0' 为椭圆磁场的理想空载转速。显然，有效信号系数 α_e 越小，磁场椭圆度越大，反向转矩就越大，理想空载转速就越低，只有在圆形磁场情况下，即 $\alpha_e = 1$ 时，理想空载转速 n_0' 才与同步速 n_s 相等。

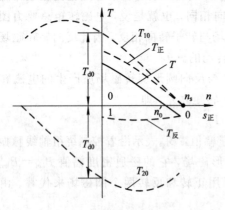

图 7-50　α_e 时的机械特性曲线

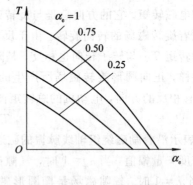

图 7-51　机械特性曲线族

☞ 7.8.3　零信号时的机械特性和无自转现象

对于伺服电动机，还有一条很重要的机械特性，这就是零信号时的机械特性。所谓零信号，就是控制电压 $U_k = 0$，或 $\alpha_e = 0$。当 $\alpha_e = 0$ 时，磁场是脉振磁场，它可以分解为幅值相等、转向相反的两个圆形旋转磁场，其作用可以想象为有两对相同大小的磁铁 N-S 和 N'-S' 在空间以相反方向旋转，如图 7-52 所示。由式(7-96)～式(7-100)可得

$$B_{正} = B_{反} = \frac{1}{2} B_{fm}$$

$$T_{正} = \frac{1}{4} T_{10}$$

$$T_{反} = \frac{1}{4} T_{20}$$

$$T = T_{正} - T_{反} = \frac{1}{4}(T_{10} - T_{20})$$

仿照图 7-50 可作出 $T_{正}$、$-T_{反}$ 及 T 曲线如图 7-53 所示(未按比例画)。

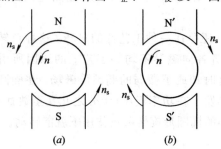

图 7-52　脉振磁场的作用

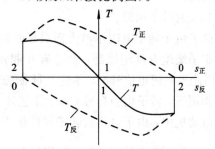

图 7-53　零信号时的机械特性

由于正向和反向圆形旋转磁场所产生的机械特性的形状与转子电阻值有关。故由它们合成的零信号时的机械特性，其形状也必然与转子电阻值有关。如图 7-54 中的 3 个图都表示当控制电压 $U_k = 0$ 时的机械特性，但是 3 个图所对应的转子电阻大小却不同。当转子电阻增大时，机械特性 $T_{正} = f(s_{正})$ 和 $T_{反} = f(s_{反})$ 上的最大转矩值都保持不变，而它们各自的临界转差率 $s_{m正}$ 和 $s_{m反}$ 都成比例地增加。

图 7-54(a) 是对应于转子电阻 $R_R = R_{R1}$ 的情况。此时转子电阻较小，临界转差率 $s_{m正} = 0.4$。从图中可以看出，在电机工作的转差率范围内，即 $0 < s_{正} < 1$ 时，合成转矩 T 绝大部分都是正的，因此，如果伺服电动机在控制电压 U_k 作用下工作，当突然切去控制电信号，即 $U_k = 0$ 时，只要阻转矩小于单相运行时的最大转矩，电动机仍将在转矩 T 作用下继续旋转。这样就产生了自转现象，造成失控。

图 7-54(b) 对应于转子电阻 $R_R = R_{R2} > R_{R1}$ 的情况。此时转子电阻有所增加，临界转差率已增加到 $s_{m正} = 0.8$，合成转矩减小得多，但是与上面一样，仍将产生自转现象。

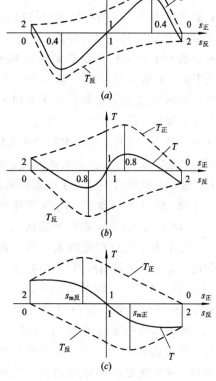

图 7-54　自转现象与转子电阻值的关系

(a) $R_R = R_{R1}$; (b) $R_R = R_{R2} > R_{R1}$;

(c) $R_R = R_{R3} > R_{R2}$

图 7 - 54(c)对应于转子电阻已增大到使临界转差率 $s_{m\bar{E}}>1$ 的程度。这时合成转矩曲线与横轴相交仅有一点($s=1$ 处),而且在电机运行范围内,合成转矩均为负值,即为制动转矩。因而当控制电压 U_k 取消变为单相运行时,电机就立刻产生制动转矩,与负载阻转矩一起促使电机迅速停转,这样就不会产生自转现象。在这种情况下,停转时间甚至较两相绕组的电压 U_k 和 U_f 同时取消时还快些。

前已指出,无自转现象是自动控制系统对交流伺服电动机的基本要求之一。所谓无自转现象,就是当控制电压一旦取消时(即 $U_k=0$ 时),伺服电动机应立即停转。所以为了消除自转现象,交流伺服电动机零信号时的机械特性必须如图 7 - 53 所示,显然这也就要求有相当大的转子电阻。

除了由于转子电阻不够大而引起的自转以外,还存在一种工艺性的自转。这种自转是由于定子绕组有匝间短路,铁心有片间短路,或者各向磁导不均等工艺上的原因所引起的。因此当取消电信号时,本应是脉振磁场,但这时却成了微弱的椭圆形磁场。在椭圆形磁场作用下,转子也会自转起来。工艺性自转多半发生在功率极小(十分之几瓦至数瓦)的伺服电动机中,由于电机的转子惯性极小,在很小的椭圆形旋转磁场作用下就能转动。

☞ 7.8.4　转速的控制与调节特性

现在来分析电机的转速是怎样随控制电压的变化而变的。

图 7 - 55 为伺服电动机的机械特性。设电机的负载阻转矩为 T_L(包括电机本身的阻转矩),有效信号系数 $\alpha_e=0.25$ 时电机在特性点 a 运行,转速为 n_a,这时电机产生的转矩与负载阻转矩相平衡。当控制电压升高,有效信号系数 α_e 从 0.25 变到 0.5 时,电机产生的转矩就随之增加;由于电机的转子及其负载存在着惯性,转速不能瞬时改变,因此电机就要瞬时地在特性点 c 运行,这时电机产生的转矩大于负载阻转矩,电机就加速,一直增加到 n_b,电机就在 b 点运行。这时电机的转矩又等于负载的阻转矩,转矩又达到平衡,转速不再改变。所以当有效信号系数 α_e 从 0.25 增加到 0.5 时,电机转速从 n_a 升高到 n_b,实现了转速的控制。

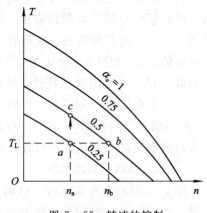

图 7 - 55　转速的控制

实际上为了能更清楚地表示转速随控制电信号变化的关系,往往采用所谓"调节特性"。调节特性就是表示当输出转矩一定的情况下,转速与有效信号系数 α_e 的变化关系。这种变化关系,可以根据图 7 - 51 的机械特性来得到,如果在图 7 - 51 上作许多平行于横轴的转矩线,每一转矩线与机械特性相交很多点,将这些交点所对应的转速及有效信号系数画成关系曲线,就得到该输出转矩下的调节特性。不同的转矩线,就可得到不同输出转矩下的调节特性,如图 7 - 56 所示(图中输出转矩 $T_3>T_2>T_1$)。

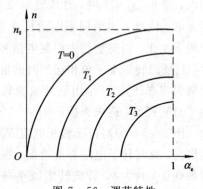

图 7 - 56　调节特性

☞ 7.8.5　堵转特性

堵转特性是指伺服电动机堵转转矩与控制电压的关系曲线，即 $T_d = f(\alpha_e)$ 曲线。不同有效信号系数 α_e 时的堵转转矩就是图 7-51 中各条机械特性曲线与纵坐标的交点。堵转转矩与 α_e 的关系可根据式(7-100)方便地求出。

由图 7-50 可以看出，对称状态时正向和反向圆形磁场所产生的堵转转矩相等，都以 T_{d0} 表示。因而根据式(7-100)，不对称状态时的堵转转矩为

$$T_d = \left(\frac{1+\alpha_e}{2}\right)^2 T_{d0} - \left(\frac{1-\alpha_e}{2}\right)^2 T_{d0} = \alpha_e T_{d0} \qquad (7-101)$$

由于 T_{d0} 恒定不变，所以堵转转矩

$$T_d \propto \alpha_e$$

即交流伺服电动机堵转转矩与有效信号系数 α_e 近似地成正比，堵转特性 $T_d = f(\alpha_e)$ 近似地是一条直线，如图 7-57 所示。

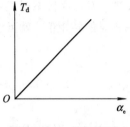

图 7-57　堵转特性

☞ 7.8.6　机械特性实用表达式

在应用中，经常需要用简明的数学式表示系统中各个元件的特性，下面推导交流伺服电动机机械特性的实用表达式。

设对称状态时的机械特性如图 7-58 中的 T_{10} 曲线，用数学法处理，它可以用一个转速 n 的高次多项式来近似表达。对于一般交流伺服电动机，由于机械特性接近直线，故取三项已足够准确，所以机械特性可表达为

$$T_{10} = T_{d0} + Bn + An^2 \qquad (7-102)$$

式中系数 B 与 A 可由下面两个条件确定：

当　　$n = \dfrac{n_s}{2}$，$T_{10} = \dfrac{T_{d0}}{2} + H$

$n = n_s$，$T_{10} = 0$

时将此条件代入式(7-102)，即可求得系数：

$$B = \frac{4H - T_{d0}}{n_s} \qquad (7-103)$$

$$A = -\frac{4H}{n_s^2} \qquad (7-104)$$

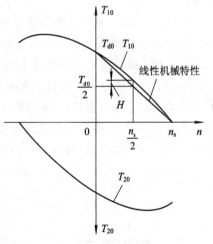

图 7-58　推导机械特性实用
表达式的图示

若对称状态下旋转磁场逆着转子转向旋转，其机械特性如图 7-58 中的 T_{20} 曲线。由于 T_{20} 与 T_{10} 是对称于原点的两条曲线，所以转速为 n 的 T_{20} 值等于转速为 $(-n)$ 的 T_{10} 值。这样，T_{20} 曲线可表达为(将式(7-102)中的 n 用 $(-n)$ 代入)

$$T_{20} = T_{d0} - Bn + An^2 \qquad (7-105)$$

由式(7-100)，可得椭圆形磁场时的转矩为

$$T = \left(\frac{1+\alpha_e}{2}\right)^2 T_{10} - \left(\frac{1-\alpha_e}{2}\right)^2 T_{20}$$

$$= \left(\frac{1+\alpha_e}{2}\right)^2 (T_{d0} + Bn + An^2) - \left(\frac{1-\alpha_e}{2}\right)^2 (T_{d0} - Bn + An^2)$$

$$= \alpha_e T_{d0} + \frac{B}{2}(1+\alpha_e^2)n + \alpha_e An^2 \tag{7-106}$$

这就是不对称状态时的机械特性实用表达式。可以看出，只要已知对称状态时的 T_{d0} 及 $n_s/2$ 时的转矩值，就可求出不对称状态时(各种 α_e)任意转速 n 下的转矩值。

7.9　电容伺服电动机的特性

☞ 7.9.1　励磁电压 $\dot{U}_f$ 随转速的变化情况

对电容伺服电动机，通常要求它在启动时产生圆形磁场，这样没有反向磁场的阻转矩作用，电机产生的堵转转矩就大，就能适应启动时快速灵敏的要求。因此，电容伺服电动机通常是根据转速 $n=0$ 时的参数 Z_{f0} 和 φ_{f0} 来确定移相电容值的。但是，如按照这样确定的电容值将电容接入后，当电机转动时，磁场从圆形磁场改变为椭圆形磁场；转速不同，磁场椭圆度就不同；转速变化时励磁电压 $\dot{U}_f$ 的值和相位都要随着变化。下面分析它的变化情况。

如图 7-59(a)所示，当线路上的电压 $\dot{U}$ 通过移相电容 C 加到励磁绕组两端时，等效地可以把励磁绕组看成是一个变压器的原边绕组，转子绕组看做该变压器的副边。根据变压器的原理，励磁绕组中的电流 $\dot{I}_f$ 由两部分组成：一部分是产生磁通所需的励磁分量 $\dot{I}_{fr}$（无功的）；另一部分是补偿转子电流所需要的有功分量 I_{fa}（因伺服电动机的转子电阻很大，转子电流无功分量可忽略）。从励磁绕组两端 l_1-l_2 看去，相当于一个电感和电阻并联的电路，如图 7-59(b)所示。若把并联电路化成等效的串联形式，如图 7-59(c)所示，其中 $jR^2X/(R^2+X^2)$ 是等效电抗，$RX^2/(R^2+X^2)$ 是等效电阻，故励磁绕组两端的输入阻抗

$$Z_f = \frac{RX^2}{X^2+R^2} + j\frac{XR^2}{X^2+R^2}$$

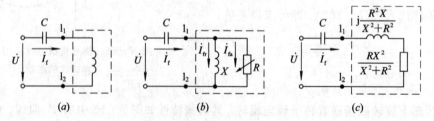

图 7-59　励磁相的等效电路图

当转速升高时，转子电流减小，补偿转子电流的有功分量也就减小，图 7-59(b)中的等效电阻 R 就相应增大，而等效电抗 X 基本保持不变，于是图 7-59(c)中的等效电阻 $RX^2/(X^2+R^2)$ 随转速升高而减小，等效电抗 $XR^2/(X^2+R^2)$ 随转速升高而增大。当励磁绕组与移相电容串联时，如从电源两端看入，这时励磁相总阻抗为

$$Z_1 = \frac{RX^2}{X^2 + R^2} - \mathrm{j}\left(X_C - \frac{R^2 X}{X^2 + R^2}\right)$$

为了使励磁绕组电流超前于控制绕组电流近于 90°，一般移相电容的容抗 X_C 大于绕组的等效电抗，即 $X_C > R^2 X/(X^2 + R^2)$，所以随着转速 n 的增加，$X_C - R^2 X/(X^2 + R^2)$ 和 $RX^2/(X^2 + R^2)$ 都减小，因而总的阻抗 Z_1 也随着转速 n 增加而减小。这样，当电源电压 $\dot U$ 维持不变时，励磁绕组电流 $\dot I_f$ 就随转速增加而增加很快，从而使电容器两端的电压 $\dot U_C$ 增大($U_C = I_f X_C$)。由于总阻抗 Z_1 的实部和虚部都减少，所以电流 $\dot I_f$ 与电压 $\dot U$ 的相位差角 φ_1 变化不大。如果选择电容 C，使转速 $n = 0$ 时 $\dot U_f$ 与 $\dot U$ 之间的相移为 90°，这时电压相量图如图 7 - 60(a) 所示。由图可见，当转速增加，$\dot I_f$、$\dot U_C$ 随着增大时，由于 $\dot U$、$\dot U_C$ 和 $\dot U_f$ 三个电压是一个封闭三角形，必然会引起励磁电压 $\dot U_f$ 的增大，如图 7 - 60(b) 所示。同时，励磁电压 $\dot U_f$ 的相位也发生变化，它与电源电压 $\dot U$ 的相角差 β 已不等于 90°，而是大于 90°。随着转速的变化，β 一般能增加十几度。一台电容伺服电动机励磁相电路的电流、电压随转速 n 变化的情况如图 7 - 61 所示。

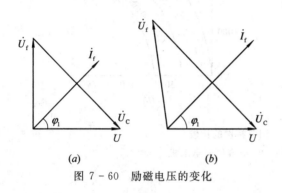

图 7 - 60　励磁电压的变化

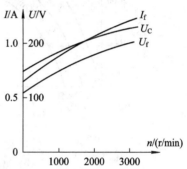

图 7 - 61　电容伺服电动机励磁相电压
和电流的变化

☞ 7.9.2　机械特性和调节特性

　　虽然电容伺服电动机的励磁绕组是通过串联电容接在恒定的交流电源上的，但由于励磁绕组两端的电压 $\dot U_f$ 随转速升高而增大，相应地磁场椭圆度也发生很大的变化，这就使它的一些特性与幅值控制时的特性有些差异。图 7 - 62 和图 7 - 63 分别表示同一台电机采用幅值控制和串联电容移相时的机械特性。两者比较后可以明显看出，电容伺服电动机的特性比幅值控制时的特性非线性更为严重，由于励磁绕组端电压随转速增加而升高，磁场的椭圆度也随着增大。因此，正、反旋转磁场产生的转矩随着转速的升高都要比励磁电压恒定时为大，而其中反向旋转磁场的阻转矩作用在高速段要比低速段更为显著；机械特性在低速段随着转速的增加转矩下降得很慢，而在高速段，转矩下降得很快，从而使机械特性在低速段出现鼓包现象(即机械特性负的斜率值降低)，这种机械特性对控制系统的工作是很不利的。由于机械特性在低速段出现鼓包现象，就会使电机在低速段的阻尼系数下降，因而影响电机运行的稳定性。

　　虽然电容伺服电动机的移相方法比幅值控制时简单，但特性比较差。图 7 - 64(a) 和 (b) 分别表示同一台电机采用幅值控制和电容移相时的调节特性。

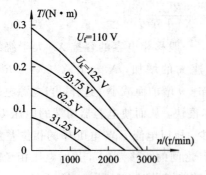

图 7 - 62　幅值控制伺服电动机的机械特性

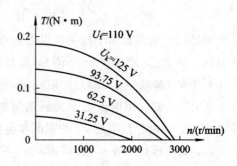

图 7 - 63　电容伺服电动机的机械特性

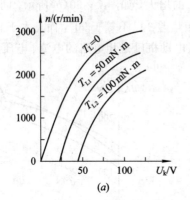

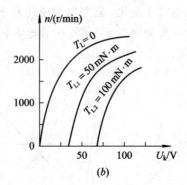

图 7 - 64　调节特性的比较

（a）幅值控制；（b）电容伺服电动机

7.10　主要性能指标

1. 空载始动电压 U_{s0}

在额定励磁电压和空载的情况下，使转子在任意位置开始连续转动所需的最小控制电压定义为空载始动电压 U_{s0}，通常以额定控制电压的百分比来表示。U_{s0} 越小，表示伺服电动机的灵敏度越高。一般要求 U_{s0} 不大于额定控制电压的 $3\%\sim4\%$；使用于精密仪器仪表中的两相伺服电动机，有时要求其不大于额定控制电压的 1%。

2. 机械特性非线性度 k_{m}

在额定励磁电压下，任意控制电压时的实际机械特性与线性机械特性在转矩 $T=T_{\mathrm{d}}/2$ 时的转速偏差 Δn 与空载转速 n_0（对称状态时）之比的百分数，定义为机械特性非线性度，即

$$k_{\mathrm{m}}=\frac{\Delta n}{n_0}\times100\%$$

如图 7 - 65 所示。

3. 调节特性非线性度 k_v

在额定励磁电压和空载情况下，当 $\alpha_e = 0.7$ 时，实际调节特性与线性调节特性的转速偏差 Δn 与 $\alpha_e = 1$ 时的空载转速 n_0 之比的百分数定义为调节特性非线性度，即

$$k_v = \frac{\Delta n}{n_0} \times 100\%$$

如图 7 - 66 所示。

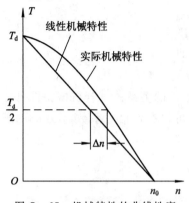

图 7 - 65　机械特性的非线性度

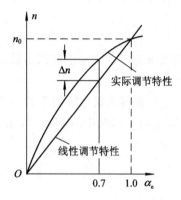

图 7 - 66　调节特性的非线性度

4. 堵转特性非线性度 k_d

在额定励磁电压下，实际堵转特性与线性堵转特性的最大转矩偏差 $(\Delta T_{dn})_{max}$ 与 $\alpha_e = 1$ 时的堵转转矩 T_{d0} 之比值的百分数，定义为堵转特性非线性度，即

$$k_d = \frac{(\Delta T_{dn})_{max}}{T_{d0}} \times 100\%$$

如图 7 - 67 所示。

以上这几种特性的非线性度越小，特性曲线越接近直线，系统的动态误差就越小，工作就越准确，一般要求 $k_m \leqslant 10\%(\sim 20\%)$，$k_v \leqslant 20\%(\sim 25\%)$，$k_d \leqslant \pm 5\%$。

5. 机电时间常数 τ_j

当转子电阻相当大时，异步型交流伺服电动机的机械特性接近于直线。如果把 $\alpha_e = 1$ 时的机械特性近似地用一条直线来代替，如图 7 - 68 中虚线所示，那么与这条线性机械特性相对应的机电时间常数就与直流伺服电动机机电时间常数表达式相同，即

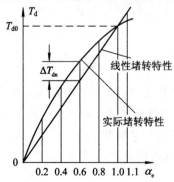

图 7 - 67　堵转特性的非线性度

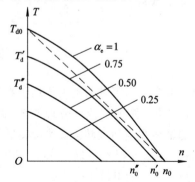

图 7 - 68　不同信号系数 α_e 时的机械特性

$$\tau_{\mathrm{j}} = \frac{J\omega_0}{T_{\mathrm{d0}}} \text{ s} \qquad\qquad (7-107)$$

式中，J 为转子转动惯量，单位是 kg·m²；ω_0 为对称状态下，空载时的角速度，单位是 rad/s；T_{d0} 为对称状态下的堵转转矩，单位是 N·m。在技术数据中所给出的机电时间常数值就是按照上式计算的。但必须指出，伺服电动机经常工作于非对称状态，即 $\alpha_{\mathrm{e}} \neq 1$。由图 7-68 可以看出，随着 α_{e} 的减少，机械特性上的空载转速与堵转转矩的比值随着增大，即

$$\frac{n_0}{T_{\mathrm{d0}}} < \frac{n'_0}{T'_{\mathrm{d}}} < \frac{n''_0}{T''_{\mathrm{d}}}$$

因而随着 α_{e} 的减少，相应的时间常数也随着增大，即

$$\tau_{\mathrm{j}} < \tau'_{\mathrm{j}} < \tau''_{\mathrm{j}}$$

还可以很方便地得出机电时间常数与有效信号系数 α_{e} 的关系式。若机械特性可近似地看做直线（即令图 7-58 中的 $H=0$），由式（7-106）可得有效信号系数为 α_{e} 时的理论空载转速

$$n'_0 = \frac{2\alpha_{\mathrm{e}}}{1+\alpha_{\mathrm{e}}^2} n_{\mathrm{s}} \qquad\qquad (7-108)$$

堵转转矩

$$T_{\mathrm{d}} = \alpha_{\mathrm{e}} T_{\mathrm{d0}} \qquad\qquad (7-109)$$

将式（7-108）和式（7-109）代入式（7-107），即可得出时间常数与有效信号系数的关系式为

$$\tau'_{\mathrm{j}} = 0.21 \frac{Jn_{\mathrm{s}}}{(1+\alpha_{\mathrm{e}}^2)T_{\mathrm{d0}}} \qquad\qquad (7-110)$$

可以看出，随着 α_{e} 的减小，机电时间常数 τ_{j} 增大。使用中就要根据实际情况，考虑 α_{e} 的大致变化范围来选取机电时间常数值。如果伺服电动机工作在接近于 0 的小控制电压的情况下（这是经常遇见的），根据式（7-110），建议机电时间常数采用技术数据给出的 2 倍值。

由式（7-107）可知，机电时间常数 τ_{j} 与转子惯量 J 成正比，并与堵转转矩 T_{d} 成反比。为了减小转子惯量，交流伺服电动机的转子作得细而长。在电容伺服电动机中，为了提高堵转转矩，往往选择移相电容值，使电机在启动时控制电压与励磁电压成 90° 的相位差，这些都是从缩短时间常数，提高电机的快速性方面考虑的。一般交流伺服电动机的机电时间常数 $\tau_{\mathrm{j}} < 0.03$ s。

小　结

异步型交流伺服电动机主要用于自动控制系统中作为执行元件。本章在介绍它的工作原理时，引出了圆形旋转磁场的概念。圆形旋转磁场与脉振磁场不同，它的幅值是不变的，而磁场的轴线在空间旋转。有关旋转磁场的内容主要有产生圆形磁场的条件，旋转磁场的转速和转向。旋转磁场的转速称为同步速，它由电机的极数和电源频率所决定，关系式 $n_{\mathrm{s}} = 60f/p$ 是一个很重要的公式。

与其他电机一样，异步型交流伺服电动机的运行也是由于"电"和"磁"的相互作用。在圆形磁场作用下，异步型交流伺服电动机的转速总是低于同步速，而且随着负载的变化而

变化，转差率 s 就是表征电机转速的一个很重要的物理量。当转子不动时，异步型交流伺服电动机相当于一个副边短路的变压器，因此可列出类似于变压器的电压平衡方程式，并推出定、转子绕组的感应电势表达式。当转子转动时，转子边的频率、电势和电抗都会发生变化，其值等于转子不动时的数值乘上转差率。

从载流导体在磁场中要受到电磁力作用 $(F=Bil)$ 的基本原理出发，就可推出类似于直流电动机的电磁转矩表达式。它表明了电磁转矩与磁通及转子电流的关系。同时，转矩也可表示为与电压、电机参数及转差率关系的表达式。由转矩公式可以作出异步型交流伺服电动机的机械特性，即 $T=f(s)$ 曲线，且应该注意转子电阻对机械特性的影响。为了满足系统的要求，异步型交流伺服电动机应具有下垂的机械特性，而且其非线性度要小。

为了能方便地实现转速控制，伺服电动机的定子绕组作成两相绕组，并加以相移 90° 的两相电压。通过改变控制电压的值就可达到控制转速的目的。相移 90° 的两相电压可以采用电源移相或电容移相的方法来获得，后者就是电容伺服电动机。应注意使电压移相 90° 的电容值是随转速而变化的。通常选择的电容值 C 应在电机转速为 0 时能使电压移相 90°，其值可根据推出的公式和通过实验的方法来求出。由于电容伺服电动机移相线路简单，因而在小功率控制系统中得到广泛的应用。

在运行中，加在伺服电动机上的控制电压是变化的，所以电机经常处于不对称状态。这时，定子所产生的是椭圆形旋转磁场，它可以分解成一个正向圆形旋转磁场和一个反向圆形旋转磁场。磁场椭圆度越大，反向圆磁场就越大，正向圆磁场就越小；当椭圆度大到极限情况，成为脉振磁场时，正、反圆磁场幅值就相等。在本章中，椭圆形旋转磁场是一个非常重要的物理概念，是异步型交流伺服电动机运行原理的基础。

从椭圆磁场的机械特性可以看出，当电机处于不对称运行时，由于反向旋转磁场的存在，使电机输出转矩减少，空载转速降低。

为了消除单相自转现象，零信号时的机械特性在运行范围内必须是在第二和第四象限。

当控制电压发生变化时，磁场椭圆度发生变化，利用正、反转矩合成的方法，就可作出伺服电动机在各种不同有效信号系数时的机械特性、调节特性和堵转特性等。可以看出，当控制电压变化时，电机转速也发生相应变化，因而达到转速控制的目的。与直流伺服电动机相比，异步型交流伺服电动机的机械特性是非线性的，特性比较软，而且其斜率随控制电压的不同而变化。这些是应该引起注意的。

由于电容伺服电动机的励磁电压随着转速而增大，相位也发生变化，因而使它的机械特性非线性度更为严重，在低速段出现鼓包现象。

本章的最后部分提出了几点在使用电机时应注意的问题，介绍了异步型交流伺服电动机主要性能指标，可供大家选用电机时参考。

思考题与习题

　7-1　单相绕组通入直流电、交流电及两相绕组通入两相交流电各形成什么磁场？它们的气隙磁通密度在空间怎样分布，在时间上又怎样变化？

　7-2　何为对称状态？何为非对称状态？两相交流伺服电动机在通常运行时是怎样的

磁场？两相绕组通上相位相同的交流电流能否形成旋转磁场？

7-3 当两相绕组匝数相等和不相等时，加在两相绕组上的电压及电流应符合怎样条件才能产生圆形旋转磁场？

7-4 改变两相交流伺服电动机转向的方法有哪些？为什么能改变？

7-5 什么叫做同步速？如何决定？假如电源频率为 60 Hz，电机极数为 6，电机的同步速等于多少？

7-6 为什么异步型交流伺服电动机有时能称为两相异步电动机？如果有一台电机，技术数据上标明空载转速是 1200 r/min，电源频率为 50 Hz，请问这是几极电机？空载转差率是多少？

7-7 当电机的轴被卡住不动，定子绕组仍加额定电压，为什么转子电流会很大？异步型交流伺服电动机从启动到运转时，转子绕组的频率、电势及电抗会有什么变化？为什么会有这些变化？

7-8 电压平衡方程式中所表示的各电压和电势是怎样产生的？请将异步型交流伺服电动机与变压器作一比较，两者有哪些相似之处？

7-9 什么是电源移相，什么是电容移相，电容移相时通常移相电容值怎样确定？电容伺服电动机转向怎样？

7-10 怎样看出椭圆形旋转磁场的幅值和转速都是变化的？当有效信号系数 α_e 从 0～1 变化时，电机磁场的椭圆度怎样变化？被分解成的正、反向旋转磁场的大小又怎样变化？

7-11 什么是自转现象？为了消除自转，异步型交流伺服电动机零信号时应具有怎样的机械特性？

7-12 与幅值控制时相比，电容伺服电动机定子绕组的电流和电压随转速的变化情况有哪些不同？为何它的机械特性在低速段出现鼓包现象？

7-13 何为异步型交流伺服电动机的额定状态？额定功率含义如何？

7-14 一台两极异步型交流伺服电动机，励磁和控制绕组的有效匝数分别为 W_f 和 W_k，两绕组轴线在空间相隔 α 角（$\alpha \neq 90°$），设在该两绕组中各送入电流 $i_f = I_{fm} \cos\omega t$ 和 $i_k = I_{km} \cos(\omega t - \beta)$。试求获得圆形磁场的条件。

7-15 一台两极的两相伺服电动机，励磁绕组通以 400 Hz 的交流电，当转速 $n = 18\,000$ r/min 时，使控制电压 $U_k = 0$，问此瞬时：

（1）正、反旋转磁场切割转子导体的速率（即转差）为多少？

（2）正、反旋转磁场切割转子导体所产生的转子电流频率各为多少？

（3）正、反旋转磁场作用在转子上的转矩方向和大小是否一样？哪个大？为什么？

7-16 一台 400 Hz 的两相伺服电动机，当励磁绕组加电压 $U_f = 110$ V，而控制电压 $U_k = 0$ 时，测得励磁电流 $I_f = 0.2$ A，将 I_f 的无功分量用并联电容补偿后，测得有功分量（即 I_f 的最小值）$I_{fa} = 0.1$ A。试问：

（1）励磁绕组阻抗 Z_{f0} 及阻抗角 φ_{f0} 各等于多少？

（2）如果只有单相电源，又要求 $n = 0$ 时移相 90°，应在励磁绕组上串多大电容？

（3）若电源电压为 110 V，串联电容后，$U_f = ?$ $U_c = ?$（$n = 0$ 时）

（4）设电机额定电压 $U_{fn} = 110$ V，此时电源电压 U_1 应减少到多少伏？串联电容值要不要修改？

第 8 章　交流异步测速发电机

8.1　概　述

交流异步测速发电机与直流测速发电机一样，是一种测量转速或传感转速信号的元件，它可以将转速信号变为电压信号。理想的测速发电机的输出电压 U_2 与它的转速 n 成线性关系，如图 8-1 所示，其数学表达式为

$$U_2 = kn \tag{8-1}$$

式中，k 为比例系数。

在自动控制系统中，交流测速发电机的主要用途也有两种：一种是在计算解答装置中作为解算元件；另一种是在伺服系统中作为阻尼元件。其典型用途及工作原理与直流测速发电机相同。

当交流测速发电机作为解算元件时，为了精确地对输入函数进行某种运算，要求测速发电机应有很好的线性度（输出电压应与转速严格地成正比），由于温度变化而引起的变温误差要小，转速为 0 时的剩余电压要低。但对单位转速的输出电压（输出斜率）则要求不高。

交、直流测速发电机虽然都可用来作为解算元件，但由于直流测速发电机结构上需要电刷和换向器，使输出特性不稳而影响电机精度，线性度也差，所以在计算解答装置中，交流测速发电机获得更多的应用。

采用交流测速发电机的阻尼伺服系统如图 8-2 所示。这里，交流测速发电机被用作阻尼元件以提高系统的稳定度和精确度，其作用原理与直流测速发电机相同（参见 2-6 节）。

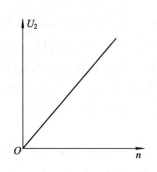

图 8-1　输出电压与转速的关系

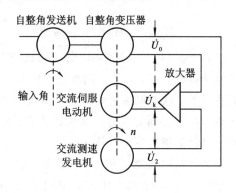

图 8-2　交流阻尼伺服系统

用作阻尼元件的交流测速发电机，要求其输出斜率大，这样阻尼作用就大，而对线性度等精度指标的要求是次要的。

8.2　交流异步测速发电机结构和工作原理

交流异步测速发电机的结构与异步型交流伺服电动机的结构是完全一样的。它的转子可以做成非磁杯形的，也可以是鼠笼形的。鼠笼转子异步测速发电机输出斜率大，但特性差、误差大、转子惯量大，一般只用在精度要求不高的系统中。非磁杯形转子异步测速发电机的精度较高，转子的惯量也较小，是目前应用最广泛的一种交流测速发电机。所以，本章重点介绍这种结构的交流测速发电机。

杯形转子异步测速发电机的结构与杯形转子交流伺服电动机一样，它的转子也是一个薄壁非磁性杯，通常用高电阻率的硅锰青铜或锡锌青铜制成。定子上嵌有空间互差 90°电角度的两相绕组，其中一个绕组 W_1 为励磁绕组，另一个绕组 W_2 为输出绕组。在机座号较小的电机中，一般把两相绕组都放在内定子上；机座号较大的电机中，常把励磁绕组放在外定子上，把输出绕组放在内定子上。这样，如果在励磁绕组两端加上恒定的励磁电压 U_1，当电机转动时，就可以从输出绕组两端得到一个其值与转速 n 成正比的输出电压 U_2，如图 8-3 所示。

交流异步测速发电机的工作原理可由图 8-4 来说明，图中 W_1 为励磁绕组，W_2 为输出绕组，它们在空间互差 90°电角度。转子是一个非磁空心杯。在上一章已经说明，可将该杯看成是一个鼠笼条数目非常之多的鼠笼转子。

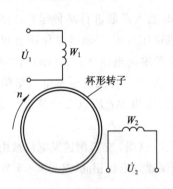

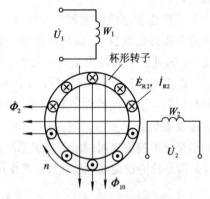

图 8-3　交流异步测速发电机的示意图　　　　图 8-4　交流异步测速发电机的工作原理

当转子不动，即 $n=0$ 时，若在励磁绕组中加上频率为 f_1 的励磁电压 U_1，则在励磁绕组中就会有电流通过，并在内外定子间的气隙中产生频率与电源频率 f_1 相同的脉振磁场。脉振磁场的轴线与励磁绕组 W_1 的轴线一致，它所产生的脉振磁通 Φ_{10} 与励磁绕组和转子杯导体相匝链并随时间进行交变。这时励磁绕组 W_1 与转子杯之间的情况如同变压器原边与副边之间的情况完全一样。

假如忽略励磁绕组 W_1 的电阻 R_1 及漏抗 X_1，则可由变压器的电压平衡方程式看出，电源电压 U_1 与励磁绕组中的感应电势 E_1 相平衡，电源电压的值近似地等于感应电势的值，即

$$U_1 \approx E_1 \tag{8-2}$$

由于感应电势 $E_1 \propto \Phi_{10}$，故

$$\Phi_{10} \propto U_1 \tag{8-3}$$

所以当电源电压一定时，磁通 Φ_{10} 也保持不变。

图 8-4 中画出了某一瞬间磁通 Φ_{10} 的极性。由于励磁绕组与输出绕组相互垂直，因此磁通 Φ_{10} 与输出绕组 W_2 的轴线也互相垂直。这样，磁通 Φ_{10} 就不会在输出绕组 W_2 中感应出电势，所以转速 $n=0$ 时，输出绕组 W_2 也就没有电压输出。

当转子以转速 n 转动时，若仍忽略 R_1 及 X_1，则沿着励磁绕组轴线脉振的磁通不变，仍为 Φ_{10}。由于转子的转动，转子杯导体就要切割磁通 Φ_{10} 而产生切割电势 E_{R2}（或称旋转电势），同时也就产生电流 I_{R2}。假设励磁绕组中通入的是直流电，那么这时它所产生的磁场是恒定不变的，气隙磁通密度 B_δ 可近似地看做正弦分布，如图 8-5 所示。这相当于直流电机的情况，根据直流电机中所述，每个极下转子导条切割电势的平均值可表示为

$$E_{R2} = B_{\mathrm{p}} l v$$

式中，B_{p} 为磁通密度的平均值，如图 8-5 所示。

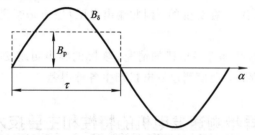

图 8-5　气隙磁通密度的分布

由于每极磁通 $\Phi_{10} = B_{\mathrm{p}} l \tau$ 及 $v = \pi D n / 60$（式中，τ 为极距；D 为定子内径；l 为定、转子铁心长度），因此导条电势

$$E_{R2} \propto \Phi_{10} n \tag{8-4}$$

由于杯形转子导条电阻 R_{R} 比漏抗 X_{R} 大得多，因此当忽略导条漏抗的影响时，导条中电流

$$I_{R2} = \frac{E_{R2}}{R_{\mathrm{R}}} \tag{8-5}$$

但是由于在交流测速发电机的励磁绕组中通入的不是直流电，而是交流电，产生的是一个脉振磁场，故气隙磁密 B_δ 及磁通 Φ_{10} 不像直流电机那样恒定，而是随时间交变的，其交变的频率为电源的频率 f_1。因而，转子导体切割磁通 Φ_{10} 产生的电势 E_{R2} 及电流 I_{R2} 也都是交变的，交变频率也是 f_1。在图 8-4 中对应于图示的 Φ_{10} 的极性和转速 n 的方向，并根据右手定则，就可画出该瞬时导条切割电势和电流的方向。图中转子杯上半圆导体中的电流方向是流入纸面，下半圆导体中的电流方向是从纸面流出。

与此同时，流过转子导体中的电流 I_{R2} 又要产生磁通 Φ_2，Φ_2 的值与电流 I_{R2} 成正比，即

$$\Phi_2 \propto I_{R2} \tag{8-6}$$

考虑式（8-4）及式（8-5）得

$$\Phi_2 \propto \Phi_{10} n \tag{8-7}$$

因此 Φ_2 的值是与转速 n 成正比的，且也是交变的，其交变频率与转子导体中的电流频率 f_1 一样。不管转速如何，由于转子杯上半圆导体的电流方向与下半圆导体的电流方向总相

反，而转子导体沿着圆周又是均匀分布的，因此，转子切割电流 I_{R2} 产生的磁通 Φ_2 在空间的方向总是与磁通 Φ_{10} 垂直，而与输出绕组 W_2 的轴线方向一致。它的瞬时极性可按右手螺旋定则由转子电流的瞬时方向确定，如图 8-4 所示。这样当磁通 Φ_2 交变时，就要在输出绕组 W_2 中感应出电势，这个电势就产生测速发电机的输出电压 U_2，它的值正比于 Φ_2，即

$$U_2 \propto \Phi_2 \tag{8-8}$$

再将式(8-7)代入，得

$$U_2 \propto \Phi_{10} n \tag{8-9}$$

再将式(8-3)代入，就得

$$U_2 \propto U_1 n \tag{8-10}$$

这就是说，当励磁绕组加上电源电压 U_1，电机以转速 n 旋转时，测速发电机的输出绕组将产生输出电压 U_2，其值与转速 n 成正比（如图 8-1 中所示）。当转向相反时，由于转子中的切割电势、电流及其产生的磁通的相位都与原来相反，因而输出电压 U_2 的相位也与原来相反。这样，异步测速发电机就可以很好地将转速信号变成为电压信号，实现测速的目的。

由于磁通 Φ_2 是以频率 f_1 在交变的，因此输出电压 U_2 也是交变的，其频率等于电源频率 f_1，与转速无关。

上面介绍的是一台理想测速发电机的情况。实际的异步测速发电机的性能并没有这么理想，由于许多因素的存在，会使测速发电机产生各种误差。

8.3　异步测速发电机的特性和主要技术指标

表征异步测速发电机性能的技术指标主要有线性误差、相位误差、剩余电压和输出斜率。

☞ 8.3.1　输出特性和线性误差

测速发电机输出电压与转速间的关系 $U_2 = f(v)$ 称为输出特性(v 为相对转速，它是实际转速 n 与同步转速 $n_s = 60f/p$ 之比值，即 $v = n/n_s$)。一台理想的测速发电机输出电压应正比于它的转速，或者说输出特性应是直线，即

$$U_2 = Kv$$

式中，K 为比例系数。但是，实际的异步测速发电机输出电压与转速间并不是严格的线性关系，而是非线性的，如图 8-6 中曲线 2。为了方便衡量实际输出特性的线性度，一般把实际输出特性上对应于 $v = \sqrt{3}v_{max}/2$(v_{max} 为最大相对转速)的一点与坐标原点的连线作为线性输出特性，如图 8-6 中直线 1。直线与曲线之间差异就是误差，这种误差通常用线性误差(又称幅值相对误差)δ_x 来量度，即

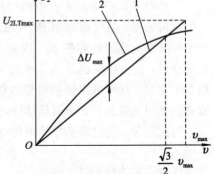

1—线性输出特性；2—实际输出特性

图 8-6　输出特性及线性误差

$$\delta_X = \frac{\Delta U_{max}}{U_{2LTmax}} \cdot 100\% \tag{8-11}$$

式中，ΔU_{max} 为实际输出电压与线性输出电压的最大差值；U_{2LTmax} 为对应于最大转速 n_{max}（技术条件上有规定）的线性输出电压。

　　异步测速发电机在控制系统中的用途不同，对线性误差的要求也就不同。一般作为阻尼元件时允许线性误差可大一些，约为百分之几到千分之几；而作为解算元件时，线性误差必须很小，约为千分之几到万分之几的范围。目前，高精度的异步测速发电机线性误差可小到 0.05% 左右。

　　异步测速发电机的线性误差是怎样产生的呢？我们仔细地研究上一节所述的工作原理就可以发现，一开始就假设忽略励磁绕组 W_1 的电阻 R_1 及漏抗 X_1，认为 $U_1 \approx E_1$，并由此得出电机转动时与不动时沿着励磁绕组轴线方向脉振的磁通保持不变，都为 Φ_{10}，这样就得到式（8-9）和式（8-10）。但是实际上 R_1 和 X_1 都是存在的，与变压器一样，这时在电机中，除了通过气隙同时匝链励磁绕组 W_1 与转子导体的主磁通外，还存在着只匝链励磁绕组本身，而不与转子导体相匝链的漏磁通 $\Phi_{\sigma1}$，如图 8-7 所示。与漏磁通 $\Phi_{\sigma1}$ 相对应的就是励磁绕组漏抗 X_1，同时励磁绕组还有电阻 R_1，

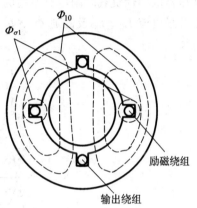

图 8-7　主磁通和漏磁通

因此，这时电源电压 $\dot{U}_1$ 与电势 $\dot{E}_1$ 及漏阻抗压降相平衡，仿照变压器中的电压平衡方程式，可写出

$$\dot{U}_1 = -\dot{E}_1 + \dot{I}_1(R_1 + jX_1) = -\dot{E}_1 + \dot{I}_1 Z_1 \tag{8-12}$$

由于感应电势 $\dot{E}_1$ 的值正比于磁通 $\dot{\Phi}_1$ 的值，而相位落后 90°，因此可写成

$$\dot{E}_1 = -jK_1\dot{\Phi}_1$$

式中，K_1 为比例常数。若采用比例复常数 K，使 $K = jK_1$，则

$$-\dot{E}_1 = K\dot{\Phi}_1 \tag{8-13}$$

将式（8-13）代入式（8-12），可得

$$\dot{U}_1 = K\dot{\Phi}_1 + \dot{I}_1 Z_1 \tag{8-14}$$

因而

$$\dot{\Phi}_1 = \frac{\dot{U}_1 - \dot{I}_1 Z_1}{K} \tag{8-15}$$

式中，$\dot{I}_1$ 是励磁绕组中的电流，但它却随着转子杯电流的变化而变化。因为这时励磁绕组和转子杯间的关系相当于变压器原、副边绕组间的关系，即励磁绕组相当于变压器的原边；转子杯导体相当于带负载的副边，与变压器中原边电流随副边电流变化的道理一样，测速发电机励磁绕组中的电流也要随转子杯导体电流的变化而变化。

　　现在来分析转子杯导体中的电流及其所产生的磁通的情况。首先考虑转子漏抗的影响。当转子导条存在漏抗 X_R 时，切割磁通 Φ_{10} 所产生的电流 $\dot{I}_{R2}$ 将在时间相位上落后电势 $\dot{E}_{R2}$ 一个角度。在同一瞬时，转子杯中的电流方向如图 8-8 中的内圈符号所示。那样，由电流 $\dot{I}_{R2}$ 所产生的磁通 $\dot{\Phi}_R$ 在空间的方向就不与 Φ_{10} 垂直，它可以分解成 $\dot{\Phi}_2$ 与 $\dot{\Phi}_1'$ 两个分量，

其中$\dot{\Phi}_1'$的方向与磁通$\dot{\Phi}_{10}$正好相反,起去磁作用;另外,当转子旋转时,转子杯导体除了切割磁通$\dot{\Phi}_{10}$外,还要切割转子电流$\dot{I}_{R2}$所产生的磁通$\dot{\Phi}_2$,因而在转子杯导体中又要产生切割电势$\dot{E}_{R1}$和电流$\dot{I}_{R1}$。根据磁通$\dot{\Phi}_2$与转速n的方向就可确定转子杯导体在此瞬间的$\dot{E}_{R1}$和$\dot{I}_{R1}$的方向,如图8-8中的外圈符号所示(为了简化起见,这里仍不计X_R的影响)。显然,$\dot{I}_{R2}$和$\dot{I}_{R1}$这两个分量电流同时在转子杯导体中流过。当转子导体中流过电流$\dot{I}_{R1}$时,也要产生磁通。由图可以看出,$\dot{I}_{R1}$所产生的磁通$\dot{\Phi}_1''$的方向也与磁通$\dot{\Phi}_{10}$正好相反,对Φ_{10}起去磁作用。这里,转子电流$\dot{I}_{R1}$、$\dot{I}_{R2}$对励磁电流$\dot{I}_1$的影响以及磁通$\dot{\Phi}_1'$、$\dot{\Phi}_1''$对磁通Φ_{10}的作用,就像变压器电感性负载时副边对原边的作用一样,因而就使励磁绕组中的电流$\dot{I}_1$发生变化。由于转子电流$\dot{I}_{R1}$、$\dot{I}_{R2}$及磁通$\dot{\Phi}_1'$、$\dot{\Phi}_1''$等都与转速有关,因此励磁电流$\dot{I}_1$的变化也就与转速有关。

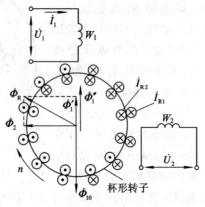

图8-8 转子杯电流对定子的作用

由式(8-15)可以看出,由于励磁绕组中有阻抗Z_1存在,而电流$\dot{I}_1$又是随着转速而变化的,因而在励磁绕组轴线方向上脉振的磁通$\dot{\Phi}_1$($\dot{\Phi}_{10}$与$\dot{\Phi}_1'$、$\dot{\Phi}_1''$等的合成)就不是恒定不变的,而与转速n有关。当转速n变化时,$\dot{I}_1$变了,阻抗压降$\dot{I}_1 Z_1$也变,因此磁通$\dot{\Phi}_1$也跟着变化。

由式(8-9)可以看出,输出电压$\dot{U}_2$与转速n成线性关系是以磁通$\dot{\Phi}_1$不变($\dot{\Phi}_1 = \dot{\Phi}_{10}$)为条件的。对于实际的异步测速发电机,根据上面分析,磁通$\dot{\Phi}_1$不是恒定不变的,而是与转速有关的量,这样就破坏了输出电压$\dot{U}_2$与转速n的线性关系,造成了线性误差。

由于转子磁通$\dot{\Phi}_2$及$\dot{\Phi}_1'$是转子杯导体切割磁通$\dot{\Phi}_{10}$所产生的,转子磁通$\dot{\Phi}_1''$是转子杯导体切割磁通$\dot{\Phi}_2$所产生的,故有

$$\Phi_1' \propto n\Phi_{10}$$

$$\Phi_1'' \propto n^2\Phi_{10}$$

这就表示线性误差将随着转速升高而增大。为了把线性误差限制在一定的范围内,在测速发电机的技术条件中规定了最大线性工作转速n_{max},它表示当电机在转速$n < n_{max}$情况下工作时,其线性误差不超过标准规定的范围。

为了减小线性误差,首先应尽可能减小励磁绕组的漏阻抗,并且采用由高电阻率材料制成的非磁杯形转子,这样就可略去转子漏抗的影响,并使引起励磁电流变化的转子磁通削弱。当然,转子电阻值选得过大,又会使测速发电机输出电压降低(即输出斜率指标降低),电机灵敏度随之减小。

☞ 8.3.2　输出相位移与相位误差

在自动控制系统中，希望异步测速发电机的输出电压与励磁电压同相位，但在实际的异步测速发电机中，两者之间却存在相位移。这只要看一下图 8-9 所示的时间相量图就可大致明了。图中 $\dot{\Phi}_1$ 为沿着励磁绕组轴线脉振的合成磁通，$\dot{E}_1$ 为磁通 $\dot{\Phi}_1$ 在励磁绕组中所产生的变压器电势，其相位落后 $\dot{\Phi}_1$ 90°，$\dot{E}_{R2}$ 为转子导体切割磁通 $\dot{\Phi}_1$ 产生的切割电势，其相位与磁通 $\dot{\Phi}_1$ 相同。在 $\dot{E}_{R2}$ 的作用下，产生落后于 $\dot{E}_{R2}$ 为 θ 角的转子电流 $\dot{I}_{R2}$，由 $\dot{I}_{R2}$ 产生的磁通 $\dot{\Phi}_2$ 应与 $\dot{I}_{R2}$ 同相位，因而也与 $\dot{\Phi}_1$ 相夹 θ 角。由于磁通 $\dot{\Phi}_2$ 的交变，在输出绕组中产生的电势 $\dot{E}_2$ 的相位应落后 $\dot{\Phi}_2$ 90°，而与 $\dot{E}_1$ 相夹 θ 角，其输出电压 $\dot{U}_2$ 就与 $-\dot{E}_1$ 相夹 θ 角。再根据电压平衡方程式(8-12)，$-\dot{E}_1$ 加上励磁绕组的阻抗压降 $\dot{I}_1 Z_1$ 就与电源电压 $\dot{U}_1$ 相平衡。假定 $\dot{I}_1$ 与 $-\dot{E}_1$ 的夹角为 β，就可作出相量 $\dot{I}_1 R_1$ 和 $j\dot{I}_1 X_1$，这样便可得 $\dot{U}_1$。由图可以看出，这时输出绕组产生的输出电压 $\dot{U}_2$ 与加在励磁绕组上的电源电压 $\dot{U}_1$ 就

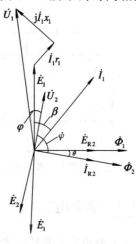

图 8-9　相量图

不同相，它们之间存在着相移，这个相移 φ 就称为异步测速发电机的输出相位移。

如果磁通 $\dot{\Phi}_1$ 的相位不随转速而变化，也就是说，$\dot{U}_1$ 与 $\dot{\Phi}_1$ 之间相移角 ψ 一定，那么由于 $\varphi = \psi - 90° + \theta$，而 θ 是固定不变的，则相位移 φ 也不随转速而变。这种与转速无关的相位移称为固定相位移，是可以通过在励磁绕组中串入适当的电容来加以补偿的。但是值得注意的是，由式(8-15)可以看出，由于励磁绕组存在阻抗 Z_1，电流 $\dot{I}_1$ 的值和相位都随转速而变，因而磁通 $\dot{\Phi}_1$ 的相位也随转速而变，即相角 ψ 与转速有关。所以输出电压 $\dot{U}_2$ 与励磁电压 $\dot{U}_1$ 之间的相移 φ 也随转速的变化而变化。图 8-10 画出了异步测速发电机输出电压相位移 φ 随转速 n 变化（即相位特性）的情况。这种与转速有关的相移是难以补偿的。所谓相位误差，指的就是在规定的转速范围内，

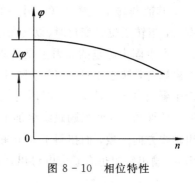

图 8-10　相位特性

输出电压与励磁电压之间的相位移的变化量 $\Delta\varphi$，如图 8-10 所示。

由于产生相位误差的原因与产生线性误差原因相同，故减小两者误差的措施也相同，一般要求相位误差不超过 1°。下面说明固定相移补偿的原理：

异步测速发电机输出电压与电源电压之间的固定相移可以通过在励磁绕组中串入适当的电容来加以补偿，如图 8-11 所示。这时加在励磁绕组 W_1 上的电压不是电源电压 $\dot{U}_1$，而是电压 $\dot{U}_f$，电源电压 $\dot{U}_1$ 与电容上的电压 $\dot{U}_C$ 及 $\dot{U}_f$ 相平衡，但是加在励磁绕组上的电压 $\dot{U}_f$ 仍然与 $-\dot{E}_1$ 及阻抗压降 $\dot{I}_1 Z_1$ 相平衡，因此电压相量图（参见图 8-9）上的相量 $\dot{U}_1$ 在这里改为 $\dot{U}_f$ 就可以了。如图 8-12 所示，$\dot{U}_f$ 加上 $\dot{U}_C$ 后才是电源电压 $\dot{U}_1$。由于 $\dot{U}_C = -j\dot{I}_1 X_C$，由图可以看出，如果电容量选择得恰当，就可使电源电压相量 $\dot{U}_1$ 与输出绕组的输出电压相量

$\dot U_2$ 相重合，这样 $\dot U_2$ 就与 $\dot U_1$ 同相了，两者之间的固定相移就可以得到补偿。

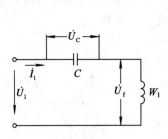

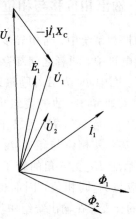

图 8 - 11　励磁绕组串入电容后的电压分配　　　图 8 - 12　固定相移的补偿

☞ 8.3.3　剩余电压 U_s

　　理论上测速发电机转速为 0 时输出电压应为 0，但实际上异步测速发电机转速为 0 时输出电压并不为 0，这就会使控制系统产生误差。所谓剩余电压，就是指测速发电机的励磁绕组已经供电，转子处于不动情况下（即零速时）输出绕组所产生的电压。剩余电压又称为零速电压。

　　产生剩余电压的原因是多种多样的，经分析，它由两部分组成：一部分是固定分量 U_{s0}，其值与转子位置无关；另一部分是交变分量 U_{sj}（又称波动分量），它的值与转子位置有关，当转子位置变化时（以转角 α 表示），其值作周期性的变化，如图 8 - 13 所示。

　　产生固定分量的原因主要是两相绕组不正交，磁路不对称，绕组匝间短路，绕组端部电磁耦合，铁心片间短路等。图 8 - 14 所示为由于外定子加工不理想，内孔形成椭圆形而产生剩余电压的情况。此时因为气隙不均（即磁路不对称），而磁通又具有力图走磁阻最小路径的性质，因此当励磁绕组加上电压后，它所产生的交变磁通 Φ_1 的方向就不与励磁绕组轴线方向一致，而扭斜了一个角度。这样，磁通 Φ_1 就与输出绕组相耦合，因而即使转速为 0，输出绕组也有感应电势出现，这就产生了剩余电压的固定分量。

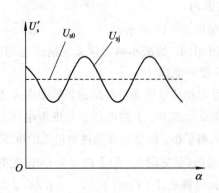

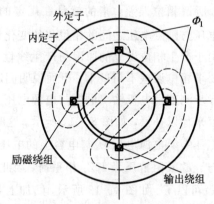

图 8 - 13　剩余电压的恒定和交变分量　　　图 8 - 14　外定子内孔椭圆引起的剩余电压

产生交变分量的原因主要是由转子电的不对称性所引起的，如转子杯材料不均匀，杯壁厚度不一致等。实际上非对称转子作用相当于一个对称转子加上一个短路环的作用，如图 8 - 15 所示。其中对称转子不产生剩余电压，而短路环会引起剩余电压。因为励磁绕组产生的脉振磁通 $\dot{\Phi}_1$ 会在短路环中感应出电势 $\dot{E}_k$ 和电流 $\dot{I}_k$，因而在短路环轴线方向就会产生一个附加脉振磁通 $\dot{\Phi}_k$。当短路环的轴线与输出绕组轴线不成 90°时，脉振磁通 $\dot{\Phi}_k$ 就会在输出绕组中感

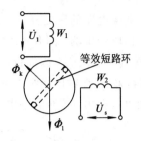

图 8 - 15　剩余电压交变分量

应出电势，即产生了剩余电压。显然，这种剩余电压的值是与转子位置有关的。若图 8 - 15 中所示短路环的轴线与输出绕组的轴线重合时，短路环中的 E_k、I_k 和 Φ_k 均最小，所以在输出绕组中所感应出的剩余电压也为最小；当短路环轴线与输出绕组轴线垂直时，输出绕组中感应出的剩余电压也为最小；而当短路环轴线与输出绕组轴线相夹 45°左右时，剩余电压为最大。这样，由于转子电的不对称性，就产生了如图 8 - 13 所示的与转子位置成周期性变化的剩余电压。

可以看出，当电机是四极电机时，由于转子和磁路的非对称性所引起的剩余电压可减到最小。图 8 - 16 表示一台四极电机励磁绕组产生的脉振磁场，非对称性转子用一个对称转子和短路环代替。由图可见，当转子不动时，每一瞬间穿过短路环的两路脉振磁通其方向正好相反，因而在短路环中所感应的电势和电流以及短路环产生的附加脉振磁通 Φ_k 都很小。这样，磁通 Φ_k 在输出绕组中产生的剩余电压就很小。同理，由于磁路不对称所产生的剩余电压在四极电机中也有

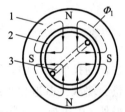

1—定子；2—转子杯；3—等效短路环

图 8 - 16　四极电机的剩余电压

所减小。所以，为了减小由于磁路和转子电的不对称性对性能的影响，杯形转子异步测速发电机通常是四极电机。

另外，剩余电压 $\dot{U}_s$ 的相位与励磁电压 $\dot{U}_1$ 的相位也是不同的，如图 8 - 17 所示。这时，可将 $\dot{U}_s$ 分解成两个分量：一个相位与 $\dot{U}_1$ 相同的称为同相分量 $\dot{U}_{sT}$；另一个相位与 $\dot{U}_1$ 成 90°的称为正交分量 $\dot{U}_{sz}$。剩余电压同相分量主要是由于输出绕组与励磁绕组间的变压器耦合所产生的，如绕组非正交、磁路不对称等原因都会使脉振磁通 Φ_1 既与励磁绕组，又与输出绕组相匝链，如图 8 - 14 所示。这时，磁通 Φ_1 在两绕组中感应出的电势，其相位是相同的，因而输出绕组中所产生的剩余电压 $\dot{U}_s$ 就与励磁电压 $\dot{U}_1$ 近似地同相，如图 8 - 18 所示。

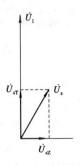

图 8 - 17　剩余电压的同相和正交分量

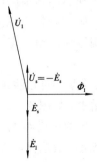

图 8 - 18　剩余电压的同相分量

剩余电压的正交分量主要是由于定子绕组匝间短路或铁心片间短路、转子杯非对称性等原因所产生的。图 8-19(a)表示定子有一短路线匝 k，脉振磁通 $\dot\Phi_1$ 在短路线匝中感应出电势 $\dot E_k$ 和电流 $\dot I_k$，因而也产生脉振磁通 $\dot\Phi_k$。当短路线匝 k 的轴线与输出绕组轴线不等于 90°时，$\dot\Phi_k$ 就在输出绕组中感应出电势 $\dot E_s$，也就产生了剩余电压 $\dot U_s$。由图 8-19(b)所示相量图可以看出，这时剩余电压 $\dot U_s$ 具有正交分量 $\dot U_{sz}$ 和同相分量 $\dot U_{sT}$。

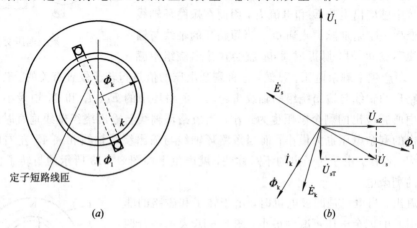

定子短路线匝

(a)　　　　　　　　　　　(b)

图 8-19　剩余电压正交分量的产生

在自动控制系统中，剩余电压的同相分量将使系统产生误动作而引起系统的误差，正交分量会使放大器饱和及伺服电动机温升增高。

另外，由于导磁材料的导磁率不均匀，电机磁路饱和等原因，在剩余电压中还会出现高于电源频率的高次谐波分量，这个分量也会使放大器饱和及伺服电动机温升增高。

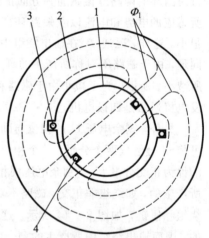

为了减小剩余电压，可将输出绕组与励磁绕组分开，把它们分别嵌在内、外定子的铁心上。此时，内定子应作成能够相对于外定子转动的。当电机制造好后，在转子不动时将励磁绕组通上电源，慢慢地转动内定子，并观察输出绕组所产生的剩余电压的大小，直到调整到剩余电压最小，这时再用防松螺钉将内定子固定好。图 8-20 就是采用这种方法的示意图。为了消除图 8-14 所示的剩余电压，内定子应调整到图 8-20 所示的位置。这时，励磁绕组产生的磁通 Φ_1 的方向就与输出绕组轴线相垂直，不再在其中互感出剩余电压。

1—内定子；2—外定子；
3—励磁绕组；4—输出绕组

图 8-20　转动内定子消除剩余电压

此外，还经常采用补偿绕组来消除剩余电压。这种补偿绕组与励磁绕组相串联，但嵌在输出绕组的槽中，如图 8-21 所示。这样，在转子不动的情况下合上电源时，流过补偿绕组的电流所产生的磁通 Φ' 与输出绕组完全匝链，因而在输出绕组中又要感应出补偿电压。如果补偿绕组匝数选择得恰当，使磁通 Φ' 产生的补偿电压与剩余电压大小相等、相位相反，则补偿电压可以完全抵消剩余电压。

　　除了依靠电机本身的结构来消除剩余电压外，还可由外部采用适当的线路，产生一个校正电压来抵消电机所产生的剩余电压。图 8 - 22 所示就是一个消除剩余电压的简单网络，图中虚线所表示的框内是一个分压器和移相器。分压器两端 a 和 b 与励磁绕组两端一起接在电源电压 $\dot{U}_1$ 上，而把分压器上 b 和 c 两点所产生的电压经过移相器移相后所得的电压 $\dot{U}_j$ 与测速发电机输出绕组相串联。这里的 $\dot{U}_j$ 就是校正电压。如果校正电压 $\dot{U}_j$ 与剩余电压的值相等、相位相反，那么 $\dot{U}_j$ 就抵消了剩余电压；当转子不动时，则在发电机输出端 E 和 F 上就没有电压输出。

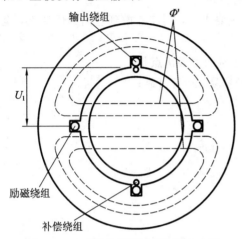

图 8 - 21　采用补偿绕组消除剩余电压

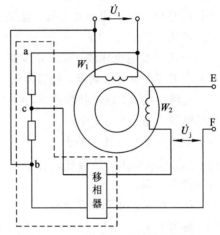

图 8 - 22　消除剩余电压的简单网络

　　应该注意的是，剩余电压中的交变分量是难以用补偿法把它除去的，只得依靠改善转子材料性能和提高转子杯加工精度来减小它。对于已制成的电机可以将转子杯进行修刮，使剩余电压波动分量减小到容许的范围。

　　目前异步测速发电机剩余电压可以做到小于 10 mV，一般的约为十几毫伏到几十毫伏。

☞ 8.3.4　输出斜率

　　与直流测速发电机一样，异步测速发电机的输出斜率 u_n 通常也是规定为转速 1000 r/min 时的输出电压。输出斜率越大，输出特性上比值 $\Delta U_2/\Delta n$（如图 8 - 23 所示）越大，测速发电机对于转速变化的灵敏度就越高。但是与同样尺寸的直流测速发电机相比较，交流测速发电机的输出斜率比较小，一般为 0.5 V/(kr/min)～5 V/(kr/min)。

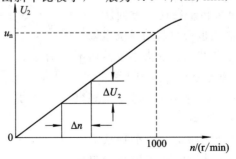

图 8 - 23　输出斜率

8.4 异步测速发电机的使用

交流测速发电机主要用于交流伺服系统和解算装置中，在选用时，应根据系统的频率、电压、工作转速的范围和具体用途来选择交流测速发电机的规格。用作解算元件的应着重考虑精度要高，输出电压稳定性要好；用于一般转速检测或作阻尼元件时，应着重考虑输出斜率要大，而不宜既要精度高，又要输出斜率大。

当使用直流或交流测速发电机都能满足系统要求时，则需考虑到它们的优缺点，全面权衡，合理选用。

与直流测速发电机比较，交流异步测速发电机的主要优点是：

(1) 不需要电刷和换向器，构造简单，维护容易，运行可靠；

(2) 无滑动接触，输出特性稳定，精度高；

(3) 摩擦力矩小，惯量小；

(4) 不产生干扰无线电的火花；

(5) 正、反转输出电压对称。

其主要缺点是：

(1) 存在相位误差和剩余电压；

(2) 输出斜率小；

(3) 输出特性随负载性质(电阻、电感、电容)而有所不同。

在应用交流测速发电机时，还应注意以下几个问题。

☞ 8.4.1 负载影响

异步测速发电机在控制系统中工作时，输出绕组所连接的负载，一般情况下其阻抗是很大的，所以近似地可以用输出绕组开路的情况(不带负载)进行分析。通常工厂给出的技术指标也多是指输出绕组开路时的指标，但倘若负载阻抗不是足够大，则输出绕组就不应认为是开路，负载对电机的性能就会有影响。下面对负载阻抗的影响作一些粗略的分析。

当输出绕组接入负载 Z_n 后，在绕组中就有电流 I_2 流过，输出绕组的阻抗 Z_2 就要对输出电压产生影响。这时，输出电压 U_2 不等于电势 E_2，而且电流 I_2 也要产生沿着输出绕组轴线方向的脉振磁通 $\dot{\Phi}_2''$，如图 8-24 所示，从而使原来转子在这个方向所产生的磁通 $\dot{\Phi}_2$ 发生改变，这必然也会引起励磁绕组轴线方向的磁通 $\dot{\Phi}_1$ 发生变化。负载阻抗的大小及性质不同，其影响是不同的，精确的分析也是相当复杂的。这里只以电阻性负载为例，作一些粗略的分析，观察负载对输出电压值和相位的影响。

首先不考虑脉振磁通 $\dot{\Phi}_2''$ 的影响，近似地认为在一定的转速 n 时，合成磁通 $\dot{\Phi}_1$ 和 $\dot{\Phi}_2$ 不随负载阻抗

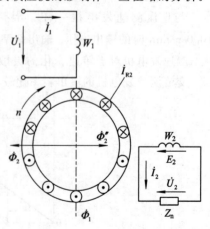

图 8-24 负载的影响

而变,这样,相量 $-\dot{E}_2$ 的值和相位不变,它与电压 $\dot{U}_1$ 之间有一固定相移角 φ_0,如图 8 - 25 (a)所示。如果输出绕组两端所接的负载为 R_n,由图 8 - 25(b)的电路图可得出电压平衡方程式为

$$\dot{U}_2 = -\dot{E}_2 + \dot{I}_2(R_2 + jX_2) \tag{8-16}$$

式中,R_2、X_2 分别为输出绕组的电阻和漏抗。

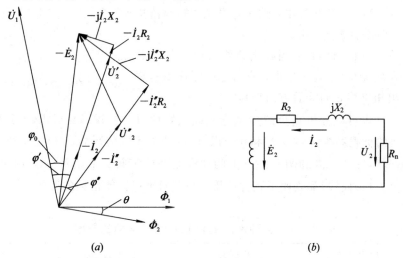

图 8 - 25　输出电路的相量图和等效电路图

(a) 相量图;(b) 等效电路图

这时,输出电压 $\dot{U}_2$ 与电流 $\dot{I}_2$ 反相,在相位上落后于相量 $-\dot{E}_2$ 一个相角 $\arctan \dfrac{X_2}{R_2 + R_n}$,所以输出电压 $\dot{U}_2$ 与励磁电压 $\dot{U}_1$ 的夹角,即输出相位移为

$$\varphi = \varphi_0 + \arctan \frac{X_2}{R_2 + R_n} (\text{滞后}) \tag{8-17}$$

输出电流的值为

$$I_2 = \frac{E_2}{\sqrt{X_2^2 + (R_2 + R_n)^2}} \tag{8-18}$$

由式(8 - 17)和式(8 - 18)可知,当负载电阻 R_n 减小时,相位移 φ 向落后于 $\dot{U}_1$ 的方向增大,电流 $\dot{I}_2$ 也增大。这样,根据式(8 - 16),可作出负载电阻为 R_n' 和 R_n''($R_n'' < R_n'$)时的相量图,如图 8 - 25(a)所示(图中带"'"者为对应负载电阻 R_n' 的相量,带"""者为对应负载电阻 R_n'' 的相量)。由图可以看出,这时相位移 $\varphi'' > \varphi'$,输出电压 $U_2'' < U_2'$,所以当负载为电阻性时,随着负载电阻值的减少,输出相位移 φ 向滞后方向推移,输出电压 U_2 减小,即输出斜率 u_n 减小。

现在再来考虑输出电流产生的脉振磁通 $\dot{\Phi}_2''$ 对磁通 $\dot{\Phi}_2$ 的影响。假若合成磁通 $\dot{\Phi}_1$ 近似不变(即近似地忽略励磁绕组漏阻抗 Z_1),输出绕组开路时转子原来所产生的沿着输出绕组轴线方向的脉振磁通为 $\dot{\Phi}_2'$,其相位与 $\dot{\Phi}_1$ 相夹 θ 角,当输出绕组接上负载并流过电流时,由于输出电路是属于电感性的,这时如同变压器副边一样,所产生的磁通 $\dot{\Phi}_2''$ 是起去磁作用的,即 $\dot{\Phi}_2''$ 与 $\dot{\Phi}_2'$ 之间的相移角大于 90°,如图 8 - 26 所示。这时沿着输出绕组轴线方向脉振的磁通 $\dot{\Phi}_2$ 是 $\dot{\Phi}_2'$ 与 $\dot{\Phi}_2''$ 的合成,相量 $-\dot{E}_2$ 与磁通 $\dot{\Phi}_2$ 正交。当负载电阻 R_n 减小时,输出电流

增大，输出电路更偏于电感性质，去磁作用更强。这表现在相量 $\dot{\Phi}''_2$ 的长度增大，它与 $\dot{\Phi}'_2$ 的夹角加大，合成磁通相量 $\dot{\Phi}_2$ 以及它所产生的相量 $-\dot{E}_2$ 的长度都减小，相位都向滞后方向移动。R_n 减小后所对应的各相量如图 8-26 中虚线所示。由于相量 $-\dot{E}_2$ 的长度减小，相位向滞后方向移动，由图 8-25(a) 可以看出，输出电压 $\dot{U}_2$ 的幅值更小，相位也更向滞后方向推移。

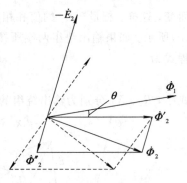

图 8-26 输出绕组的去磁作用

综上所述可以得出结论：当输出绕组与电阻性负载相连接时，随着电阻 R_n 值的减小，输出电压即输出斜率 u_n 减小，输出相位移 φ 向滞后方向推移。

用类似方法也可以分析当负载为电感性或电容性时的情况，并得出相应的结论。另外，各种性质的负载对线性误差 δ_x 和相位误差 $\Delta\varphi$ 也有不同的影响。表 8-1 及图 8-27～图 8-29 的曲线（图 8-28 和图 8-29 上的曲线是在固定某一 L_n、R_n、C_n 时测得的 $\delta_x = f_1(v)$ 及 $\Delta\varphi = f_2(v)$ 曲线）都表明了各种性质的负载对电机性能指标的影响，使用电机时可作为参考。

表 8-1 各种性质的负载对性能指标的影响

负载性质	输出斜率 u_n	线性误差 δ_x	相位误差 $\Delta\varphi$	相位移
电阻负载 R_n	R_n 增加，u_n 增大，见图 8-27	比空载时小，见图 8-28	比空载时小，见图 8-29	R_n 减小，φ 向滞后方向推移，见图 8-27
电感负载 X_L	X_L 增加，u_n 增大，见图 8-27	比空载时大，见图 8-28	比 R、C 误差小，见图 8-29	X_L 减小，φ 向超前方向推移，见图 8-27
电容负载 X_C	X_C 增加，开始 u_n 增大，后下降，见图 8-27	比 R、L 误差小，见图 8-28	比空载时大，见图 8-29	X_C 减小，φ 向滞后方向推移，见图 8-27

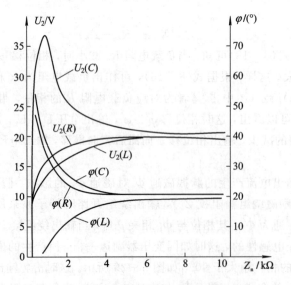

图 8-27 负载与输出电压和相位移的关系

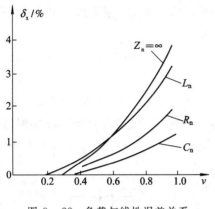

图 8 - 28 负载与线性误差关系

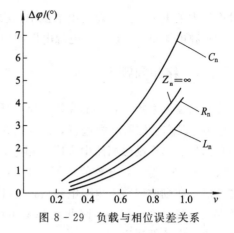

图 8 - 29 负载与相位误差关系

☞ 8.4.2 温度的影响

环境温度的变化和电机长时间工作的发热，会使定子绕组和杯形转子的电阻以及磁性材料的性能发生变化，这样就会对电机的性能产生影响，使输出特性不稳定。例如当温度升高时，由于电阻压降 I_1R_1 和 I_2R_2 的增大及磁通 Φ_1 和 Φ_2 的减小，就会使输出斜率下降。又从图 8 - 9 和图 8 - 25(a)中可以看出，这时相位移 φ 将向超前方向推移。在实际使用中，往往要求当温度变化时电机的性能应保持一定的稳定性，所以规定了变温输出误差 ΔU_t 和变温相位误差 $\Delta\varphi_t$ 的指标，其含义是由于温度变化引起的输出电压值和相位移的变化。对于某些作为解算元件用的、精度要求很高的异步测速发电机，为了使电机的特性不受温度变化的影响，应采用温度补偿措施。简单的方法是单独地在励磁回路(图 8 - 30(a))、输出回路(图 8 - 30(b))或同时在两回路中(图 8 - 30(c))串联负温度系数的热敏电阻 R_b 来补偿温度变化的影响。

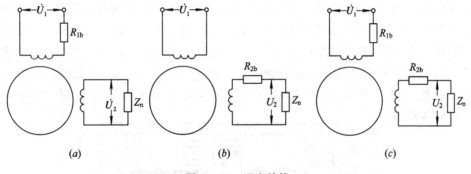

图 8 - 30 温度补偿

☞ 8.4.3 励磁电源的影响

异步测速发电机对励磁电源的稳定度、失真度要求是比较高的，特别是解算用的测速发电机，要求励磁电源的幅值、频率都很稳定，电源内阻及电源与测速发电机之间连线的阻抗也应尽量小。电源电压幅值不稳定，会直接引起输出特性的线性误差，而频率的变化会影响感抗和容抗的值，因而也会引起输出的线性误差和相位误差。如对于 400 Hz 异步测速发电机来说，在任何转速下，频率每变化 1 Hz，输出电压约变化 0.03%。另外，波形失真度较大的电源，会引起输出电压中高次谐波分量过大。所以在精密系统中励磁绕组一般采用单独电源供电，以保持电源电压和频率的稳定。

☞ 8.4.4　移相问题

在自动控制系统中，往往希望输出电压 $\dot{U}_2$ 与励磁电压 $\dot{U}_1$ 相位相同，因而要进行移相。移相可以在励磁回路中进行，也可以在输出回路中进行，或者在两回路中同时进行。最简单的方法是在励磁回路中串联移相电容 C 进行移相，如图 8-11 所示，电容值可用实验办法确定。但应注意的是在励磁回路中串上电容后，会对输出斜率、线性误差等特性产生影响，因此在补偿相移后，电机的技术指标应重新测定。

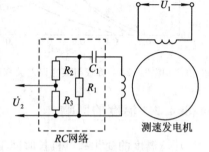

图 8-31　输出回路中移相

目前应用得较多的是在输出回路中进行移相，这时，输出绕组通过 RC 移相网络后再输出电压，如图 8-31所示。图中主要通过调节 C_1 和 R_1 的值来对输出电压 $\dot{U}_2$ 进行移相；电阻 R_3 和 R_2 组成分压器，改变 R_2 和 R_3 的大小可调节输出电压 $\dot{U}_2$ 的值。采用这种方法移相时，C_1、R_1、R_2、R_3 及后面的负载一起组成了测速发电机的负载阻抗。

8.5　交流伺服测速机组

交流伺服电动机和交流测速发电机通常是通过齿轮组耦合在一起使用的。由于齿轮之间不可避免地有间隙存在，就会影响运转的稳定性和精确性。特别是低速运转时，会使伺服系统发生抖动现象。齿轮间隙对于系统来说是一种不可避免的非线性因素。为了克服齿轮间隙的影响，可把伺服电动机与测速发电机作成一体，用公共的转轴和机壳，这就是交流伺服测速机组。我国这种机组的系列是 S-C，其中伺服电动机采用鼠笼转子，测速发电机采用非磁空心杯转子，它们装在同一轴上，如图 8-32 所示。显然，这样的机组不但消除了齿隙误差，而且运转稳定、噪声也小，并且使结构紧凑，省掉了齿轮或其他联轴器，使整个系统的体积缩小。

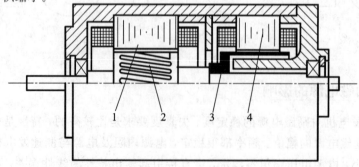

1—伺服电动机定子；2—鼠笼转子；3—杯形转子；4—测速发电机定子

图 8-32　交流伺服测速机组结构之一

另外，在一些高精度的伺服系统中，还采用低惯量杯形转子机组，它的结构特点是电动机和测速机的转子都是用杯形转子，它们共用一个杯子和内定子，如图 8-33 所示。这种机组体积小，重量轻，惯量小，运转平稳，反应快速灵敏，特别适用于航空仪表装置中。

由于交流伺服测速机组体积小、重量轻、性能好，故在国内外得到了广泛的应用。

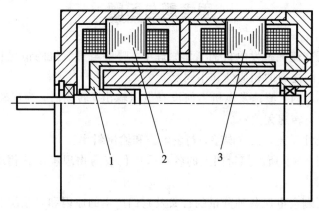

1—杯形转子；　2—伺服电动机定子；3—测速发电机定子

图 8-33　交流伺服测速机组结构之二

小　结

交流异步测速发电机是一种测量转速的元件，它可以将转速信号转变为电压信号，在自动控制系统中主要用作解算元件和阻尼元件。其结构与杯形转子的伺服电动机完全相同。

当励磁绕组产生的磁通 Φ_1 保持不变时，输出电压的值与转速成正比，但其频率与转速无关，等于电源的频率。

表征异步测速发电机性能的主要技术指标有线性误差、相位误差、剩余电压和输出斜率。

输出电压与转速成线性关系是以磁通 Φ_1 不变为前提的。但实际上 Φ_1 的大小和相位都是随着转速而变化的，因而产生了线性误差和相位误差。

所谓剩余电压，就是指转子处于静止情况下，输出绕组所产生的电压。通常它由两部分组成，一部分是与转子位置无关的固定分量；另一部分是与转子位置成周期性变化的交变分量。剩余电压的固定分量可通过补偿法把它消除，但交变分量却不行。按相位和频率来分，剩余电压有同相分量、正交分量和高次谐波分量。在控制系统中，同相分量会引起系统的误差，正交和高次谐波分量将使放大器饱和及伺服电动机温升增高。产生剩余电压的原因是多种多样的，如气隙不均匀、磁路不对称、输出绕组与励磁绕组在空间互相不完全相隔 90°电角度以及转子杯材料不均匀、形状不规则等。消除剩余电压的方法也有很多，读者对这些应有大概的了解。

应该注意，异步测速发电机在系统中的用途不同，对它的性能指标要求也不同。实际使用时还应考虑负载、温度、电源电压、频率等对电机性能的影响，注意电机的工作转速不应超出规定的范围。

为了克服齿轮间隙的影响,交流伺服电动机与测速发电机可作成一体,这就是交流伺服测速机组。

思考题与习题

8-1 在分析交流测速发电机的工作原理中,哪些与直流机的情况相同?哪些与变压器相同?请分析它们之间的相似处和不同点。

8-2 转子不动时,测速发电机为何没有电压输出?转动时,为何输出电压值与转速成正比,但频率却与转速无关?

8-3 何为线性误差,相位误差,剩余电压和输出斜率?

8-4 说明图8-9所示相量图上的各符号所代表的物理量及其相位关系,并说明相位误差产生的原因。

8-5 请说明剩余电压各种分量的含义及它们产生的原因和对系统的影响。

第 9 章　永磁交流伺服电动机

9.1　概　　述

在第 7 章中已介绍的两相交流伺服电动机属于传统的异步型交流伺服电动机，其转子旋转速度始终低于定子磁场旋转的速度，即转子转速始终低于同步速，转子与定子旋转磁场之间存在转差率。正是由于转子与定子旋转磁场之间的相同运动，使得转子导体切割定子旋转磁场时，在转子绕组中产生感应电动势和电流，进而产生电磁力和电磁转矩，带动负载旋转。异步型交流伺服电动机的转速会随负载的大小而变化，且它作为执行元件使用时，对控制信号的响应性能相对较差。

随着工业生产的发展以及技术的不断进步，现代伺服系统面临着更多、更高的性能要求，尤其是一些特殊生产设备的需要，更促使现代伺服系统朝着高性能、柔性化和数字化的方向发展。永磁交流伺服电动机是一种近年来已广泛应用的交流伺服电动机，有取代传统交流伺服电动机的趋势。

永磁交流伺服电动机的转子上放置有永磁体，依靠定子旋转磁场与转子永磁体磁场的相互作用产生电磁转矩，带动负载旋转。在一定的负载范围内，稳态运行时的转子始终保持与定子磁场同步旋转，即转子转速始终等于同步速，因而属于交流同步电动机。以前，电励磁或者永磁同步电动机大多应用在恒频恒速场合，在一定的供电频率下转速恒定，而且其自身没有启动转矩，需要在转子上设计笼型启动绕组。但在伺服应用场合，是以永磁同步电动机(Permanent Magnetic Synchronous Motor，PMSM)为调速驱动电机，配合以信号(转子位置、转速、定子电压和电流)检测、电力电子驱动和微电子控制等电路，集电机和控制器于一体，构成自动控制系统中性能优越的伺服单元，通过控制器改变伺服电动机的运转状态，实现变频启动并响应位置或者速度伺服控制指令。习惯上将永磁同步电动机和控制器构成的系统总称为永磁交流伺服电动机或者永磁交流伺服系统。与其他类型的伺服电动机一样，永磁交流伺服电动机在自控系统中用作执行元件。

永磁交流伺服电动机具有功率密度高，位置分辨率和定位精度高，调速范围宽，低速运行稳定性好，力矩波动小，响应速度快，过载能力强，能承受频繁起停、制动和正/反转，可靠性高等显著的控制性能和技术优势，是目前高性能伺服控制的主要发展方向，在数控机床、仪器仪表、微型汽车、化工、轻纺、家用电器、医疗器械等领域得到了非常广泛的应用。

9.2　永磁交流伺服电动机结构及工作原理

☞ 9.2.1　永磁交流伺服电动机的结构

永磁交流伺服电动机(系统)由控制单元、功率驱动单元、信号反馈单元和永磁交流伺服电动机本体等组成,如图9-1所示。

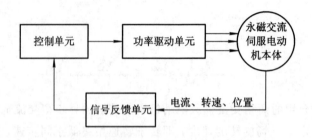

图9-1　永磁交流伺服电动机系统的组成

1. 永磁交流伺服电动机本体

永磁交流伺服电动机中的电动机是一种设计为伺服用途的调速永磁交流电动机,电机本体由定子和转子两部分组成,如图9-2所示。

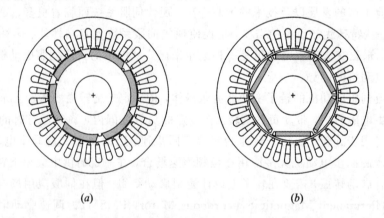

图9-2　永磁交流伺服电动机本体结构
(a)表贴式;(b)内置式

永磁交流伺服电动机的定子与一般异步电动机的定子相同,定子铁心通常也是由带有齿和槽的冲片叠成的,为了削弱齿槽效应引起的转矩脉动,定子铁心采用斜槽;定子槽中嵌放对称的多相定子绕组,可以采用星形或者角形连接,目前较为普遍的是三相绕组电机。定子绕组的布置应使得定、转子极数相同。

永磁交流伺服电动机的转子为永磁结构,可以设计为两极,也可设计成多极,图9-2所示即为6极永磁交流伺服电动机。根据永磁体在转子上放置方式的不同,永磁交流伺服电动机通常分为表贴式和内置式,图9-2(a)、(b)所示分别为最基本形式的表贴式和内置式转子结构。其中,表贴式转子永磁体又有凸出式和嵌入式;内置式转子又有径向式、切向式和混合式。当电动机转速不是很高时，一般采用表贴式转子结构；而对于高速电机多采用内置式转子结构。图9-2中，表贴式永磁体为径向充磁，内置式永磁体为平行充磁，转子对外表现为N、S交替的磁极极性。

　　无论是采用哪种形式的转子磁极结构，都设计为尽量使转子永磁体产生的气隙磁场沿圆周正弦分布，以使当电机旋转时，转子永磁磁场在定子绕组中产生正弦波反电动势。

2. 功率驱动单元

　　永磁交流伺服电动机的功率驱动单元是向定子绕组供电的电力电子逆变电路，包括可关断功率器件（开关管），例如大功率金属氧化物半导体场效应晶体管（Mosfet管）；或者绝缘栅双极性晶体管（IGBT管）构成的主电路及功率管的驱动电路。三相永磁交流伺服电动机功率驱动单元及其与电机绕组的连接如图9-3所示。

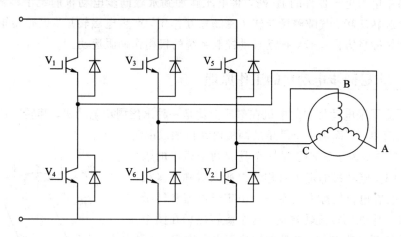

图9-3　三相永磁交流伺服电动机功率驱动单元及其与电机绕组的连接

3. 信号反馈单元

　　信号反馈单元包括传感转子位置、转速与定子电压和电流（有时还包括直流母线电压和电流）的信号检测和调理等电路，实现控制所需机械量和电量的反馈。其中电压、电流的检测通常采用霍尔传感器。为满足高性能控制的要求，转子位置传感通常采用光/电编码器或者旋转变压器。

4. 控制单元

　　控制单元是控制交流伺服电动机运行的指挥中心，在某种意义上类似于指挥人体行为的大脑。控制单元大多采用高速、高精度微处理器（例如单片机和数字信号处理器DSP）及其外围接口电路（输入、显示、存储）设计而成。

　　控制单元的基本功能是接收控制指令和反馈信息，进行判断和运算，根据设计的控制方式（例如磁场定向矢量控制方式），按照输出一定幅值和频率正弦波电压的规律或者采用电压空间矢量调制，生成控制逆变电路开关管导通和关断的脉冲宽度调制（简称脉宽调制，Pusle Width Modulation——PWM）信号，控制逆变电路给定子绕组供电。图9-4所示为控制单元生成的按照正弦规律进行脉宽调制的某一相上、下桥臂开关管控制信号，脉冲为正时上桥臂开关管导通，脉冲为负时下桥臂开关管导通。控制单元同时也要进行保护、判断并具有存储功能。

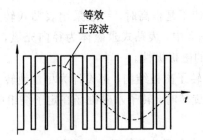

图 9 - 4　正弦脉宽调制信号

综上所述，永磁交流伺服电动机系统是根据给定的指令，将电信号转换为转轴的伺服运动。该系统在获得指令后，通过处理器运行预先编制好的程序，生成所需的脉冲，控制逆变主电路中电力电子器件的通/断，将电压施加到永磁同步电动机的定子多相绕组，在气隙中产生旋转磁场。气隙磁场与转子磁场相互作用，产生电磁转矩。电磁转矩使电动机转子顺着旋转磁场方向运行，拖动自动控制系统的机构作伺服运动。

☞ 9.2.2　永磁同步电动机的工作原理

永磁交流伺服电动机中的电机在本质上就是一种永磁同步电动机，其转矩产生和旋转的原理相当简单，下面用一个简单的两极电动机加以说明。

图 9 - 5 中所表示的转子是一个具有两个磁极的永磁转子。当同步电动机的定子对称绕组通入对称的多相交流电后，会在电机气隙中出现一个由定子电流和转子永磁体合成产生的两极旋转磁场，这个旋转磁场在图中用另一对旋转磁极来等效，其转速取决于电源频率。

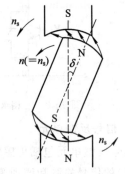

图 9 - 5　永磁同步电动机的工作原理

在图 9 - 5 中，当气隙旋转磁场以同步速 n_s 沿图示的转向旋转时，根据 N 极与 S 极互相吸引的道理，气隙旋转磁场的磁极就要与转子永久磁极紧紧吸住，并带着转子一起旋转。由于转子是由气隙旋转磁场带着旋转的，因而转子的转速应该与气隙旋转磁场的转速（即同步速 n_s）相等。当转子上的负载阻转矩增大时，气隙磁场磁极轴线与转子磁极轴线间的夹角 δ 就会相应增大；当负载阻转矩减小时，夹角 δ 又会减小。通常将夹角 δ 称为转矩角或者功角。

气隙磁场磁极与转子两对磁极间的磁力线如同有弹性的橡皮筋一样，尽管在负载变化时，气隙磁场磁极与转子磁极轴线之间的夹角会变大或变小，但只要负载不超过一定限度，转子就始终跟着气隙旋转磁场以恒定的同步速 n_s 转动，即转子转速为

$$n = n_s = \frac{60f}{p_n} \quad (\text{r/min}) \tag{9-1}$$

式中，f 为定子绕组电源频率；p_n 为极对数。可见，转子转速只取决于电源频率和电机极对数。但是，如果轴上负载阻转矩超出一定限度，转子就不再以同步速运行，甚至最后会停转，这就是同步电动机的失步现象。这个最大限度的转矩称为最大同步转矩。因此，当使用同步电动机时，负载阻转矩不能大于最大同步转矩。

应该注意，如果不采取其他措施，那么对永磁同步电动机直接用高频供电时其自身启动比较困难。主要原因是刚启动时，虽然施加了电源，电机内产生了旋转磁场，但转子还是静止不动的，转子在惯性的作用下跟不上旋转磁场的转动，使气隙磁场与转子两对磁极之间存在着相对运动，转子所受到的平均转矩为 0。例如，在图 9 - 6(a)所示启动瞬间，气隙磁场与转子磁极的相互作用倾向

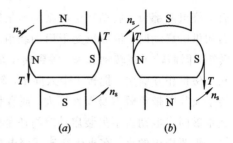

图 9 - 6　永磁同步电动机的启动转矩

于使转子沿逆时针方向旋转，但由于惯性的影响，转子受到作用后不能马上转动；当转子还来不及转起来时，气隙旋转磁场已转过 180°，到了如图 9 - 6(b)所示的位置，这时气隙磁场与转子磁极的相互作用又趋向于使转子沿顺时针方向旋转。这样，转子所受到的转矩时正时反，其平均转矩为 0，因而永磁同步电动机往往不能在高频供电下自行启动。从图 9 - 6 还可看出，在同步电动机中，如果转子的转速与旋转磁场的转速不相等，那么转子所受到的平均转矩总是为 0。

综上所述，影响永磁同步电动机不能自行启动的因素主要有下面两个方面：

(1) 转子及其所带负载存在惯性。

(2) 定子供电频率高，使定、转子磁场之间转速相差过大。

传统上，为了使永磁同步电动机能自行启动，在转子上一般都装有启动绕组，图 9 - 7 所示即为几种设计有启动绕组的永磁同步电动机转子结构，它们都具有永磁体和鼠笼形的

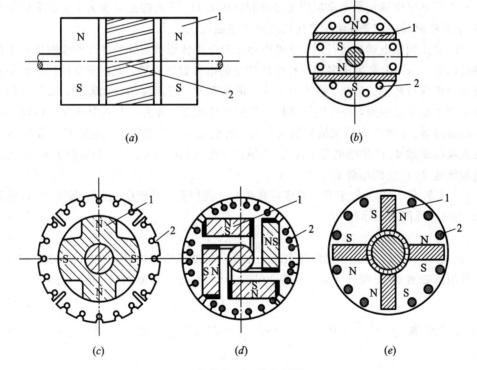

1—永磁体；2—启动绕组

图 9 - 7　自启动永磁同步电动机转子结构

启动绕组两部分。启动绕组的结构与鼠笼形伺服电动机转子结构相同。当永磁同步电动机高频供电启动时，依靠鼠笼形启动绕组，就可使电机如同异步电动机工作时一样产生启动转矩，因而转子就转动起来；等到转子转速上升到接近同步速时，气隙旋转磁场就与转子永久磁钢相互吸引，把转子牵入同步，转子与旋转磁场一起以同步速旋转。但如果电动机转子及其所带负载本身惯性不大，或者是多极的低速电机，气隙旋转磁场转速不很大，那么永磁同步电动机不另装启动绕组还是会自行启动的。

需要指出的是，在永磁交流伺服电机中，电机是通过逆变电路供电的，施加到电机绕组上等效正弦电压的有效值和频率可以调节，就可以降低频率启动，使得电机在低频下先转动起来，然后逐渐升高频率直到电机达到运行转速。因而，在永磁交流伺服电动机转子上一般不设计启动绕组。

9.3　永磁交流伺服电动机的稳态分析

本节针对三相永磁交流伺服电动机本体，分析在定子绕组施加正弦波电压且绕组中流入正弦波电流下电动机的稳态运行情况。

☞ 9.3.1　定子绕组的电势平衡方程

设三相永磁交流伺服电动机所施加的相电压为 $\dot{U}$，流入的相电流为 $\dot{I}_a$，功率因数角为 φ，转子永磁磁场在定子绕组中产生的电势为正弦波。

永磁交流伺服电动机运行时，电机中存在两个旋转磁势，一个是转子永磁体产生的机械旋转磁势，另一个是定子多相对称电流产生的电气旋转磁势，而影响电机性能的是这两个磁势合成后所产生的磁场。在不考虑磁路的饱和时，可以应用叠加原理，认为它们各自独立地产生相应的磁通，并在定子绕组中产生感应电势。此外，电机中还存在由定子电流产生的漏磁场。因此，永磁交流伺服电动机运行时，定子绕组的感应电势有：① 匝链转子永磁磁场的磁通 $\dot{\Phi}_f$ 产生的电势 $\dot{E}_0$；② 匝链定子磁场的磁通 $\dot{\Phi}_a$ 产生的电势 $\dot{E}_a$；③ 由定子绕组漏磁通 $\dot{\Phi}_\sigma$ 产生的电势 $\dot{E}_\sigma$。

（1）电势 $\dot{E}_\sigma$。$\dot{E}_\sigma$ 类似于变压器或者异步型交流伺服电动机中的漏磁电势，可以用漏电抗 X_σ 上的电压降来表示：

$$\dot{E}_\sigma = -jX_\sigma \dot{I}_a \qquad (9-2)$$

（2）电势 $\dot{E}_0$。$\dot{E}_0$ 是定子绕组切割转子永磁磁场所产生的电势，即由转子永磁磁场匝链定子绕组的磁通 $\dot{\Phi}_f$ 交变所产生的电势，在相位上滞后于磁通 $\dot{\Phi}_f$ 相位 90°，大小为

$$E_0 = 4.44 f W_s \Phi_f \qquad (9-3)$$

式中，f 为频率，$f = \dfrac{p_n n_s}{60}$；W_s 为定子绕组每相有效串联匝数。$\dot{E}_0$ 在电动机运行中为反电势。

（3）电势 $\dot{E}_a$。电势 $\dot{E}_a$ 的计算就要复杂一些，为方便分析，定义转子磁极轴线的位置为直轴（d 轴），而与之正交（夹角为 90°电角度）的位置为交轴（q 轴），相位关系图如图 9-8 所

示。取磁通 $\dot\Phi_f$ 沿直轴方向，原因是电势 $\dot E_0$ 的相位滞后于磁通 $\dot\Phi_f$ 的相位 90°，则电势 $\dot E_0$ 沿 q 轴。将电势 $\dot E_0$ 与定子电流 $\dot I_a$ 之间的夹角标记为 ψ，称为内功率因数角。当 $\dot I_a$ 超前于 $\dot E_0$ 时，ψ 为正。

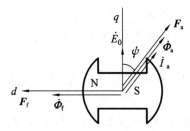

图 9 - 8　相位关系图

在永磁交流伺服电动机中，由于永磁体特别是稀土永磁材料的磁导率接近于空气的磁导率，因此定子磁势沿直轴作用与沿交轴作用时所遇到的磁阻可能不相等。例如，图 9 - 2 (b) 中所示的内置式转子结构，沿直轴与沿交轴的磁阻就不相等；而图 9 - 2(a) 中所示的表贴式转子结构，沿直轴与沿交轴的磁阻近似相等。那么，同样大小的定子磁势作用在直轴磁路上和作用在交轴磁路上所产生的磁通大小就可能不一样。从上一节的分析可知，当电动机所带负载不同时，转子磁极的位置会发生变化，定子磁势作用在不同的空间位置，对应着不同的磁阻，产生不同的磁通和电势，给分析和计算带来困难。

因此，根据直轴和交轴磁阻的不同，应用双反应理论，将定子绕组的三相合成磁势 F_a 分解为直轴磁势 F_{ad} 和交轴磁势 F_{aq} 两个分量来分别研究。

参考图 9 - 8，将电流 $\dot I_a$ 按 ψ 角分解成两个分量，即与 $\dot E_0$ 同相的 (q 轴) 分量 $\dot I_q$ 和与 $\dot E_0$ 正交的 (d 轴) 分量 $\dot I_d$，且：

$$\dot I_a = \dot I_d + \dot I_q \tag{9-4}$$

$$\begin{cases} I_d = I_a \sin\psi \\ I_q = I_a \cos\psi \\ I_a^2 = I_d^2 + I_q^2 \end{cases} \tag{9-5}$$

当电流 $\dot I_d$ 流过定子绕组时，产生直轴磁势 F_{ad}；当电流 $\dot I_q$ 流过定子绕组时，产生交轴磁势 F_{aq}。可以理解为，定子磁势 F_a 按 ψ 角分解成作用在直轴磁路的磁势 F_{ad} 和作用在交轴磁路的磁势 F_{aq}，且：

$$\begin{cases} F_{ad} = F_a \sin\psi \\ F_{aq} = F_a \cos\psi \end{cases} \tag{9-6}$$

直轴磁势 F_{ad} 固定地作用在直轴磁路上，对应于一个恒定不变的磁阻，产生磁通 $\dot\Phi_{ad}$；交轴磁势 F_{aq} 固定地作用在交轴磁路上，也对应于一个恒定不变的磁阻，产生磁通 $\dot\Phi_{aq}$。磁通 $\dot\Phi_{ad}$ 与 $\dot\Phi_{aq}$ 分别在定子绕组中感应出电势 $\dot E_{ad}$ 和 $\dot E_{aq}$。假如不考虑磁路饱和程度的变化，则直轴和交轴磁路的磁阻都恒定不变，所以 E_{ad} 正比于 Φ_{ad}、F_{ad}、I_d；E_{aq} 正比于 Φ_{aq}、F_{aq}、I_q。这样，电势 $\dot E_{ad}$ 和 $\dot E_{aq}$ 可以写为电抗压降的形式：

$$\begin{cases} \dot E_{ad} = -jX_{ad}\dot I_d \\ \dot E_{aq} = -jX_{aq}\dot I_q \\ \dot E_a = \dot E_{ad} + \dot E_{aq} \end{cases} \tag{9-7}$$

（4）电势平衡方程。依据以上分析，并考虑定子绕组中存在的电阻 R_s，写出定子绕组的电势平衡方程：

$$\dot{U} = \dot{E}_0 + R_s \dot{I}_a - \dot{E}_\sigma - \dot{E}_a$$
$$= \dot{E}_0 + R_s \dot{I}_a - \dot{E}_\sigma - \dot{E}_{ad} - \dot{E}_{aq}$$
$$= \dot{E}_0 + R_s \dot{I}_a + jX_\sigma \dot{I}_a + jX_{ad} \dot{I}_d + jX_{aq} \dot{I}_q \tag{9-8}$$

因为

$$\dot{E}_\sigma = -jX_\sigma \dot{I}_a = -jX_\sigma (\dot{I}_d + \dot{I}_q) \tag{9-9}$$

所以

$$\dot{U} = \dot{E}_0 + R_s \dot{I}_a + jX_d \dot{I}_d + jX_q \dot{I}_q \tag{9-10}$$

式中，$X_d = X_{ad} + X_\sigma = \omega L_d$ 称为直轴同步电抗，L_d 为直轴同步电感；$X_q = X_{aq} + X_\sigma = \omega L_q$ 称为交轴同步电抗，L_q 为交轴同步电感。

对图 9-2(a) 中所示的表贴式转子结构，由于交、直轴磁路的磁阻基本相等，所以 $X_d = X_q$，用 X_s 来标记，即 $X_d = X_q = X_s = X_a + X_\sigma = \omega L_s$。其中 X_s 称为表贴式结构永磁交流伺服电动机的同步电抗，L_s 称为同步电感。此时，$\dot{E}_a = -jX_a \dot{I}_a$。电势平衡方程为

$$\dot{U} = \dot{E}_0 + R_s \dot{I}_a - \dot{E}_\sigma - \dot{E}_a$$
$$= \dot{E}_0 + R_s \dot{I}_a + jX_\sigma \dot{I}_a + jX_a \dot{I}_a$$
$$= \dot{E}_0 + R_s \dot{I}_a + jX_s \dot{I}_a \tag{9-11}$$

☞ 9.3.2　电磁转矩和矩角特性

为计算永磁交流伺服电动机的电磁转矩，在式(9-11)中忽略定子电阻和漏电抗，并结合图 9-8 所给出的磁场量与电量之间的关联关系，画出永磁交流伺服电动机电量与磁场量相量图如图 9-9 所示，以说明功角的另一个意义。

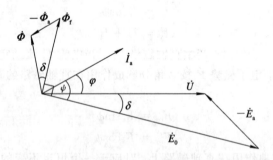

图 9-9　永磁交流伺服电动机电量与磁场量相量图

在图 9-9 中，$\dot{E}_0$ 是转子磁通 $\dot{\Phi}_f$ 在定子绕组中的感应电势，在相位上滞后于磁通 $\dot{\Phi}_f$ 的相位 90°；$\dot{E}_a$ 是定子电流 $\dot{I}_a$ 所产生磁通 $\dot{\Phi}_a$ 在定子绕组中的感应电势，在相位上滞后于磁通 $\dot{\Phi}_a$ 的相位 90°；$\dot{E}_0$ 与 $-\dot{E}_a$ 的合成相量为电源电压 $\dot{U}$，可以认为是定子绕组中的总电势，由转子磁通 $\dot{\Phi}_f$ 和定子磁通 $-\dot{\Phi}_a$ 的合成磁通 $\dot{\Phi}$ 所产生，当然就滞后于 $\dot{\Phi}$ 的相位 90°。磁通 $\dot{\Phi}$ 与 $\dot{\Phi}_f$ 之间的夹角就是图 9-5 中的功角 δ，也等于电压 $\dot{U}$ 与电势 $\dot{E}_0$ 之间的夹角。此结论同样适用于根据式(9-10)画出的永磁交流伺服电动机相量图，如图 9-10 所示。

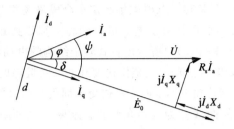

图 9 - 10　永磁交流伺服电动机相量图

在图 9 - 9 和图 9 - 10 中，定子绕组上所加的电源电压 U 都小于转子磁场在定子绕组中所产生的感应电势 E_0。电势 E_0 正比于转子转速，意味着在一定的电源电压下，可以允许电机以较高的转速运行，这是由于定子磁势 F_{ad} 对转子磁势 F_f 的抵消（去磁）作用削弱了定子绕组中合成磁通 Φ 所带来的结果。实际控制系统中，在电源电压一定的情况下，为扩大永磁交流伺服电动机的调速范围，常常利用上述这一特征实现弱磁扩速。当然，弱磁扩速会使得电机的负载能力下降。

根据图 9 - 10 可以得出：

$$\psi = \arctan \frac{I_d}{I_q} \tag{9-12}$$

$$\varphi = \psi - \delta \tag{9-13}$$

$$\begin{cases} U \sin\delta = X_q I_q + R_s I_d \\ U \cos\delta = E_0 - X_d I_d + R_s I_q \end{cases} \tag{9-14}$$

从式（9 - 14）求出定子电流的直轴和交轴分量为

$$\begin{cases} I_d = \dfrac{R_s U \sin\delta + X_q(E_0 - U \cos\delta)}{R_s^2 + X_d X_q} \\ I_q = \dfrac{X_d U \sin\delta - R_s(E_0 - U \cos\delta)}{R_s^2 + X_d X_q} \end{cases} \tag{9-15}$$

电动机的输入功率为

$$\begin{aligned} P_1 &= mUI_a\cos\varphi = mUI_a\cos(\psi - \delta) \\ &= mU(I_a\cos\psi\cos\delta + I_a \sin\psi\sin\delta) = mU(I_d\sin\delta + I_q\cos\delta) \\ &= \frac{mU\left[E_0(X_q \sin\delta - R_s \cos\delta) + R_s U + \dfrac{U(X_d - X_q)\sin2\delta}{2} \right]}{R_s^2 + X_d X_q} \end{aligned} \tag{9-16}$$

式中，m 为相数。为进一步说明问题的本质，忽略定子绕组的电阻，可得电动机的电磁功率为

$$P_M \approx P_1 \approx \frac{mUE_0}{X_d} \sin\delta + \frac{mU^2}{2}\left(\frac{X_d - X_q}{X_d X_q}\right)\sin2\delta \tag{9-17}$$

电磁功率除以电动机的同步机械角速度 Ω_s，得到电磁转矩为

$$T = \frac{P_M}{\Omega_s} = \frac{mUE_0}{\Omega_s X_d} \sin\delta + \frac{mU^2}{2\Omega_s}\left(\frac{1}{X_q} - \frac{1}{X_d}\right)\sin2\delta = T' + T'' \tag{9-18}$$

式中，$\Omega_s = \dfrac{2\pi f}{p_n}$。

式(9-18)中的第 1 项 T' 是转子永磁磁场和定子合成磁场相互作用产生的基本电磁转矩，也称为永磁转矩；第 2 项 T'' 是由于电动机直轴和交轴磁路磁阻不同所产生的磁阻转矩，也称为反应转矩。对图 9-2(b)中所示内置式转子结构的电动机，因为直轴磁阻大于交轴磁阻，则 $X_d < X_q$，所以当 δ 在 $0° \sim 90°$ 范围内变化时，磁阻转矩 T'' 为负。

当外施电源电压的大小及频率不变时，永磁交流伺服电动机的电磁转矩仅随功角 δ 变化。电磁转矩随功角变化的曲线称为其矩角特性。永磁交流伺服电动机的矩角特性如图 9-11 所示，图中曲线 1 为永磁转矩，2 为磁阻转矩，3 为总的电磁转矩。

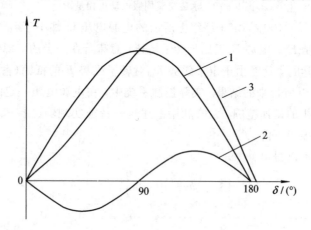

图 9-11　永磁交流伺服电动机的矩角特性

对图 9-2(a)中所示表贴式转子结构的电动机，由于 $X_d = X_q = X_s$，因此式(9-18)变为

$$T = \frac{mUE_0}{X_s \Omega_s} \sin\delta \tag{9-19}$$

仅有永磁转矩而无磁阻转矩，其矩角特性为图 9-11 中所示的曲线 1。

永磁交流伺服电动机矩角特性上有一个电磁转矩最大值 $T_{\max}$，它是电机所能产生的最大转矩。如果电动机的总阻转矩(包括负载转矩和电动机本身的空载阻转矩)大于 $T_{\max}$，电动机将由于带不动负载而出现失步，因此 $T_{\max}$ 也被称为电机的失步转矩。为保证电机的可靠运行，通常将电机的额定转矩 T_N 设计为小于最大转矩 $T_{\max}$，最大转矩 $T_{\max}$ 与额定转矩 T_N 的比值 $K_M = T_{\max}/T_N$ 称为电动机的过载能力或者最大转矩倍数，是电动机的一个很重要的性能指标。

9.4　永磁交流伺服电动机的数学模型

永磁交流伺服电动机(系统)工作时，经常处于动态调节状态，为分析和设计永磁交流伺服电动机系统，就必须建立永磁交流伺服电动机的动态数学模型。永磁交流电动机的动态数学模型包括电机的机械运动方程和电路模型两部分，且在不同的坐标系下有着不同的表达式，本节以三相电机为对象，首先建立在定子三相静止坐标系下的模型；然后利用坐标变换，建立起更为有用的转子 dq 坐标系下的数学模型。

图 9-12 所示为永磁交流伺服电动机坐标系关系示意图。静止三相坐标系下，坐标轴

A、B、C 沿定子三相绕组的轴线，空间相差 120°电角度。取 α 轴与定子绕组 A 相轴线重合，β 轴逆时针超前 α 轴 90°电角度，构成 $\alpha\beta$ 静止坐标系。取逆时针方向为转速的正方向，$\boldsymbol{\psi}_f$ 为转子每极永磁磁链空间矢量且方向与转子磁极磁场的轴线一致，d 轴固定在转子永磁体磁链 $\boldsymbol{\psi}_f$ 的方向上（即与转子磁极轴线重合），d 轴与 A 相轴线夹角为电角度 θ，q 轴逆时针超前 d 轴 90°电角度，构成随转子以电角速度（电角频率）ω_r 一起同步旋转的 dq 坐标系。$\theta = \omega_r t$。

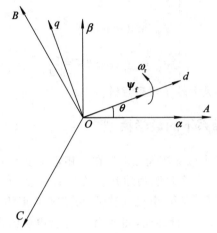

图 9-12　永磁交流伺服电机坐标系关系示意图

☞ 9.4.1　定子三相静止坐标系下的模型

三相永磁交流伺服电动机的定子上有 A、B、C 三相绕组，转子上装有永磁体。因为电机输入的是三相正弦交流电，所以电路模型可用定子三相静止坐标系中的定子电压、电流关系描述。定子和转子间通过气隙磁场耦合，由于电机定子与转子间有相对运动，电磁关系十分复杂，为简化分析，作如下假设：

（1）忽略磁路饱和、磁滞和涡流的影响，认为磁路是线性的，可以应用叠加原理。

（2）定子三相绕组对称。

（3）忽略磁场高次谐波，电机感应电势呈正弦波。

由此得到永磁交流伺服电动机定子电势平衡方程式和磁链表达式如下。

电势平衡方程式为

$$
\begin{cases}
u_A = R_s i_A + \dfrac{\mathrm{d}\psi_A}{\mathrm{d}t} \\[2mm]
u_B = R_s i_B + \dfrac{\mathrm{d}\psi_B}{\mathrm{d}t} \\[2mm]
u_C = R_s i_C + \dfrac{\mathrm{d}\psi_C}{\mathrm{d}t}
\end{cases}
\tag{9-20}
$$

式中，u_A、u_B、u_C 分别为三相绕组相电压；i_A、i_B、i_C 分别为三相绕组相电流；ψ_A、ψ_B、ψ_C 分别为三相绕组匝链的磁链；R_s 为绕组相电阻。

磁链表达式为

$$\begin{cases} \psi_A = L_{AA}i_A + M_{AB}i_B + M_{AC}i_C + \psi_{fA} \\ \psi_B = M_{BA}i_A + L_{BB}i_B + M_{BC}i_C + \psi_{fB} \\ \psi_C = M_{CA}i_A + M_{CB}i_B + L_{CC}i_C + \psi_{fC} \end{cases} \qquad (9-21)$$

式中，L_{AA}、L_{BB}、L_{CC}分别为每相绕组自感；$M_{AB}=M_{BA}$，$M_{BC}=M_{CB}$，$M_{CA}=M_{AC}$分别为两相绕组间的互感；ψ_{fA}、ψ_{fB}、ψ_{fC}分别为三相绕组匝链的转子永磁磁链，并且有

$$\begin{cases} \psi_{fA} = \psi_f \cos\theta \\ \psi_{fB} = \psi_f \cos\left(\theta - \dfrac{2\pi}{3}\right) \\ \psi_{fC} = \psi_f \cos\left(\theta + \dfrac{2\pi}{3}\right) \end{cases} \qquad (9-22)$$

式中，ψ_f为定子绕组匝链的最大转子永磁磁链。

☞ 9.4.2 转子 dq 坐标系下的数学模型

如果利用坐标变换，将永磁交流伺服电机在三相定子坐标系下的模型转换为电机在转子 dq 坐标系下的数学模型，那么就能消除其中的时变因素，而将变系数微分方程变换为常系数微分方程，简化运算和分析。电机在转子 dq 坐标系下的数学模型是最常用的模型，它不仅可用于分析电机的瞬态运行性能，也可用于分析电机的稳态性能。坐标变换的实质是通过进行数学上的相似变换，使电机模型中的电感矩阵(或阻抗矩阵)对角线化，最终实现永磁同步电动机的解耦或近似解耦。

1. 坐标变换

以功率不变为原则，dq、$\alpha\beta$、ABC 坐标系之间的电流变换关系如下(电压、磁链等的变换与此相同)：

(1) 定子静止三相 ABC 坐标系到静止两相 $\alpha\beta$ 坐标系的变换——Clarke 变换。

$$\begin{bmatrix} i_\alpha \\ i_\beta \end{bmatrix} = T_{ABC-\alpha\beta} \begin{bmatrix} i_A \\ i_B \\ i_C \end{bmatrix} \qquad (9-23)$$

式中，

$$T_{ABC-\alpha\beta} = \sqrt{\frac{2}{3}} \begin{bmatrix} 1 & -\dfrac{1}{2} & \dfrac{1}{2} \\ 0 & \dfrac{\sqrt{3}}{2} & -\dfrac{\sqrt{3}}{2} \\ \dfrac{1}{\sqrt{2}} & \dfrac{1}{\sqrt{2}} & \dfrac{1}{\sqrt{2}} \end{bmatrix}$$

(2) 定子静止两相 $\alpha\beta$ 坐标系到同步旋转 dq 坐标系的变换——Park 变换。

$$\begin{bmatrix} i_d \\ i_q \end{bmatrix} = T_{\alpha\beta-dq} \begin{bmatrix} i_\alpha \\ i_\beta \end{bmatrix} \qquad (9-24)$$

式中，

$$T_{\alpha\beta-dq} = \begin{bmatrix} \cos\theta & \sin\theta \\ -\sin\theta & \cos\theta \end{bmatrix}$$

（3）定子静止三相 ABC 坐标系到同步旋转 dq 坐标系的变换。

由式（9 - 23）和式（9 - 24）可以推出：

$$\begin{bmatrix} i_d \\ i_q \end{bmatrix} = T_{ABC-dq} \begin{bmatrix} i_A \\ i_B \\ i_C \end{bmatrix} \tag{9 - 25}$$

式中，

$$T_{ABC-dq} = \sqrt{\frac{2}{3}} \begin{bmatrix} \cos\theta & \cos\left(\theta - \dfrac{2\pi}{3}\right) & \cos\left(\theta + \dfrac{2\pi}{3}\right) \\ \sin\theta & \sin\left(\theta - \dfrac{2\pi}{3}\right) & \sin\left(\theta + \dfrac{2\pi}{3}\right) \\ \dfrac{1}{\sqrt{2}} & \dfrac{1}{\sqrt{2}} & \dfrac{1}{\sqrt{2}} \end{bmatrix}$$

2. dq 坐标系下的数学模型

（1）电势平衡方程：在 dq 坐标系下，永磁交流伺服电机的电势方程为

$$\begin{cases} u_d = R_s i_d + \dfrac{d\psi_d}{dt} - \omega_r \psi_q \\ u_q = R_s i_q + \dfrac{d\psi_q}{dt} + \omega_r \psi_d \end{cases} \tag{9 - 26}$$

式中，u_d、u_q 分别为定子电压在 d、q 轴分量（单位为 V）；i_d、i_q 分别为定子电流在 d、q 轴分量（单位为 A）；ψ_d、ψ_q 分别为定子磁链在 d、q 轴分量（单位为 Wb）；ω_r 为转子的电角速度（单位为 rad/s）。

（2）磁链表达式：

$$\begin{cases} \psi_d = L_d i_d + \psi_f \\ \psi_q = L_q i_q \end{cases} \tag{9 - 27}$$

式中，L_d、L_q 分别为三相定子绕组在 d、q 轴上的等效电感（单位为 H）；ψ_f 为转子永磁体产生的磁链（单位为 Wb）。

（3）电磁转矩计算：

$$T = p_n \left[\psi_f i_q + (L_d - L_q) i_d i_q \right] \tag{9 - 28}$$

由式（9 - 28）可以看出，永磁交流伺服电动机的电磁转矩由两部分组成：一是转子永磁磁场与定子绕组 q 轴电流作用产生的永磁转矩 T_m；另一是由电感变化引起的磁阻转矩 T_r。

$$T_m = p_n \psi_f i_q \tag{9 - 29}$$

$$T_r = p_n (L_d - L_q) i_d i_q \tag{9 - 30}$$

当交、直轴磁阻不同时，电感 L_d 和 L_q 不相等，因此存在磁阻转矩。实际伺服系统中使用的多为表贴式永磁同步电机，可以认为其转子结构是对称的，即 $L_d = L_q = L_s$，因此有

$$T = p_n \psi_f i_q \tag{9 - 31}$$

转矩中不包含磁阻转矩项，电磁转矩仅与定子电流中的交轴分量有关，此时不论 i_d 是否为 0，电磁转矩始终与 i_q 成线性关系。

可见，永磁交流伺服电动机的电磁转矩控制最终归结为对直轴（d 轴）和交轴（q 轴）电流的控制。

（4）机械运动方程：

$$T = T_L + B\Omega + J\frac{d\Omega}{dt} \tag{9-32}$$

式中，J 为电机包括负载折算到电机转子轴上的转动惯量（单位为 kg·m²）；Ω 为电机转子机械角速度（单位为 rad/s），$\Omega = \omega_r/p_n$；B 为粘滞摩擦系数；T_L 为负载转矩（单位为 N·m）。

上述电势方程、转矩方程和运动方程共同构成了永磁交流伺服电动机的数学模型。

（5）表贴式永磁交流伺服电机的状态方程模型。将以上分析综合，并经整理，可以得到永磁交流伺服电动机的状态方程模型，用式（9-33）给出。从式（9-33）中可以看出，在永磁交流伺服系统中，永磁交流伺服电动机本身就是一个多变量非线性的子系统。

$$\begin{bmatrix} \dfrac{di_d}{dt} \\[2ex] \dfrac{di_q}{dt} \\[2ex] \dfrac{d\Omega}{dt} \end{bmatrix} = \begin{bmatrix} -\dfrac{R_s}{L_d} & p_n\Omega & 0 \\[2ex] -p_n\Omega & -\dfrac{R_s}{L_q} & -\dfrac{p_n\psi_f}{L_q} \\[2ex] 0 & \dfrac{p_n\psi_f}{J} & -\dfrac{B}{J} \end{bmatrix} \begin{bmatrix} i_d \\[2ex] i_q \\[2ex] \Omega \end{bmatrix} + \begin{bmatrix} \dfrac{u_d}{L_d} \\[2ex] \dfrac{u_q}{L_q} \\[2ex] -\dfrac{T_L}{J} \end{bmatrix} \tag{9-33}$$

9.5　永磁交流伺服电动机的矢量控制

在永磁交流伺服电动机的控制中，一般采用磁场定向矢量控制方法，目的是改善转矩控制性能。磁场定向矢量控制分为转子磁链定向矢量控制、气隙磁链定向矢量控制及定子磁链定向矢量控制等。无论是哪种形式的矢量控制，最终实施仍然是落到对定子电流的控制上。由于定子侧电压、电流、电动势和磁链等各个物理量都是交流量，其空间矢量以同步转速旋转，调节、控制和计算都不方便，因此，借助于坐标变换使得各个交流量变成直流量，对这些直流量进行实时控制，就可以达到直流电动机的控制性能；然后经过坐标的逆变换过程，从旋转坐标系回到静止坐标系，把上述的直流给定量变换成实际的交流给定量，在三相定子坐标系上对交流量进行控制，使其实际值等于给定值。

气隙磁链定向控制是将同步旋转坐标 d 轴与同步电机的气隙磁链矢量重合；定子磁链定向控制是将同步旋转坐标 d 轴与定子磁链矢量重合；转子磁链定向控制是将同步旋转坐标 d 轴与电机转子几何轴线重合，将转子磁场方向与 d 轴重合，使磁场定向于转子磁链 ψ_f。气隙磁链和定子磁链的定向控制中存在动态过程转矩和磁链控制不解耦的缺陷，而在转子磁链定向控制方式下，永磁同步电机的数学模型就是常用的 dq 轴数学方程，具有数学模型简单、线性化、转矩与磁链控制解耦的明显优点，因而该数学模型最为常用。

☞ 9.5.1　转子磁链定向控制的方式

从永磁交流伺服电动机的运动方程式（9-32）可以看出，电机动态特性的调节和控制完全取决于能否精确地控制电机的电磁转矩。由式（9-28）可知，永磁交流伺服电动机的电磁转矩取决于 d 轴电流和 q 轴电流，对转矩的控制最终可归结为对 d 轴电流和对 q 轴电流的控制。对于某一给定的电磁转矩，有多种 d 轴电流和 q 轴电流的组合，产生了不同的控制策略，这将影响逆变器和电机的输出能力以及系统的效率、功率因数等。常见的控制策略有：$i_d=0$ 控制方式、最大转矩电流比控制方式、$\cos\varphi=1$ 控制方式、恒磁链控制方式等。这些控制策略都有其各自的特点，针对不同的用途，它们各有自己的优缺点，适用于不同的场合。

1. $i_d=0$ 控制方式

$i_d=0$ 控制方式是一种最简单的电流控制方式。在表贴式永磁交流伺服电机中，$T=p_n\psi_f i_q$，保持 $i_d=0$ 就可以用最小的电流得到最大的转矩输出，而且电磁转矩正比于交轴电流，此时永磁交流伺服电动机等效于一台直流电动机。

该控制方式由于没有定子电流的直轴去磁分量而不会产生去磁效应，不会出现永磁电机退磁而使电机性能变坏的现象，输出转矩与定子电流成正比。$i_d=0$ 控制方式的主要缺点是功角和电动机端电压均随负载的增大而增大，功率因数变低，要求逆变单元的输出电压高，容量比较大。该控制方式常用于小功率交流伺服传动。

2. 最大转矩电流比控制方式

在电机输出转矩满足要求的条件下，最大转矩电流比控制可使定子电流最小，减小电机的铜耗，有利于逆变单元开关器件的工作，可以选择具有较小运行电流的逆变单元，降低系统成本。在该控制方式的基础上，采用适当的弱磁控制方法，可以改善电机高速运行时的性能，因此该控制方式是一种较适合永磁交流伺服电动机调速的电流控制方法，但缺点是功率因数随输出转矩的增加下降较快。对于表贴式永磁交流伺服电动机，因为 $L_d=L_q$，所以该控制方式就是 $i_d=0$ 的控制。在内置式永磁交流伺服电动机中，$L_d\neq L_q$，为了追求用最小的电流得到最大的输出转矩，通过推导可以得到 i_q 和 i_d 随输出转矩变化的函数曲线，即 $i_q=f_1(T)$，$i_d=f_2(T)$。由于转矩值是给定的，因此按照这样的函数曲线对电流进行控制即可保证在电流幅值不变的情况下获得最大转矩。

3. $\cos\varphi=1$ 控制方式

$\cos\varphi=1$ 控制方式使电机功率因数恒为 1，逆变单元的容量得到充分利用。但是在永磁交流伺服电动机中，由于转子励磁不能调节，在负载变化时，转矩（q 轴）绕组的总磁链无法保持恒定，因此定子电流和转矩之间不能保持线性关系。而且最大输出转矩小，退磁系数较大，永磁材料可能被去磁，造成电机电磁转矩、功率因数和效率的下降。

4. 恒磁链控制方式

恒磁链控制方式是通过控制电机交、直轴电流，使电机定子总磁链 ψ 保持恒定，且等于转子永磁体的励磁磁链 ψ_f，即满足 $\sqrt{(\psi_f+L_d i_d)^2+(L_q i_q)^2}=\psi_f$。恒磁链控制时的转矩电流关系曲线与 $\cos\varphi=1$ 控制时的曲线类似，也存在转矩输出极值现象，但比 $\cos\varphi=1$ 控制方式的最大输出转矩要大一倍。

对比上述四种控制方式，对大功率永磁交流伺服电机系统，较适合使用 $\cos\varphi=1$ 及恒磁链控制方式，这两种控制方式可以获得比较高的功率因数，能够充分利用逆变单元的容量。但对于功率不大的永磁交流伺服系统，由于对装置的过载能力及转矩响应性能有比较高的要求，因此适合使用 $i_d=0$ 和最大转矩电流比控制方式。对于表贴式永磁交流伺服电机，使用 $i_d=0$ 与最大转矩电流比控制方式是一致的，但最大转矩电流比控制方式的运算复杂，运算量较大。在 9.5.2 节仅介绍 $i_d=0$ 的控制方式。

5. 弱磁控制

在电机电压达到逆变单元所能输出的电压极限之后，要想继续提高转速，就必须通过调节 i_q 和 i_d 来实现。增加 d 轴去磁电流分量和减小 q 轴电流分量，都可以保持电压平衡关系，达到弱磁效果。考虑到电机及逆变单元器件有一定的电流极限，若增加 i_d 而保持相电流值不变，则要减小 i_q，因此通常采用增加 d 轴去磁电流及减小 q 轴电流的方法来实现弱磁升速。

☞ 9.5.2 $i_d=0$ 的转子磁链定向矢量控制系统

当 $i_d=0$ 时，定子电流的 d 轴分量为 0，磁链和转矩可以简化为

$$\begin{cases} \psi_d = \psi_f \\ \psi_q = L_q i_q \end{cases} \tag{9-34}$$

$$T = p_n \psi_f i_q \tag{9-35}$$

于是，电磁转矩和磁链 ψ_f 以及定子电流 q 轴分量 i_q 成正比，又由于 ψ_f 与 i_q 相互解耦，因此只要在运行过程中保证 $i_d=0$，则电磁转矩 T 就只受定子电流 q 轴分量 i_q 的控制，从而使永磁交流伺服电动机的矢量控制获得与直流电动机相同的控制性能。

图 9-13 所示为具有位置伺服功能的、$i_d=0$ 转子磁链定向三相永磁交流伺服电动机矢量控制系统原理框图。系统中包含电流环、速度环和位置环三个闭环，由位置调节器、速度调节器、电流调节器、Clarke 变换、Park 变换与反变换、脉宽调制（正弦脉宽调制 SPWM 或空间矢量脉宽调制 SVPWM）模块、定子电流检测、转子速度和位置检测、逆变器以及永磁同步电动机（PMSM）等环节组成。

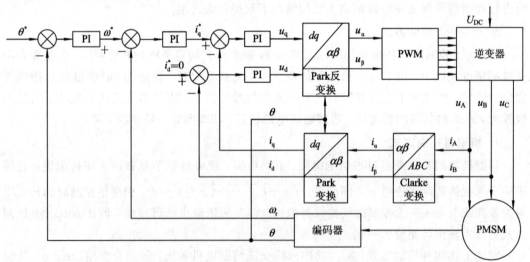

图 9-13　转子磁链定向的永磁交流伺服电动机矢量控制系统原理框图

转子磁链定向矢量控制需将三相静止坐标系下电机的交流量转换到两相旋转坐标系下的直流量，因此系统中通过 Clarke 变换将电动机实际的三相电流变换成两相静止坐标系下的电流；然后通过 Park 变换将两相静止坐标系下的电流变换成两相旋转坐标系下的电流。

　　Park 及 Park 反变换需要知道转子任意时刻的准确位置信号，该信号可以通过增量式或者绝对式光/电编码器，或者旋转变压器等位置传感器直接获得，也可以采用无位置传感器的算法间接获得。

　　系统中转子位置指令值 θ^* 与实际值 θ 比较后，将其差值作为位置调节器的输入信号；位置调节器输出速度参考值 ω^* 与实际速度 ω_r 比较，输出 q 轴电流分量的参考值 i_q^*，同时给定 $i_d^* = 0$；由电流传感器测得定子相电流 i_A、i_B，通过 Clark 和 Park 变换得到定子电流的 dq 轴分量 i_d 和 i_q；dq 轴电流的偏差通过各自电流调节器调节后输出 dq 轴电压分量 u_d 和 u_q，u_d 和 u_q 经过 Park 反变换后输出施加到脉宽调制模块的 $\alpha\beta$ 轴电压分量 u_α 和 u_β，脉宽调制模块输出 6 路 SVPWM 或 SPWM 调制信号，控制逆变单元(图中的逆变器)施加在电机上的电压，从而实现 $i_d = 0$ 的控制。

9.6　永磁交流伺服电动机系统的性能指标

　　永磁交流伺服系统的性能可以用调速范围、定位精度、稳速精度、动态响应和运行稳定性等主要的性能指标来衡量。

　　(1) 调速范围(调速比)：工程实际中所要求的电机驱动系统的最高转速和最低转速之比。

　　(2) 定位精度：位置误差的角度或者误差角占每转角度的比率。

　　(3) 稳速精度：稳定运行时的转速误差。比如给定 1 r/min 时，希望达到 ±0.1 r/min 以内，或者达到 ±0.01 r/min 以内。

　　(4) 动态响应：通常用系统最高响应频率衡量，即给定最高频率的正弦速度指令，要求系统输出速度波形的相位滞后不超过 90° 或者幅值不小于其 50%。

　　(5) 运行稳定性：主要是指系统在电压波动、负载波动、电机参数变化、上位控制器输出特性变化、电磁干扰以及其他特殊运行条件下，维持稳定运行并保证一定的性能指标的能力。

小　　结

　　永磁交流伺服电动机系统实质上是一个集电机本体与控制电路为一体的系统，由控制单元、功率驱动单元、信号反馈单元和永磁同步电动机本体等组成。永磁交流伺服电动机转子上放置有永磁体，依靠定子旋转磁场与转子永磁体磁场的相互作用产生电磁转矩，带动负载旋转。基于双反应理论分析稳态运行，可以推导出永磁交流伺服电动机电磁转矩表达式并得到矩角特性。永磁交流伺服电动机矢量控制系统中，通常采用经坐标变换得到的电机在 dq 坐标系下的数学模型。交流伺服系统的性能以调速范围、定位精度、稳速精度、动态响应和运行稳定性等指标衡量。

思考题与习题

　　9-1　说明永磁交流伺服电动机与异步型交流伺服电动机的区别。

9-2　简述永磁交流伺服电动机系统的构成及其工作原理。

9-3　永磁交流伺服电动机稳态电势平衡方程中包含哪些感应电势？这样的分析是基于怎样的假设的？

9-4　为什么要用双反应理论将定子电流产生的合成旋转磁场在定子绕组中的感应电势分解成两个分量？

9-5　写出永磁交流伺服电动机电磁转矩的两种表达式，分析影响电磁转矩的因素。

9-6　什么是永磁交流伺服电动机的矩角特性？从中可以发现什么特征？

9-7　写出永磁交流伺服电动机在三相静止坐标系下的电势平衡方程，并分析说明磁链计算式各项的意义。

9-8　怎样得到永磁交流伺服电动机在转子 dq 坐标系下的模型？该模型有怎样的特征？

9-9　推导永磁交流伺服电动机在转子 dq 坐标系下电磁转矩的计算式。

9-10　永磁交流伺服电动机采用转子磁链定向控制时，可以采取哪些控制方式？各有什么特点？分别适用于哪些场合？

9-11　分析永磁交流伺服电动机沿转子磁链定向的矢量控制系统原理框图中各环节的作用。

9-12　如果不是采用 $i_d=0$ 控制方式，那么图 9-13 中需要做哪些改动？为什么？

9-13　永磁交流伺服电动机(系统)有哪些主要的性能指标？

9-14　一台三相永磁交流伺服电动机，相电压为 190 V，定子绕组切割转子永磁磁场所产生的电势 $E_0=115$ V，转速 2000 r/min，转矩角 $\delta=15°$，直轴同步电抗 $X_d=2.887\ \Omega$，交轴同步电抗 $X_q=6.528\ \Omega$，忽略定子绕组电阻，则电机的电磁功率 P_M 和电磁转矩 T 各为多少？

第 10 章　无刷直流电动机

10.1　概　　述

传统直流电动机具有调速和起动特性好、堵转转矩大等优点，被广泛应用于各种驱动装置和伺服系统。但是，直流电动机中电刷和换向器之间的机械接触严重影响了电机运行的精度、性能和可靠性，所产生的火花会引起电磁干扰，缩短电机寿命，同时电刷和换向器装置使直流电机结构复杂、噪音大、维护困难，限制了其在很多场合中的应用，因此，长期以来人们都在寻求可以不用电刷和换向器装置的直流电动机。随着电子技术的迅速发展以及各种大功率电子器件的广泛应用，这种愿望已逐步得以实现。

无刷直流电动机（Brushless DC Motor，BLDCM）正是随着近年来微处理器技术和新型功率电子器件的不断发展，以及高磁能积、低成本的永磁材料的出现而逐渐成熟的一种新型直流电动机。

无刷直流电动机用电子开关线路和位置传感器代替了传统直流电动机中的电刷和换向器，既具有直流电动机的特性，又具有交流电动机结构简单、运行可靠、维护方便等优点。它的转速不再受机械换向的限制，若采用高速轴承，则可以在高达每分钟数万转的转速下运行。无刷直流电动机将电子线路与电机融为一体，把先进的电子技术应用于电机领域，这将促使电机技术更新、更快的发展。

无刷直流电动机用途非常广泛，尤其适用于高级电子设备、机器人、航空航天技术、数控装置、医疗化工等高新技术领域。

无刷直流电动机有两种定义方式，一种是认为该类电机属于自同步永磁电机，将其中反电动势和供电电流波形均为正弦波的电动机称为调速永磁同步电动机（Permanent Magnetic Synchronous Motor，PMSM）；而将反电动势和供电电流波形均为方波（梯形波）的电动机称为无刷直流电动机。另一种是将该类电机统称为无刷直流电动机，将反电动势和供电电流波形均为正弦波的称为正弦波无刷直流电动机；而将反电动势和供电电流为方波（梯形波）的称为方波无刷直流电动机。

本章所介绍的无刷直流电动机是指方波无刷直流电动机，原因是其特性和控制策略更接近于传统直流电动机。

10.2　无刷直流电动机系统组成

无刷直流电动机是一种通过电子开关线路实现换相的新型电子运行电机，由电动机本体、电子开关线路(功率电子逆变电路)、转子位置传感器和控制器等组成无刷直流电动机系统,其原理框图如图10-1所示。图中直流电源通过电子开关线路向电动机定子绕组供电,电机转子位置由位置传感器检测并送入控制器,在控制器中经过逻辑处理产生相应的换相信号,以一定的规律控制电子开关线路中的功率开关器件,使之导通或关断,将电源顺序分配给电动机定子的各相绕组,从而使电动机转动。

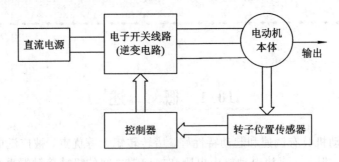

图10-1 无刷直流电动机系统原理框图

无刷直流电动机的基本结构如图10-2所示。图中电动机定子、转子构成电动机本体,传感器定子、转子形成转子位置传感器。在一些无刷直流电动机中,往往是将电子开关线路和控制器集成为一体。

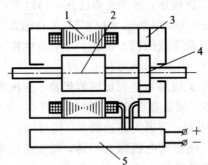

1—电动机定子;2—电动机转子;3—传感器定子;
4—传感器转子;5—电子开关线路+控制器

图10-2 无刷直流电动机的基本结构示意图

☞ 10.2.1 电机本体结构

无刷直流电动机本体,首先应满足电磁方面的要求,保证在工作气隙中产生足够的磁通,电枢绕组允许流过一定的电流,以便产生一定的电磁转矩;其次,应满足机械方面的要求,且结构简单、运行可靠。

电机本体由定子和转子两个主要部分构成,分内转子和外转子两种型式。除导磁铁心外,转子上安放有用永磁材料制成的永磁体,形成一定极对数的转子磁极。

图10-3所示为无刷直流电动机内转子结构型式中转子的三种主要结构形式。图10-3(a)所示结构是在转子铁心外表面粘贴径向磁化的瓦片形永磁体,称为面贴式;图10-3(b)所示结构是将切向磁化的永磁体插入转子铁心的沟槽中,称为内嵌式;图10-3(c)所示结构是在转子铁心外套上一个整体粘结的径向磁化永磁体环,称为整体粘结

式。采用径向磁化的永磁极结构易于在无刷直流电机中得到矩形波磁场分布，从而感应出方波或梯形波反电动势。铁氧体、铝镍钴、钐钴和钕铁硼等各种永磁材料的剩余磁感应强度、矫顽磁力、最大磁能积和居里温度等性能指标相差悬殊，一般从电机使用场合、性能要求和成本等方面综合考虑选用。

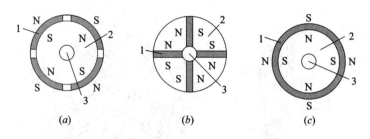

1—永磁体；2—转子铁心；3—转轴

图 10 - 3　无刷直流电动机内转子结构型式

(*a*) 面贴式；(*b*) 内嵌式；(*c*) 整体粘结式

　　定子是电机本体的静止部分，称为电枢，主要由导磁的定子铁心和导电的电枢绕组组成。

　　定子铁心用硅钢片叠成以减少铁心损耗，同时为减少涡流损耗，在硅钢片表面涂绝缘漆，将硅钢片冲成带有齿槽的冲片，槽数根据绕组的相数和极数来定。常用的定子铁心结构有两种，一种为分数槽（每极每相槽数为分数）集中绕组结构，其类似于传统直流电机定子磁极的大齿（凸极）结构，凸极上绕有集中绕组，有时在大齿表面

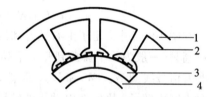

1—定子轭；2—定子齿；3—永磁极；4—转子铁心

图 10 - 4　定子大小齿结构

开有多个小齿以减小齿槽转矩，定子大、小齿结构如图 10 - 4 所示；另一种与普通的同步电动机或感应电动机类似，在叠装好的铁心槽内嵌放跨接式的集中或分布绕组，其线圈可以是整距也可以是短距，为减少齿槽转矩和噪音，定子铁心有时采用斜槽。

　　定子铁心中放置对称的多相（三相、四相或五相）电枢绕组，对称多相电枢绕组接成星形或封闭形（角形），各相绕组分别与电子开关线路中的相应功率开关管相连。当电动机经功率开关电路接上电源后，电流流入绕组，产生磁场，该磁场与转子磁场相互作用而产生电磁转矩，电动机带动负载旋转。电动机转动起来后，便在绕组中产生反电动势，吸收一定的电功率并通过转子输出一定的机械功率，从而将电能转换为机械能。要求绕组能流过一定的电流，产生足够的磁场并得到足够的转矩。

☞ **10.2.2　位置传感器**

　　转子磁场相对于定子绕组位置的检测是无刷直流电动机运行的关键，对这一位置检测的直接方法就是采用位置传感器，将转子磁极的位置信号转换成电信号。正余弦旋转变压器或者编码器也可用作位置传感器，但成本较高，仅用在精密控制场合。此外，还有利用容易检测的电量信号来间接判断转子磁极位置的方案，其中最具代表性的是电动机定子绕组的反电动势过零检测法或者称为端电压比较法（详见 10.6 节）。

本节将简单介绍电磁式、光电式和霍尔元件式等三种常用位置传感器的结构和原理。

1. 电磁式位置传感器

电磁式位置传感器是利用电磁感应原理来工作的，由定子和转子两部分组成，其结构如图 10-5 所示。

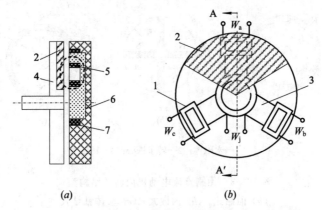

1—信号线圈；2—导磁片；3—磁心；4—铝合金；5—副边线圈；6—环氧树脂；7—励磁线圈

图 10-5　电磁式位置传感器结构

(a) 传感器 $A-A'$ 剖面图；(b) 传感器端面图

在图 10-5 中，定子上有铁心和线圈，铁心的中间为圆柱体，安放励磁绕组 W_j，绕组外施高频（一般为几千赫兹到几十千赫兹）电源励磁；铁心沿定子圆周有轴向凸出的极，极上套有信号线圈 W_a、W_b 和 W_c，以感应信号电压。导磁扇形片放置在不导磁的铝合金圆形基盘上制成转子，固定在电动机的转轴上，扇形片数等于电机极对数。由于励磁电源的频率高达几千赫兹以上，因此定子铁心及转子导磁扇形片均由高频导磁材料（如软磁铁氧体）制成。可以看出，这实际上是有着共同励磁线圈的几个开口变压器。当扇形导磁片随着电动机转子同步旋转时，其与传感器定子圆周凸极的相对位置发生变化，使开口变压器磁路的磁阻变化，信号线圈匝链的磁通大小变化，可感应出不同幅值的电动势，依此判断转子的位置。

电磁式位置传感器具有输出信号电压大、结构简单、工作可靠寿命长、对使用环境要求不高、适应性强等优点。其缺点是信噪比较低，体积大，输出电压为交流，必须先作整流和滤波。

2. 光电式位置传感器

光电式位置传感器是利用光电效应而工作的，由固定在定子上的数个光电耦合开关和固定在转子轴上的遮光盘所组成，如图 10-6 所示。遮光盘上开有透光槽（孔），其数目等于电动机转子磁极的极对数，且有一定的跨度。光电耦合开关沿圆周均匀分布，每只均由轴向相对的红外发光二极管和光电管（光电二极管或三极管）所组成。

使用时，红外发光二极管通电发出红外光，当遮光盘随着转轴转动时，光线依次通过光槽，使对着的光电管导通，产生反应转子相对定子位置的电信号。

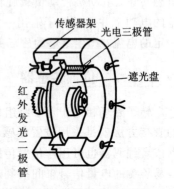

图 10-6　光电式位置传感器

光电式位置传感器性能较稳定，输出的是直流电信号，无需再进行整流。但其本身产生的电信号一般比较弱，需要放大。

3. 霍尔元件式位置传感器

霍尔元件式位置传感器是利用半导体材料的霍尔效应产生输出电压的，它实际上是其电参数按一定规律随周围磁场变化的半导体磁敏元件。用霍尔半导体材料可制成长为 l、宽为 m、厚为 d 的六面体 4 端子元件，霍尔效应原理如图 10 - 7 所示。

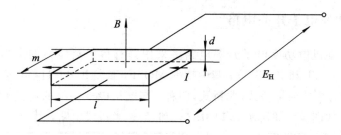

图 10 - 7　霍尔效应原理

根据霍尔效应原理，如果在垂直于 $l - m$ 面沿厚度方向穿过磁场 B，在垂直于 $m - d$ 面沿 l 方向施加控制电流 I，则在宽度为 m 的方向上会产生霍尔电动势 E_H，可以表示为

$$E_H = R_H \frac{I \cdot B}{d} = K_H IB \qquad (10 - 1)$$

式中，R_H 为霍尔系数，与材料的电阻率和迁移率有关；K_H 为灵敏度。霍尔电动势的极性随磁场 B 方向的变化而变化。

霍尔元件式位置传感器也是由定子和转子两部分组成的。由于无刷直流电动机的转子是永磁的，因此可以很方便地利用霍尔元件式位置传感器检测转子的位置。图 10 - 8 所示为霍尔无刷直流电动机原理图，表示采用霍尔元件作为位置传感器的四相无刷直流电动机的工作原理。

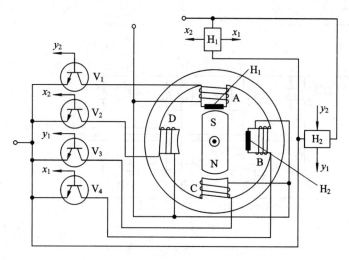

图 10 - 8　霍尔无刷直流电动机原理图

在图 10 - 8 中，两个霍尔元件 H_1 和 H_2 以间隔 90°的电角度安置于电机定子 A 和 B 相绕组的轴线上作为传感器定子，并通以控制电流，电动机转子磁极的永磁体兼作位置传感

器的转子产生励磁磁场。当电机转子旋转时，永磁体 N 极和 S 极轮流通过霍尔元件 H_1 和 H_2，因而产生对应转子位置的两个正的和两个负的霍尔电动势，经逻辑处理后去控制功率晶体管的导通和关断，使 4 个定子绕组轮流切换电流。

霍尔元件体积小、灵敏度高，但对环境和工作温度有一定要求，且安置和定位不便，耐震差，易于损坏。霍尔元件所产生的电动势很低，使用时需要进行放大。在实际应用中，是将霍尔元件与放大电路一起制作在同一块集成块上，构成霍尔集成元件，以方便使用。

☞ 10.2.3　功率电子开关电路

无刷直流电动机中功率电子开关电路多采用具有自关断能力的全控器件，如 GTR、GTO、功率 MOSFET 和 IGBT 等，其中功率 MOSFET 和 IGBT 目前在应用中已占主导地位。主电路一般有桥式或半桥式（非桥式）两种，与电机电枢绕组的连接有不同的组合，功率电子开关电路如图 10-9 所示。其中图 (a) 和 (b) 是半桥式电路，其余的是桥式电路。

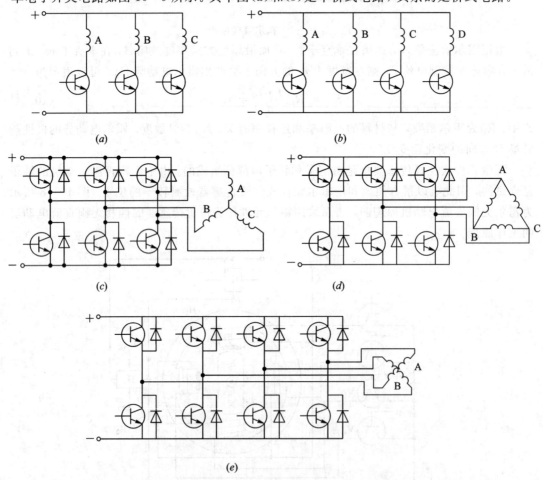

图 10-9　功率电子开关电路

电枢绕组的相数和功率电子主电路连接方式不同，电机转矩脉动及绕组利用率也不同。一般来说，相数越多，转矩脉动越小；在相同相数下，桥式电路比半桥式电路转矩脉动小，绕组利用率高。但是随着相数的增多，开关电路中使用的器件也越多，成本也就越高。

三相星形桥式电路采用两两导通方式工作，其绕组利用率较高，力矩波动小，因而得到广泛应用。

需要指出的是，无刷直流电动机控制系统中开关电路的工作频率是由转子的转速决定的，是一种自控式逆变器。电机中相绕组的频率和电机转速始终保持同步，不会产生振荡和失步。

☞ 10.2.4　控制器

控制器是无刷直流电动机正常运行并实现各种调速伺服功能的指挥中心，主要具有以下功能：

（1）对正/反转、停车和转子位置信号进行逻辑综合，为功率开关电路各开关管提供开、关信号（换相信号），实现电机的正转、反转及停车控制。

（2）在固定的供电电压下，根据速度给定和负载大小产生 PWM 调制信号来调节电流（转矩），实现电机开环或闭环控制。

（3）实现短路、过流、过电压和欠电压等故障的检测和保护。

无刷直流电动机控制器的主要形式有：分立元件加少量集成电路构成的模拟控制系统、基于专用集成电路的控制系统、数模混合控制系统和全数字控制系统。近年来，随着单片机和数字信号处理器(DSP)技术的飞速发展以及新型电机控制专用芯片的不断出现，以微控制单元(MCU)为核心的数字式控制器的应用得到了普及。

10.3　三相无刷直流电动机运行分析

☞ 10.3.1　工作原理

图 10 - 10 所示是三相无刷直流电动机的组成示意图。电机本体是一个两极的永磁电动机，定子三相对称绕组按 Y 形联结，无中线。功率开关电路采用三相全桥式电路，两两导通工作方式。

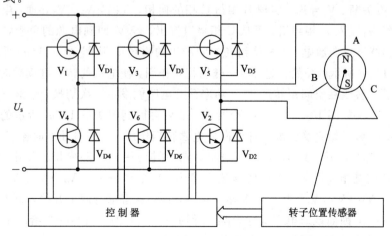

图 10 - 10　三相无刷直流电动机的组成示意图

假设初始时刻转子处于图 10-11(a) 所示的位置。此时，转子位置传感器输出的信号经控制器处理，向功率开关电路的相应开关管送出开通脉冲，使 V_1、V_6 导通；电流从电源的正极流出，经 V_1 流入 A 相绕组，再从 B 相绕组流出，经 V_6 回到电源的负极，A 相绕组正向通电(A_+)，B 相绕组反向通电(B_-)。电枢绕组在空间产生的磁场 B_a 与转子永磁体产生的磁场 B_r 相互作用产生电磁转矩，使电机的转子顺时针转动。

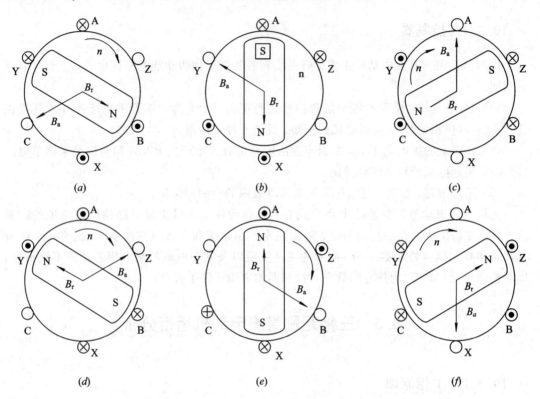

图 10-11 转子位置与绕组电流换相示意图

(a) A_+B_-；(b) A_+C_-；(c) B_+C_-；(d) B_+A_-；(e) C_+A_-；(f) C_+B_-

当转子在空间转过 60° 到达图 10-11(b) 所示位置时，控制器根据转子位置信号产生换相信号，使 V_6 关断、V_2 导通，实现 B 相与 C 相的换相。此时，V_1、V_2 导通，电流从电源的正极流出，经 V_1 流入 A 相绕组，再从 C 相绕组流出，经 V_2 回到电源的负极，A 相绕组正向通电、C 相绕组反向通电。电枢绕组在空间产生的磁场 B_a 从图 10-11(a) 所示的位置突跳到图 10-11(b) 所示的位置。定、转子磁场相互作用，使电机的转子继续顺时针转动。

依次类推，转子在空间每转过 60°，功率开关电路就发生一次切换，电枢三相绕组就会有一次换相，依次如图 10-11(c)~(f) 所示，最后再回到图 10-11(a) 所示的状态，从而完成一个周期。转子始终受到顺时针方向的电磁转矩作用，沿顺时针方向连续旋转。

在这种通电方式下，A、B、C 三相绕组每隔 60° 换相一次。除换相过程外，每一时刻总有两相绕组同时通电。功率开关管的导通规律为：V_1、$V_6 \rightarrow V_1$、$V_2 \rightarrow V_3$、$V_2 \rightarrow V_3$、$V_4 \rightarrow V_5$、$V_4 \rightarrow V_5$、$V_6 \rightarrow V_1$、V_6，共有 6 个导通状态，每一状态都有两个开关管同时导通，每个开关管导通 120°，因而该通电方式称为两两导通三相六状态。表 10-1 给出了星形联结三相无刷直流电动机两两导通三相六状态的运行规律。

表 10-1　星形联结三相无刷直流电动机两两导通三相六状态运行规律表

电角度 0°		60°	120°	180°	240°	300°	360°
导电顺序		A(+)		B(+)		C(+)	
	B(−)		C(−)		A(−)		B(−)
V_1		←导通→					
V_2			←导通→				
V_3				←导通→			
V_4					←导通→		
V_5						←导通→	
V_6	←导通→						←导通→

在无刷直流电机运行时的每个 60°范围内，转子磁场沿顺时针方向连续旋转，而定子合成磁场 B_a 保持在上个位置静止。当转子磁场连续旋转 60°到达新的位置时，定子合成磁场才跳跃到下一个位置上。可见，定子合成磁场在空间不是连续旋转的，而是一种跳跃式旋转磁场，每次跃进 60°。

以上是以两极电机为例所作的分析，其结论可以推广到 $p>1$（p 为极对数）的多极电机。对于多极电机，绕组每换相一次，定子合成磁场跃进 60°电角度，转子旋转 60°电角度。每一个通电循环，转子转过 360°电角度；定子共有 6 个通电状态，每个开关管仍导通 120°。定子电流产生的电枢磁场在空间有 6 个不同的位置，称为 6 个磁状态；前、后出现的两个不同磁状态的磁场轴线间所夹的电角度称为磁状态角（或称状态角），用 α_m 表示，此时 $\alpha_m=60°$。

☞ 10.3.2　电枢绕组感应电动势及电枢电流

转子旋转时，电枢导体切割转子永磁体产生的磁场，或者说电枢绕组匝链的转子永磁体磁通发生变化，在绕组中产生的感应电动势 e_A、e_B 和 e_C 称为电枢反电动势。反电动势的大小和波形与气隙永磁场的幅值大小、分布形状和绕组结构形式有关。

在方波无刷直流电机中，由转子永磁极产生的气隙磁通密度 B_g 沿圆周的理想分布为矩形或具有一定平顶宽度的梯形波。实际电机中为减少漏磁，永磁极极弧长度均小于极距，而永磁极存在边缘漏磁，假如不考虑定子齿槽的影响，则气隙磁通密度以极中心线为对称，在极弧范围内基本维持不变（三相电机中其平顶宽度至少应有极距的 $\frac{2}{3}$），而在磁极边缘处逐渐衰减，在几何中性线处为零。

为分析方便，假设：

（1）转子永磁体产生的气隙磁场磁通密度沿圆周按理想梯形波分布，平顶宽度为 $\frac{2}{3}$ 极距，幅值为 B_{gm}（T）。

（2）不考虑电枢反应的去磁效应，认为气隙磁密幅值不变。

（3）忽略电枢绕组的电感，认为电流可以突变。

（4）忽略电子开关器件的开、关过程，认为换相瞬时完成。

（5）电枢采用整距集中绕组，每相串联匝数为 N，电机转速为 $n(\text{r/min})$。

按照电动机惯例，规定三相定子电流和感应电动势的正方向如图 $10-12$，A 相正电动势的方向如图 $10-13$ 所示。

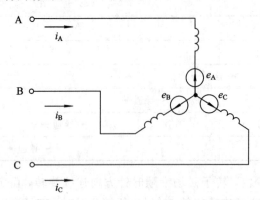
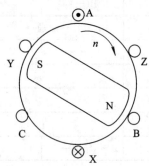

图 $10-12$　三相定子感应电动势和电流正方向　　　　图 $10-13$　A 相正电动势的方向

根据假设（1），由于转子磁场在气隙圆周中按梯形波分布，因此在电机旋转时，转子磁场在电枢绕组中产生的反电动势随时间按梯形波规律变化。以图 $10-11(a)$ 所示转子磁极位置作为转子起始位置，可得到如图 $10-14$ 所示的三相绕组感应电动势波形，其幅值为 E_a。三相电动势 e_A、e_B 和 e_C 波形及幅值相同，相位差为 $120°$。

下面仍以图 $10-11(a)$ 所示转子磁极位置为起始点，以 A 相为例来分析绕组内电流和感应电动势的关系。

当转子沿顺时针方向从 $0°$ 向 $120°$ 角度位置旋转，即从图 $10-11(a)$ 所示位置转动到图 $10-11(c)$ 所示位置时，A 相绕组的两条边 A 和 X 分别切割转子 S 极和 N 极的峰值磁场，感应电动势 e_A 的值恒定，即 $e_A=+E_a$，方向如图 $10-13$ 所示。A 相绕组一直保持正向通电，电流幅值恒定，$i_A=+I_a$。

当转子从 $120°$ 向 $180°$ 角度位置旋转，即从图 $10-11(c)$ 所示位置转动到图 $10-11(d)$ 所示位置时，A 相绕组的两条边 A 和 X 切割的磁场改变方向，感应电动势处于从 $+E_a$ 向 $-E_a$ 变化的过渡阶段，此时 A 相绕组不通电，$i_A=0$。

当转子从 $180°$ 向 $300°$ 角度位置旋转，即从图 $10-11(d)$ 所示位置转动到图 $10-11(f)$ 所示位置时，A 相绕组的两条边 A 和 X 分别切割转子 N 极和 S 极的峰值磁场，感应电动势 e_A 的值恒定，即 $e_A=-E_a$。A 相绕组反向通电，电流幅值恒定，$i_A=-I_a$。

当转子从 $300°$ 向 $360°$（即 $0°$）角度位置旋转，即从图 $10-11(f)$ 所示位置转动到图 $10-11(a)$ 所示位置时，A 相绕组的两条边 A 和 X 切割的磁场又改变方向，感应电动势又处于从 $-E_a$ 向 $+E_a$ 变化的过渡阶段，此时 A 相绕组不通电，$i_A=0$。

依据表 $10-1$ 和图 $10-11$ 给出的两两导通三相六状态运行规律，并结合图 $10-14$ 的三相电动势波形，综合分析可见，在各相反电动势为正或者负的幅值的 $120°$ 范围内，该相处于通电状态。由于不考虑换相及电路的过渡过程，因此理想电流为 $120°$ 宽度的矩形波，如图 $10-14$ 所示。

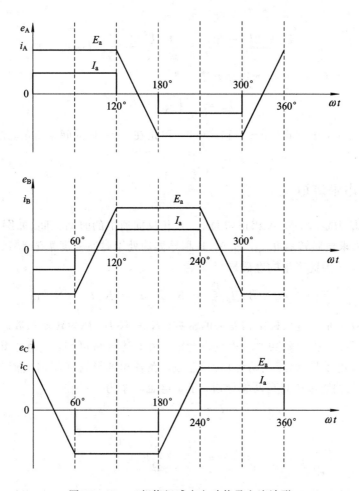

图 10 - 14　三相绕组感应电动势及电流波形

根据切割定理可以求出各相反电动势的幅值 E_a 为

$$E_a = 2NB_{gm}l\frac{\pi D_a}{60}n = K'_E B_{gm}n \quad (\text{V}) \tag{10-2}$$

式中，D_a 为电枢铁心内径，单位为 m；l 为铁心长度，单位为 m；$K'_E = 2Nl\dfrac{\pi D_a}{60}$ 为与结构有关的常数。由于不考虑电枢反应的去磁效应，磁通密度幅值 B_{gm} 保持不变，因而反电动势幅值 E_a 正比于转速 n，可以写为

$$E_a = K_E n \tag{10-3}$$

式中，$K_E = K'_E B_{gm}$ 称为电势系数。

取 A 相正向通电、B 相反向通电的时间区间（如图 10 - 14 中所示 0°～60°区间）来求电枢电流。当 A、B 两相绕组同时通电时，绕组线电压 u_{AB} 等于直流电源电压 U_s，电势平衡方程为

$$U_s = R_a i_A + e_A - R_a i_B - e_B + 2U_T \tag{10-4}$$

式中，R_a 为电枢绕组相电阻；$2U_T$ 为开关管导通压降。

因为 $e_A = +E_a$，$e_B = -E_a$，$i_A = +I_a$，$i_B = -I_a$，所以

$$U_s = 2R_a I_a + 2E_a + 2U_T \tag{10-5}$$

则电枢电流为

$$I_a = \frac{U_s - 2E_a - 2U_T}{2R_a} = \frac{1}{R_a}\left(\frac{U_s}{2} - E_a - U_T\right) \quad (A) \tag{10-6}$$

当电机堵转时，$n=0$，$E_a=0$，所以堵转电流为

$$I_{ad} = \frac{1}{R_a}\left(\frac{U_s}{2} - U_T\right) \tag{10-7}$$

需要说明的是，虽然式(10-6)和式(10-7)是在 0°～60°区间求得的，但同样适用于其他区间。

☞ 10.3.3　电磁转矩

先按照安培力定理，取 A 相正向通电、B 相反向通电的时间区间(如图 10-14 中所示 0°～60°区间)来求电磁转矩 T。由于 A、B 相导体均处于磁通密度幅值为 B_{gm} 的磁场下，流过的电流均为 I_a，因此产生的电磁转矩 T 为

$$T = 2 \cdot 2NlB_{gm}I_a\frac{D_a}{2} = K_T'B_{gm}I_a = K_T I_a \quad (N \cdot m) \tag{10-8}$$

式中，$K_T'=2NlD_a$ 是与电动机结构有关的常数；$K_T=K_T'B_{gm}$ 称为转矩系数。

另外，也可以根据电磁功率求得电磁转矩。由上述分析可知，在理想化的方波无刷直流电动机中，反电动势(感应电动势)为梯形波，在各相的导通区间内电流为方波。由于在任何时刻定子三相绕组中只有两相导通，于是电磁功率为

$$P_e = e_A i_A + e_B i_B + e_C i_C = 2E_a I_a \tag{10-9}$$

电磁转矩为

$$T = \frac{P_e}{\Omega} = \frac{2}{\Omega}E_a I_a \tag{10-10}$$

式中，Ω 为转子机械角速度(rad/s)，$\Omega=\frac{2\pi}{60}n$。可见，电磁转矩与电枢绕组反电动势、电枢电流和转子转速有关。在一定的电源电压和转速下，转矩恒定。

考虑到感应电动势幅值 E_a 的大小正比于转子磁场磁通密度 B_{gm} 和转子转速 n，将式(10-2)和式(10-3)分别代入式(10-10)，同样有

$$T = K_T'B_{gm}I_a = K_T I_a \quad (N \cdot m) \tag{10-11}$$

式(10-8)和式(10-11)与他励直流电动机的电磁转矩计算式相同。同样，认为无刷直流电动机中由永磁体产生的励磁磁场 B_{gm} 恒定，于是电磁转矩正比于定子电流，通过控制定子电流 I_a 的大小就可以控制转矩，使其具有良好的可控性。

☞ 10.3.4　机械特性

根据式(10-5)和式(10-3)，若忽略管压降，可得电机的转速为

$$n = \frac{U_s - 2R_a I_a}{2K_E} \quad (r/min) \tag{10-12}$$

将式(10-11)代入式(10-12)可得机械特性方程式为

$$n = \frac{U_s}{2K_E} - \frac{R_a}{K_E K_T}T = n_{0L} - \frac{R_a}{K_E K_T}T \tag{10-13}$$

式中，$n_{0L} = \dfrac{U_s}{2K_E}$ 为理想空载转速。无刷直流电动

机的机械特性曲线如图 10 - 15 所示。电机堵转
时的转矩为

$$T_d = K_T I_{ad} = K_T \frac{1}{R_a}\Big(\frac{U_s}{2} - U_T\Big)$$

$$(10 - 14)$$

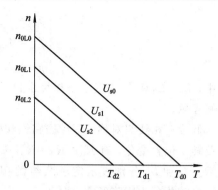

图 10 - 15　无刷直流电动机机械特性曲线

可以看出，无刷直流电动机机械特性曲线的形状
同他励直流电动机的机械特性曲线类似。这样，
从图 10 - 10 左侧的直流电源端看，逆变器电子
换相装置加上永磁电动机就相当于一台他励式的直流电动机，施加于逆变器的直流电压和
电流就相当于直流电动机的电枢电压和电流，并具有与他励直流电动机相同的输出特性。

10.4　无刷直流电动机的模型

　　上节分析了无刷直流电动机的工作原理，得出了理想条件下无刷直流电动机的感应电
动势和电磁转矩计算式以及机械特性表达式。在研究无刷直流电动机的性能以及分析设计
功率电子开关电路和控制策略时，往往要将电机与开关电路耦合起来，这就需要有一个清
晰而准确的电机本体模型。由于方波无刷直流电动机转子永磁体产生的气隙磁密分布并非
理想方波，且定、转子铁心具有非线性磁化特性，同时考虑到电枢反应的存在，若要获得
较精确的结果，应该采用场路耦合的方法，即把对电机磁场的求解与外部开关电路耦合在
一起实时分析。此时电机本体是采用有限元模型或磁场解析模型，虽然准确但求解过程繁
琐、费时，不够简洁、清晰。

　　基于合理的简化、假设建立电机等效电路和参数模型，是电机性能分析的有效手段。
但方波无刷直流电动机的气隙磁场、反电动势以及电枢绕组电流均为非正弦，不宜采用交
流相量表示，要对其进行分析，应直接利用电动机本身的实际时间变量来建立数学模型、
列写方程，既简单又具有较好的准确度。本节以三相电机为例，建立基于无刷直流电动机
相变量的数学模型。

　　三相无刷直流电动机，若按 Y 形联结无中线，则三相绕组的电势平衡方程式为

$$\begin{cases} u_A = R_A i_A + p\psi_A + e_A \\ u_B = R_B i_B + p\psi_B + e_B \\ u_C = R_C i_C + p\psi_C + e_C \end{cases} \quad (10 - 15)$$

式中，u_A、u_B 和 u_C 为定子绕组相电压(V)；R_A、R_B 和 R_C 为定子绕组相电阻(Ω)；i_A、i_B 和 i_C
为定子绕组相电流(A)；p 为微分算子，$p = \dfrac{d}{dt}$；e_A、e_B 和 e_C 为转子旋转时永磁体磁场在定
子三相绕组中所产生的反电动势(V)；ψ_A、ψ_B 和 ψ_C 为定子三相绕组所匝链的由定子相电流
引起的磁链(Wb)，可以表示为

$$\begin{cases} \psi_A = L_A i_A + M_{AB} i_B + M_{AC} i_C \\ \psi_B = L_B i_B + M_{BA} i_A + M_{BC} i_C \\ \psi_C = L_C i_C + M_{CA} i_A + M_{CB} i_B \end{cases} \qquad (10-16)$$

式中，L_A、L_B 和 L_C 为定子三相绕组自感；M_{AB}、M_{BA}、M_{AC}、M_{CA}、M_{BC} 和 M_{CB} 为定子三相绕组间互感。

假设三相绕组对称，不计磁路饱和的影响，则定子绕组电感（自感和互感）不随定子电流及转子位置变化，有 $R_A = R_B = R_C$，$L_A = L_B = L_C$，$M_{AB} = M_{BA} = M_{CA} = M_{AC} = M_{BC} = M_{CB}$。用 R_a、L 和 M 分别表示定子绕组的相电阻、相自感和相间互感，将式（10-16）代入式（10-15）并写为矩阵形式，得到

$$\begin{bmatrix} u_A \\ u_B \\ u_C \end{bmatrix} = \begin{bmatrix} R_a & 0 & 0 \\ 0 & R_a & 0 \\ 0 & 0 & R_a \end{bmatrix} \begin{bmatrix} i_A \\ i_B \\ i_C \end{bmatrix} + \begin{bmatrix} L & M & M \\ M & L & M \\ M & M & L \end{bmatrix} p \begin{bmatrix} i_A \\ i_B \\ i_C \end{bmatrix} + \begin{bmatrix} e_A \\ e_B \\ e_C \end{bmatrix} \qquad (10-17)$$

由于三相绕组为 Y 形无中线联结，有

$$i_A + i_B + i_C = 0 \qquad (10-18)$$

因此

$$M i_B + M i_C = -M i_A \qquad (10-19)$$

式（10-17）可整理为

$$\begin{bmatrix} u_A \\ u_B \\ u_C \end{bmatrix} = \begin{bmatrix} R_a & 0 & 0 \\ 0 & R_a & 0 \\ 0 & 0 & R_a \end{bmatrix} \begin{bmatrix} i_A \\ i_B \\ i_C \end{bmatrix} + \begin{bmatrix} L-M & 0 & 0 \\ 0 & L-M & 0 \\ 0 & 0 & L-M \end{bmatrix} p \begin{bmatrix} i_A \\ i_B \\ i_C \end{bmatrix} + \begin{bmatrix} e_A \\ e_B \\ e_C \end{bmatrix}$$

$$(10-20)$$

对应的三相无刷直流电动机等效电路模型如图 10-16 所示。

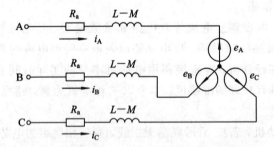

图 10-16 三相无刷直流电动机等效电路模型

对于实际的系统，习惯采用电动机线电压方程式，由式（10-20）可得

$$\begin{bmatrix} u_{AB} \\ u_{BC} \\ u_{CA} \end{bmatrix} = \begin{bmatrix} R_a & -R_a & 0 \\ 0 & R_a & -R_a \\ -R_a & 0 & R_a \end{bmatrix} \begin{bmatrix} i_A \\ i_B \\ i_C \end{bmatrix} + \begin{bmatrix} L-M & M-L & 0 \\ 0 & L-M & M-L \\ M-L & 0 & L-M \end{bmatrix} p \begin{bmatrix} i_A \\ i_B \\ i_C \end{bmatrix} + \begin{bmatrix} e_{AB} \\ e_{BC} \\ e_{CA} \end{bmatrix}$$

$$(10-21)$$

式中，$e_{AB} = e_A - e_B$；$e_{BC} = e_B - e_C$；$e_{CA} = e_C - e_A$。

转子运动方程为

$$J \frac{\mathrm{d}\Omega}{\mathrm{d}t} = T - T_0 - T_L - K_\Omega \Omega \tag{10-22}$$

式中，T 为电磁转矩；T_0 为空载阻转矩；T_L 为负载转矩；K_Ω 为粘滞转矩系数；J 为包括负载在内的系统转动惯量。

10.5　无刷直流电动机的转矩脉动

理想的方波直流无刷电机中，假定气隙磁密为理想方波或梯形波，其电枢绕组电动势平顶宽度接近 120°，这时，如果忽略电流上升和下降的过渡过程，认为可以控制电流使其为方波或顶部宽度接近 120°的梯形波，并且电流与电势同相，此时电磁转矩是平滑而稳定的恒定转矩，不随电机转子转角的变化而变化。而在实际系统中，无刷直流电动机的电磁转矩并不是理想的恒定值，而是具有较大的脉动。引起电磁转矩脉动的原因主要有以下几方面：

（1）绕组换相。无刷直流电动机的各相绕组是轮流通电的，当绕组换接，电流从一相换相到另一相时，由于电枢绕组电感的存在，绕组电流无法在瞬间发生改变，因此换相不能瞬时完成，需要一定的换相时间。也就是说，前一相电流缓慢下降到 0，后一相电流缓慢上升到一定的值，有一个过渡过程。考虑换相过程的三相方波无刷直流电动机电流波形示意图如图 10-17 所示。电流的换相过程会引起转矩的脉动。

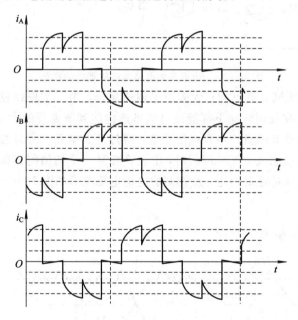

图 10-17　考虑换相过程的三相方波无刷直流电动机电流波形示意图

为分析换相过程，给出功率开关电路与电机耦合的模型如图 10-18 所示，其中的 $V_1 \sim V_6$ 为开关器件采用的 MOSFET 管。假设电机最初工作在图 10-14 中所示的 0°～60°区间，即 A 相正向、B 相反向通电，功率开关管 V_1 和 V_6 导通。在 $\omega t = 60°$时开始换相，V_6关断 V_2 导通，即保持 A 正向通电不变，从 B 相换相到 C 相。B 相电流将沿 B→V_{D3}→V_1→A→B 的续流路径衰减到 0，C 相电流将沿 $U_s(+)$→V_1→A→B→V_2→$U_s(-)$的激励路径逐渐建立。若忽略管压降，则有回路电势平衡方程：

$$\begin{cases} R_a i_A - R_a i_C + (L-M)\dfrac{di_A}{dt} - (L-M)\dfrac{di_C}{dt} = U_s - e_A + e_C \\ R_a i_A - R_a i_B + (L-M)\dfrac{di_A}{dt} - (L-M)\dfrac{di_B}{dt} = -e_A + e_B \end{cases} \quad (10-23)$$

因为 $e_A = -e_C = +E_a$，$e_B < 0$，所以 i_C 值的上升实际上是由电压差 $(U_s - 2E_a)$ 来作用的，特别是高速时其差值较小，电流上升到稳定值的过渡过程较长；而反电动势 e_A 和 e_B 的作用是加速 i_B 值的衰减，使 i_B 很快衰减到 0。由于 $i_A = i_B + i_C$，因此 B、C 相换流也会导致 A 相电流的下陷。总的效果是引起转矩的脉动。

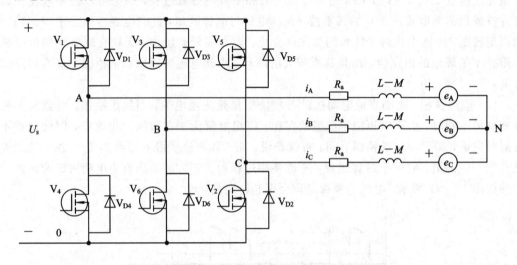

图 10-18　功率开关电路与电机耦合的模型

（2）电流调制。无刷直流电动机大多用于调速场合，为了实现在较大范围内调节电动机的转速，同时保证在任何转速下都能使电流迅速地达到所需要的大小，以产生足够的转矩带动负载，往往用较高的直流电源电压供电，通过开关电路的滞环控制或 PWM 调制来调节电流。采用滞环控制或 PWM 调制时，电流将在某一平均值附近很小的范围内以锯齿波形状波动，并不能保持绝对恒定，经调制的电枢电流波形如图 10-19 所示。锯齿波电流会带来转矩的脉动。

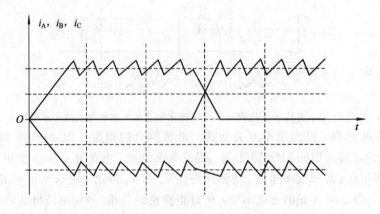

图 10-19　经调制的电枢电流波形

（3）齿槽转矩。无刷直流电动机的转子为永磁体结构，而定子铁心往往开槽。定子齿槽与转子永磁体的相互作用，会产生一个幅值随转子转角变化而变化的转矩，称为齿槽转矩。由于定子齿与转子磁极相吸产生切向磁拉力，使转子有旋转到与定子成特定角度的趋势，以使得永磁体的磁路磁阻最小，即转子磁极力图与定子齿"对齐"，故该转矩又称为定位转矩。齿槽转矩随转子的角位置变化，通常采用解析法或数值法计算。图 10 - 20 所示为未经优化设计的一种结构中齿槽转矩随转子位置变化的规律。齿槽转矩叠加到由定子电流和转子磁场产生的电磁转矩上，其结果是导致转矩脉动。

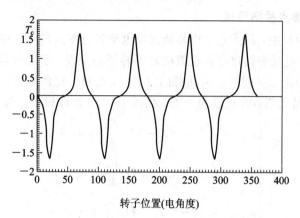

图 10 - 20 齿槽转矩随转子位置变化的规律

齿槽转矩一般需要通过电机的设计来消除。设计时首先要选择恰当的槽数和极数配合，例如一种典型设计是采用两极下三槽的分数槽绕组。其他常用的方法有采用斜槽或斜极结构，将定子槽或转子磁极斜一个定子齿距，显然，斜槽或斜极也会影响电枢绕组的反电动势。也有采用定子大齿表面开浅槽、无槽电枢或无铁心电枢结构等方案。

（4）反电动势非理想。因为电机制造工艺或转子永磁体充磁不理想等因素，可能造成电机反电动势不是理想梯形波，但是控制系统依然按照反电动势为理想梯形波的情况供给方波电流，从而引起电磁转矩脉动。此类电磁转矩脉动虽可以通过适当的控制方法以及寻找最佳的定子电流波形来消除，但最佳电流波形是建立在对反电动势进行精确测定的基础上，而各电机反电动势波形又不尽相同，使其通用性受到限制。

10.6 无位置传感器的转子位置检测

无刷直流电机的运行是利用转子位置信息来控制定子绕组换相的，转子位置的检测至关重要。转子位置检测的最直接方法就是采用 10.2.2 节中介绍的几种位置传感器。但位置传感器安装在电机内部有限的空间里，会使电机结构设计复杂，增加电机尺寸和制造成本，且维修困难。另外，位置传感器接线多，使得系统接线复杂、易受干扰、密封困难，在某些恶劣的环境（高温、腐蚀、污浊等）中，其可靠性降低，甚至无法正常工作。

无位置传感器的位置检测是获取转子位置信号的一种间接方法，虽然省去了位置传感器，但电机的基本工作原理并未改变。在电机运转的过程中，作为功率开关器件换相导通时序的转子位置信号仍然是需要的，仍然是通过转子磁极的位置来控制功率开关电路的通断。此时，位置信号不再是由位置传感器来提供，而是由新的位置信号检测措施来代替，通过电动机本体的输入、输出电量，经过控制器的硬件检测或软件计算来得到转子磁极位置。其核心和关键是构架转子位置信号检测线路，从硬件和软件两个方面来间接获得可靠的转子位置信号。

在无位置传感器转子位置检测的反电动势过零检测法、续流二极管工作状态检测法、绕组电感法等诸多方法中，反电动势过零法由于具有线路简单、工作可靠等优点，因此是一种较为实用的方法，得到了广泛应用。本节主要介绍反电动势过零法。

1. 反电动势过零点检测原理

在无刷直流电动机中，因为定子电枢绕组反电动势过零点与转子位置之间有着固定的关系，所以确定了反电动势的过零点也就确定了转子的位置。所谓过零法，是通过检测电枢绕组的端电压来确定未导通相反电动势的过零点，经过一定的延迟，给该相绕组通电。

以三相 Y 形联结无刷直流电动机为例，据图 10-18 可以得出电势平衡方程为

$$\begin{cases} u_{A0} = R_a i_A + (L-M)\dfrac{di_A}{dt} + e_A + u_N \\[2mm] u_{B0} = R_a i_B + (L-M)\dfrac{di_B}{dt} + e_B + u_N \\[2mm] u_{C0} = R_a i_C + (L-M)\dfrac{di_C}{dt} + e_C + u_N \end{cases} \tag{10-24}$$

式中，u_{A0}、u_{B0}、u_{C0} 为各相对地端电压；u_N 为 Y 形接法中性点电压。

假设电机具有理想的梯形波反电动势波形，三相绕组对称，忽略电枢反应以及定子齿槽的影响，采用两相导通的三相六状态 120°工作方式。若不考虑换相的过渡过程，则每 60°内三相绕组中只有两相绕组导通，即总有一相绕组处于断电状态。

例如，在图 10-14 中所示的 0°～60°区间内，A 相和 B 相导通，C 相断电，则 C 相电流为零。C 相电势方程可以简化为

$$u_{C0} = e_C + u_N \tag{10-25}$$

从而得到 C 相的反电动势过零点检测方程为

$$e_C = u_{C0} - u_N \tag{10-26}$$

由于 C 相绕组是断电的，因此可以通过比较端电压 u_{C0} 与中性点电压 u_N 来获得 C 相反电动势过零点时刻。注意到该检测点超前于下一次换相时刻 30°电角度，故检测到反电动势过零点后，应延迟 30°电角度后再进行换相，以保证电机能产生最大平均电磁转矩。

同理，可以得到 A 相和 B 相的反电动势过零点检测方程为

$$e_A = u_{A0} - u_N$$
$$e_B = u_{B0} - u_N \tag{10-27}$$

一般情况下，电机三相绕组 Y 形接法的中性点并没有引线引出来，真正的电机中性点电压不能直接得到，因此需要想办法获得中性点电压。

在上述 0°～60°区间内，$i_B = -i_A$，$e_B = -e_A$，将式(10-24)中 A、B 两相的电势平衡方程相加得到中性点电压：

$$u_N = \frac{1}{2}(u_{A0} + u_{B0}) \tag{10-28}$$

因此，C 相反电动势过零点检测方程变形为

$$e_C = u_{C0} - \frac{1}{2}(u_{A0} + u_{B0}) \qquad (10-29)$$

同理，可以得到 A 相和 B 相的反电动势过零点检测方程为

$$\begin{cases} e_A = u_{A0} - \dfrac{1}{2}(u_{B0} + u_{C0}) \\[2mm] e_B = u_{B0} - \dfrac{1}{2}(u_{A0} + u_{C0}) \end{cases} \qquad (10-30)$$

上述两种形式都可以用于检测反电动势过零点，其区别在于中性点电压的获得方式不同。

2. 反电动势过零法的实现

反电动势过零点检测可以采用硬件比较法或者软件计算法来具体实现。

硬件法是先将端电压利用电阻分压并滤波后，再利用对称电阻网络虚构一个中性点，通过比较器比较端电压与该中性点电压来获得反电动势过零点信息。硬件法原理电路如图 10-21 所示，图中 N′ 为虚构的中性点。

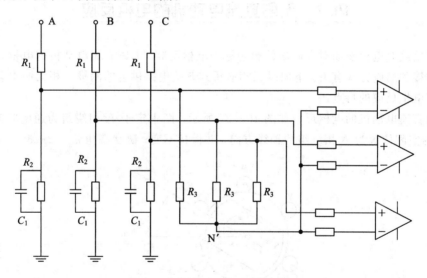

图 10-21　硬件法原理电路

软件法是将端电压分压并滤波后，再利用 A/D 转换由微处理器读取三路端电压，通过实时计算得到反电动势过零点。当采用电流调制的方式进行调速控制时，在开关管开通或关断时，电流的突变会产生电抗电势，使电抗电势波形出现尖峰，当与反电动势反相的尖峰电压均较大时，合成电势会出现较多的过零点，影响换相点判断的准确性。因此，必须以很高的采样率对反电动势进行采样，同时为了保证换相的可靠性，还要在算法上对伪过零点进行滤除，这势必占用大量的 CPU 资源，不利于系统开发。

无论是硬件法还是软件法，检测信号都是经电阻分压、低通滤波后得到的，滤波电容的存在，会使检测到的过零点相对于实际过零点有延迟，而且转速越高，延迟越多，使位置检测不准确。因此，即使采用硬件法，在调速应用场合也必须结合软件根据转速进行适当的修正。可以求得图 10-21 所示电路的延迟角 α 为

$$\alpha = \arctan \frac{2\pi f R_1 R_2 R_3 C_1}{R_1 R_2 + R_2 R_3 + R_3 R_1} \tag{10-31}$$

式中，f 为信号频率。

3. 三段式启动

因为电动机静止或转速较低时，反电动势信号没有或很小，无法根据反电动势信号检测转子位置，所以电动机必须先开环启动至一定转速，然后切换到位置检测的闭环运行状态。必须解决静止启动和自同步切换这两个问题，其中的一种方法是采用所谓的三段式启动法。

三段式启动时，先给预先设定的两相绕组通以短暂电流，使转子磁极稳定在该两相绕组的合成磁场轴线上，以此作为转子磁极的初始位置；然后按照定、转子间正确的空间位置关系，送出开关电路的控制信号，使对应的功率开关管导通，并逐渐增加控制信号频率，电机启动并升速；当电动机反电动势随着转速的升高达到一定值时，通过反电动势过零检测已经能够确定转子位置，即从开环启动切换到了自同步运行。

10.7 无刷直流电动机的电枢反应

电机负载时电枢磁场对主磁场的影响称为电枢反应。无刷直流电动机的电枢反应与电枢绕组连接和通电方式有关。下面以三相非桥式开关电路供电的两极三相无刷电动机为例来分析其电枢反应的特点。

无刷直流电动机的电枢反应如图 10-22 所示。图中定子 A 相绕组为通电状态，电枢磁势 $\dot{F}_a$ 的空间位置为 A 相绕组的轴线方向，并保持不变；磁状态角 $\alpha_m = 2\pi/3$。

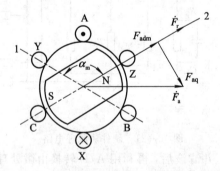

图 10-22 无刷直流电动机的电枢反应

图 10-22 中所示 1 和 2 为磁状态角所对应的边界，电枢磁势 $\dot{F}_a$ 可分成直轴分量 F_{ad} 和交轴分量 F_{aq}。当转子磁极轴线处于位置 1 时，直轴分量磁势 F_{ad} 对转子有最强的去磁作用；而当转子磁极轴线处于位置 2 时，磁势 F_{ad} 对转子又有最强的增磁作用。因此，电枢磁势的直轴分量开始是去磁的，然后是增磁的，数值上等于电枢磁势 $\dot{F}_a$ 在转子磁极轴线上的投影，其最大值为

$$F_{adm} = F_a \sin \frac{\alpha_m}{2} \tag{10-32}$$

实际计算时，应根据电动机可能遇到的情况（如启动、反转等）所产生的最大值考虑。

无刷直流电动机中，由于磁状态角 α_m 比较大，电枢磁势的直轴分量就可能达到相当大的数值，因此为避免使永磁转子失磁，在设计中必须对此予以注意。

当转子磁极轴线位于 $\alpha_m/2$ 位置处时，电枢磁场与转子磁场正交，电枢磁势 F_a 为交轴磁势，由于无刷直流电动机转子永磁体的磁阻很大，因此由电枢磁势交轴分量 F_{aq} 所引起的气隙磁场波形的畸变就显得较小，一般可以不计。

10.8　改变无刷直流电动机转向的方法

☞ 10.8.1　改接位置传感器的输出信号

这种方法是基于改变励磁磁场极性来实现改变电机的转向的。图 10-23(a) 和 (b) 所示分别为三相半桥式开关电路供电，电枢绕组 A 相导通电机正、反转时的定转子磁场相对位置。由于正、反转时电枢电流方向不变，因而电枢磁场 B_a 的方向也不变。

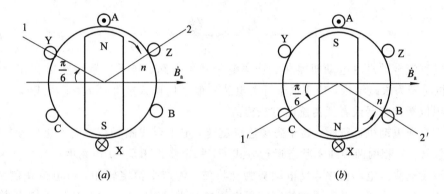

图 10-23　正、反转时定转子磁场相对位置

正转时，在 A 相绕组导通的时间内，转子磁极轴线处在角 $\pi/6$ 至 $5\pi/6$(1 与 2) 的范围内，平均值为 $\pi/2$，转子的极性上为 N、下为 S，定转子磁场相互作用产生的转矩是顺时针方向的，定子绕组通电顺序是 A→B→C；反转时，转子磁极轴线应处在角 $-\pi/6$ 至 $-5\pi/6$(1′ 与 2′) 的范围内，平均值为 $-\pi/2$，转子的极性上为 S、下为 N，这样电磁转矩变为逆时针方向，电机就反转，定子绕组通电顺序变为 A→C→B。所以当其中一相导通时，只要将相应的转子轴线平均位置改变 π 电角度，电机就可反转。

为了达到上述要求，电动机上应装有两套空间相隔 π 电角度的位置传感器。

☞ 10.8.2　改变定子绕组电流方向

与一般有刷直流电动机一样，也可以通过改变导通相的电流方向来改变电机的转向。图 10-24 所示为三相半桥式开关电路供电，A 相电流方向改变，电机反转时定、转子磁场间的相对位置。可以看出，这时电枢磁场方向改变了，但转子轴线的位置仍在处角 $\pi/6\sim$ $5\pi/6$ 范围内，因此传感器输出信号不改变。为了能使定子电枢绕组电流方向改变，除了改变直流电源的极性外，尚需在开关电路中每相采用由两个开关管组成的倒向电路，如图 10-25(a) 所示，分别使定子绕组中流过正向（实线箭头）和反向（虚线箭头）电流，使电机产生不同转向的转矩,以达到正、反向旋转的目的。图 10 - 25(b)所示是采用的另一种电路,此时每相只需一个开关管,同样可使定子绕组电流改变方向。

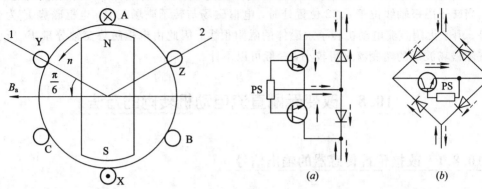

图 10 - 24 改变电流后定、转子磁场相对位置

图 10 - 25 用于正、反转的倒向电路
(a) 采用两个开关管;(b) 采用一个开关管

小 结

无刷直流电动机由电动机本体、功率电子开关电路、转子位置传感器和控制器等组成。电机转子为永磁结构,功率电子开关电路一般采用桥式或非桥式(半桥式),转子位置可以采用位置传感器或者无传感器方法检测。

无刷直流电动机运行时,转子磁场连续旋转,定子合成磁场在空间不是连续旋转而是跳跃式旋转。三相两两导通六状态运行方式下,每个步进角是 60°电角度。

方波无刷直流电动机中,反电动势为梯形波,为产生恒定转矩,将电流调制为方波。电磁转矩正比于定子电流,通过控制定子电流的大小可以控制转矩,所以无刷直流电动机的转矩具有良好的可控性。

理想的电磁转矩波形是平滑而稳定的,但实际中无刷直流电动机转矩有脉动,由绕组换相、电流调制等因素引起。同时应注意齿槽转矩对电机性能的影响。

电枢反应可能会导致转子永磁体不可逆去磁,影响电机性能。

思考题与习题

10 - 1 分析并比较无刷直流电动机与直流电动机的相同点和不同点。

10 - 2 无刷直流电动机中转子位置信号的作用是什么?怎样获得转子位置?

10 - 3 改变无刷直流电动机的换相时刻对电机的性能会有怎样的影响?

10 - 4 无刷直流电机能否作为发电机运行?如果可以,需要满足什么运行条件?

10 - 5 分析三相无刷直流电动机用半桥方式控制时的运行原理,推导其电流、电磁转矩和转速的计算式以及机械特性表达式,并与三相两两导通六状态运行方式进行比较。

10 - 6 在直流电源电压一定的情况下,怎样实现无刷直流电动机的转速调节?

10 - 7 无刷直流电动机的电磁转矩中为什么会有脉动?怎样削弱脉动成分?

10-8　什么是无刷直流电动机中的换相？换相过程的长短受哪些因素影响？

10-9　什么是无刷直流电动机的电枢反应？电枢反应有什么特点？

10-10　三相无刷直流电动机能否直接用三相交流电源供电来运行？

10-11　怎样改变无刷直流电动机的转向？

10-12　如何使无刷直流电动机产生制动转矩？

10-13　假设一台 m 相 p 对极的无刷直流电动机以 N 状态运行，试分析其运行特点。

第11章 步进电动机

11.1 概　述

步进电动机是一种将离散的电脉冲信号转化成角(或者线)位移的电磁装置。根据输入的脉冲信号，每改变一次通电状态，步进电动机就前进一定的角度；若不改变通电状态，则其保持在一定的位置而静止。在步进电动机驱动能力范围内，其输出的角位移与输入的脉冲数成正比，且转速与脉冲的频率成正比，不因电源电压、负载大小和环境条件等的波动而变化。步进电动机是一种输出与输入脉冲相对应的增量式驱动元件，国外一般称之为 Stepper Motor 或 Stepper 等。

步进电动机在自动控制装置中常作为执行元件。由于步进电动机精度高、惯性小，在不失步的情况下没有步距误差积累，特别适用于开环数字控制的定位系统，因此在生产自动化设备(数控机床、自动生产线)中作为控制用电动机和驱动用电动机而得到广泛应用，同时也广泛应用于自动化仪表、办公自动化设备和计算机外围设备等领域。

步进电动机不能直接接到交/直流电源上工作，而必须使用专用设备——步进电动机驱动器。步进电机驱动器通过外加控制脉冲，并按环形分配器决定的分配方式，控制步进电动机各相绕组的导通或截止，从而使电动机产生步进运动。步进电机工作性能的优劣，除了取决于步进电机本身的性能因素外，还取决于步进电机驱动器性能的优劣。实际上步进电动机与驱动器是密不可分的两部分，两者一起统称为步进电机系统或步进电机单元，其运行性能是电机本体和驱动器两者配合所反映出来的综合效果。

从应用的角度来说，对步进电动机的基本要求如下：

(1) 在电脉冲的控制下，步进电动机能迅速启动、正/反转和停转，以及转速能在较宽的范围内平滑调节。

(2) 每个脉冲对应的位移量小且准确、均匀，即步距小、步距精度高、不失步，以保证系统精度。

(3) 输出足够的转矩，直接带动负载运行。

常用的步进电动机有三类：

(1) 永磁式步进电动机(PM)。永磁式步进电动机一般为两相，转矩和体积都较小，消耗功率较小，步距角较大(一般为 7.5° 或 15°)，启动频率和运行频率较低。

(2) 反应式步进电动机(VR)。反应式步进电动机一般为三相，可实现大转矩输出，步距角较小(可作到 1°～15°，甚至更小)，精度容易保证，启动和运行频率较高。但功耗较大，效率较低,噪声和振动都很大。

(3) 混合式步进电动机(HB)。混合式步进电动机又称永磁感应子式步进电动机,是永磁式步进电动机和反应式步进电动机两者的结合,不仅具有反应式(磁阻式)步进电动机步距小、运行频率高的特点,还具有永磁步进电动机消耗功率小等优点,因而成为目前工业运动控制应用中最为广泛的步进电动机品种之一。混合式步进电动机分为两相、三相和五相等。

11.2 反应式步进电动机典型结构及工作原理

反应式步进电动机定子铁心的内圆上和转子铁心的外圆上分别开有按一定规律分布的齿和槽,利用凸极转子直轴磁阻和交轴磁阻不等所引起的反应转矩而转动。也可以说,它是利用定、转子齿槽相对位置变化引起磁路磁阻的变化而产生转矩,因此反应式步进电动机又称为磁阻式步进电动机。

☞ 11.2.1 典型结构

反应式步进电动机的典型结构如图 11-1 所示。这是一台四相电机,其中定子铁心由硅钢片叠成,定子上有 8 个磁极(大齿),每个磁极上又有许多小齿;它有 4 套定子绕组,绕在径向相对的两个磁极上的一套绕组为一相。转子也是由叠片铁心构成的,沿圆周有很多小齿,转子上没有绕组。根据工作要求,定子磁极上小齿的齿距和转子上小齿的齿距必须相等,而且对转子的齿数有一定的限制。图中转子齿数为 50 个,定子每个磁极上小齿数为 5 个。

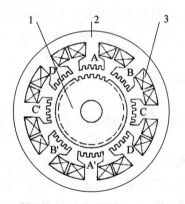

1—转子铁心;2—定子铁心;3—定子绕组

图 11-1 反应式步进电动机典型结构图

☞ 11.2.2 工作原理

如前所述,反应式步进电动机是利用凸极转子横轴磁阻与直轴磁阻之差所引起的反应转矩(磁阻转矩)转动的。为了便于说明问题,先以一个最简单的三相电机为例来分析反应式步进电动机的工作原理和控制方式,然后分析较为复杂和实用的四相电机。

1. 三相步进电动机的运行分析

图 11 - 2 所示是一台最简单的三相反应式步进电动机(三相单三拍)示意图。定子上有 6 个磁极(大齿),磁极表面不带小齿,每两个径向相对的极上绕有一相控制绕组,共有三相,分别标记为 A、B 和 C;转子上有 4 个齿,分别标记为 1、2、3 和 4,其齿宽等于定子的极靴宽,转子两个齿中心线间所跨过的圆周角即齿距角为 90°。

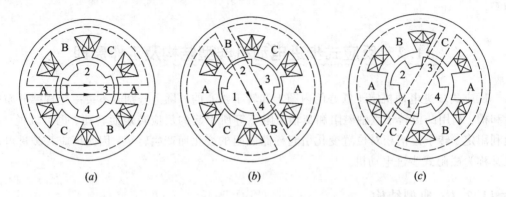

(a)　　　　　　　　　　(b)　　　　　　　　　　(c)

图 11 - 2　三相反应式步进电动机三相单三拍运行示意图

三相电机运行时,可以是三相中每次只有一相绕组通电来工作,也可以是两相同时通电,或者是单相和两相交替通电。前一种运行方式称为三相单三拍,这里所谓"三相"是指步进电动机具有三相定子绕组;"单"是指每次只有一相绕组通电;"三拍"是指三次换接为一个循环,第四次换接重复第一次的情况。据此,将后两种运行方式分别称为三相双三拍和三相六拍。以下将具体进行分析。

(1) 三相单三拍运行。先假设电机按照 A—B—C—A…的顺序通电运行。

当 A 相绕组通电而 B 相和 C 相都不通电时,由于磁通具有力图走磁阻最小路径的特点,因此转子齿 1 和 3 的轴线与定子 A 相磁极轴线对齐,如图 11 - 2(a)所示,而相邻两相 B 和 C 的定子齿和转子齿错开 1/3 转子齿距角(即 30°)。

当断开 A 相接通 B 相时,转子便按逆时针方向转过 30°,使转子齿 2 和 4 的轴线与定子 B 相磁极轴线对齐,如图 11 - 2(b)所示。

同理,断开 B 相,接通 C 相,则转子再转过 30°,使转子齿 1 和 3 的轴线与 C 相磁极轴线对齐,如图 11 - 2(c)所示。

如此按 A—B—C—A…的顺序不断接通和断开控制绕组,转子就会一步一步地按逆时针方向连续转动。其转速取决于各绕组通电和断电的频率(即输入的脉冲频率)。

如果将通电顺序改为 A—C—B—A…,则电机转向相反,变为按顺时针方向转动。因此,步进电动机的旋转方向取决于控制绕组轮流通电的顺序。

(2) 三相六拍运行。三相六拍运行的一种供电方式是 A—AB—B—BC—C—CA—A…,这时每一循环换接 6 次,总共有 6 种通电状态,这 6 种通电状态中有时只有一相绕组通电(如 A 相),有时有两相绕组同时通电(如 A 相和 B 相)。图 11 - 3 所示为三相反应式步进电动机三相六拍运行示意图。

假定开始时先单独接通 A 相绕组,这时的情况与三相单三拍的情况相同,转子齿 1 和 3 的轴线与定子 A 相磁极轴线对齐,如图 11 - 3(a)所示。接着当 A、B 两相同时接通时,转子位置需要兼顾到使 A、B 相两对磁极所形成的两路磁通在气隙中所遇到的磁阻以同样程度达到最小。此时，A、B 相磁极与转子齿相作用的磁拉力大小相等且方向相反，于是转子在此处于平衡状态。显然，这样的平衡位置就是转子逆时针转过 15°时所处的位置，如图 11－3(b)所示。这时，转子齿既不与 A 相磁极轴线重合，也不与 B 相磁极轴线重合，但 A 相与 B 相磁极对转子齿所产生的磁拉力却是平衡的。然后，当断开 A 相绕组使 B 相单独导通时，在磁拉力的作用下转子继续按逆时针方向转动，直到转子齿 2 和 4 的轴线与定子 B 相磁极轴线对齐，如图 11－3(c)所示，这时转子又转过了 15°。依此类推，如果继续按照 BC－C－CA－A…的顺序使绕组导通，步进电动机就会不断地按逆时针方向旋转。

若将通电次序改为 A－AC－C－CB－B－BA－A…，则电机转向相反，变为按顺时针方向转动。

（3）三相双三拍运行。三相双三拍运行方式可以按照 AB－BC－CA－AB…的顺序或者 AB－CA－BC－AB…的顺序供电。这时，与三相单三拍运行时一样，总共有 3 种通电状态，每一循环也是换接 3 次，但不同的是每次换接都有两相绕组导通，如图 11－3(b)、(d) 所示，此时转子每步转过的角度与三相单三拍时的相同，也是 30°。

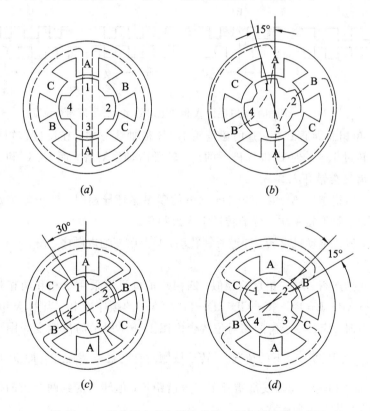

图 11－3　三相反应式步进电动机三相六拍运行示意图

由以上几种运行的分析可以看出，一台步进电动机在不同运行方式下的步距角（每一步转子转过的角度）可能是不同的。三相反应式步进电动机在三相六拍运行时转子每步转过的角度比在三相单三拍和三相双三拍下运行时的要小一半。

2. 四相步进电动机运行分析

以上讨论的是一台最简单的三相反应式步进电动机的工作原理，实际应用中，为了满足更高的精度要求，大多采用更多相和定、转子带有很多小齿的结构，如图 11-1 所示。下面分析四相反应式步进电动机的工作原理。

（1）四相单四拍运行。四相单四拍的通电方式为 A—B—C—D—A…。对于图 11-1 所示的四相反应式步进电动机，当 A 相绕组通电时，产生的磁通沿 A 和 A' 极轴线方向。磁通力图通过磁阻最小的路径，因而转子受到反应转矩（磁阻转矩）的作用而转动，直到转子齿轴线与定子磁极 A 和 A' 上的齿轴线对齐为止。

由于图 11-1 所示的四相步进电动机转子有 50 个齿，转子齿距角为 7.2°，定子一个极距下的转子齿数为 $\frac{50}{2\times4}=6\frac{1}{4}$，不是一个整数，因此当 A 和 A' 极下的定、转子齿轴线对齐时，相邻两相磁极 B、B' 和 D、D' 下的定子齿与转子齿必然错开 $\frac{1}{4}$ 齿距角，即 1.8°。四相单四拍运行 A 相通电时的定、转子齿相对位置如图 11-4 所示。图中 θ_t 为齿距角。

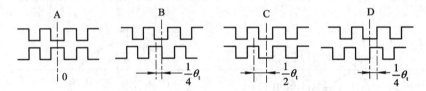

图 11-4　四相单四拍运行 A 相通电时的定、转子齿相对位置

接着断开 A 相而导通 B 相，这时磁通沿 B、B' 极轴线方向，在反应转矩的作用下，转子会按顺指针转过 1.8°，使 B 和 B' 极下的定、转子齿轴线对齐，而 C、C' 和 A、A' 极下的定子齿和转子齿又会错开 1.8°。

依此类推，当绕组按 A—B—C—D—A… 的顺序循环导通时，转子就按顺时针一步步连续地转动起来。每换接一次，转子转过 1/4 齿距角。

如果要使该步进电动机反转，即逆时针转动，只要改变通电顺序，按 A—D—C—B—A… 循环通电即可。

（2）四相八拍运行。与三相六拍相似，四相八拍也可以采用单相和两相相间隔的通电状态，即按 A—AB—B—BC—C—CD—D—DA—A… 的顺序通电。当由 A 相通电转到 A、B 两相同时通电时，定、转子齿的相对位置会由图 11-4 所示的位置变为图 11-5 所示的位置（只画出了 A、B 两个极下的情况），转子按顺时针转过 $\frac{1}{8}$ 齿距角，即 0.9°。此时 A、B 两相极下的齿轴线和转子齿轴线都错开了 1/8 齿距角，但转子受到两个极的作用力矩大小相等、方向相反，故处于平衡状态。

当 B 相单独导通时，转子又按顺时针方向转过 1/8 齿距角，转子齿轴线和 B 相极下的齿轴线重合。这样依次继续下去，每换接一次，转子转过 1/8 齿距角。可见，四相八拍运行时的步距角也比四相单四拍运行时的步距角小一半。

（3）四相双四拍运行。四相步进电动机按 AB—BC—CD—DA—AB… 的方式通电，即为四相双四拍运行。此时的步距角与四相单四拍运行时相同，为 1/4 齿距角（即 1.8°）。

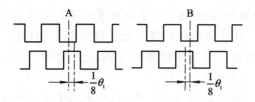

图 11-5 四相八拍运行 A、B 两相通电时定、转子齿的相对位置

11.3 混合式步进电动机典型结构及工作原理

☞ 11.3.1 典型结构

混合式步进电动机的本体结构为定子的内圆、转子的外圆都开有小齿，转子永磁体分为两段，采用轴向励磁，且左、右转子冲片相互错开半个转子齿距。图 11-6 所示为较简单和常见的两相混合式步进电动机的结构示意图。图 11-6(a) 中在 S 极段的转子齿背面。转子由两段铁心和夹在中间的永磁体构成。永磁体采用高性能永磁材料，轴向充磁。这样，转子铁心一段为 N 极，另一段为 S 极。永磁磁路也是轴向的，从转子的 N 端到定子的 I 端，轴向到定子的 II 端、转子的 S 极端，经磁体闭合。两段铁心的齿相互错开半个齿距，当一段铁心的齿与定子某相极下的齿对齐时，另一段铁心的齿便与该极下的槽对齐。定子上有两对极，极下有小齿，每一对极上绕有一相绕组，绕组通电时这两个极产生极性相反的磁极。

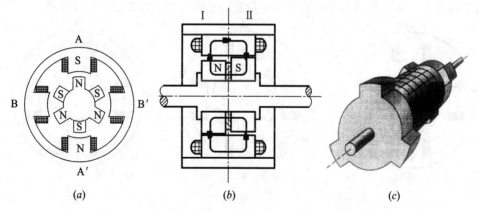

图 11-6 两相混合式步进电动机结构示意图
(a) N 端视图；(b) 剖面图；(c) 转子示意图

☞ 11.3.2 工作原理

混合式步进电动机是在永磁磁场和变磁阻原理共同作用下运转的。若转子上的永磁体没有充磁，只是在定子的控制绕组里通电，电动机将不产生转矩；同样，若定子绕组不通电，仅仅有转子永磁体磁场的作用，电动机也基本上不产生转矩。只有在转子永磁磁场与定子磁场的相互作用下，电动机才产生电磁转矩。在转子永磁体充磁且有某一相通电的情

况下，转子就有一定的稳定平衡位置，该平衡位置是使通电相磁路的磁阻为最小的位置，而混合式步进电动机定、转子异极性的极下磁阻最小，同极性的极下磁阻最大。例如，若 A 相通电，则其平衡位置为 A 相定子磁极与 N 段转子(图中所示 N 极性一段的转子)齿对齿的位置，如图 11-6(a)所示。

下面以此两相电机为例说明混合式步进电动机的基本工作原理。

(1) 两相单四拍运行。两相混合式步进电动机的两相单四拍运行是在 A、B 两相绕组内按 A—B—$\overline{A}$—$\overline{B}$—A…轮流通入正、反方向电流的运行方式(其中 $\overline{A}$、$\overline{B}$ 表示该相反方向通电)。

当某一相绕组通电，例如 A 相绕组正向通电而 B 相不通电时，电动机内建立以 AA′为轴线的磁场。这时 A 相磁极 A 呈 S 极性而 A′呈 N 极性，转子处于图 11-6(a)所示的平衡位置，A 相磁极与 N 段转子齿轴线重合，与 S 段转子齿错开 1/2 齿距。此时，B 相磁极与转子齿错开 1/4 齿距。

在 A 相断电、B 绕组正向通电时，则建立以 BB′为轴线的磁场。此时，B 相磁极 B 呈 S 极性而 B′呈 N 极性，转子沿顺时针方向转过 1/4 齿距到达新的平衡位置，B 相磁极与 N 段转子齿轴线重合，与 S 段转子齿错开 1/2 齿距，如图 11-7(a)所示。

在 B 相断电、A 绕组反向通电时，则又建立以 AA′为轴线的磁场，但此时 A 相磁极 A 呈 N 极性而 A′呈 S 极性，转子再次沿顺时针方向转过 1/4 齿距，到达 A 相磁极与 S 段转子齿轴线重合，并与 N 段转子齿错开 1/2 齿距的平衡位置，如图 11-7(b)所示。

在 A 相断电、B 绕组反向通电时，则又建立以 BB′为轴线的磁场。而此时 B 相磁极 B 呈 N 极性而 B′呈 S 极性，转子继续沿顺时针方向转过 1/4 齿距，到达 B 相磁极与 S 段转子齿轴线重合，并与 N 段转子齿错开 1/2 齿距的平衡位置，如图 11-7(c)所示。

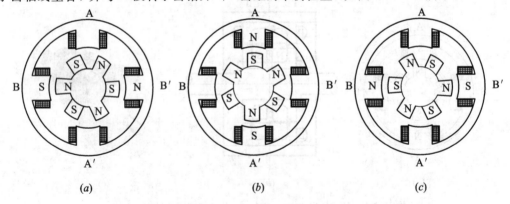

(a)   (b)   (c)

图 11-7　两相单四拍运行示意图

(a) B 相绕组正向通电；(b) A 相绕组反向通电；(c) B 相绕组反向通电

可见，连续不断地按 A—B—$\overline{A}$—$\overline{B}$—A… 的顺序分别给各相绕组通电时，每改变通电状态一次，转子就沿顺时针方向转过 1/4 齿距，且循环通电一次转子转过一个齿距。若改变轮流通电顺序，如以 A—$\overline{B}$—$\overline{A}$—B—A…的顺序轮流给各相绕组通电，就可改变电动机的转向，使步进电动机沿逆时针方向旋转。

(2) 两相双四拍运行。两相混合式步进电动机还可以在两相双四拍方式下运行，即两相同时通电，并按 AB—$\overline{A}$B—$\overline{A}\overline{B}$—A$\overline{B}$—AB…的顺序轮流通电。

当给 A、B 两相绕组同时正向通电时，电动机内建立以 A、B 两相磁极的几何中线为轴线的磁场。此时 A、B 两个磁极都呈 S 极性，转子处于图 11-8(a) 所示的平衡位置，A、B 两个磁极与 N 段转子齿轴线错开 1/8 齿距，与 S 段转子齿错开 3/8 齿距，同时 A′、B′ 两个磁极与 N 段转子齿轴线错开 3/8 齿距，与 S 段转子齿错开 1/8 齿距。用同样的分析方法可得出分别以 $\overline{A}B$、$\overline{A}\,\overline{B}$、$A\overline{B}$ 方式通电的平衡位置，如图 11-8(b)、(c)、(d) 所示。

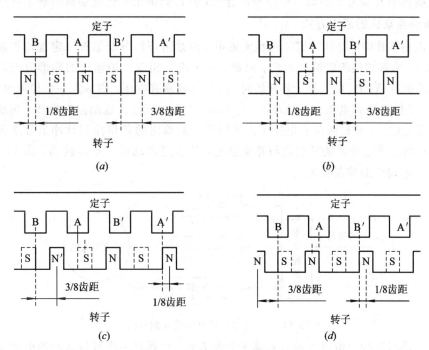

图 11-8 两相双四拍运行示意图

(a) AB 方式通电；(b) $\overline{A}B$ 方式通电；(c) $\overline{A}\,\overline{B}$ 方式通电；(d) $A\overline{B}$ 方式通电

可见，两相双四拍运行按 AB—$\overline{A}B$—$\overline{A}\,\overline{B}$—$A\overline{B}$—AB…的顺序轮流通电时，电动机将沿顺时针方向转动，并且每改变一次通电状态，电动机转动一个步距角（即 1/4 齿距角）。若按 AB—$A\overline{B}$—$\overline{A}\,\overline{B}$—$\overline{A}B$—AB……的顺序轮流通电，则电机按逆时针方向转动。与单四拍运行方式相比，双四拍运行方式由于是两相绕组同时通电，因此产生的电磁转矩较大，带负载能力强一些。

（3）半步运行。上述两种两相混合式步进电动机的运行方式都是整步运行的，除此之外，两相混合式步进电动机还能以半步或微步（又称细分控制）方式运行。半步运行方式为两相绕组按 A—AB—B—B$\overline{A}$—$\overline{A}$—$\overline{A}\,\overline{B}$—$\overline{B}$—$\overline{B}A$—A…的顺序轮流通电，电动机沿 AB′A′B（即顺时针）方向转动；反之则沿 ABA′B′（即逆时针）方向转动，并且每改变一次通电状态，电动机就转动 1/8 齿距。显然，这种工作方式是单相励磁与两相励磁交替出现，每一拍的转矩不相等，在两相励磁时，转矩由两相转矩矢量合成，比单相转矩要大。有关微步运行方式将在后续章节做详细叙述。

由上述分析可知，与反应式步进电动机一样，当对两相混合式步进电动机加一系列连续不断的控制脉冲时，它可以连续不断地转动。每一个脉冲信号对应于绕组的通电状态改变一次，也就对应于转子转过一个步距角。转子的平均转速正比于控制脉冲的频率。另外，它也可以按特定的指令转过一定的角度，实现定位。

11.4　步进电动机运行的基本特点

根据前两节对步进电动机工作原理的分析，可以归纳出步进电动机的基本特点。

1. 步进电动机的通电方式

步进电机工作时，每相绕组不是恒定通电，而是由环形分配器按一定规律控制驱动电路的通、断，给各相绕组轮流通电的。例如，一个按三相双三拍运行的环形分配器的输入有一路、输出有 A、B、C 三路，若开始时 A、B 这两路有电压，则输入一个控制电脉冲后，就变成 B、C 这两路有电压；再输入一个电脉冲，则变成 C、A 这两路有电压；再输入一个电脉冲，又变成 A、B 这两路有电压了。环形分配器输出的各路控制脉冲信号送入各自的驱动电路，给步进电动机的各相绕组轮流供电，使步进电动机一步步转动。图 11-9 所示为三相步进电动机的控制框图。

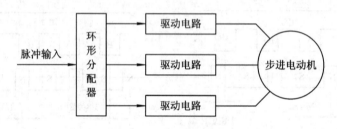

图 11-9　三相步进电动机控制框图

步进电动机这种轮流通电的方式称为分配方式。每循环一次所包含的通电状态数称为状态数或拍数。状态数等于相数的称为单拍制分配方式（如三相单三拍，四相双四拍等）；状态数等于相数的两倍的称为双拍制分配方式（如三相六拍，四相八拍等）。同一台电机可有多种分配方式，但不管分配方式如何，每循环一次，控制电脉冲的个数总等于拍数 N，而加在每相绕组上的脉冲电压（或电流）个数却等于 1，因而控制电脉冲频率 f 是每相脉冲电压（或电流）频率 $f_相$ 的 N 倍，即

$$f_相 = \frac{f}{N} \tag{11-1}$$

2. 步进电动机的步距角

每输入一个脉冲电信号时，转子转过的角度称为步距角，用符号 θ_b 表示。

从前述分析可见，无论是反应式步进电动机的四相单四拍或者四相双四拍运行，还是混合式步进电动机的两相单四拍或者两相双四拍运行，每改变一次通电状态，转子都转过 1/4 齿距角，转子需要走 4 步才转过一个齿距角。反应式步进电动机四相八拍运行和两相混合式步进电动机的半步运行，每改变一次通电状态，转子都转过 1/8 齿距角，转子需要走 8 步才转过一个齿距角。所以，转子每步转过的空间角度（机械角度）即步距角为

$$\theta_b = \frac{\theta_t}{N} \tag{11-2}$$

式中，N 为运行拍数，通常为相数的整数倍；θ_t 是转子相邻两齿间的夹角，即齿距角，为

$$\theta_t = \frac{360°}{Z_R} \qquad (11-3)$$

式中，Z_R 为转子齿数。所以步距角可进一步表示为

$$\theta_b = \frac{\theta_t}{N} = \frac{360°}{Z_R N} \qquad (11-4)$$

为了提高反应式步进电动机的工作精度，就要求步距角很小。由式(11-4)可见，要减小步距角可以增加拍数 N。相数增加相当于拍数增加，但相数越多，电源及电机的结构也越复杂。反应式步进电动机一般作到六相，个别的也有八相或更多相数的。对同一相数既可以采用单拍制，也可采用双拍制，而采用双拍制时步距角减小一半，所以一台步进电动机可有两个步距角。增加转子齿数 Z_R 也可减小步距角。

如果将转子齿数看做转子的极对数，一个齿就对应 360° 电角度，则用电角度表示的齿距角为

$$\theta_{te} = 360°$$

对应的步距角为

$$\theta_{be} = \frac{\theta_{te}}{N} = \frac{360°}{N} \qquad (11-5)$$

所以，当拍数一定时，不论转子齿数多少，用电角度表示的步距角均相同。考虑到式(11-4)，用电角度表示的步距角为

$$\theta_{be} = \frac{360°}{N} \cdot \frac{Z_R}{Z_R} = \theta_b Z_R \qquad (11-6)$$

可见，与一般电机一样，该电角度等于机械角度乘以极对数(这里是转子齿数)。

3. 步进电动机的位移和速度

在角度(位移)控制时，每输入一个脉冲，定子绕组就换接一次，输出轴就转过一个角度，其步数与脉冲数一致，输出轴转动的角位移量与输入脉冲数成正比。速度控制时，送入步进电动机的是连续脉冲，各相绕组不断地轮流通电，步进电机连续运转，它的转速与脉冲频率成正比。

由式(11-4)可见，每输入一个脉冲，转子转过的角度是整个圆周角的 $\frac{1}{Z_R N}$，也就是转过 $\frac{1}{Z_R N}$ 转，因此每分钟转子所转过的圆周数，即转速为

$$n = \frac{60f}{Z_R N} \quad (\text{r/min}) \qquad (11-7)$$

式中，f 为控制脉冲的频率，即每秒输入的脉冲数。

由式(11-7)可见，步进电动机转速取决于脉冲频率、转子齿数和拍数，而与电压、负载、温度等因素无关。当转子齿数一定时，转子旋转速度与输入脉冲频率成正比，或者说其转速和脉冲频率同步。改变脉冲频率可以改变转速，故可进行无级调速，调速范围很宽。另外，若改变通电顺序，即改变定子磁场旋转的方向，就可以控制电机正转或反转。所以，步进电动机是用电脉冲进行控制的电机，改变电脉冲输入的情况，就可方便地控制它，使它快速启动、反转、制动或改变转速。

步进电动机的转速还可以用步距角来表示，将式(11-7)变换可得

$$n = \frac{60f}{Z_R N} = \frac{60f \times 360^\circ}{360^\circ Z_R N} = \frac{f}{6^\circ}\theta_b \quad (\text{r/min}) \tag{11-8}$$

式中，θ_b 为机械角度表示的步距角。

可见，脉冲频率 f 一定时，步距角越小，电机转速越低，输出功率越小。所以从提高精度的角度出发，应选用较小的步距角；但从提高输出功率的角度出发，步距角又不能取得太小。一般步距角应根据系统中应用的具体情况来选取。

4. 步进电动机的自锁能力

当控制电脉冲停止输入，而让最后一个脉冲控制的绕组继续通直流电时，电机可以保持在固定的位置上，即停在最后一个脉冲控制的角位移的终点位置上。这样，步进电动机可以实现停车时转子定位。

综上所述，由于步进电动机工作时的步数或转速既不受电压波动和负载变化的影响（在允许负载范围内），也不受环境条件（温度、压力、冲击、振动等）变化的影响，只与控制脉冲同步，同时它又能按照控制的要求，实现启动、停止、反转或改变转速，因此步进电动机被广泛地应用于各种数字控制系统中。

11.5 步进电动机的静态转矩和矩角特性

步进电动机的静态特性主要是指其静态转矩和矩角特性。若步进电动机理想空载，则当定、转子齿轴线重合时，步进电动机处于稳定平衡位置。如果转子偏离这个位置某一角度，定、转子齿之间就会形成一个力图使转子恢复到稳定平衡位置的转矩 T，称为静态转矩。定子齿轴线和转子齿轴线之间的夹角称为失调角，通常用电角度角 θ_e 表示。步进电动机的静态转矩 T 随失调角 θ_e 的变化规律，即 $T = f(\theta_e)$ 曲线称为步进电动机的矩角特性。

对于多相步进电动机，定子控制绕组可以是一相通电，也可以是几相同时通电，下面分别讨论其静态运行时的矩角特性和静态转矩。

☞ 11.5.1 反应式步进电动机的静态转矩和矩角特性

1. 单相通电时

单相通电时，通电相磁极下的齿产生转矩。这些齿与转子齿的相对位置及所产生的转矩都是相同的，故可以用一对定、转子齿的相对位置来表示转子位置。电机总的转矩就等于通电相极下各个定子齿所产生的转矩之和。

图 11-10 所示为定子一个齿与转子一个齿的相对位置。图中，定子齿轴线与转子齿轴线之间的夹角 θ_e 为电角度表示的转子失调角；θ_{te} 为用电弧度表示的齿距角，$\theta_{te} = 2\pi$。

当失调角 $\theta_e = 0$ 时，转子齿轴线和定子齿轴线重合，定、转子齿之间虽有较大的吸力，但吸力是垂直于转轴的，不是圆周方向，故电机产生的转矩为 0，定、转子间的作用力如图 11-11(a) 所示。图中，$\theta_e = 0$、

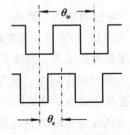

图 11-10 定、转子齿的相对位置

$T=0$ 的位置即为稳定平衡位置(或协调位置)。

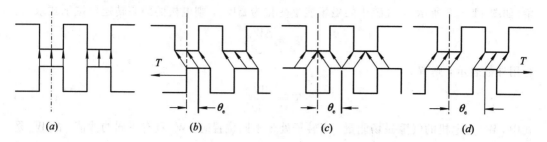

图 11-11 定、转子间的作用力

$(a) \theta_e=0$；$(b) \theta_e=\dfrac{\pi}{2}$；$(c) \theta_e=\pi$；$(d) \theta_e>\pi$

随着失调角 θ_e(顺时针方向为正值)的增加，电机产生的转矩增大，当 $\theta_e=\pi/2$(即 1/4 齿距角)时，转矩最大，转矩的方向是逆时针的，故取转矩为负值，如图 11-11(b)所示。失调角 $\theta_e=\pi$(即 1/2 齿距角)时，转子的位置正好使转子的齿轴线对准定子槽的轴线，转子槽轴线对准定子齿的轴线。此时，相邻两个转子齿都受到中间定子齿的拉力，对转子的作用是相互平衡的，如图 11-11(c)所示，故转矩也为零。当失调角 $\theta_e>\pi$ 时，转子齿转到下一个定子齿下，受下一个定子齿的作用，转矩使转子齿与该定子齿对齐，是顺时针方向的，如图 11-11(d)所示，转矩取为正值。当 $\theta_e=2\pi$ 时，转子齿与下一个定子齿对齐，转矩为 0，失调角 θ_e 继续增加，转矩又重复上面情况作周期性的变化。

当失调角相对于协调位置以相反方向偏移，即失调角为负值时，$-\pi<\theta_e<0$ 范围内转矩的方向为顺时针，故取正值，转矩值的变化情况与上相同，故不再赘述。步进电动机的静态转矩 T 随失调角 θ_e 的变化规律，即矩角特性 $T=f(\theta_e)$ 近似为正弦曲线，如图 11-12 所示。

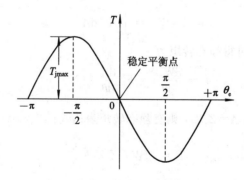

图 11-12 步进电动机的矩角特性

步进电动机矩角特性上的静态转矩最大值 T_{jmax} 表示了步进电动机承受负载的能力，它与步进电动机很多特性的优劣有直接的关系。因此，静态转矩最大值是步进电动机最主要的性能指标之一，通常在技术数据中都会指明，在设计步进电动机时，也往往首先以该值作为根据。

上面定性地讨论了单相通电时静态转矩与转子失调角的关系，下面根据机电能量转换原理推导静态转矩的数学表达式。

设定子每相每极控制绕组匝数为 W，通入电流为 I，转子在某一位置（θ 处）转动了 $\Delta\theta$ 角（如图 11-13 所示），气隙中的磁场能量变化为 ΔW_m，则电机的静态转矩可按下式求出：

$$T = \frac{\Delta W_m}{\Delta\theta}$$

若用导数表示，则有

$$T = \frac{dW_m}{d\theta} \qquad (11-9)$$

式中，W_m 为电机的气隙磁场能量。当转子处于不同位置时，W_m 具有不同的数值，故 W_m 是转子位置角 θ 的函数。

气隙磁能可以表示为

$$W_m = 2\int_V \omega \, dV \qquad (11-10)$$

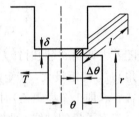

图 11-13 能量转换法求转矩示意图

式中，$\omega = HB/2$ 为单位体积的气隙磁能；V 为一个极面下定、转子间气隙的体积。由图 11-13 可见，当定、转子轴向长度为 l、气隙长度为 δ、气隙平均半径为 r 时，与角度 $d\theta$ 相对应的体积增量为 $dV = l\delta r \, d\theta$，故式（11-10）可表示为

$$W_m = \int_V HB l \delta r \, d\theta$$

因为每极下的气隙磁势 $F_\delta = H\delta$，再考虑到通过 $d\theta$ 所包围的气隙面积的磁通 $d\Phi = Bds = Blrd\theta$，所以

$$W_m = \int_V F_\delta \, d\Phi$$

按磁路欧姆定律又有 $d\Phi = F_\delta d\Lambda$，其中 Λ 为一个极面下气隙磁导，则有

$$W_m = \int_V F_\delta^2 \, d\Lambda$$

将上式代入式（11-9），可得静态转矩为

$$T = \frac{dW_m}{d\theta} = F_\delta^2 \frac{d\Lambda}{d\theta} \quad (N \cdot m)$$

考虑到 $\theta = \dfrac{\theta_e}{Z_R}$，$F_\delta \approx IW$，$\Lambda = Z_s lG$，则有静态转矩表达式：

$$T = (IW)^2 Z_s Z_R l \frac{dG}{d\theta_e} \qquad (11-11)$$

式中，W 为每极匝数；Z_s 为定子每极下的小齿数；G 为气隙比磁导，即单位轴向长度、一个齿距下的气隙磁导。

气隙比磁导 G 与转子齿相对于定子齿的位置有关，如转子齿与定子齿对齐时气隙比磁导最大，转子齿与定子槽对齐时气隙比磁导最小，其他位置时介于两者之间。故可认为气隙比磁导是转子位置角 θ_e 的函数，即 $G = G(\theta_e)$。通常可将气隙比磁导用傅里叶级数来表示：

$$G = G_0 + \sum_{n=1}^{\infty} G_n \cos n\theta_e$$

式中，G_0，G_1，G_2…都与齿的形状和几何尺寸以及磁路饱和度有关，可从有关资料中查得。若略去气隙比磁导中的高次谐波，则静态转矩可表示为

$$T = -(IW)^2 Z_s Z_R l G_1 \sin\theta_e \quad (\text{N} \cdot \text{m}) \tag{11-12}$$

这就是步进电机静态转矩与失调角 θ_e 的关系式，即矩角特性，如图 11-12 所示。

当失调角 $\theta_e = \dfrac{\pi}{2}$ 时，静态转矩为最大，即

$$T_{jmax} = (IW)^2 Z_s Z_R l G_1 \quad (\text{N} \cdot \text{m}) \tag{11-13}$$

可见，当不计铁心饱和时，静态转矩最大值与绕组电流平方成正比。

2. 多相通电时

一般来说，多相通电时的矩角特性和最大静态转矩 T_{jmax} 与单相通电时的不同，按照叠加原理，多相通电时的矩角特性近似地可以由每相各自通电时的矩角特性叠加起来求出。

先以三相步进电机为例进行分析。三相步进电动机可以单相通电，也可以两相同时通电，下面推导三相步进电动机在两相通电时的矩角特性。

如果转子失调角 θ_e 是指 A 相定子齿轴线与转子齿轴线之间的夹角，那么 A 相通电时的矩角特性近似为一条通过 0 点的正弦曲线，可以表示为

$$T_A = -T_{jmax} \sin\theta_e$$

当 B 相也通电时，由于 $\theta_e = 0$ 时的 B 相定子齿轴线与转子齿轴线相夹一个单拍制的步距角，这个步距角以电角度表示为 θ_{be}，其值为 $\theta_{be} = \theta_{te}/3 = 120°$ 电角度。A、B 两相定子齿相对于转子齿的相对位置，如图 11-14 所示。

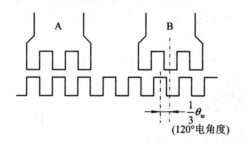

图 11-14 A、B 两相定子齿相对于转子齿的相对位置

因此 B 相通电时的矩角特性可表示为

$$T_B = -T_{jmax} \sin(\theta_e - 120°)$$

这是一条与 A 相矩角特性相距 120°，即 $\theta_{te}/3$ 的正弦曲线。当 A、B 两相同时通电时，合成矩角特性应为两者相合，即

$$\begin{aligned}
T_{AB} &= T_A + T_B \\
&= -T_{jmax} \sin\theta_e - T_{jmax} \sin(\theta_e - 120°) \\
&= -T_{jmax} \sin(\theta_e - 60°)
\end{aligned} \tag{11-14}$$

它是一条幅值不变、相移 60°（即 $\theta_{te}/6$）的正弦曲线，矩角特性如图 11-15(a) 所示；它还可用相量图来表示，转矩相量图如图 11-15(b) 所示。

从上面分析可以看出，三相步进电动机两相通电时的最大静态转矩值与单相通电时的最大静态转矩值相等。也就是说，对三相步进电动机来说，不能依靠增加通电相数来提高转矩，这是三相步进电机一个很大的缺点。

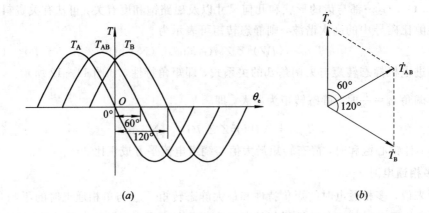

图 11 - 15　三相步进电动机单相、两相通电时的转矩

(a) 矩角特性；(b) 转矩相量图

如果不用三相电机，而用更多相时，多相通电是否能提高转矩呢？回答是肯定的。下面以五相电机为例进行分析。

与三相步进电机分析方法一样，也可作出五相步进电机的单相、两相、三相通电时矩角特性的波形图和相量图，如图 11 - 16(a)、(b) 所示。由图可见，两相和三相通电时矩角特性相对 A 相矩角特性分别移动了 $2\pi/10$ 和 $2\pi/5$，静态转矩最大值两者相等，而且都比一相通电时大。因此，五相步进电动机采用两相—三相运行方式(如 AB－ABC－BC－BCD…)，不但转矩加大，而且矩角特性形状相同，这对步进电机运行的稳定性是非常有利的，在使用时应优先考虑这样的运行方式。

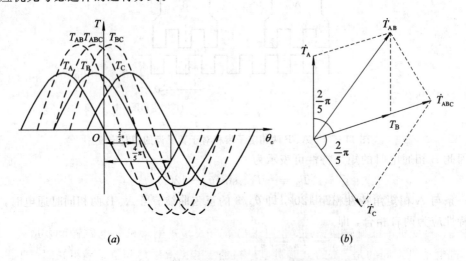

图 11 - 16　五相步进电动机单相、两相通电时的转矩

(a) 矩角特性；(b) 转矩相量图

m 相电机 n 相同时通电时，各相的矩角特性表达式分别为

$$T_1 = -T_{jmax}\sin\theta_e$$

$$T_2 = -T_{jmax}\sin(\theta_e - \theta_{be})$$

$$T_3 = -T_{jmax}\sin(\theta_e - 2\theta_{be})$$

$$\vdots$$

$$T_n = - T_{jmax}\sin[\theta_e - (n-1)\theta_{be}]$$

所以 n 相同时通电时的转矩为

$$
\begin{aligned}
T_{1\sim n} &= T_1 + T_2 + \cdots + T_n \\
&= - T_{jmax}\{\sin\theta_e + \sin(\theta_e - \theta_{be}) + \cdots + \sin[\theta_e - (n-1)\theta_{be}]\} \\
&= - T_{jmax}\frac{\sin\dfrac{n\theta_{be}}{2}}{\sin\dfrac{\theta_{be}}{2}}\sin\left[\theta_e - \frac{n-1}{2}\theta_{be}\right]
\end{aligned}
$$

式中，θ_{be} 为单拍制分配方式时的步距角（电角度或电弧度）。因为 $\theta_{be} = 2\pi/m$，所以

$$T_{1\sim n} = - T_{jmax}\frac{\sin\dfrac{n\pi}{m}}{\sin\dfrac{\pi}{m}}\cdot\sin\left[\theta_e - \frac{n-1}{m}\pi\right] \tag{11-15}$$

因而 m 相电机 n 相同时通电时的转矩最大值与单相通电时的转矩最大值之比为

$$\frac{T_{jmax(1-n)}}{T_{jmax}} = \frac{\sin\dfrac{n\pi}{m}}{\sin\dfrac{\pi}{m}} \tag{11-16}$$

例如，五相电动机两相通电时的转矩最大值为

$$T_{jmax(AB)} = \frac{\sin\dfrac{2\pi}{5}}{\sin\dfrac{\pi}{5}}T_{jmax} = 1.618T_{jmax}$$

三相通电时的转矩最大值为

$$T_{jmax(ABC)} = \frac{\sin\dfrac{3\pi}{5}}{\sin\dfrac{\pi}{5}}T_{jmax} = 1.618T_{jmax}$$

　　一般而言，除了三相步进电动机外，多相电机的多相通电都能提高输出转矩，故一般功率较大的步进电动机（功率步进电动机）都采用大于三相的电机，而且是多相通电的分配方式。

☞ 11.5.2　混合式步进电动机的静态转矩和矩角特性

　　同理，根据机电能量转换原理，也可求出混合式步进电动机的电磁转矩表达式。与反应式步进电动机不同的是，混合式步进电动机的磁势由永磁体和定子绕组共同产生。下面以两相混合式步进电动机为例进行分析。

1. 单相通电时

　　假设 A 相单独通电，在不考虑饱和的情况下，A 相磁链 ψ_A 为

$$\psi_A = L_A i_A + \psi_{mA} \tag{11-17}$$

式中，i_A 为 A 相电流；L_A 为 A 相电感，ψ_{mA} 为转子永磁体与 A 相互磁链。根据两相混合式步进电动机的磁路模型有

$$\begin{cases} L_{\mathrm{A}} = 4\Lambda_0 W^2 \\ \psi_{\mathrm{mA}} = 2\Lambda_1 W F_{\mathrm{m}} \cos\theta_{\mathrm{e}} \end{cases} \tag{11-18}$$

式中，Λ_0 为磁导的恒定分量；Λ_1 为磁导的基波分量幅值；F_{m} 为永磁体的等效磁动势。

根据机电能量转换原理，可从磁场储能 W_{f} 或磁共能 W_{f}' 对角位移 θ 的变化率求出 A 相单独通电时的电磁转矩，为

$$T = -\frac{\partial W_{\mathrm{f}}(\psi_{\mathrm{A}},\theta)}{\partial \theta} = \frac{\partial W_{\mathrm{f}}'(i_{\mathrm{A}},\theta)}{\partial \theta}$$

磁场储能 W_{f} 和磁共能 W_{f}' 的概念可用图 11-17 来说明，W_{f} 和 W_{f}' 分别为图中所示相应部分的面积，图中曲线即铁磁材料的磁化曲线。

一般来说，若磁路是饱和的，则磁化曲线为非线性，表示 W_{f} 和 W_{f}' 的积分（面积）表达式不易计算，W_{f} 和 W_{f}' 不相等。如果忽略饱和，则磁化曲线是一条直线，W_{f} 和 W_{f}' 相等，即在图 11-17 中，上、下两个三角形的面积相等，为

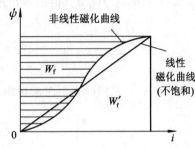

$$W_{\mathrm{f}} = W_{\mathrm{f}}' = \int_0^{i_{\mathrm{A}}} \psi_{\mathrm{A}} \mathrm{d}i \tag{11-19}$$

将式（11-17）代入式（11-19）可得

图 11-17　磁化曲线与磁场能量

$$W_{\mathrm{f}} = W_{\mathrm{f}}' = \frac{1}{2} L_{\mathrm{A}} i_{\mathrm{A}}^2 + \psi_{\mathrm{mA}} i_{\mathrm{A}}$$

则电磁转矩为

$$T = \frac{\partial W_{\mathrm{f}}'}{\partial \theta} = \frac{\partial\left(\frac{1}{2} L_{\mathrm{A}} i_{\mathrm{A}}^2 + \psi_{\mathrm{mA}} i_{\mathrm{A}}\right)}{\partial \theta} = \frac{1}{2} i_{\mathrm{A}}^2 \frac{\mathrm{d}L_{\mathrm{A}}}{\mathrm{d}\theta} + i_{\mathrm{A}} \frac{\mathrm{d}\psi_{\mathrm{mA}}}{\mathrm{d}\theta} \tag{11-20}$$

从式（11-18）中也可看出，在线性条件下，电感 L_{A} 与角位移 θ 无关，因此上式中的第一项为零，电磁转矩表达式变为

$$T = i_{\mathrm{A}} \frac{\mathrm{d}\psi_{\mathrm{mA}}}{\mathrm{d}\theta} \tag{11-21}$$

由于 $\theta_{\mathrm{e}} = Z_{\mathrm{R}}\theta$，再结合式（11-18）和式（11-21），可得混合式步进电动机单相通电时电磁转矩为

$$T = -2Z_{\mathrm{R}}\Lambda_1 W F_{\mathrm{m}} i_{\mathrm{A}} \sin\theta_{\mathrm{e}} = -K_{\mathrm{t}} i_{\mathrm{A}} \sin\theta_{\mathrm{e}} \tag{11-22}$$

式中，$K_{\mathrm{t}} = 2Z_{\mathrm{R}}\Lambda_1 W F_{\mathrm{m}}$ 为电动机的转矩系数，它与电动机的几何尺寸、转子永磁体的磁动势等有关。

2. 多相通电时

与反应式步进电动机类似，按照叠加原理，多相通电时的矩角特性近似地可以由每相各自通电时的矩角特性叠加起来求出。

对于两相混合式步进电动机，仍假设转子失调角 θ_{e} 是指 A 相定子齿轴线与转子齿轴线之间的夹角。这时因为 A 相和 B 相绕组是正交的，相差 $\pi/2$ 电角度，A、B 两相之间互感的平均值为 0，即忽略互感的影响。

A 相通电时的矩角特性可以表示为

$$T_{\mathrm{A}} = -K_{\mathrm{t}} i_{\mathrm{A}} \sin\theta_{\mathrm{e}}$$

B 相通电时，因为 A 相和 B 相绕组相差 $\pi/2$ 电角度，所以 B 相通电时的矩角特性可表示为

$$T_B = -K_t i_B \sin\left(\theta_e - \frac{\pi}{2}\right) = K_t i_B \cos\theta_e$$

当 A、B 两相同时通电时，合成矩角特性应为

$$T_{AB} = T_A + T_B = K_t(-i_A \sin\theta_e + i_B \cos\theta_e) \tag{11 - 23}$$

若两相混合式步进电动机 A、B 两相中的电流按如下规律变化：

$$\begin{cases} i_A = -I \sin\theta_e \\ i_B = I\cos\theta_e \end{cases} \tag{11 - 24}$$

式中，I 为绕组电流幅值。将式(11 - 24)代入式(11 - 23)，可得

$$\begin{aligned} T_{AB} &= K_t(-i_A \sin\theta_e + i_B \cos\theta_e) \\ &= K_t I(\sin^2\theta_e + \cos^2\theta_e) \\ &= K_t I \end{aligned} \tag{11 - 25}$$

当一台电动机制造好以后，其转矩系数 K_t 基本上为一常数，电磁转矩只与电流幅值有关。因此只要确定电流幅值，再通过控制使两相混合式步进电动机 A、B 两相中的电流按式(11 - 24)所示的规律变化，就能够使两相混合式步进电动机以恒定转矩运行，从而达到恒转矩控制的目的。

对于三相混合式步进电动机，若三相电流按如下规律变化：

$$\begin{cases} i_A = I \sin\theta_e \\ i_B = I \sin\left(\theta_e - \dfrac{2\pi}{3}\right) \\ i_C = I \sin\left(\theta_e + \dfrac{2\pi}{3}\right) \end{cases}$$

则各相绕组电流产生的电磁转矩分别为

$$\begin{cases} T_A = -K_t I \sin^2\theta_e \\ T_B = -K_t I \sin^2\left(\theta_e - \dfrac{2\pi}{3}\right) \\ T_C = -K_t I \sin^2\left(\theta_e + \dfrac{2\pi}{3}\right) \end{cases}$$

于是，三相同时导通时的合成转矩为

$$T_{ABC} = T_A + T_B + T_C = \frac{3}{2}K_t I \tag{11 - 26}$$

可见，电磁转矩也与转子位置无关，它正比于电流幅值。

11.6 步进电动机的单步运行

单步运行状态是指步进电动机在单相或多相通电状态下，仅改变一次通电状态时的运行方式，或输入脉冲频率非常之低，以致于在加第二脉冲之前，前一步已经走完，转子运行已经处于停止的运行状态。

为了研究方便，先不计绕组电感，认为绕组中的电流是瞬时建立和消失的。下面用矩

角特性分析步进电动机的单步运行状态。

☞ 11.6.1 单步运行和最大负载能力

1. 单步运行

仍以三相反应式步进电机为例，假设其矩角特性为正弦波形，失调角 θ_e 是 A 相定子齿轴线与转子齿轴线之间的夹角。A 相通电时的矩角特性如图 11-18 中曲线 A 所示。图中，$\theta_e=0$ 的点是对应 A 相定子齿轴线与转子齿轴线相重合时的转子位置，即平衡位置。当电机处于理想空载，即不带任何负载时，转子停在 $\theta_e=0$ 的位置上。如果此时送入一个控制脉冲，切换为 B 相绕组通电，矩角特性就移动一个步距角 θ_{be}（等于 120°），跃变为曲线 B，$\theta_e=120°$ 就成为新的平衡位置。但切换的瞬时转子还处于 $\theta_e=0$ 的位置，对应 $\theta_e=0$ 的电磁转矩已由 $T=0$ 突变为 $T=T_{jmax}\sin120°$（对应图中 a 点的转矩）。电机在电磁转矩作用下将向新的初始平衡位置移动，直至 $\theta_e=120°$ 为止。这样，电机从 $\theta_e=0$ 到 $\theta_e=120°$ 步进了一步（一个步距角）。如果不断送入控制脉冲，使绕组按照 A—B—C—A… 的顺序不断换接，电机就不断地一步一步转动，每走一步转过一个步距角，这就是步进电动机作单步运行的情况。

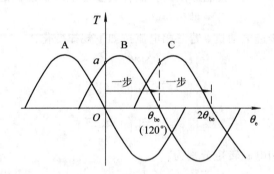

图 11-18 空载时步进电动机的单步运行

当电机带有恒定负载 T_L 时，若 A 相通电，转子将停留在失调角为 θ_{ea} 的位置上，如图 11-19 所示。当 $\theta_e=\theta_{ea}$ 时，电磁转矩 T_A（对应 a 点的转矩）与负载转矩 T_L 相等，转子处于平衡状态。

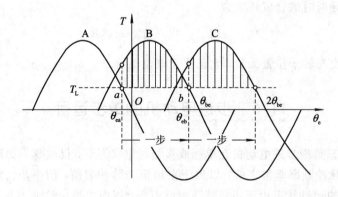

图 11-19 负载时步进电动机的单步运行

如果送入控制脉冲，转换到 B 相通电，则转子所受的有效转矩为电磁转矩 T_B 与负载转矩 T_L 之差，即图 11-19 上的阴影部分。转子在此转矩的作用下也转过一个步距角 120°，由 $\theta_e = \theta_{ea}$ 转到新的平衡位置 $\theta_e = \theta_{eb}$。这样，当绕组不断地换接时，电机就不断作步进运动，而步距角仍为 120° 电角度。

2. 最大负载能力

现在来确定步进电机作单步运行时能带动的最大负载。图 11-20 所示为电机作单步运行时的矩角特性，图中相邻两状态矩角特性的交点所对应的电磁转矩用 T_q 表示。当电机所带负载的阻转矩 $T_L < T_q$ 时，如果开始时转子是处在失调角为 θ_{em} 的平衡点 m，当控制脉冲切换通电绕组使 B 相通电时，矩角特性跃变为曲线 B。这时，对应角 θ_{em} 的电磁转矩大于负载转矩，电机就会在电磁转矩作用下转过一个步距角到达新的平衡位置 n。但是，如果负载阻转矩 $T_L' > T_q$，开始时转子处于失调角为 θ_{em}' 的 m' 点，则当绕组切换后，对应于 θ_{em}' 的电磁转矩小于负载转矩，电机就不能作步进运动了。

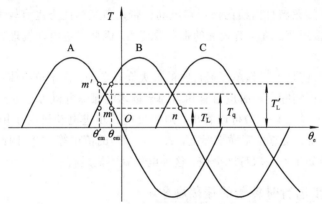

图 11-20 最大负载能力的确定

可见，电机以一定通电方式运行时，相邻矩角特性的交点所对应的转矩 T_q 是电机作单步运动所能带动的极限负载，也称为极限启动转矩。实际应用中，电机所带的负载转矩 T_L 必须小于极限启动转矩才能运行。

同时可以看出，步距角减小可使相邻矩角特性位移减少，就可提高极限启动转矩 T_q，增大电机的负载能力。

例如，当三相步进电动机的运行方式为三相单三拍或三相双三拍时，极限启动转矩为

$$T_q = \frac{T_{jmax}}{2}$$

但在三相六拍运行时，矩角特性幅值不变，而步距角小了一半（如图 11-15(a) 所示），极限启动转矩为

$$T_q = \frac{\sqrt{3}}{2} T_{jmax}$$

所以，采用双拍制分配方式后，由于步距角减小，使三相步进电动机的极限启动转矩要比单拍制时大一些。

三相电机多相通电时，由于矩角特性幅值不变，因而电机负载能力并没有得到很大提高。若采用相数更多的电机且多相通电，则可能使矩角特性的幅值增加，也能使该特性的

交点上移，从而提高极限启动转矩，例如五相电机采用三相－两相轮流通电时的情况（如图 11 - 16(*a*)所示）。

如果矩角特性为正弦波形，且相邻矩角特性的幅值相等，用电度角表示步距角 θ_{be} 时，相邻矩角特性的交点所对应的角度为 $(\theta_{\mathrm{be}} - \pi)/2$，则电机的最大负载能力即极限启动转矩为

$$T_{\mathrm{q}} = - T_{\mathrm{jmax}} \sin \frac{1}{2}(\theta_{\mathrm{be}} - \pi) = T_{\mathrm{jmax}} \cos \frac{\theta_{\mathrm{be}}}{2} \qquad (11 - 27)$$

因为用电角度表示的步距角 $\theta_{\mathrm{be}} = \dfrac{2\pi}{N}$（$N$ 为拍数），所以

$$T_{\mathrm{q}} = T_{\mathrm{jmax}} \cos \frac{\pi}{N} \qquad (11 - 28)$$

显然，拍数越多，极限启动转矩 T_{q} 越接近于 T_{jmax}。

需要强调的是，一般情况下相邻矩角特性幅值不相等，就不能用式(11 - 28)计算 T_{q}。同时应该注意到，矩角特性曲线的波形对电动机带动负载的能力也有较大的影响。平顶波形矩角特性 T_{q} 值接近 T_{jmax} 值，有较大的带负载能力，因此步进电动机理想的矩角特性应是矩形波形。

以上讨论的 T_{q} 值是电机作单步运行时的最大允许负载。由于负载值可能变化，而 T_{jmax} 计算也不准确，因而实际应用时应留有相当的余量才能保证电机可靠运行。

由图 11 - 20 和式(11 - 27)可以看出，两相反应式步进电动机由于用电弧度表示的步距角为 π，矩角特性的交点位于横坐标上，式(11 - 27)的值也等于 0，因此两相反应式电动机没有启动转矩。如果不采取特殊措施，这种电机就不能运行。

☞ 11.6.2 单步运行时转子的振荡现象

上面的分析认为，当绕组切换时，转子是单调地趋向新的平衡位置，但实际情况并非如此，可以结合图 11 - 21 予以说明。

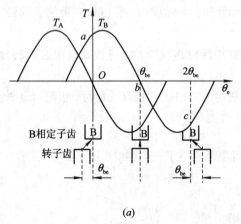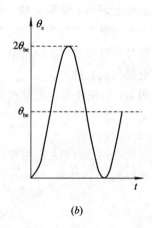

(a)　　　　　　　　　　　(b)

图 11 - 21　无阻尼时转子的自由振荡

(a)转子运动示意图；(b)转子位置随时间的变化

如果开始时 A 相通电，转子处于失调角为 $\theta_{\mathrm{e}} = 0$ 的位置。当绕组换接使 B 相通电时，B 相定子齿轴线与转子齿轴线错开 θ_{be} 角，矩角特性向前移动了一个步距角 θ_{be}，转子在电磁

转矩作用下由 a 点向新的平衡位置 $\theta_{\mathrm{e}}=\theta_{\mathrm{be}}$ 的 b 点（即 B 相定子齿轴线和转子齿轴线重合）位置作步进运动；到达 b 点位置时，转矩就为 0，但转速不为 0。由于惯性作用，转子要越过平衡位置继续运动。当 $\theta_{\mathrm{e}}>\theta_{\mathrm{be}}$ 时，电磁转矩为负值，因而电机减速。失调角 θ_{e} 继续增大，负的转矩也越来越大，电机减速就越快，直至速度为 0 的 c 点。

如果电机没有受到阻尼作用，c 点所对应的失调角为 $2\theta_{\mathrm{be}}$，这时 B 相定子齿轴线与转子齿轴线反方向错开 θ_{be} 角。以后电机在负转矩作用下向反方向转动，又越过平衡位置回到开始出发点 a 点。这样，如果无阻尼作用，绕组每换接一次，电机就环绕新的平衡位置来回作不衰减的振荡，称为自由振荡，如图 11-21(b) 所示。自由振荡幅值为一个步距角 θ_{be}。若自由振荡角频率为 ω_0'，则相应的振荡频率和周期分别为

$$f_0'=\frac{\omega_0'}{2\pi}$$

$$T_0'=\frac{1}{f_0'}=\frac{2\pi}{\omega_0'}$$

自由振荡角频率 ω_0' 与振荡的幅值有关。当拍数很大时，步距角很小，自由振荡的幅值很小。也就是说，转子在平衡位置附近作微小的振荡，这时振荡的角频率称为固有振荡角频率，用 ω_0 表示。理论上可以证明固有振荡角频率为

$$\omega_0=\sqrt{\frac{T_{\mathrm{jmax}}Z_{\mathrm{R}}}{J}} \tag{11-29}$$

式中，J 为转动部分的转动惯量。固有振荡角频率 ω_0 是步进电机一个很重要的参数。随着拍数减少，步距角增大，自由振荡的幅值也增大，自由振荡频率就减小。自由振荡角频率与振荡幅值（即步距角）的关系如图 11-22 所示。

实际上转子作无阻尼的自由振荡是不可能的，由于轴上的摩擦、风阻及内部电阻尼等存在，因此电动机单步运行时转子环绕平衡位置的振荡过程总是衰减的，如图 11-23 所示。阻尼作用越大，衰减得越快，最后仍稳定于平衡位置附近。

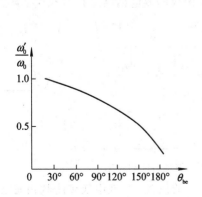

图 11-22　自由振荡角频率与振荡幅值的关系

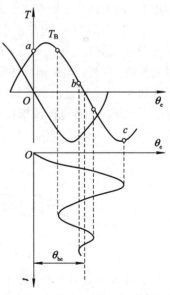

图 11-23　有阻尼时转子的衰减振荡

11.7 步进电动机的连续脉冲运行及矩频特性

随着外加脉冲频率的提高，步进电动机进入连续转动状态，在运行过程中，具有良好的动态性能是保证控制系统可靠工作的前提。例如，在控制系统的控制下，步进电动机经常作启动、制动、正转、反转等动作，并在各种频率下（对应于各种转速）运行，这就要求电机的步数与脉冲数严格相等，既不丢步也不越步，而且转子的运动应是平稳的。但这些要求常常并不能都满足，例如由于步进电机的动态性能不好或使用不当，会造成运行中的丢步现象，因此，由步进电机的"步进"所保证的系统精度就失去了意义。此外，当提高使用频率时，步进电机的快速性也是动态性能的重要内容之一。所以，有必要对步进电动机的连续运行及动态特性作一定的分析。

☞ 11.7.1 运行矩频特性

步进电动机作单步运行时的最大允许负载转矩为 T_q，但当控制脉冲频率逐步增加，电机转速逐步升高时，步进电动机所能带动的最大负载转矩值将逐步下降。这就是说，电机连续转动时所产生的最大输出转矩 T 是随着脉冲频率 f 的升高而减少的。T 与 f 两者间的关系曲线称为步进电动机运行矩频特性，它是一条如图 11-24 所示的曲线。

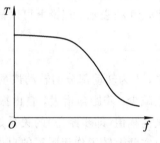

图 11-24 运行矩频特性

为什么频率增高以后步进电机的负载能力会下降呢？一个主要原因就是定子绕组电感的影响。步进电机每相绕组是一个电感线圈，它具有一定的电感 L，而电感有延缓电流变化的特性。

以图 11-25 所示的单一电压形电源为例，当控制脉冲要求某一相绕组通电时，虽然三极管 V 已经导通，绕组已加上电压，但绕组中的电流不会立即上升到规定的数值，而是按指数规律上升的。同样，当控制脉冲使 V 截止，即要求这相绕组断电时，绕组中的电流不会立即下降到 0，而是通过由二极管 V_D 和电阻 R_{f2} 构成的放电回路按指数规律下降。每相控制信号电压和绕组中的电流波形如图 11-26 所示。

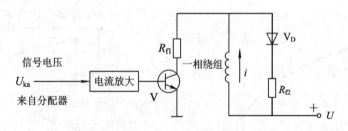

图 11-25 单一电压形电源

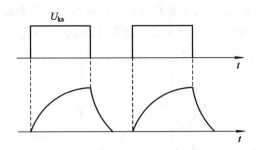

图 11-26　控制电压和绕组电流的波形

电流上升的速度与通电回路的时间常数 T_a 有关，而

$$T_a = \frac{L}{R} \tag{11-30}$$

式中，L 为绕组的电感；R 为通电回路的总电阻，包括绕组本身的电阻、串联电阻 R_{fl} 及三极管内阻等。电流 i 下降的速度与放电回路的时间常数 T'_a 有关，而

$$T'_a = \frac{L}{R'}$$

式中，R' 为放电回路总电阻，包括绕组本身的电阻、串联电阻 R_{fl}、二极管 V_D 的内阻等。

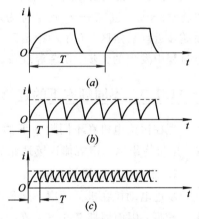

图 11-27　不同频率时的电流波形

当输入脉冲频率较低时，每相绕组通电和断电的周期 T 比较长，电流 i 的波形接近于理想的矩形波，如图 11-27(a) 所示，这时，通电时间内电流的平均值较大；当频率升高后，周期 T 缩短，电流 i 的波形就和理想的矩形波有较大的差别，如图 11-27(b) 所示；当频率进一步升高，周期 T 进一步缩短时，电流 i 的波形将接近于三角形波，幅值也降低，因而电流的平均值大大减小，如图 11-27(c) 所示。由式 (11-13) 可看出，转矩近似地与电流平方成正比。这样，频率越高，绕组中的平均电流越小，电机产生的平均转矩大大下降，负载能力也就大大下降了。

此外，随着频率上升，转子的转速升高，在定子绕组中产生的附加旋转电动势使电机受到更大的阻尼转矩，电机铁心中的涡流损耗也将快速增加，这些都是使步进电动机输出功率和输出转矩下降的因素。所以，输入脉冲频率增高后，步进电机的负载能力逐渐下降，在达到某一频率以后，步进电机已不能带动任何负载，只要受到很小的扰动，就会振荡、失步以至停转。

☞ 11.7.2　静稳定区和动稳定区

用矩角特性研究问题时，引入稳定区的概念会有一定的帮助。

当转子处于静止状态时，矩角特性如图 11-28 中的曲线 n 所示。若转子上没有任何强制作用，则稳定平衡点是坐标原点 O。如果在外力矩作用下使转子离开平衡点，只要失调角在 $-\pi < \theta_e < \pi$ 范围内，去掉外力矩后，那么转子在电磁转矩作用下仍能回到平衡位置 O

点；如果 $\theta_e > \pi$ 或 $\theta_e < -\pi$，那么转子就趋向前一齿或后一齿的平衡点运动，而离开正确的平衡点 $\theta_e = 0$。所以，将 $-\pi < \theta_e < \pi$ 区域称做静稳定区。

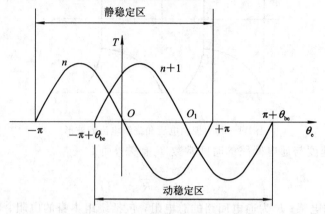

图 11 - 28　静稳定区和动稳定区

如果切换通电绕组，这时矩角特性向前移动一个步距角 θ_{be}，如图 11 - 28 中的曲线 $n+1$ 所示。新的稳定平衡点为 O_1，对应的静稳定区为 $(-\pi + \theta_{be}) < \theta_e < (\pi + \theta_{be})$。在换接的瞬间，转子位置只要在这个区域内，就能趋向新的稳定平衡点而不越过不稳定平衡点，所以将 $-\pi + \theta_{be} < \theta_e < \pi + \theta_{be}$ 区域称为动稳定区。显然，拍数越多，步距角 θ_{be} 越小，动稳定区就越接近静稳定区。有了动稳定区的概念就可以分析步进电动机的各种运行状态以及在运行过程中发生的失步、振荡等现象。

☞ 11.7.3　不同频率下的连续稳定运行和运行频率

现在讨论电机在不同频率下的连续稳定运行，即以某一固定频率连续地送入控制脉冲，电机绕组以一定规律连续地轮流通电，电机达到稳定运行时的情况。

1. 低频丢步和低频共振

步进电动机在极低频率下运行时，运行情况为连续的单步运动。此时，控制脉冲的频率 f 较低，因而周期 T 较长，在控制脉冲作用下，转子将从 $\theta_e = 0$ 处一步一步连续地向新的平衡位置转动。在前面讨论单步运动时已经知道，在有阻尼的情况下，上述过程乃是一个衰减的振荡过程，最后趋向于新的平衡位置。由于控制脉冲的频率低，在一个周期内转子能够把振荡衰减得差不多，并稳定于新的平衡位置或其附近，因而当下一个控制脉冲到来时，电机好像又从不动的状态开始，其运行的每一步都和单步运行一样。所以说，这时电机具有步进的特征，如图 11 - 29 所示。必须指出，在这样情况下运行时，电机一般是处于欠阻尼的状态，振荡是不可避免的，但其最大振幅不会超过步距角 θ_{be}，因而不会出现丢步、越步等现象。

随着控制脉冲的频率增加、脉冲周期缩短，有可能会出现在一个周期内转子振荡还未衰减完时下一个脉冲就来到的情况。这种情况下，下一个脉冲到来时(前一步终了时)，转子处在什么位置是与脉冲的频率有关的。不同脉冲周期的转子位置如图 11 - 30 所示，图中，当脉冲周期为 $T'(T' = 1/f')$ 时，转子离开平衡位置的角度为 θ'_{e0}；周期为 $T''(T'' = 1/f'')$ 时，转子离开平衡位置的角度为 θ''_{e0}。

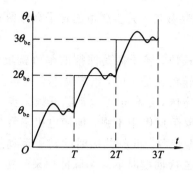

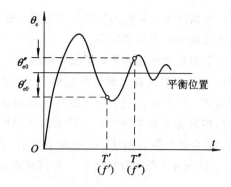

图 11-29 具有步进特征的运行   图 11-30 不同脉冲周期的转子位置

值得注意的是，当控制脉冲频率等于或接近步进电机振荡频率的 $1/k$ 时（$k=1,2,3\cdots$），电机就会出现强烈振荡甚至失步和无法工作，这就是低频共振和低频丢步现象。下面以三相步进电机为例来进行说明。

步进电动机的低频丢步物理过程如图 11-31 所示。假定开始时转子处于 A 相矩角特性（曲线 A）的平衡位置 a_0 点，第一个脉冲到来时，通电绕组换为 B 相，矩角特性移动一个步距角 θ_{be}，则转子应向 B 相的平衡位置 b_0 点运动。由于转子的运动过程是一个衰减振荡，因此转子要在 b_0 点附近作若干次振荡，其振荡频率接近于单步运动时的频率 ω_0'，周期为 $T_0'=2\pi/\omega_0'$。如果控制脉冲的频率也为 ω_0'，则第二个脉冲正好在转子振荡到第一次回摆的最大值时（对应图中 R 点的步距角）到来。这时，通电绕组换为 C 相，矩角特性又移动 θ_{be} 角。如果转子对应于 R 点的位置是处在对于 b_0 点的动稳定区之外，即 R 点的失调角 $\theta_{eR}<-\pi+\theta_{be}$，那么当 C 相绕组通电时，转子受到的电磁转矩为负值，即转矩方向不是使转子由 R 点位置向 c_0 点位置运动，而是向 c_0' 点位置运动。接着第三个脉冲到来，转子又由 c_0' 返回 a_0 点。这样，转子经过三个脉冲仍然回到原来的位置 a_0 点，也就是丢了三步。这就是低频丢步的物理过程。

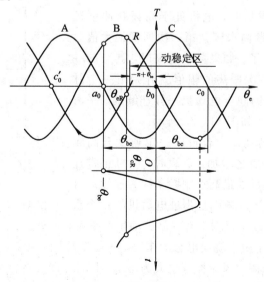

图 11-31 步进电动机的低频丢步物理过程

一般情况下，一次丢步的步数是运行拍数 N 的整数倍，丢步严重的转子会停留在一个位置上或围绕一个位置振荡。

如果阻尼作用比较强，那么电机振荡衰减得比较快，转子振荡回摆的幅值就较小。转子对应于 R 点的位置如果处在动稳定区之内，电磁转矩就是正的，电机就不会失步。另外，拍数越多，步距角 θ_{be} 越小，动稳定区就越接近静稳定区，这样也可以消除低频失步。

当控制脉冲频率等于 $1/k$ 转子振荡频率时，如果阻尼作用不强，即使电机不发生低频失步，也会产生强烈振动，这就是步进电机低频共振现象。低频共振时的转子运动规律如图 11-32 所示，图中反映了转子振荡两次，而在第二次回摆时下一个脉冲到来的转子运动规律。

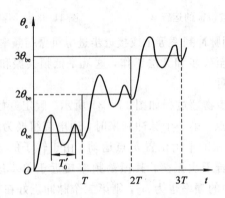

图 11-32　低频共振时的转子运动规律

可见，转子具有明显的振荡特性。发生共振时，电机就会出现强烈振动，甚至失步而无法工作，所以一般不容许电机在共振频率下运行。但是如果采用较多拍数，再加上一定的阻尼和干摩擦负载，电机振动的振幅可以减小，并能稳定运行。为了削弱低频共振，很多电机专门设置了阻尼器，依靠阻尼器消耗振动的能量，限制振动的振幅。

2. 连续运行频率

当控制脉冲频率增加时，电机处于高频脉冲下运行，这时，前一步的振荡尚未到达第一次回摆最大值时下一个控制脉冲就到来了。如果频率更高时，甚至前一步的振荡尚未到达第一次振荡的幅值就开始下一个脉冲。此时电机的运行如同同步电动机一样连续地、平滑地转动，转速比较稳定，如图 11-33 所示。

当电机有了一定转速后，若再以一定速度升高频率，则电机的转速也会随之增加。负载时，电机正常连续运行(不失步)所能加载的最高控制频率称为连续运行频率或跟踪频率。连续运行频率是步进电动机的一个重要技术指标，较高的连续运行频率对提高劳动生产率大有好处。

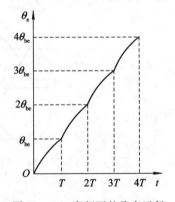

图 11-33　高频下的稳定运行

但是，频率较高时，由于绕组电感的作用，电磁转矩下降很多，负载能力较差，同时电机内部的负载如轴承摩擦和风摩擦等也大为增加，因此，即使在空载的情况下，连续运行频率也会受到限制。另外，当控制脉冲频率很高时，矩角特性的移动速度也很快，转子受到转动惯量的影响可能跟不上矩角特性的移动,则转子位置与平衡位置之差也会越来越大,最后因超出稳定区而丢步,这也是限制连续运行频率的一个原因。所以,减小电路时间常数、增大电磁转矩、减小转子惯量、采用机械阻尼器等都是提高连续运行频率的有效措施。

☞ 11.7.4 步进电机启动过程和启动频率

若步进电机原来静止于某一相的平衡位置上,当一定频率的控制脉冲送入时电机就开始转动,但其转速不是一下子就能达到稳定数值的,而是有一暂态过程,这就是启动过程。

在一定负载转矩下,电机正常启动时(不失步)所能加的最高控制频率称为启动频率或突跳频率。这也是衡量步进电机快速性能的重要技术指标。

启动频率要比连续运行频率低得多。因为电动机刚启动时转速等于 0,在启动过程中,电磁转矩除了克服负载阻转矩外,还要克服转动部分的惯性矩 $J\mathrm{d}^2\theta/\mathrm{d}t^2$($J$ 是电机和负载的总惯量),所以启动时电机的负担比连续运转时要重。如果启动时脉冲频率过高,则转子的速度就跟不上定子磁场旋转的速度,以致第一步结束的位置落后平衡位置较远,以后各步中转子速度增加不多,而定子磁场仍然以正比于脉冲频率的速度向前转动,使转子位置与平衡位置之间的距离越来越大,最后因转子位置落到动稳定区以外而出现丢步或振荡现象,从而使电机不能启动。为了能正常启动,启动频率不能过高,但当电动机一旦启动以后,如果再逐渐升高脉冲频率,由于这时转子角加速度 $\mathrm{d}^2\theta/\mathrm{d}t^2$ 较小,惯性矩不大,因此电机仍能升速。显然,连续运行频率要比启动频率高。

当电机带着一定的负载转矩启动时,作用在电机转子上的加速转矩为电磁转矩与负载转矩之差。负载转矩越大,加速转矩就越小,电机就越不易转动起来。只有当每步有较长的加速时间时,电机才可能启动。所以,随着负载的增加,电机启动频率是下降的。启动频率 f_q 随着负载转矩 T_L 的增加而下降的关系称为启动矩频特性,如图 11-34(a)所示。

随着电机转动部分惯量的增大,在一定的脉冲周期内,转子速度增加不大,因而难以趋于平衡位置。而要电机启动,也需要较长的脉冲周期使电机加速,即要求减小脉冲频率。所以,随着电机轴上转动惯量的增加,启动频率也是下降的。启动频率 f_q 随着转动惯量 J 的增加而下降的关系称为启动惯频特性,如图 11-34(b)所示。

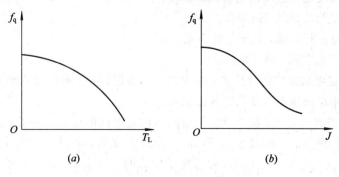

图 11-34 启动时的矩频和惯频特性

(a) 矩频特性;(b) 惯频特性

以上分析可以看出，若要提高电机的启动频率，主要可以从以下几个方面考虑：① 提高电机的转矩；② 减小电机和负载的惯量；③ 增加电机运行的拍数，使矩频特性移动速度减慢。

11.8 步进电动机的驱动方式

步进电动机的驱动方式是随着步进电动机的出现而出现，并随着它的发展而发展的。步进电动机的特点决定了对步进电动机驱动器的研究是与对步进电动机的研究同步进行的。

☞ 11.8.1 步进电机驱动方式的特点

步进电机驱动电路框图如图 11-35 所示，主要包括变频信号源、脉冲分配器和功率驱动电路。

图 11-35 步进电动机驱动电路框图

变频信号源是一个频率从数十赫兹到几万赫兹连续可变的脉冲信号发生器。脉冲分配器是由门电路和双稳态触发器组成的逻辑电路，它根据指令把脉冲信号按一定的逻辑关系加到功率驱动电路上，使步进电动机按一定的运行方式运转。一般步进电动机需要几个安培到几十个安培的电流，而从环形分配器输出的电流只有几个毫安，因此，在环形分配器后面设计有功率驱动电路，用环形分配器的信号控制驱动电路来驱动步进电动机。

当电机和负载确定之后，步进电动机系统的性能就完全取决于驱动控制方式。通常对驱动电路有以下要求和特点：

(1) 通电周期内能提供足够大的矩形波或接近矩形波的电流。

(2) 具有供截止期间释放电流的回路，以降低相绕组两端的反电动势，加快电流衰减。

(3) 能最大限度地抑制步进电动机的振荡。

(4) 驱动电路的功耗低、效率高。

(5) 驱动电路运行可靠，抗干扰能力强。

(6) 驱动电路成本低，便于生产。

为了提高步进电机定位的分辨率，减少过冲和抑制振荡，有时要求驱动电路具有细分功能，将常规的矩形波供电改变成阶梯波供电。

步进电动机的驱动方式，按相绕组流过的电流是单向的还是双向的，分别称为单极性和双极性驱动。单极性驱动即绕组电流只向一个方向流动，适用于反应式步进电机。至于永磁式或混合式步进电动机，工作时要求定子磁极的极性交变，通常要求其绕组由双极性驱动电路驱动，即绕组电流能正/反向流动。通常，三相、四相步进电动机采用单极性驱动，而两相步进电动机必然采用双极性驱动，使用两个 H 桥功率开关是典型的驱动电路。从步进电动机绕组利用率来说，双极性比单极性的利用率高。

从功率驱动级电路结构来看,步进电动机的驱动方式可分为电压驱动和电流驱动两种。其中电压驱动方式包括串联电阻驱动和双电压驱动;而电流驱动方式最常见的是采用电流反馈斩波驱动。为提高步进电动机的高速性能,希望功率开关速度提高后,相绕组电流仍然有较快速的上升和下降,并有较高的幅值。因此,驱动电路采用过激励方式解决被驱动的相绕组都有较大的电感,总是使电流变化滞后于施加的开关电压的问题。

☞ 11.8.2 步进电动机的驱动电路

概括起来,步进电动机较为常用的驱动电路主要有单电压驱动、高低压切换驱动、恒流斩波驱动、H 桥双极性驱动和细分驱动等。

1. 单电压驱动

单电压驱动是指在电机绕组工作过程中,只有一个方向电压对绕组供电。图 11-36 是单一电压型电源的一相功放电路的原理图,m 相电机有 m 个这样的功放电路。

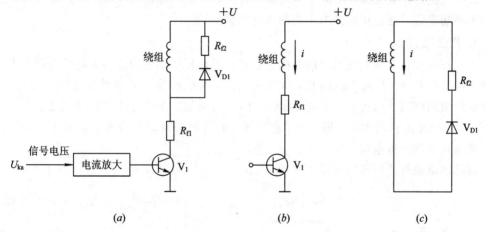

图 11-36 单电压驱动原理图
(a) 单元线路;(b) 导通时;(c) 截止时

来自分配器的信号电压经过几级电流放大后加到三极管 V_1 的基极,控制 V_1 的导通和截止。V_1 是功放电路的末级功放管,它与步进电机一相绕组串联,所以通过功放管 V_1 的电流与通过步进电机绕组的电流相等。

单电压驱动时的信号电压及绕组中电流的波形参见图 11-26,由上一节介绍已经知道,这样的电流波形会使步进电动机的输出转矩减小,动态特性变坏。若要提高转矩,应缩短电流上升的时间常数 T_a,使电流波形的前沿变陡,这样,电流波形可接近于矩形。由于 $T_a = L/R$(见式(11-25)),要减少 T_a 就要求在设计电机时尽量减小绕组的电感 L。另外,如果加大图 11-32 中的串联电阻 R_{f1},也可使时间常数 T_a 下降,但是加大 R_{f1} 以后,为了达到同样的稳态电流值,电源电压就要作相应的提高(稳态电流 $I_{wy} = U/R$)。图 11-37 (a)中曲线 i' 和 i'' 分别表示串联电阻 R'_{f1} 和 R''_{f1}($R''_{f1} > R'_{f1}$ 时)的绕组电流波形图。

可以看出,当 R_{f1} 增大后,电流幅值增大,波形更接近于矩形,这样就可增大转矩,提高启动和连续运行频率,并使启动和运行矩频特性下降缓慢。如图 11-37(b)所示,曲线 T' 和 T'' 分别表示串联电阻为 R'_{f1} 和 R''_{f1} 时的特性。

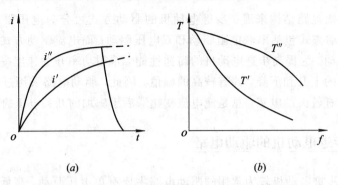

图 11-37 不同的串联电阻值对电流及矩频特性的影响

(a) 电流波形；(b) 矩频特性

单电压驱动的主要特点是线路简单、功放元件少、成本低，低频时响应较好，通常可在绕组回路中串接电阻以改善电路的时间常数来提高电机的高频特性。缺点是串接电阻将产生大量的热，对驱动器的正常工作极其不利，尤其是在高频工作时更加严重，因而它只适用于小功率或对性能指标要求不高的步进电机驱动。

2. 高低压驱动

高低压驱动是在单电压供电的基础上为解决单电压驱动的快速性不好等问题而发展起来的一种供电技术。其基本思路是，脉冲来到时，在电机绕组的两端先施加一较高电压，从而使绕组的电流迅速建立，使电流建立时间大为缩短；在相电流建立起来之后，改用低电压，以维持相电流的大小。相比于单电压驱动，高低压驱动电路可驱动较大功率和性能指标要求较高的步进电机。

高低压驱动电路原理图如图 11-38 所示。

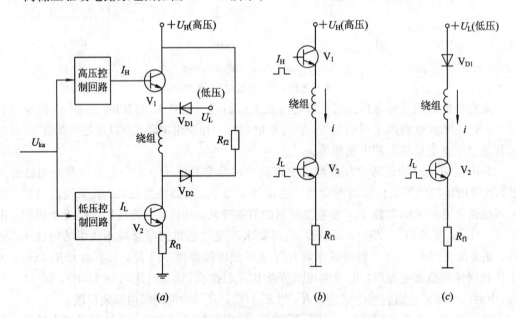

图 11-38 高低压驱动原理图

(a) 单元电路；(b) 高压工作时；(c) 低压工作时

图中，当分配器输出端出现控制信号 U_{ka}，要求绕组通电时，三极管 V_1、V_2 的基极都有信号输入使 V_1 和 V_2 导通，于是，在高压电源作用下（这时二极管 V_{D1} 两端承受的是反向电压，处于截止状态，使低压电源不对绕组作用），绕组电流迅速上升。当电流达到或稍微超过额定稳态电流时（对应于时间 t_0），利用定时电路或电流检测反馈等措施使 V_1 基极上的信号电压消失。于是 V_1 截止而 V_2 仍然导通，绕组电流立即转而由低压电源经过二极管 V_{D1} 供给。低压电源的电压值应使绕组中的电流限制在额定稳态电流 I_{wt} 值。当分配器输出端的信号电压 U_{ka} 消失，要求绕组断电时，V_2 基极上的信号电压也消失，于是 V_2 也截止，绕组中的电流经二极管 V_{D2} 及电阻 R_{f2} 向高压电源放电，电流迅速下降。高低压切换驱动时的绕组电流波形图如图 11-39 所示。

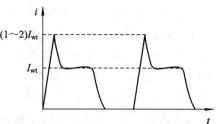

图 11-39 高低压切换驱动时的绕组电流波形图

在高低压驱动方式中，由于电流波形得到了很大改善，电机的矩频特性较好，因此启动和运行频率得到了较大提高。但由于电机旋转反电势、相间互感等因素的影响易使电流波形在高压工作结束和低压工作开始的衔接处的顶部呈凹形，因此电机的输出转矩有所下降且需要双电源供电。

采用高低压驱动电路后，电机绕组上不需要串联电阻或者只需要串联一个很小的电阻 R_{f1}（为平衡各相电流，其值约为 0.1 Ω～0.5 Ω），所以电源功耗也比较小。

3. 恒流斩波驱动

对于步进电机而言，起主导作用的是绕组电流的波形，而不是加在绕组上的电压波形，所以只要能对绕组电流实现精准控制，就能使电动机按照人们设计的要求运转。步进电机恒流斩波驱动就是一种解决在导通、锁定、低频、高频工作状态时都保持绕组电流恒定的有效驱动方式，因为绕组电流从低速到高速运行范围内都保持恒定，弥补了高低压驱动电路绕组电流波形有凹点的缺陷，提高了转矩，这也是目前应用较多、效果较好的一种功率驱动方式。

恒流斩波驱动原理图如图 11-40 所示。恒流斩波驱动电路的主回路由晶体管、电动机绕组、二极管组成。IC_1 和 IC_2 分别是两个控制门，控制 V_1 和 V_2 两个晶体管的导通和截止。V_2 发射极串联的小电阻 R 是一个采样电阻，电动机绕组的电流经这个小电阻接电源负端，小电阻的压降与电动机绕组电流成正比。

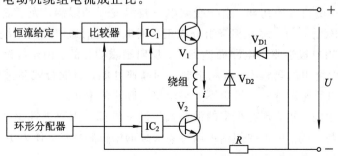

图 11-40 恒流斩波驱动原理图

由环形分配器来的相绕组导通脉冲，通过 IC_2 直接开通晶体管 V_2。门 IC_1 输入信号分别为环形分配器信号和来自比较器的信号。比较器的两个输入端，其中之一接恒流给定电平，另一个接采样电阻的电压信号。当环形分配器输出导通信号时，高电平使 IC_1 和 IC_2 打开，输出高电平使 V_1 和 V_2 导通，高电压 U 经 V_1 和 V_2 向电机绕组供电。由于电机绕组有较大电感，因此电流成指数上升，但所加电压较高，所以电流上升较快。当电流超过所设定值时，比较器输入的电阻采样电压超过给定电压值，比较器翻转，输出变低电平，从而 IC_1 也输出低电平，关断晶体管 V_1。此时磁场能量将使绕组电流按原方向继续流动，经由低压管 V_2、采样电阻 R、二极管 V_{D1} 构成的续流回路消耗磁场的能量，电流将按指数曲线衰减而逐渐下降。当采样电阻上得到的电压小于给定电压时，比较器再次翻转，输出高电平，使 V_1 导通，电源又开始向绕组供电，绕组电流上升。以上过程不断重复，电机绕组的电流就能稳定在给定电平所决定的数值上，从而形成幅值波动很小的锯齿波，恒流斩波驱动绕组电流波形如图 11 - 41 所示。

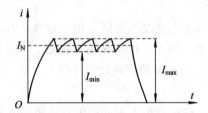

图 11 - 41　恒流斩波驱动绕组电流波形

恒流斩波驱动的优点为：

(1) 各相斩波频率相同，有效地抑制了因各相斩波频率不同而产生的噪声。

(2) 斩波频率高，消除了音频噪声，电机运行时安静无污染。

(3) 高频运行时电流平滑，高频性能好。

(4) 斩波频率和脉宽可调，容易调整最佳运动状态。

恒流斩波驱动也有许多缺点，如低速运行时，由于绕组电流冲击大，使低频产生振荡，运行不平稳，噪声大，定位精度没有提高等。但恒流斩波驱动极大地改善了电流波形，采用能量反馈，提高了电源效率，改善了矩频特性，故目前国内各厂家生产和使用的改造型步进电机数控系统的驱动大部分是这种类型。

4. H 桥双极性驱动

因为混合式步进电机要求电机励磁组有时通正向电流，有时通反向电流，所以需要双极性供电。在步进电机发展初期，由于受到电子技术发展的限制，为了简化驱动电路，而将电机绕组采取双线并绕，每一相绕组分成正向通电和反向通电的两个绕组，因此混合式步进电机就可采用单极性驱动电路而达到正、反向励磁的目的。由于绕组在同一个时间只有一半通电，因此绕组的电感小，有利于电机的高速性能。但混合式步进电机每次只使用了绕组的一半，中低速运行时的转矩不如整个绕组励磁的电机。

随着电子技术的发展，现在很多的混合式步进电机都采用双极性驱动电源。双极性驱动的优点除效率高以外，更重要的是可以得到最佳的中低频特性，使力矩保持恒定；同时，由于驱动器集成化，因此控制也易于实现。

H 桥双极性驱动电路的原理图如图 11 - 42 所示。当开关管 V_1、V_4 导通，V_2、V_3 截止时，电流经 V_1、电机绕组和 V_4 到地；当 V_1、V_4 截止，V_2、V_3 导通时，电流经 V_3、电机绕组 L 和 V_2 到地，电流方向相反。V_{D1}、V_{D2}、V_{D3}、V_{D4} 二极管组成续流回路。可见电机每一相绕组需 4 只开关管驱动，驱动器成本比较高。电机的相数增多时，H 桥式电路需要功率管数多的缺点较为突出，例如五相电机就需要 20 只功率管。

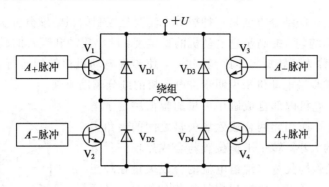

图 11-42 H 桥双极性驱动电路的原理图

除了上述常用的驱动电路外，还有一些其他的步进电动机驱动方式，如带有多次电流检测的高低压驱动、调频调压驱动等。

目前，步进电机的控制和驱动的一个重要发展方向是大量采用专用芯片，其结果是大大缩小了驱动器的体积，明显提高了整机的性能。国外许多厂商相继推出了多种步进电机控制与驱动芯片和多种不同功率等级的功率模块，仅由几个专用芯片和一个功率模块便可构成一个功率齐全、性能优异的步进电机驱动器。

11.9 步进电动机的细分控制

☞ 11.9.1 细分控制的特点

步距角是步进电机的一个重要指标。生产厂家为了满足用户对步距角的不同要求，往往生产不同相数或不同定/转子齿数的步进电机，造成步进电机既有相数的不同又有齿数的不同，使步进电机和驱动器规格和品种繁多。

前一节分析的几种步进电动机常用的驱动方式都有一个共同的不足，就是不能利用一台步进电机实现多种步距角控制，步距角的大小只有有限的几种，且由电机结构所确定。而生产实践中往往需要较高的分辨率和开环控制精度，这就要求采用特殊的驱动策略来提高步进电机的运行性能，目前较常用且比较成熟的方法是细分控制，又称微步距（Microstep）控制。

所谓细分控制，就是把步进电机原来由结构所决定的一步再均匀地细分成许多小步，使步距角进一步减小，电机的步进运动近似地变为匀速运动，并能使它在任何位置停止。随着步距角的微小化，电机运转非常平滑，可以消除在低频段运转时产生的振动、噪音等现象。

为了实现细分控制，步进电机绕组需用阶梯波电流供电。其实质是在步进电机各相绕组的电流切换时，将原来的绕组电流直接通、断的方式，代之以只切换绕组电流的一部分，使对应切换相绕组中的电流阶梯地上升到额定值或下降到零，从而产生匀速旋转的合成磁极（即新的稳定平衡点），使转子对应的每步运动只为原来的一微小部分，达到细分的目的。

☞ 11.9.2　细分控制的基本原理

步进电动机最初的细分方法是一种按等电流变化控制的粗略细分方法，这种方法细分后往往步距角很不均匀。提高步进电动机的稳定度，减小震动和噪音的最佳细分方式是恒转矩均匀细分（也称为恒转矩等步距角细分），使步进电动机恒转矩运行，且步距角均匀。下面以两相混合式步进电动机来说明步进电动机的细分驱动原理。

一般情况下，电机内部合成磁场矢量的幅值决定了电机旋转力矩的大小，而相邻两合成磁场矢量之间的夹角大小决定了步距角的大小。转子平衡位置与合成磁场矢量方向保持一致，合成磁场矢量与绕组电流的合成矢量在理想情况下是线性关系。因此，要实现恒转矩均匀细分，必须合理地控制电机绕组中的电流，使各相绕组电流的合成矢量在空间作幅值恒定的旋转运动，从而在步进电机内部建立均匀的圆形旋转磁场。恒转矩均匀细分控制下的磁场矢量图如图 11-43 所示。

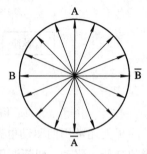

图 11-43　恒转矩均匀细分控制下的磁场矢量图

通常情况下，在电机的定子上，给空间夹角为 90°电角度放置的两个绕组通以时间相位差 90°的正弦波，就能产生一个圆形旋转磁场，如果转子上有磁极，则该旋转磁场将带动转子同步旋转，这是同步电机的基本原理。基于这一原理，将时间相位差 90°的两相交流电通入两相混合式步进电动机的两个绕组中，该两相混合式步进电动机也能和同步电机一样平稳地运转。

应该注意到，步进电动机不能直接接到交、直流电源上工作，而必须使用相应的驱动器驱动，因此很难在步进电动机的绕组上得到完全正弦的电流波形。为了实现对两相混合式步进电动机的恒转矩均匀细分控制，可以在电动机两相绕组中通以如图 11-44 所示的按正弦规律变化并互差 90°的两相阶梯波电流，阶梯越细小就越接近于正弦波，步距角也越小，细分效果越好。理论上，无限细分的结果就是相位互差 90°的正弦波。

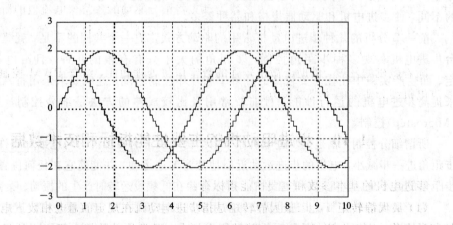

图 11-44　按正弦规律变化并互差 90°的两相阶梯波

为了实现均匀步距，图 11-44 中的阶梯电流波的每一个阶梯的值为

$$I_k = I_m \sin\left(k\,\frac{90°}{x}\right) \tag{11-31}$$

式中，I_k 为第 k 个阶梯的电流值，($k=0,1,\cdots,4x$)；x 为细分数。

☞ 11.9.3　细分驱动的实现

近几年提出的步进电机细分驱动电路较多，它们都分别从不同的角度提出了步进电机细分驱动的实现方法。归纳起来可以分为如下几类：

（1）放大型细分驱动技术。其基本思路是把等幅等宽的电压或电流方波合成而得到阶梯波，从而控制绕组中的电流阶梯上升或下降。放大型细分驱动技术又分为两种方法：

① 先放大再叠加。即先对等幅等宽的方波信号进行功率放大，再在电机绕组上进行叠加而得到阶梯形电流。

② 先叠加再放大。即先将等幅等宽的方波信号进行叠加得到阶梯形电流，而后经功率放大再施加到电机绕组上。

采用叠加法得到阶梯相电流的方法，总的来说由于其元件多，结构复杂，可靠性、通用性低且难以实现可变细分，因此在目前研制的细分驱动器中较少采用。

（2）脉宽调制（PWM）细分驱动。由于微步驱动是要得到阶梯变化的电流波形，这就不难想到利用 PWM 技术（脉宽调制）来代替放大状态的功放电路，以实现灵活的电流波形控制。为提高系统的稳定性和可靠性，一般采用数字脉宽调制电路。

脉宽调制细分驱动的基本思路是：细分驱动电流的变化受控于 PWM 脉冲的脉宽变化，只要给驱动功率管的基极上施加一定脉宽和频率的脉冲序列，就可在相应电机绕组上得到相应的阶梯变化的电流波形。

采用 PWM 技术对步进电机进行细分驱动，具有控制线路简单，系统稳定可靠等优点。

（3）微机控制的步进电机细分驱动技术。由于微机具有很强的数字信号处理能力，利用微机可以很方便地实现步进电机的步进脉冲控制、加减速控制、正反转控制及可变细分控制等，而且电路简单，性能稳定、可靠。利用微机来实现步进电机细分控制的研究较多，但其基本思路已逐步趋于稳定，大多数为预先将细分驱动的各阶梯电流值的阶梯编码存于 EPROM 中，运行时利用软件从 EPROM 中取电流控制字，经 D/A 转换和电流、电压放大及功率放大，最后驱动步进电机运行。

随着微机的发展，借助于微机较强的数字信号处理功能，结合 PWM 控制技术，已是步进电机细分驱动的主要发展方向之一。

11.10　步进电动机的主要性能指标和技术数据

步进电机的基本参数和主要性能指标有：

（1）最大静转矩 T_{jmax}。最大静转矩是指步进电动机在规定的通电相数下矩角特性上的转矩最大值。绕组电流越大，最大静转矩也越大。通常技术数据中所规定的最大静转矩是

指每相绕组通上额定电流时所得的值。一般来说，最大静转矩较大的电机，可以带动较大的负载。

负载转矩和最大静转矩的比值通常为 $0.3 \sim 0.5$，即 $T_{\text{L}} = (0.3 \sim 0.5) T_{\text{jmax}}$。按最大静转矩的值可以把步进电动机分为伺服步进电动机和功率步进电动机。前者输出力矩较小，有时需要经过液压力矩放大器或伺服功率放大系统放大后再去带动负载。功率步进电动机不需要力矩放大装置就能直接带动负载运动。这不仅大大简化了系统，而且提高了传动的精度。

（2）保持转矩。保持转矩是指步进电机通电但没有转动时，定子锁住转子的力矩。通常步进电机在低速时的力矩接近保持转矩。由于步进电机的输出力矩随速度的增大而不断衰减，输出功率也随速度的增大而变化，因此保持转矩就成为了衡量步进电机的最重要的参数之一。

（3）步距角 θ_{b}。每输入一个电脉冲信号时转子转过的角度称为步距角。步距角的大小会直接影响步进电动机的启动和运行频率。外型尺寸相同的电机，步距角小的往往启动及运行频率比较高，但转速和输出功率却不一定高。

（4）静态步距角误差 $\Delta\theta_{\text{b}}$。静态步距角误差即实际的步距角与理论的步距角之间的差值，通常用理论步距角的百分数或绝对值来衡量。静态步距角误差小，表示电机精度高。$\Delta\theta_{\text{b}}$ 通常是在空载情况下测量的。

（5）启动频率 f_{q} 和启动矩频特性。启动频率又称突跳频率，是指步进电动机能够不失步启动的最高脉冲频率，是步进电动机的一项重要指标。产品目录上一般都有空载启动频率的数据，但在实际使用时，步进电动机大都要在带负载的情况下启动，这时，负载启动频率是一个重要指标。负载启动频率与负载转矩及惯量的大小有关。负载惯量一定，负载转矩增加；或负载转矩一定，负载惯量增加，都会使启动频率下降。在一定的负载惯量下，启动频率随负载转矩变化的特性称为启动矩频特性，通常以表格或曲线的形式给出。

（6）运行频率和运行矩频特性。步进电动机启动后，控制脉冲频率连续上升而维持不失步的最高频率称为运行频率。通常给出的也是空载情况下的运行频率。

当电机带着一定负载运行时，运行频率与负载转矩的大小有关，两者的关系称为运行矩频特性。在技术数据中通常也是以表格或曲线的形式表示。

提高运行频率对于提高生产率和系统的快速性具有很大的实际意义。因为运行频率比启动频率要高得多，所以实际使用时常通过自动升、降频控制线路先在低频（不大于启动频率）下使电机启动，然后逐渐升频到工作频率使电机处于连续运行。

必须注意，步进电动机的启动频率、运行频率及其矩频特性都与电源型式（驱动方式）有密切关系，使用时必须首先了解给出的性能指标是在怎样型式的电源下测定的。

（7）步进电机的相数。步进电机的相数是指电机内部的线圈组数，常用的有二相、三相、四相、五相步进电机。

（8）额定电流。电机不动时每相绕组容许通过的电流定为额定电流。当电机运转时，每相绕组通的是脉冲电流，电流表指示的读数为脉冲电流平均值，并非为额定电流。

（9）额定电压。额定电压是指加在驱动电源各相主回路的直流电压。一般它不等于加在绕组两端的电压。国家标准规定步进电动机的额定电压应为：单一电压型电源为 6、12、27、48、60、80（V）；高低压切换型电源为 $60/12$、$80/12$（V）。

小　结

步进电动机又称脉冲电动机，是一种将离散的电脉冲信号转化成角度或直线位移的电磁/机械装置。在其驱动能力范围内，步进电动机输出的角（或线）位移与输入的脉冲数成正比，转速（或线速度）与脉冲的频率成正比。

步进电动机通常分为为三种：永磁式步进电动机（PM）、反应式步进电动机（VR）、混合式步进电动机（HB）。

步进电动机不能直接接到交/直流电源上工作，而必须使用专用设备——步进电动机驱动器。步进电机工作性能的优劣，除了取决于步进电机本身的性能因素外，还取决于步进电机驱动器性能的优劣。

步进电动机在自动控制装置中常作为执行元件，具有精度高、惯性小的特点，在不失步的情况下没有步距误差积累，特别适用于数字控制的开环定位系统。

步进电动机静止时转矩与转子失调角间的关系称为矩角特性。矩角特性上的转矩最大值（最大静转矩）表示电机承受负载的能力，它与电机特性的优劣有直接关系，是步进电动机的最主要的性能指标之一。

步进电动机动态时的主要特征和性能指标有运行频率、运行矩频特性、启动频率、启动矩频特性等。尽可能提高电机转矩，减小电机和负载的惯量是改善电机动态性能指标的主要途径。

驱动电源（驱动方式）对电机性能有很大的影响。要改善电机性能，必须在电机和电源两方面下功夫。

另外，分配方式（运行方式）对电机性能也有很大影响。为了提高电机性能，应多采用多相通电的双拍制，少采用单相通电的单拍制。

思考题与习题

11 - 1　如何控制步进电动机输出的角位移或线位移量，转速或线速度？步进电机有哪些可贵的特点？

11 - 2　反应式步进电机与永磁式及混合式步进电机在作用原理方面有什么共同点和差异？步进电机与同步电动机有什么共同点和差异？

11 - 3　步进电机有哪一些技术指标？它们的具体含义是什么？

11 - 4　步进电机技术数据中标的步距角有时为两个数，如步距 $1.5°/3°$，试问这是什么意思？

11 - 5　如果一台步进电机的负载转动惯量较大，试问它的启动频率有何变化？

11 - 6　试问步进电机的连续运行频率和它的负载转矩有怎样的关系？为什么？

11 - 7　为什么步进电动机的连续运行频率比启动频率要高得多？

11 - 8　一台四相步进电动机，若单相通电时矩角特性为正弦形，其幅值为 T_{jmax}，请

(1) 写出四相八拍运行方式时一个循环的通电次序，并画出各相控制电压波形图；

（2）求两相同时通电时的最大静态转矩；

（3）分别作出单相及两相通电时的矩角特性；

（4）求四相八拍运行方式时的极限启动转矩。

11-9　一台五相十拍运行的步进电动机，转子齿数 $Z_R=48$，在 A 相绕组中测得电流频率为 600 Hz。

（1）求电机的步距角；

（2）求电机转速；

（3）设单相通电时矩角特性为正弦形，其幅值为 3 N·m，求三相同时通电时的最大静转矩 $T_{jmax(ABC)}$。

11-10　一台三相反应式步进电动机，步距角 $\theta_b=3°/1.5°$，已知它的最大静转矩 $T_{jmax}=0.685$ N·m，转动部分的转动惯量 $J=1.725×10^{-5}$ kg·m²。试求该电机的自由振荡频率和周期。

第 12 章 开关磁阻电动机

12.1 概　述

通常所说的开关磁阻电机，实际上是指由磁阻电机本体和控制器所组成的系统。开关磁阻电机驱动系统（Switched Reluctance Drive，SRD）集开关磁阻电机（Switched Reluctance Motor，SRM；也称变磁阻电机——Variable Reluctance Motor，VRM）本体、微控制器技术、功率电子技术、检测技术和控制技术于一体，是一种具有典型机电一体化结构的交流无级调速系统。

SRM 尽管本体结构简单，但必须与控制器一同使用，而且控制起来也相当复杂。为了给各相绕组施加适当的励磁以获得转矩，必须检测转子的位置，根据定、转子相对位置投励。正是微控制器、功率电子器件、检测手段和控制技术的发展，才使得开关磁阻电机具有了一定的竞争力。同时，开关磁阻电机系统也存在着转矩脉动较大，导致噪声及特定频率下的谐振等缺点。

虽然如此，但由于 SRD 具有电机结构简单、坚固，维护方便甚至免维护，启动及低速时转矩大、电流小，高速恒功率区范围宽、性能好，在宽广转速和功率范围内都具有高输出和高效率而且有很好的容错能力等优点，在工业通用设备、伺服与调速系统、牵引系统和航空航天等领域得到了广泛应用。

术语开关磁阻电机体现了这种电机系统的两个基本特征。一是开关性，电机各相绕组通过功率电子开关电路轮流供电，始终工作在一种连续的开关模式；二是磁阻性，电机定、转子间磁路的磁阻随转子位置改变，运行遵循磁路磁阻最小原理，即磁通总是要沿磁阻最小的路径闭合，因磁场扭曲而产生切向磁拉力，是真正的磁阻电机。通过对一台 SRM 的定子各相有序地励磁，转子将会作步进式旋转，每一步转过一定的角度。

开关磁阻电机的这些特征类似于反应式步进电动机，但从设计目标、控制方式和运行特点来看，SRD 与步进电机有较大差别。首先，步进电动机常用于位置开环系统，绕组按既定规律换相，轴的运动服从绕组的换相，转子在定子磁极轴线间步进旋转，作单步或连续运行，将输入的数字脉冲控制信号转换成机械运动输出；而 SRD 常用于调速传动系统，SRM 的绕组根据转子位置换相，始终运行在自同步状态，因而 SRD 有转子位置检测环节来实现闭环控制，控制器根据转子位置向功率驱动器提供相应的开/关信号，不会出现步进电机中的失步现象。其次，步进电机的设计要求是输出较高的位置精度；而 SRD 的设计要求则为变速驱动，转矩可平滑调节。最后，步进电机通常只作电动运行，仅通过控制脉冲频率的调节来改变转速；而 SRD 中的调速控制变量较多，既可采用对每相主开关器件开通角和关断角的控制，也可采用调压或限流斩波控制，易于构成性能优良的调速系统，并且可以运行在制动和发电状态。

本章在简单介绍开关磁阻电机系统工作原理的基础上，着重于开关磁阻电动机变速驱动下运行状态和特性的分析。

12.2 开关磁阻电机系统的组成

一般来说，开关磁阻电机系统是由开关磁阻电机、功率变换器（开关电路）、控制器、位置及电流检测等部分组成，开关磁阻电机系统框图如图 12-1 所示。

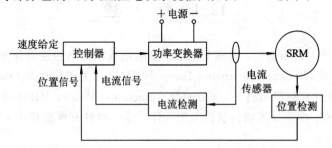

图 12-1 开关磁阻电机系统框图

☞ 12.2.1 开关磁阻电机本体

SRM 的结构和工作原理与反应式步进电动机相似，遵循磁通总是要沿着磁阻最小路径闭合的原理产生磁拉力形成转矩——磁阻性质的电磁转矩，因此，它的结构原则是转子旋转时磁路的磁阻要有尽可能大的变化。所以，开关磁阻电机定子和转子都是凸极结构，属于双凸极可变磁阻电机。定子和转子铁心均用硅钢片冲成一定形状的齿槽，然后叠压而成。定子极上绕有集中绕组，径向相对极上的绕组串联或者并联成一相，而转子上既无绕组也无永磁体。

SRM 可以设计成多种不同的相数。研究表明，低于三相的开关磁阻电机没有自启动能力，因此从自启动能力及正反转考虑，一般选择相数 $m \geqslant 3$。相数多则电机步距角小，有利于减小转矩脉动，但其结构复杂，且主开关器件多，成本高。目前最常用的开关磁阻电机是三相或四相。

SRM 定、转子齿数有不同的搭配，且定、转子齿数不等。同时，为了避免单边磁拉力，电机的径向必须对称，所以双凸极的定子和转子齿/槽数 Z_s 和 Z_r 应为偶数，且比值 Z_s/Z_r 不应是整数。当然，$Z_s \neq Z_r$，但 Z_s 和 Z_r 应尽量接近，这是因为当定子和转子齿槽数相近时，就可能加大定子相绕组电感随转角的平均变化率，提高电机的出力。

表 12-1 SRM 常见的定、转子齿数组合

相 数	3	4	5	6	7	8	9
定子齿数 Z_s	6	8	10	12	14	16	18
转子齿数 Z_r	4	6	8	10	12	14	16

SRM 按照每极齿数可分为单齿结构和多齿结构，所谓多齿结构是指在定、转子的大齿表面开有多个小齿。一般来说，多齿结构单位铁心体积出力要大一些，但其铁心和主开关元件的开/关频率和损耗也增加了，这将限制开关磁阻电机的高速运行和效率。

电机的结构形式有轴向气隙、径向气隙和轴向-径向混合气隙结构以及内转子和外转子结构。

☞ 12.2.2　功率变换器

功率变换器是直流电源和 SRM 的接口，起着将电能分配到 SRM 绕组中的作用。控制器通过功率变换器调节 SRM 的输出，确保系统达到预期的控制目标。因此，功率变换器主电路拓扑结构的选择和驱动及其保护对 SRD 系统可靠、高效运行至关重要。

SRD 中常用的功率变换器有不对称半桥型、双绕组型、分裂电源型、H 桥型、公共开关型、电容转储型等主电路拓扑结构，可以采用 IGBT、功率 MOSFET、GTO 等开关器件。图 12 - 2 所示为开关磁阻电机中几种功率变换器主电路的拓扑结构，图中 S_i 代表开关器件。

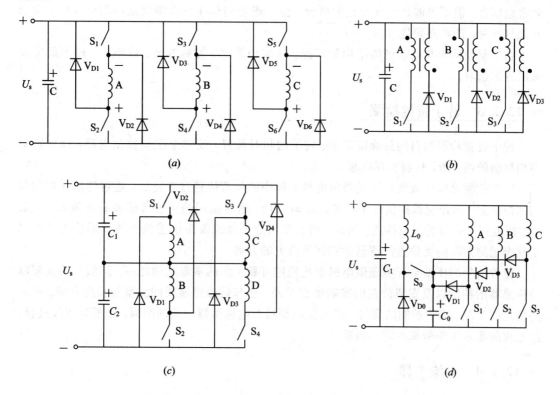

图 12 - 2　开关磁阻电机功率驱动主电路拓扑结构

在图 12 - 2(a)所示的不对称半桥电路中，每相有两只主开关管和两只续流二极管。电流斩波控制时可以同时关断两个主开关管，也可以只关断一个。以 A 相来看，当两只主开关管 S_1 和 S_2 同时导通时，电源 U_s 向电机 A 相绕组供电；仅将 S_1 或 S_2 关断时，强制绕组短路，电流就将衰减；而当 S_1 和 S_2 同时关断时，相电流沿图中箭头方向经续流二极管 V_{D1} 和 V_{D2} 续流，绕组通过二极管连接到负极性电源，电流衰减就更迅速，同时电机磁场储能以电能形式迅速回馈电源，实现换相。该电路工作原理简单，各相间可独立控制，可控性强，电压利用率高，可用于任何相数、任何功率等级的情况，在高电压、大功率场合下有明显的优势。应当注意，这种结构能够再生（即将能量返回供电电源），但不能供给相绕组负的电流。然而，由于 SRM 中的转矩正比于相电流的平方，所以不需要负的绕组电流。

在图 12-2(b)所示的双绕组型电路中，每相仅需一个开关管和一个二极管。每相由两个独立的绕组构成，两个绕组在磁方面紧密耦合（可以通过同时绕制两个绕组来得到），可以看做变压器的一次侧和二次侧绕组。这一结构通过采用双绕组实现再生。从 A 相来看，当开关 S_1 闭合时，一次侧绕组加电压，励磁该相绕组；打开开关时，在二次侧绕组中就感应电势（注意图中用圆点所指示的同名端），沿对 V_{D1} 正向偏置的方向。因此，电流就从一次侧绕组转移到二次侧绕组，使 A 相中的电流衰减到 0 而能量返回电源。虽然这一结构仅需要单一直流电源，但它要求开关必须承受超过 $2U_s$ 的电压（超过的程度由当电流从一次侧转移到二次侧绕组时，在一次侧漏电抗上产生的电压决定），且在电机中需要更复杂的双线绕组。此外，这种结构中的开关必须具有缓冲电路（一般由电阻电容的组合构成），以保护其免受瞬时过电压。引起这些过电压的原因是，虽然双绕组的两个绕组绕制成尽可能紧密地耦合，但不可能达到理想化的耦合，会有能量储存在一次侧绕组的漏磁场中，而当开关打开时，能量必须耗散掉。

功率驱动器应与电动机的结构相匹配，从结构简单、控制方便、效率高、成本低等要求出发来选取。

☞ 12.2.3　转子位置检测

转子位置检测的目的是确定定子、转子的相对位置，反馈至逻辑控制电路，以确定对应相绕组的通、断，从而实现换相。

位置检测可以由放置在开关磁阻电机本体中的位置传感器来完成，通过传输线将信号送到控制器，向控制器提供转子位置的准确信息。通常采用的位置传感器有光敏式、磁敏式、接近开关式及霍尔元件式。另外，还有采用定子绕组瞬态电感信息的波形检测法及基于状态观测器等的无位置传感器检测转子位置的方案。

位置信号的质量是开关磁阻电机系统稳定可靠工作的重要基础之一。该信号的质量除与传感器的精度以及安装位置的准确度有关外，还与信号传输线的类型和长度有关。在一些特定的工况，因为控制的需要，必须使控制器与电机保持一定的距离，致使位置线过长，给系统的稳定工作带来一定的困难。

☞ 12.2.4　电流采样

SRM 相电流检测是电流控制的需要，也是过电流保护的需要。SRM 相电流的基本特点是单向、脉动以及波形随运行方式、运行条件不同而变化很大。由此可知，SRD 中电流检测应具备：快速性好，从电流检测到控制主开关器件动作的延时应尽量小；被测主电路（强电部分）与控制电路（弱电部分）间应有良好的隔离，且有一定的抗干扰能力；灵敏度高，检测频带范围宽，可检测含有多次谐波成分的直流电流；单向电流检测，在一定的工作范围内具有良好的线性度。

电流检测通常采用霍尔电流传感器。

12.3　开关磁阻电机的运行原理

与反应式步进电动机相同，SRM 的运行遵循磁阻最小原理，即磁力线总要沿着磁阻最小的路径闭合。根据这一原理，给定子的某一相施加励磁电流后，离该相最近的一对转子齿将企图与该定子通电相磁极的轴线对齐，使得磁通路径上具有最小的磁阻。按一定次序轮流给定子各相施加励磁时，转子的这一转动趋势就会持续下去，从而获得连续转矩。

以三相 12/8 极开关磁阻电动机为例，假设电机理想空载，图 12-3 所示为该电机的 A 相绕组及其与电源的连接。图中 S_1、S_2 为主开关管（功率器件）；V_{D1}、V_{D2} 为续流二极管；U 为直流电源。定子上属于同一相的 4 个线圈并联组成一相绕组。

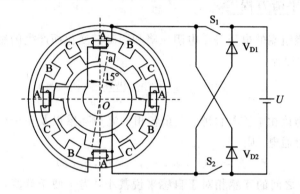

图 12-3　开关磁阻电动机的工作原理图

设当 A 相磁极轴线 OA 与转子齿轴线 Oa 为图 12-3 所示位置时，主开关管 S_1、S_2 导通，A 相绕组通电，电动机内建立起以 OA 为轴线的径向磁场，磁力线沿定子极、气隙、转子齿、转子轭、转子齿、气隙、定子轭路径闭合。通过气隙的磁力线是弯曲的，此时磁路的磁阻大于定子极与转子齿轴线重合时的磁阻，因此，转子将受到气隙中弯曲磁力线的切向磁拉力产生的转矩的作用，使转子逆时针方向转动，转子齿的轴线 Oa 向定子 A 相磁极轴线 OA 趋近。当 OA 和 Oa 轴线重合时，转子已达到平衡位置，即当 A 相定子极与转子齿对齐的同时，切向磁拉力消失。此时关断 A 相开关管 S_1、S_2，开通 B 相开关管，即在 A 相断电的同时 B 相通电，建立以 B 相定子磁极为轴线的磁场，电机内磁场沿顺时针方向转过 $30°$，而转子在磁场磁拉力的作用下继续沿着逆时针方向转过 $15°$。

依此类推，定子三相绕组按 A—B—C 的顺序轮流通电一次，定子磁极产生的磁场轴线顺时针移动了 $3×30°$ 的空间角，转子则按逆时针方向转过一个转子齿距 $\tau_r(\tau_r = 360°/N_r，N_r$ 为转子齿数）。连续不断地按 A—B—C—A 的顺序分别给定子各相绕组通电，电动机内磁场轴线沿 A—B—C—A 的方向不断移动，转子则沿 A—C—B—A 的方向逆时针旋转。

如果按 A—C—B—A 的顺序给定子各相绕组轮流通电，磁场将沿着 A—C—B—A 的方向转动，转子则沿着与之相反的 A—B—C—A 方向顺时针旋转。SRM 的转向与定子相绕组的电流方向无关，仅取决于对相绕组的通电次序。

在一定的负载转矩下调速运行时，设功率变换器的主开关管（即绕组通电）频率为 f_φ，

则 SRM 的转速可表示为

$$n = \frac{60 f_{\varphi}}{N_r} \quad (\text{r/min}) \tag{12-1}$$

12.4　开关磁阻电机的基本方程

　　SRM 作为机电能量转换装置的一种，其内部工作过程遵循基本的物理理论和电磁理论。设 SRM 的相数为 m，各相结构及电磁参数对称，为简化分析，忽略铁心磁滞和涡流，并设第 $k(k=1,\cdots,m)$ 相的电压、磁链、电阻和电流分别为 u_k、ψ_k、R 和 i_k，电磁转矩为 T_e，转子位置角为 θ，角速度为 Ω，转速为 n。

☞ 12.4.1　电势平衡方程

　　施加在各定子绕组端的电压等于电阻压降和因磁链变化而产生的感应电动势之和。第 k 相绕组电势平衡方程为

$$u_k = R i_k + \frac{\mathrm{d}\psi_k}{\mathrm{d}t} \tag{12-2}$$

　　各相绕组磁链为该相电流与自感、其余各相电流与互感以及转子位置角的函数。设 m 相电机中有 q 相同时通电，则

$$\psi_k = \psi(i_1, i_2, \cdots, i_k, \cdots, i_q, \theta) \tag{12-3}$$

　　由于 SRM 各相之间的互感相对于自感来说甚小，为了便于计算，分析时一般忽略相间的互感，即不考虑多相绕组同时通电时各相之间产生的相互影响。磁链方程可近似为

$$\psi_k = \psi_k(i_k, \theta) \tag{12-4}$$

　　磁链可以用电感和电流的乘积表示，即

$$\psi_k = L_k(i_k, \theta) \cdot i_k \tag{12-5}$$

式中，$L_k(i_k, \theta)$ 为相绕组电感，与相电流和转子位置角有关。电感与电流有关是因为 SRM 中磁路大部分为铁磁材料，具有非线性特性；而电感随转子位置角变化是由于 SRM 定、转子的凸极性，是产生电磁转矩的必要条件。

　　将式(12-5)带入式(12-2)得

$$u_k = R i_k + \frac{\partial \psi_k}{\partial i_k} \frac{\mathrm{d}i_k}{\mathrm{d}t} + \frac{\partial \psi_k}{\partial \theta} \Omega \tag{12-6}$$

式中，$\Omega = \dfrac{\mathrm{d}\theta}{\mathrm{d}t} = \dfrac{2\pi n}{60}$。

　　式(12-6)表明，SRM 相绕组中电源电压与三个电压降相平衡，其中，第一项为电阻压降；第二项为由于电流变化导致绕组中磁链变化而产生的感应电动势，通常称为变压器电动势；第三项为由于转子位置改变引起磁链变化而产生的电动势，通常称为运动电动势，仅有此项与电磁转矩的产生即机/电能量转换直接相关。

　　式(12-6)可以进一步展开为

$$u_k = R i_k + \left(L_k + i_k \frac{\partial L_k}{\partial i_k} \right) \frac{\mathrm{d}i_k}{\mathrm{d}t} + i_k \frac{\partial L_k}{\partial \theta} \Omega \tag{12-7}$$

☞ 12.4.2　电磁转矩及转矩平衡方程

SRM 的电磁转矩并非恒定转矩，而是绕组电流和转子位置角的函数。如果保持绕组中的电流值不变，将不同的转子位置所产生的静态电磁转矩连成曲线就得到 SRM 与步进电动机相同的静态特性。

由于 SRM 磁路的非线性，静态电磁转矩必须根据虚位移原理通过磁共能求取，为磁共能 W' 对转子位置角的变化率。当 m 相电机 q 相同时通电时，忽略相间互感，电磁转矩可以写为

$$T_e(\theta, i) = \sum_{k=1}^{q} \frac{\partial W'(i_k, \theta)}{\partial \theta}\bigg|_{i_k = C} \qquad (12-8)$$

转矩平衡方程为

$$T_e = J\frac{\mathrm{d}\Omega}{\mathrm{d}t} + B\Omega + T_L + T_0 \qquad (12-9)$$

式中，J、B、T_L 和 T_0 分别为转动惯量、粘滞系数、负载转矩及空载阻转矩。

12.5　基于线性模型的开关磁阻电机分析

SRM 为双凸极结构，其磁路是非线性的，即绕组相电感（相电感）不仅与定、转子的相对位置有关，而且与相电流大小有关，使电机内部的电磁关系十分复杂。为了解 SRM 的基本电磁关系和特性，通常采用其理想线性模型进行分析。如需进行更精确的分析设计，可以采用准线性模型或者非线性模型。

所谓线性模型是指不考虑电机磁路饱和所导致的非线性，且忽略磁场边缘扩散效应，认为绕组相电感与相电流的大小无关。本节基于线性化假设，分析电机绕组相电感、磁链、电流和转矩随转子位置角变化的规律。

☞ 12.5.1　绕组相电感

线性模型下，绕组相电感与电流大小无关，即不同转子位置下磁链 ψ 与电流 i 的函数关系为一条直线，此时绕组相电感仅是转子位置角的周期函数，其周期为一个转子齿距。图 12-4 所示为 SRM 定、转子相对位置展开图以及线性模型下绕组相电感随转子位置角周期性变化的规律。图中 β_r 为转子齿宽，β_s 为定子极弧长度，τ_r 为转子齿距。

图 12-4 中，横坐标为转子位置角，坐标原点 $\theta=0$ 对应于定子凸极中心与转子凹槽中心重合的位置，绕组相电感为最小值 $L_{\min}$。

在 θ_1 至 θ_2（θ_2 为转子齿的前沿与定子励磁极的后沿相遇的位置）区域内，定子磁极不与转子齿相重叠，绕组相电感保持最小值 $L_{\min}$ 不变。因为开关磁阻电机的转子槽宽通常大于定子极弧长度，所以当定子凸极对着转子槽时，便有一段定子极与转子槽之间的磁阻恒为最大并不随转子位置变化的最小电感常数区。

转子转过 θ_2 点后，绕组相电感便开始线性地上升直到 θ_3 为止（θ_3 为转子齿的前沿与定子磁极的前沿重叠处），这时定子磁极与转子齿全部重叠，绕组相电感变为最大值 $L_{\max}$。

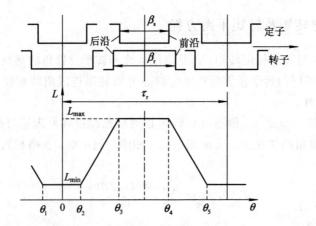

图 12 - 4　定、转子相对位置相绕组相电感与转子位置角的关系曲线

基于电机综合性能的考虑，转子齿宽 β_r 通常大于定子极弧长度 β_s，因此在 θ_3 和 θ_4（θ_4 为转子齿的后沿与定子磁极的后沿相遇的位置）区域内，定子磁极与转子齿保持全部重叠，相对应的定、转子间磁阻恒为最小值，绕组相电感保持在最大值 $L_{\max}$。

从 θ_4 开始绕组相电感线性地下降，直到 θ_5 处降为 $L_{\min}$，θ_5、θ_1 均为转子齿后沿与定子磁极前沿重合处。

当转子相对于定子运动时，定子相绕组的变化周而复始、循环往复，其周期为一个转子齿距。

如上所述，基于线性模型的 SRM 绕组相电感与转子位置角的关系，绕组相电感可以用函数表示为

$$L(\theta) = \begin{cases} L_{\min} & \theta_1 \leqslant \theta \leqslant \theta_2 \\ L_{\min} + K(\theta - \theta_2) & \theta_2 \leqslant \theta \leqslant \theta_3 \\ L_{\max} & \theta_3 \leqslant \theta \leqslant \theta_4 \\ L_{\max} - K(\theta - \theta_4) & \theta_4 \leqslant \theta \leqslant \theta_5 \end{cases} \qquad (12-10)$$

式中，$K = \dfrac{L_{\max} - L_{\min}}{\theta_3 - \theta_2} = \dfrac{L_{\max} - L_{\min}}{\beta_s}$。

对一台具体电机来说，线性模型中的最大相电感 $L_{\max}$ 和最小相电感 $L_{\min}$ 为常数，可以根据电机的结构参数求取，也可通过实验测得。

☞ 12.5.2　绕组磁链

SRM 由恒定直流电压源 U 供电，当主开关管导通使绕组通电时，绕组两端的电压为 $+U$；而主开关管关断后，续流期间绕组两端的电压为 $-U$，则相绕组的电势平衡方程可以写为

$$\pm U = Ri + \frac{\mathrm{d}\psi}{\mathrm{d}t} \qquad (12-11)$$

与感应电动势 $\dfrac{\mathrm{d}\psi}{\mathrm{d}t}$ 相比，绕组电阻压降 Ri 很小，可以忽略，则式（12-11）可简化并整理为

$$\frac{\mathrm{d}\psi}{\mathrm{d}\theta} = \pm\frac{U}{\Omega} \tag{12-12}$$

设在 $t=0$ 时开通主开关管,对应的转子位置角 $\theta=\theta_{\mathrm{on}}$ 称为开通角,此时为电路的初始状态,绕组磁链 $\psi=\psi_0=0$。当 $\theta=\theta_{\mathrm{off}}$ 时,关断主开关管,绕组续流,θ_{off} 称为关断角。主开关管的导通角为 $\theta_{\mathrm{c}}=\theta_{\mathrm{on}}-\theta_{\mathrm{off}}$。

求解方程式(12-12),并利用初始条件 $\psi_0=\psi(\theta)\big|_{\theta=\theta_{\mathrm{on}}}=0$ 和磁链连续性,得到绕组在通电和续流一个周期中磁链的表达式为

$$\psi(\theta) = \begin{cases} \dfrac{U}{\Omega}(\theta-\theta_{\mathrm{on}}) & \theta_{\mathrm{on}} \leqslant \theta \leqslant \theta_{\mathrm{off}} \\[2mm] \dfrac{U}{\Omega}(2\theta_{\mathrm{off}}-\theta_{\mathrm{on}}-\theta) & \theta_{\mathrm{off}} \leqslant \theta \leqslant 2\theta_{\mathrm{off}}-\theta_{\mathrm{on}} \end{cases} \tag{12-13}$$

从式(12-13)可见,在某一转子速度下:在主开关管导通绕组通电期间,磁链随转子位置角的增加而线性增加;在主开关管关断绕组续流期间,磁链随转子位置角的增加而下降,并在 $\theta=2\theta_{\mathrm{off}}-\theta_{\mathrm{on}}$ 时衰减到 0。显然,当根据转子位置信号对绕组进行通/断控制即所谓的角度位置控制时,磁链波形为等腰三角形,最大磁链 $\psi_{\max}$ 出现在 $\theta=\theta_{\mathrm{off}}-\theta_{\mathrm{on}}$ 时,且 $\psi_{\max}=U(\theta_{\mathrm{off}}-\theta_{\mathrm{on}})/\Omega$。

☞ 12.5.3　电磁转矩

从式(12-10)和式(12-13)可见,在理想线性模型中,电感和磁链均为转子位置角的函数。磁链 ψ 可用电感 L 表示为

$$\psi(\theta) = L(\theta)i \tag{12-14}$$

磁共能 W' 为

$$W'(i,\theta) = \int_0^i \psi(i,\theta)\mathrm{d}i \tag{12-15}$$

将式(12-14)代入式(12-15)得磁共能为

$$W'(i,\theta) = \frac{1}{2}L(\theta)i^2 \tag{12-16}$$

则电磁转矩为

$$T_{\mathrm{e}} = \frac{1}{2}i^2\frac{\mathrm{d}L(\theta)}{\mathrm{d}\theta} \tag{12-17}$$

将式(12-10)代入式(12-17)得

$$T_{\mathrm{e}} = \begin{cases} 0 & \theta_1 \leqslant \theta \leqslant \theta_2 \\[2mm] \dfrac{1}{2}Ki^2 & \theta_2 \leqslant \theta \leqslant \theta_3 \\[2mm] 0 & \theta_3 \leqslant \theta \leqslant \theta_4 \\[2mm] -\dfrac{1}{2}Ki^2 & \theta_4 \leqslant \theta \leqslant \theta_5 \end{cases} \tag{12-18}$$

式(12-18)表明:

(1) SRM 的电磁转矩是由转子转动时气隙磁导变化产生的。当磁导对转角的变化率大时,转矩也大。

(2) 电磁转矩的大小与绕组电流的平方成正比。即使考虑电流增大后铁心饱和的影

响，转矩不再与电流平方成正比，但它仍随电流的增大而增大，因此可以通过增大电流有效地增大转矩，并且可以通过控制绕组电流得到恒转矩输出的特性。

（3）转矩的方向与绕组电流的方向无关。只要在电感曲线的上升段通入绕组电流就会产生正向电磁转矩，而在电感曲线的下降段通入绕组电流则会产生反向的电磁转矩。

（4）如果控制 SRM 的绕组在 θ_2 和 θ_3 之间开通和关断，则电机作电动运行；如果控制 SRM 的绕组在 θ_4 和 θ_5 之间开通和关断，则电机作发电运行。

☞ 12.5.4　绕组电流

SRM 运行时，其绕组电流既不是恒定直流量，也不是交流正弦量。SRM 电动运行时，通常是在最小电感区的某一转子位置开通主开关管，即开通角 $\theta_1 \leqslant \theta_{on} \leqslant \theta_2$，以便绕组电流迅速上升；而在达到最大电感之前关断主开关管，即关断角 $\theta_2 \leqslant \theta_{off} \leqslant \theta_3$，以便在绕组电感开始随转子位置的增加而减小时绕组电流迅速衰减到 0。

SRM 高速运行时，一般采用调节开通角 θ_{on} 和关断角 θ_{off} 来改变绕组电流的峰值和有效值，从而实现转矩控制和转速调节，这种控制方法称为角度位置控制方式（简称 APC 方式），角度位置控制典型相电流波形如图 12-5 所示。

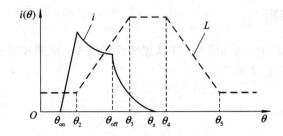

图 12-5　角度位置控制典型相电流波形

SRM 低速运行时，由于旋转电动势较小，电流峰值会很高，因此需要限制电流以保证主开关管的安全。通常是保持开通角 θ_{on} 和关断角 θ_{off} 固定不变，采用电流滞环控制或斩波控制（简称 CCC 方式）来实现转矩控制和转速调节的。这种控制方式下，电流波形近似为平顶波。斩波控制典型相电流波形如图 12-6 所示。

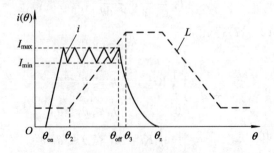

图 12-6　斩波控制典型相电流波形

本节仅讨论 SRM 在电动运行和角度位置控制方式下，绕组电流随转子位置角变化的规律。随着 θ_{on} 和 θ_{off} 出现在不同的区域，相电流波形的变化很大。

在线性模型中，绕组电感仅是转子位置角的线性函数。将 $\psi(\theta) = L(\theta) \cdot i(\theta)$ 带入式

(12-11)，忽略绕组电阻，并经整理得

$$\pm \frac{U}{\Omega} = L \frac{\mathrm{d}i}{\mathrm{d}\theta} + i \frac{\mathrm{d}L}{\mathrm{d}\theta} \tag{12-19}$$

因为电感是用分段解析表达式给出的，且在通电和续流阶段绕组两端所加电压不同，所以应分段求解上述微分方程，可根据初始条件以及式(12-10)求取电流的解析表达式。

（1）在 θ_1 到 θ_2 区段的某一转子位置 θ_{on} 开通主开关管，式(12-19)左侧取"+"，$L = L_{\min}$，初始条件 $i(\theta)|_{\theta = \theta_{\mathrm{on}}} = 0$，当 $\theta_{\mathrm{on}} \leqslant \theta \leqslant \theta_2$ 时，解得

$$i(\theta) = \frac{U}{\Omega} \cdot \frac{\theta - \theta_{\mathrm{on}}}{L_{\min}} \tag{12-20}$$

电流在最小电感恒值区域内线性增加。因为该区域内电感恒为最小值，且无旋转电动势，所以开关磁阻电动机相电流可在该区域内迅速建立。

（2）如果在 θ_2 到 θ_3 区段的某一转子位置 θ_{off} 关断主开关管，则在 θ_2 到 θ_{off} 区段主开关管仍维持导通，式(12-19)左侧仍取"+"，而 $L(\theta) = L_{\min} + K(\theta - \theta_2)$，根据电流连续性有初始条件 $i(\theta)|_{\theta = \theta_2} = U(\theta_2 - \theta_{\mathrm{on}})/(\Omega L_{\min})$，当 $\theta_2 \leqslant \theta \leqslant \theta_{\mathrm{off}}$ 时，解得

$$i(\theta) = \frac{U}{\Omega} \cdot \frac{\theta - \theta_{\mathrm{on}}}{L_{\min} + K(\theta - \theta_2)} \tag{12-21}$$

电流随转子位置角变化的规律与开通角 θ_{on} 有关，不同的 θ_{on} 使电流在电感上升区内下降、维持不变或继续上升，形成不同的相电流波形。角度位置控制、不同开通角下的相电流波形如图 12-7 所示。

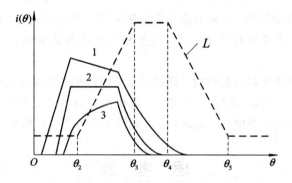

图 12-7　角度位置控制、不同开通角下的相电流波形

（3）在 θ_{off} 到 θ_3 区段绕组续流，则式(12-19)左侧取"-"，仿照上述方法可得

$$i(\theta) = \frac{U}{\Omega} \cdot \frac{2\theta_{\mathrm{off}} - \theta_{\mathrm{on}} - \theta}{L_{\min} + K(\theta - \theta_2)} \tag{12-22}$$

定义电流续流衰减到 0 时所对应的角度为 θ_z（参见图 12-5），从式(12-22)可以看出，$\theta_z = 2\theta_{\mathrm{off}} - \theta_{\mathrm{on}}$。电流衰减到 0 的时刻取决于对关断角的选择，若 $\theta_{\mathrm{off}} < \dfrac{\theta_{\mathrm{on}} + \theta_3}{2}$，则在 $\theta_z < \theta_3$ 时续流结束；若 $\theta_{\mathrm{off}} > \dfrac{\theta_{\mathrm{on}} + \theta_3}{2}$，则续流将延续到恒最大电感区甚至电感下降区，如图 12-7 所示。

（4）在 θ_3 到 θ_4 区段，则

$$i(\theta) = \frac{U}{\Omega} \cdot \frac{2\theta_{\mathrm{off}} - \theta_{\mathrm{on}} - \theta}{L_{\mathrm{max}}} \qquad (12-23)$$

(5) 在 θ_4 到 $2\theta_{\mathrm{off}} - \theta_{\mathrm{on}} \leqslant \theta_5$ 区段，则

$$i(\theta) = \frac{U}{\Omega} \cdot \frac{2\theta_{\mathrm{off}} - \theta_{\mathrm{on}} - \theta}{L_{\mathrm{max}} - K(\theta - \theta_4)} \qquad (12-24)$$

以上分析表明，对结构一定的电动机，当采用恒定直流电源供电且电机恒速运行时，绕组电流波形取决于控制参数开通角 θ_{on} 和关断角 θ_{off} 的组合，特别是 θ_{on} 的影响尤为显著。减小 θ_{on}，该电流线性上升的时间增长，电流峰值随之增加；调节 θ_{off} 可改变电流波形的宽度从而改变电流波形，但其调节作用较弱。从式(12-18)可见，如果在电感下降区电流不为0，则所产生的电磁转矩为制动转矩，对电动运行时的电磁转矩不利，因此 θ_{off} 不宜选得过大，使续流关断过迟；但 θ_{off} 过小也会由于电流有效值不够大而使电磁转矩减小。一般选择 $\theta_{\mathrm{off}} < \theta_4$ 且导通角 $\theta_c \leqslant \tau_r/2$。

小 结

开关磁阻电机驱动系统集开关磁阻电机本体、微控制器技术、功率电子技术、检测技术和控制技术于一体，是一种具有典型机电一体化结构的交流无级调速系统。

开关磁阻电机的工作原理类似于反应式步进电动机，各相绕组通过功率电子开关电路轮流供电，始终工作在一种连续的开关模式；电机定、转子间磁路的磁阻随转子位置改变，运行遵循磁路磁阻最小原理，即磁通总是要沿磁阻最小的路径闭合，因磁场扭曲而产生切向磁拉力。通过对定子各相有序地励磁，转子将会作步进式旋转，每一步均转过一定的角度。

开关磁阻电机本体为双凸极结构，其磁路是非线性的，即绕组相电感不仅与定、转子相对位置有关，而且与相电流的大小有关，使电机内部的电磁关系十分复杂。本章采用理想线性模型分析了电机绕组电感、磁链、电流和转矩随转子位置角变化的规律。

思 考 题

12-1 开关磁阻电机由哪些部分组成？各部分有什么特点和作用？

12-2 开关磁阻电机本体的转子边能否作成光滑的圆柱型？

12-3 开关磁阻电机与反应式步进电动机的控制方式上有哪些异同？

12-4 什么是开关磁阻电机的线性化模型？

12-5 什么是开关磁阻的 APC 控制？什么是 CCC 控制？

12-6 怎样分析开关磁阻电机在线性化模型中的磁链、电流和转矩？各有什么特点？

12-7 如果要求开关磁阻电机运行于发电或者制动状态，应该怎样进行控制？

第13章 直线电机

13.1 概 述

直线电机是近年来国内外积极研究发展的新型电机之一。它是一种不需要中间转换装置,而能直接作直线运动的电动装置。过去,在各种工程技术中需要直线运动时,一般是用旋转电机通过曲柄连杆或蜗轮蜗杆等传动机构来获得的。但是,这种传动形式往往会带来结构复杂,重量重,体积大,啮合精度差且工作不可靠等缺点。近十几年来,科学技术的发展推动了直线电机的研究和生产,目前在交通运输、机械工业和仪器仪表工业中,直线电机已得到推广和应用。在自动控制系统中,采用直线电机作为驱动、指示和信号元件也更加广泛,例如在快速记录仪中,伺服电动机改用直线电机后,可以提高仪器的精度和频带宽度;在雷达系统中,用直线自整角机代替电位器进行直线测量可提高精度,简化结构;在电磁流速计中,可用直线测速机来量测导电液体在磁场中的流速;另外,在录音磁头和各种记录装置中,也常用直线电机传动。

与旋转电机传动相比,直线电机传动主要具有下列优点:

(1)直线电机由于不需要中间传动机械,因而使整个机械得到简化,提高了精度,减少了振动和噪音;

(2)快速响应:用直线电机驱动时,由于不存在中间传动机构的惯量和阻力矩的影响,因而加速和减速时间短,可实现快速启动和正反向运行;

(3)仪表用的直线电机,可以省去电刷和换向器等易损零件,提高可靠性,延长使用寿命;

(4)直线电机由于散热面积大,容易冷却,所以允许较高的电磁负荷,可提高电机的容量定额;

(5)装配灵活性大,往往可将电机和其他机件合成一体。

直线电机有多种型式,原则上对于每一种旋转电机都有其相应的直线电机。一般,按照工作原理来区分,可分为直线感应电机、直线直流电机和直线同步电机(包括直线步进电机)三种。在伺服系统中,相应于传统元件,也可制成直线运动形式的量测元件和执行元件。由于直线电机与旋转电机在原理上基本相同,所以下面不一一罗列各种电机,而只介绍其中典型的几种直线电机。

13.2 直线感应电动机

☞ 13.2.1 主要类型和结构

直线感应电机主要有两种型式，即平面型和圆筒型。平面型电机可以看做是由普通的旋转感应（异步）电动机直接演变而来的。图13-1(a)表示一台旋转的感应电动机，设想将它沿径向剖开，并将定、转子圆周展成直线，如图13-1(b)，这就得到了最简单的平面型直线感应电机。由定子演变而来的一侧称做初级，由转子演变而来的一侧称做次级。直线电机的运动方式可以是固定初级，让次级运动，此称为动次级；相反，也可以固定次级而让初级运动，则称为动初级。

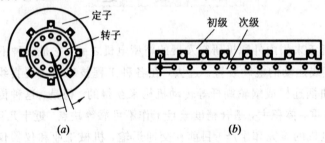

图13-1 直线电机的演变
(a)旋转电机；(b)直线电机

图13-1中直线电机的初级和次级长度相等，这在实用中是行不通的。因为初、次级要作相对运动，假定在开始时初次级正好对齐，那么在运动过程中，初次级之间的电磁耦合部分将逐渐减少，影响正常运行。因此，在实际应用中必须把初、次级作得长短不等。根据初、次级间相对长度，可把平面型直线电机分成短初级和短次级两类，如图13-2所示。由于短初级结构比较简单，制造和运行成本较低，故一般常用短初级，只有在特殊情况下才采用短次级。

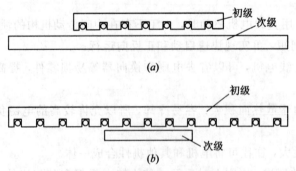

图13-2 平面型直线电动机
(a)短初级；(b)短次级

图13-2所示的平面型直线电机仅在次级的一边具有初级，这种结构型式称单边型。单边型除了产生切向力外，还会在初、次级间产生较大的法向力，这在某些应用中是不希望的。为了更充分地利用次级和消除法向力，可以在次级的两侧都装上初级，这种结构型

式称为双边型，如图 13 - 3 所示。

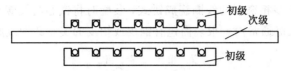

图 13 - 3 双边型直线电机

与旋转电机一样，平面型直线电机的初级铁心也由硅钢片叠成，表面开有齿槽，槽中安放着三相、两相或单相绕组；单相直线感应电机也可作成罩极式的，也可通过电容移相。它的次级形式较多，有类似鼠笼转子的结构，即在钢板上（或铁心叠片里）开槽，槽中放入铜条或铝条，然后用铜带或铝带在两侧端部短接。但由于其工艺和结构比较复杂，故在短初级直线电机中很少采用。最常用的次级有三种：第一种是整块钢板，称为钢次级或磁性次级，这时，钢既起导磁作用，又起导电作用；第二种为钢板上覆合一层铜板或铝板，称为覆合次级，钢主要用于导磁，而导电主要是靠铜或铝；第三种是单钝的铜板或铝板，称为铜（铝）次级或非磁性次级，这种次级一般用于双边形电机中，使用时必须使一边的 N 极对准另一边的 S 极。显然，这三种次级型式都与杯形转子的旋转电机相对应。

除了上述的平面型直线感应电机外，还有圆筒型直线感应电动机。如果将图 13 - 4(a) 所示的平面型直线电机的初级和次级依箭头方向卷曲，就成为圆筒型直线感应电动机，如图13 - 4(b) 所示。

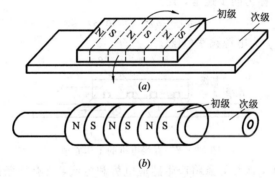

图 13 - 4 圆筒型直线感应电机的演变

(a) 平面型；(b) 圆筒型

在平面型电机里线圈一般作成菱形，如图 13 - 5(a)（图中只示出一相线圈的连接），它的端部只起连接作用。在圆筒形电机里，线圈的端部就不再需要，把各线圈边卷曲起来，就成为饼式线圈，如图 13 - 5(b)所示。

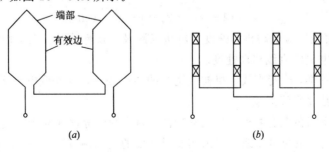

图 13 - 5 直线感应电机的线圈

(a) 菱形；(b) 饼式

　　圆筒型直线感应电动机的典型结构如图13－6所示，它的初级铁心是由硅钢片叠成的一些环形钢盘，初级多相绕组的线圈绕成饼式，装配时将铁心与线圈交替叠放于钢管机壳内。圆筒型电机的次级通常由一根表面包有铜皮或铝皮的实心圆钢或厚壁钢管构成。

图 13 － 6　两相圆筒型直线感应电动机

☞ 13.2.2　工作原理

　　由上所述，直线电机是由旋转电机演变而来的，因而当初级的多相绕组中通入多相电流后，也会产生一个气隙基波磁场，但是这个磁场的磁通密度波 B_δ 是直线移动的，故称为行波磁场，如图 13 － 7 所示。显然，行波的移动速度与旋转磁场在定子内圆表面上的线速度是一样的，即为 v_s，称为同步速度，且

$$v_s = 2f\tau \quad (\text{cm/s}) \tag{13-1}$$

式中，τ 为极距(cm)，f 为电源频率(Hz)。

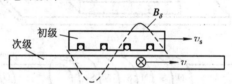

图 13 － 7　直线电机的工作原理

　　在行波磁场切割下，次级导条将产生感应电势和电流，所有导条的电流和气隙磁场相互作用，便产生切向电磁力。如果初级是固定不动的，那么次级就顺着行波磁场运动的方向作直线异步运动。若次级移动的速度用 v 表示，则滑差率

$$s = \frac{v_s - v}{v_s} \tag{13-2}$$

次级移动速度

$$v = v_s(1-s) = 2f\tau(1-s) \quad (\text{cm/s}) \tag{13-3}$$

式(13－3)表明直线感应电动机的速度与电机极距及电源频率成正比，因此改变极距或电源频率都可改变电机的直线移动速度。

　　与旋转电机一样，改变直线电机初级绕组的通电相序，可改变电机运动的方向，因而可使直线电机作往复直线运动。

　　直线感应电动机的其他特性，如机械特性、调节特性等都与异步型交流伺服电动机相似，通常也是靠改变电源电压或频率来实现对速度的连续调节，这些不再重复说明。

13.3　直线直流电动机

直线直流电机主要有两种类型：永磁式和电磁式。前者多用在功率较小的自动记录仪表中，如记录仪中笔的纵横走向的驱动，摄影机中快门和光圈的操作机构，电表试验中探测头，电梯门控制器的驱动等，而后者则用在驱动功率较大的机构。以下分别作一些介绍。

☞ 13.3.1　永磁式直线直流电动机

随着高性能永磁材料的出现，各种永磁直线直流电机相继出现。由于它具有结构简单，无旋转部件，无电刷，速度易控，反应速度快，体积小等优点，在自动控制仪器仪表中被广泛的采用。

图 13 - 8 表示框架式永磁直线电机的 3 种结构形式，它们都是利用载流线圈与永久磁场间产生的电磁力工作的。图 13 - 8(a)采用的是强磁铁结构，磁铁产生的磁通经过很小的气隙被框架软铁所闭合，气隙中的磁场强度分布很均匀。当可动线圈中通入电流后便产生电磁力，使线圈沿滑轨作直线运动，其运动方向可由左手定则确定。改变线圈电流的大小和方向，即可控制线圈运动的推力和方向。这种结构的缺点是要求永久磁铁的长度大于可动线圈的行程。如果记录仪的行程要求很长，则磁铁长度就更长。因此，这种结构成本高，体积笨重。图 13 - 8(b)所示结构是采用永久磁铁移动的型式。在一个软铁框架上套有线圈，该线圈的长度要包括整个行程。显然，当这种结构形式的线圈流过电流时，不工作的部分要白白消耗能量。为了降低电能的消耗，可将线圈外表面进行加工使铜裸露出来，通过安装在磁极上的电刷把电流馈入线圈中(如图中虚线所示)。这样，当磁极移动时，电刷跟着滑动，可只让线圈的工作部分通电。但由于电刷存在磨损，故降低了可靠性和寿命。图 13 - 8(c)所示的结构是在软铁架两端装有极性同向放置的两块永久磁铁，通电线圈可在滑道上作直线运动。这种结构具有体积小，成本低和效率高等优点。国外将它组成闭环系统，用在 25.4 cm(10 英寸)录音机中，得到了良好的效果，在推动 2.5 N 负载的情况下，最大输入功率为 8 W，通过全程只需 0.25 s，比普通类型闭环系统性能有很大提高。

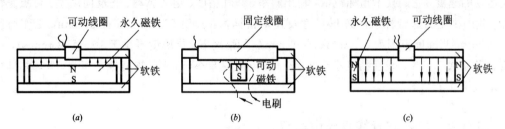

图 13 - 8　框架式永磁式直线直流电动机示意图
(a)强磁铁结构；(b)移动永磁体结构；(c)双永磁体结构

在设计永磁直线电机时应尽可能减少其静磨擦力，一般控制在输入功率的 20%～30% 以下。故应用在精密仪表中的直线电机采用了直线球形轴承或磁悬浮及气垫等形式，以降低静磨擦的影响。

根据直流电机的可逆原理，永磁式直线电机除了作电动机应用外，还可作直线测速发电机用。图 13 - 9 表示我国试制的永磁直线测速机的结构示意图。由图可见，它的定子上装有两个形状相同、匝数相等的线圈，分别位于永久磁钢两个异极性的作用区段上。两个线圈可以是反向绕制，正接串联，或者同向绕制，反接串联。这样使两个处于不同极性的线圈的感应电势相加，输出增大一倍，因而可提高输出斜率。为获得较小的电压脉动，每个线圈的长度应大于工作行程与一个磁极环的宽度之和。线圈骨架除了支撑固定线圈外，还给动子（即次级）起直线运动的定向作用，所以它由耐磨损且磨擦系数不大的工程塑料制成。动子包括永久磁钢（$AlNiCo_5$）、磁极环（软铁）和连接杆（非磁性材料）。

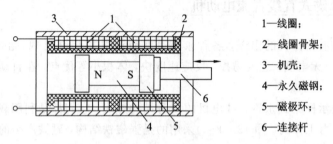

1—线圈；
2—线圈骨架；
3—机壳；
4—永久磁钢；
5—磁极环；
6—连接杆

图 13 - 9　直线直流测速发电机的结构

根据电磁感应定律，当磁钢相对于线圈以速度 v 运动时，磁通切割线圈边，因而在两线圈中产生感应电势 E，其值可用下式表示：

$$E = 2\frac{W}{L}\Phi v = k\Phi v$$

式中，W/L 为线圈的线密度，Φ 为每极磁通。因而感应电势与直线运动速度成线性关系。这就是直线测速机的基本原理。

从关系式可见，线圈的线密度决定着测速机的输出斜率的值。若线圈绕制不均匀，排列不整齐，造成线圈各处密度不等，会使电压脉动等指标变坏。因此，线圈的绕制需十分精心，这是决定电机质量的关键之一。

直线测速机是一种输出电压与直线速度成比例的信号元件，是自动控制系统、解算装置中新近提出的元件之一。其技术指标项目与旋转运动的测速机相似，只是被测的输入量是直线运动的速度。它的技术指标包括：输出斜率、线性精度、电压脉动、正反向误差、可重复性等。我国试制的这台样机的外形尺寸及技术指标为：长度 54 mm、外径 20 mm，工作行程 ±10 mm，当速度范围为 0.5 mm/s～10 mm/s 的情况下，灵敏度不小于 10 mV/(mm/s)，电压脉动不大于 5%，线性精度小于 ±1%，正反向误差小于 1%，重复性小于 0.5%，并具有一定抗干扰能力等。

☞ 13.3.2　电磁式直线直流电动机

当功率较大时，上述直线电机中的永久磁钢所产生的磁通可改为由绕组通入直流电励磁所产生，这就成为电磁式直线直流电机。图 13 - 10 表示这种电机的典型结构，其中图 (a) 是单极电机；图 (b) 是两极电机。此外，还可作成多极电机。由图可见，当环形励磁绕组通上电流时，便产生了磁通，它经过电枢铁心、气隙、极靴端板和外壳形成闭合回路，如图中虚线所示。

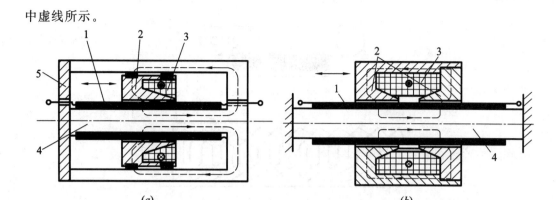

1—电枢绕组；2—极靴；3—励磁绕组；4—电枢铁心；5—非磁性端板

图 13 - 10　电磁式直线直流电动机

（a）单极；（b）两极

电枢绕组是在管形电枢铁心的外表面上用漆包线绕制而成的。对于两极电机，电枢绕组应绕成两半，两半绕组绕向相反，串联后接到低压电源上。当电枢绕组通入电流后，载流导体与气隙磁通的径向分量相互作用，在每极上便产生轴向推力。若电枢被固定不动，磁极就沿着轴线方向作往复直线运动（图示的情况）。当把这种电机应用于短行程和低速移动的场合时，可省掉滑动的电刷；但若行程很长，为了提高效率，应与永磁式直线电机一样，在磁极端面上装上电刷，使电流只在电枢绕组的工作段流过。

图 13 - 10 所示的电动机可以看做圆筒形的直流直线电动机。这种对称的圆筒形结构具有若干优点。例如，它没有线圈端部，电枢绕组得到完全利用；气隙均匀，消除了电枢和磁极间的吸力。

国外有关圆筒电机的样机的外形尺寸和技术数据为：极数为 2 极，电源为 6 V 直流，除去电枢外的总长度为 12 cm，外径为 8.6 cm，除去电枢外的重量为 1.8 kg，输出位移为 150 cm，2 m/s 时输出功率为 18 W（40％工作周期），静止时输出力为 13.7 N，1.5 m/s 时为 10.78 N。

13.4　直线自整角机

在同步联结系统中，有时还要求直线位移同步，如雷达直线测量仪（调波段）中就要求采用直线自整角机。而过去都采用电位器，结果精度很差，齿轮装置复杂，可靠性也较差。

直线自整角机的原理与传统旋转式自整角机大致相同，图 13 - 11 表示的就是这种电机的一种型式。图 13 - 11（a）中的 1 表示 3 个凸极定子，其上绕有分布绕组，三相绕组在电气上相差 120°。2 是磁回路。定子极与磁回路之间是直线位移的印刷动子带（图中 3），它是在绝缘材料基片的两面印制导线而成。图 13 - 11（b）表示这种印刷电路板导线连接情况，图中粗线表示上层印刷导线，细线表示下层印刷导线，上、下层导线通过印刷基片孔连接，下面印刷基片上有两根平行的引出导线 4 和 5，通过电刷与外界相连接。显然，动子带上的印刷电路是一种分布的单相绕组。

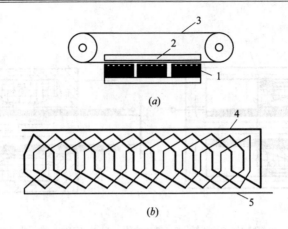

1—凸极定子；2—磁回路；3—印刷动子带；4、5—引出导线

图 13-11　直线自整角机结构示意图

(a) 结构图；(b) 印刷绕组

印刷绕组基片通过两个圆盘轮绞动，当印刷绕组通上交流电时，定子各相绕组中会感应一个与印刷绕组位置有关的电压；相反，若定子三相绕组通电，印刷绕组在定子中作平行直线位移，其输出端就产生一个与其位置有关的电压输出。因此，利用一对这样的直线自整角机，就能实现两绞轮间的直线位移同步。

直线自整角机与传统旋转自整角机一样，可与直线伺服电动机和直线测速机一起组成直线伺服闭环系统。它适用于直线同步连接系统，可减少齿轮装置，提高系统精度。

13.5　直线型和平面型步进电动机

在许多自动装置中，要求某些机构快速地作直线或平面运动，而且要保证精确的定位或自锁，如自动绘图机、自动打印机等就是这样机构的典型。一般旋转的反应式步进电动机可以完成这样的动作。比如采用一台旋转的步进电机，通过机械传动装置将旋转运动变成直线位移，就能快速而正确地沿着某一方向把物体定位在某一点上。当要求机构作平面运动时，这时可采用两台旋转的步进电机，第一台步进电机带动活动装置作 x 方向的移动，另一台步进电机装在该活动装置上带动物体作 y 轴方向的移动，这样便可得到沿着 x、y 轴方向的位移，精确地将物体定位在 xy 平面上的任何一点。目前，大部分高精度工业定位系统都是用旋转式的步进电动机来制成的。但是这种机构需要将步进电机的旋转运动变成直线运动，这就使传动装置变得复杂，而且由于传动装置中的齿轮、齿条等零件因不规则运动而逐渐磨损，使定位精度受到影响，振动和噪声也将增加。因此，国内外正在试制性能优良的直接作直线运动的步进电动机(即直线型步进电动机)来取代一般旋转式的步进电动机。这种电动机在机床、数控机械、计算机外围设备(如直线打印机、纸带穿孔机和卡片读数器)、复制和印刷装置、高速 X-Y 记录仪、自动绘图机和各种量测装置等方面正在得到应用。直线步进电动机主要可分为反应式和永磁式两种。下面简略地说明它们的结构和工作原理。

☞ 13.5.1 反应式直线步进电动机

反应式直线步进电动机的工作原理与旋转式步进电动机相同。图 13 - 12 表示一台四相反应式直线步进电动机的结构原理图。它的定子和动子都由硅钢片叠成。定子上、下两表面都开有均匀分布的齿槽。动子是一对具有 4 个极的铁心，极上套有四相控制绕组，每个极的表面也开有齿槽，齿距与定子上的齿距相同。当某相动子齿与定子齿对齐时，相邻相的动子齿轴线与定子齿轴线错开 1/4 齿距。上、下两个动子铁心用支架刚性连接起来，可以一起沿定子表面滑动。为了减少运动时的摩擦，在导轨上装有滚珠轴承，槽中用非磁性塑料填平，使定子和动子表面平滑。显然，当控制绕组按 A－B－C－D－A 的顺序轮流通电时（图中表示 A 相通电时动子所处的稳定平衡位置），根据步进电动机一般原理，动子将以 1/4 齿距的步距向左移动，当通电顺序改为 A－D－C－B－A 的顺序通电时，动子则向右移动。与旋转式步进电动机相似，通电方式可以是单拍制，也可以是双拍制，双拍制时步距量减少一半。

图 13 - 12 所表示的是双边型共磁路的直线步进电动机。即定子两边都有动子，一相通电时所产生的磁通与其他相绕组也匝链。此外，也可作成单边型或不共磁路（可消除相间互感的影响）。

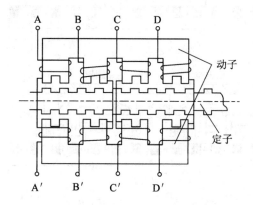

图 13 - 12　四相反应式直线步进电动机

图 13 - 13 表示一台五相单边型不共磁路直线步进电动机结构原理图。

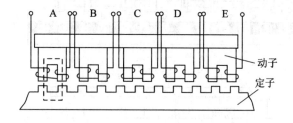

图 13 - 13　五相反应式直线步进电动机

图中动子上有五个 Π 形铁心，每个 Π 形铁心的两极上套有相反连接的两个线圈，形成一相控制绕组。当一相通电时，所产生的磁通只在本相的 Π 形铁心中流通，此时 Π 形铁心两极上的小齿与定子齿对齐（图中表示每极上只有一个小齿），而相邻相的 Π 形铁心极上的小齿轴线与定子齿轴线错开 1/5 齿距。当五相控制绕组以 AB－ABC－BC…五相十拍方式

通电时，动子每步移动 1/10 齿距。国外制成的这种直线步进电动机的主要特性为：步距
0.1 mm，最高速度 3 m/min，输出推力 98 N，最大保持力 196 N，在 300 mm 行程内定位
精度达±0.075 mm，重复精度±0.02 mm，有效行程 300 mm。

☞ 13.5.2　永磁式直线型和平面型步进电动机

图 13 - 14 所示为永磁直线步进电动机的结构和工作原理。其中定子用铁磁材料制成
如图所示那样的"定尺"，其上开有间距为 t 的矩形齿槽，槽中填满非磁材料（如环氧树脂）
使整个定子表面非常光滑。动子上装有两块永久磁钢 A 和 B，每一磁极端部装有用铁磁材
料制成的Ⅱ形极片，每块极片有两个齿（如 a 和 c），齿距为 $1.5t$，这样当齿 a 与定子齿对齐
时，齿 c 便对准槽。同一磁钢的两个极片间隔的距离刚好使齿 a 和 a′能同时对准定子的齿，
即它们的间隔是 kt，k 代表任一整数：1，2，3，4…。

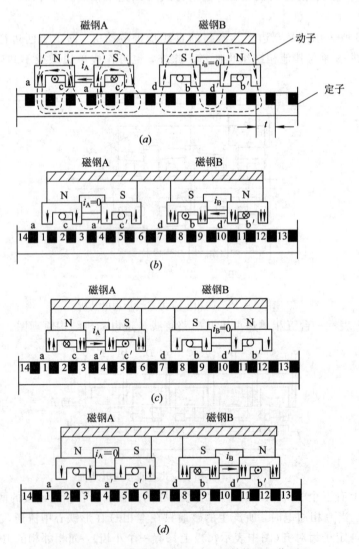

图 13 - 14　永磁直线步进电动机的结构和工作原理

　　磁钢 B 与 A 相同，但极性相反，它们之间的距离应等于 $(k\pm1/4)t$。这样，当其中一个磁钢的齿完全与定子齿和槽对齐时，另一磁钢的齿应处在定子的齿和槽的中间。

　　在磁钢 A 的两个 Π 形极片上装有 A 相控制绕组，磁钢 B 上装有 B 相控制绕组。如果某一瞬间，A 相绕组中通入直流电流 i_A，并假定箭头指向左边的电流为正方向，如图 13 - 14(a)所示。这时，A 相绕组所产生的磁通在齿 a、a′ 中与永久磁钢的磁通相叠加，而在齿 c、c′ 中却相抵消，使齿 c、c′ 全部去磁，不起任何作用。在这过程中，B 相绕组不通电流，即 $i_B=0$，磁钢 B 的磁通量在齿 d、d′、b 和 b′ 中大致相等，沿着动子移动方向各齿产生的作用力互相平衡。

　　概括说来，这时只有齿 a 和 a′ 在起作用，它使动子处在如图 13 - 14(a)所示的位置上。

　　为了使动子向右移动，就是说从图 13 - 14(a)移到图 13 - 14(b)的位置，就要切断加在 A 相绕组的电源，使 $i_A=0$，同时给 B 相绕组通入正向电流 i_B。这时，在齿 b、b′ 中，B 相绕组产生的磁通与磁钢的磁通相叠加，而在齿 d、d′ 中却相抵消。因而，动子便向右移动半个齿宽即 $t/4$，使齿 b、b′ 移到与定子齿相对齐的位置。

　　如果切断电流 i_B，并给 A 相绕组通上反向电流，则 A 相绕相及磁钢 A 产生的磁通在齿 c、c′ 中相叠加，而在齿 a、a′ 中相抵消。动子便向右又移动 $t/4$，使齿 c、c′ 与定子齿相对齐，见图 13 - 14(c)。

　　同理，若切断电流 i_A，给 B 相绕组通上反向电流，则动子又向右移动 $t/4$，使齿 d 和 d′ 与定子齿相对齐，见图 13 - 14(d)。这样，经过图 13 - 14(a)、(b)、(c)、(d)所示的 4 个阶段后，动子便向右移动了一个齿距 t。如果还要继续移动，只需要重复前面次序通电。

　　相反，如果想使动子向左移动，只要把 4 个阶段倒过来，即从图 13 - 14(d)、(c)、(b)到(a)。为了减小步距量，削弱振动和噪音，这种电机可采用细分电路驱动，使电机实现微步距移动(10 μm 以下)。还可用两相交流电控制，这时需在 A 相和 B 相绕组中同时加入交流电。如果 A 相绕组中加正弦电流，则在 B 相绕组中加余弦电流。当绕组中电流变化一个周期时，动子就移动一个齿距；如果要改变移动方向，可通过改变绕组中的电流极性来实现。采用正、余弦交流电控制的直线步进电动机，因为磁拉力是逐渐变化的(这相当于采用细分无限多的电路驱动)，可使电机的自由振荡减弱。这样，既有利于电机启动，又可使电动机移动很平滑，振动和噪音也很小。

　　上面介绍的是直线步进电动机的原理。如果要求动子作平面运动，这时应将定子改为一块平板，其上开有 x、y 轴方向的齿槽，定子齿排成方格形，槽中注入环氧树脂，而动子是由两台上述那样的直线步进电动机组合起来制成的，如图 13 - 15 所示。其中一台保证

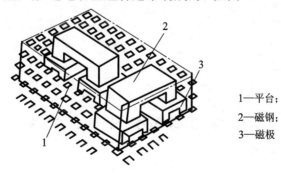

1—平台；
2—磁钢；
3—磁极

图 13 - 15　永磁平面型步进电动机

动子沿着 x 轴方向移动；与它正交的另一台保证动子沿着 y 轴方向移动。这样，只要设计适当的程序控制语言，借以产生一定的脉冲信号，就可以使动子在 xy 平面上作任意几何轨迹的运动，并定位在平面上任何一点，这就成为平面步进电动机了。

据国外资料介绍，在这种步进电动机中，还可采用气垫装置将动子支撑起来，使动子移动时不与定子直接接触。这样，由于无摩擦，惯性小，故可以高速移动，线速度高达 102 cm/s，在 6.45 cm^2（1 平方英寸）范围内的单方向定位精度达 $\pm 2.54 \times 10^{-3}$ cm，整个平台内的单方向定位精度达 $\pm 1.27 \times 10^{-2}$ cm。应用这样结构所制成的自动绘图机动作快速灵敏，噪音低，而且定位精确，几分钟内便画出一张复杂的地图，也可以绘制各种反映数字控制的图形，以直接检验机床的走刀轨迹和测定程序误差。平面步进电动机不仅在自动绘图机中，而且在激光切割设备和精密半导体制造设备中，也得到了推广和应用。

第 14 章　交轴磁场放大机

14.1　从直流发电机到功率放大器的演变

　　交轴磁场放大机又叫做电机放大机，是类属于自动控制系统中的一种旋转式放大元件。它是从直流发电机演变过来的。前述已知道，直流伺服电动机的控制信号是由功率放大器供给的，在小功率控制系统中，放大器是晶体三极管组成的电子放大器，而功率比较大的控制系统就要采用电力电子器件。电力电子器件虽然有体积小和无噪音等优点，但尚存在短时过载能力差，用作直流放大时输出的直流电压有时带有较大的纹波等缺点。目前，有些系统还采用电机作为控制系统的功率放大器，这种电机称为电机放大机。电机放大机有交磁放大机和磁放大器两种，使用中大多采用交磁放大机。

　　在第 2 章中所分析的直流发电机，实际上是一个功率放大器，现分析如下。

　　他励直流发电机接线图如图 14 - 1 所示。设用原动机拖动直流发电机，并保持转速不变。直流发电机的励磁绕组作为放大器的输入端，输入直流信号电压为 U_f，则产生信号电流为

$$I_f = \frac{U_f}{R_f} \tag{14-1}$$

式中，R_f 为发电机励磁绕组的电阻。

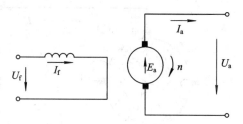

图 14 - 1　他励直流发电机接线图

　　当电机空载时，电枢两端的输出电势 $E_a = C_e \Phi n$，因为电机的转速保持不变，所以

$$E_a \propto \Phi \tag{14-2}$$

若信号电流 I_f 改变，则电机的励磁磁通 Φ 也随之改变。如果电机的磁路尚未饱和，那么

$$\Phi \propto I_f$$

则有

$$E_a \propto I_f$$

即输出电势与输入的信号电流成正比。将输出端接上负载，就会流过电流 I_a，此时负载上的电压为

$$U_a = E_a - I_a R_a \tag{14-3}$$

输出功率为 $U_a I_a$。

因为输出功率 $U_a I_a$ 远大于信号功率 $U_f I_f$，这就把直流发电机演变成了功率放大器。取这两种功率的额定值之比作为功率放大系数 K_p，则

$$K_p = \frac{U_{an} I_{an}}{U_{fn} I_{fn}} \tag{14-4}$$

式中，$U_{an} I_{an}$ 为额定输出功率；$U_{fn} I_{fn}$ 为额定信号功率（即额定励磁功率）。

一般直流发电机的额定励磁功率约为额定输出功率的 $1\%\sim3\%$，故功率放大系数 K_p 约为 $30\sim110$。

这里需要说明的是，功率放大是否违反能量守恒定律呢？不是的。因为发电机的输出功率是由原动机输送给发电机的机械功率转变而来的，是由电机的功率平衡所决定的。亦即励磁功率实际上是控制功率，由它控制输出功率。

一般的直流发电机，其功率放大系数还不够高，即不能满足生产实际中功率放大的要求。交磁放大机的实质就是能像多级放大的电子放大器那样在直流电机内部实现两级放大，以下将具体分析其工作原理。

14.2　交磁放大机的工作原理

交磁放大机的工作原理图如图 14-2 所示。图中，定子的磁路与两极直流电机相似，磁极上绕有控制绕组（类似于普通直流电机的励磁绕组）。交磁放大机的电枢和普通直流电机的一样，只是在换向器上多装了一对电刷。通过换向片和几何中性线上的导体相接触的

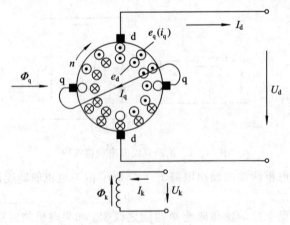

图 14-2　交磁放大机的工作原理图

电刷 q-q 称为交轴电刷，即为一般直流电机的一对电刷；通过换向片和磁极轴线上的导体相连接的电刷 d-d 称为直轴电刷，这是在传统直流电机上新增加的一对电刷。

☞ 14.2.1 交磁放大机的空载运行

交磁放大机是如何实现两级放大的呢？设电动机带动电枢以恒速 n 旋转，对控制绕组施加控制信号电压 U_k，产生电流 I_k，形成磁通 Φ_k。电枢导体切割磁通 Φ_k，在电枢导体中便产生切割电势 e_q，e_q 的方向如图 14-2 中电枢外圈上的 $\odot$、$\otimes$ 所示。显然，电刷 q-q 引出了同一个极面下所有导体的电势，其刷间电势为

$$E_q = C_e \Phi_k n$$

因为交轴电刷 q-q 被短路，所以两刷之间便有电流 I_q 流过，当然各电枢导体中流过相应的支路电流为 i_q，其方向与电势 e_q 相同。

根据直流发电机基本原理可知，当电枢绕组流过电流时就要产生电枢磁场，i_q 流过电枢绕组所产生的电枢磁场 Φ_q 可用右手螺旋定则判断，该磁场轴线在交轴方向，如图 14-2 中最左侧用 Φ_q 及其箭头方向所示。Φ_q 称为交轴磁通，该磁通是比较强的。

注意到，电枢导体不仅切割直轴磁通 Φ_k，产生电势 e_q，而且还同时切割交轴磁通 Φ_q，产生电势 e_d，这些电势的方向如图 14-2 内圈上的 $\odot$、$\otimes$ 所示。

需要说明的是，图 14-2 内圈不是表示另一个绕组，而是表示电枢导体中的电势 e_d 的方向，亦即每根电枢导体中同时可能存在 e_q、e_d 两种电势。由图 14-2 可以看出，电势 e_d 在电刷 q-q 之间正、负相互抵消，不能被引出。然而，电刷 d-d 却把电势 e_d 充分引了出来，且在电刷 d-d 间获得最大的电势 E_d，在接上负载之后，便向负载输出电流 I_d，在负载上产生电压降 U_d。

值得注意的是，虽然控制信号是微弱的（E_q 比较小），但由于电刷 q-q 被短路，电枢回路电阻又很小，则电流 I_q 就相当大，因而 Φ_q 就足够强，由 Φ_q 产生的 E_d 及 I_d、U_d 就更大，这样就达到了功率放大的目的。这里因为起放大作用的决定因素是交轴磁场，所以称为交轴磁场电机放大机或简称交磁放大机，在制造厂（或公司）又简称为扩大机。

根据上述对交磁放大机工作原理的分析可知，交磁放大机可以看成是两个直流发电机的串级放大，其接线示意图如图 14-3 所示。

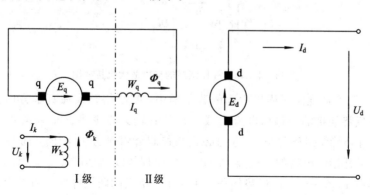

图 14-3 交磁放大机相当于两个直流发电机的串级放大的接线示意图

将控制电压 U_k 加到交磁放大机的控制绕组 W_k 上，产生控制电流 I_k 和磁通 Φ_k，在电刷 q-q 间产生交轴电势 E_q，这是第 I 级直流发电机。将交轴电刷短路，在电枢绕组（图14-3 中用交轴绕组 W_q 表示）中流过电流 I_q 产生磁通 Φ_q，从而在电刷 d-d 间产生直轴电势 E_d，这是第 II 级直流发电机。接着由第 II 级直流发电机向负载供电。

经过两级放大，交磁放大机的功率放大系数 K_p 就比普通的直流发电机大得多，通常该功率放大系数在几百到几万倍的范围内，当然就可以满足实用要求。

☞ 14.2.2　交磁放大机的负载运行

以下分析图14-2所示的交磁放大机向负载供电的情况。当输出端电刷 d-d 接上负载时，将产生输出电流 I_d。此时，电枢导体中除了流过电流 i_q 外，还要流过电流 i_d，i_d 的方向和电势 e_d 方向相同。根据右手螺旋定则，可以确定 i_d 流过电枢绕组所产生的磁势、磁通的方向，由图14-2可以看出，它们是在直轴方向，并且其方向恰好与控制绕组磁势、磁通的方向相反，因此它们分别称为直轴去磁磁势 F_d 和直轴去磁磁通 Φ_d，如图14-4所示。显然 F_d、Φ_d 的大小与输出电流 I_d 成正比。直轴去磁磁势 F_d 相对于控制绕组磁势 F_k 来说是相当大的，即使输出电流很小时，F_d 也几乎全部抵消了 F_k，使输出电压 U_d 降低得接近为 0，则放大机也就无法工作了。为了使放大机在负载时能正常工作，必须在放大机中安放补偿绕组，以抵消直轴去磁磁势。

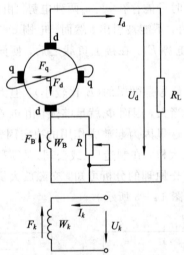

图14-4　具有补偿绕组的交磁放大机接线图

补偿绕组 W_B 安放在定子磁极表面的若干槽中，其绕组轴线在直轴方向。为了使补偿绕组所产生的磁势能抵消与输出电流 I_d 成正比的直轴去磁磁势 F_d，补偿绕组必须与输出电路串联，并且补偿绕组磁势 F_B 的方向必须与控制绕组磁势 F_k 相同，而与直轴去磁磁势 F_d 相反。具有了补偿绕组后的交磁放大机的工作原理接线图如图14-4所示。一般补偿绕组被设计成具有 10%~15% 的磁势储备，并且在该绕组的两端并联一可变电阻 R，改变电阻 R 可改变补偿绕组中的电流，以调节补偿程度。

14.3　交磁放大机的空载特性和外特性

☞ **14.3.1　交磁放大机的空载特性**

当额定转速不变时，交磁放大机的空载输出电压 U_{d0} 随控制绕组磁势 F_k 的变化关系称为交磁放大机的空载特性。交磁放大机的空载特性曲线如图 14-5 所示，它不是单值的曲线，而是一个回线。

例如，对于某一数值的控制磁势 F_{k1}，当 F_k 增加时，对应的 F_{k1} 得到输出电压 U'_{d0}；当 F_k 下降时，对应的 F_{k1} 得到输出电压 U''_{d0}，则 $U''_{d0} > U'_{d0}$。造成空载特性曲线回线的原因是放大机磁路中的铁磁材料的磁化曲线是一个磁滞回线。当然直流发电机的空载特性也是一个回线，但回线很窄，一般不予考虑，而在放大机中由于经过两级放大，所以回线就变宽了。

空载特性的非单值性必然导致外特性的非单值性，将造成放大机工作的不稳定。另外，由图 14-5 还可以看出，回线面积愈大，剩磁电压也愈大，当无控制信号时，放大机仍输出足够大的电势，以致产生误动作，因此必须采取一定的措施来减小空载特性的回线面积。

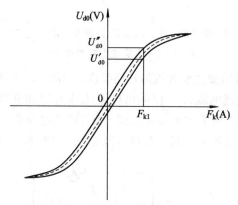

图 14-5　交磁放大机的空载特性曲线

使剩磁降低的办法是在定子的磁轭上安放交流去磁绕组。交流去磁绕组的磁通主要在磁轭内通过而不经过空气隙，因此它不会在电枢绕组和控制绕组中产生交变电势，但它可以减小磁轭中的平均剩磁。通常有交流去磁绕组的交磁放大机，其剩磁电压不超过额定输出电压的 5%。

我国生产的交磁放大机有带交流去磁绕组和不带交流去磁绕组两种，其中后者的剩磁电压为额定输出电压的 15%，必须在电路上采取一定措施来减弱剩磁的影响。

☞ **14.3.2　交磁放大机的外特性**

当电动机以额定转速驱动放大机，放大机控制绕组电流 I_k 为常数时，输出电压 U_d 随输出电流 I_d 变化的关系称为交磁放大机的外特性。

　　放大机的输出电流 I_d 就等于它的负载电流。当放大机负载是电阻 R_L 时，改变 R_L 值就会改变 I_d；当放大机负载是伺服电动机时，改变伺服电动机的负载转矩，就会改变伺服电动机的电枢电流，亦即改变输出电流 I_d。

　　交磁放大机的外特性如图 14-6 所示。由图可知，放大机的外特性也是一个回线，而且外特性的硬度取决于补偿绕组磁势 F_B 对直轴去磁磁势的补偿程度。该补偿越强，外特性越硬；该补偿越弱，外特性越软。如果补偿绕组的磁势恰好和直轴去磁磁势相抵消，则叫做全补偿。如果补偿的磁势大于去磁磁势，则叫做过补偿；反之，叫做欠补偿。这样就相当于复励式直流发电机的外特性曲线，调节串励磁势的强弱可以改变补偿程度。

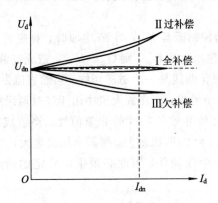

Ⅰ—$F_B = F_d$ 全补偿；Ⅱ—$F_B > F_d$ 过补偿；Ⅲ—$F_B < F_d$ 欠补偿

图 14-6　交磁放大机的外特性

　　可以通过实验方法判断交磁放大机的补偿程度，如图 14-7 所示。在交轴电刷 q-q 之间串接一电流表，改变负载电阻 R_L，使输出电流 I_d 由 0 增加到额定值。若 I_q 大小基本不变，则说明是全补偿；若 I_q 随 I_d 的增加而增加，则说明是过补偿；若 I_q 随 I_d 的增加而减小，则说明是欠补偿。通常将交磁放大机的外特性调整在全补偿或变化不大的欠补偿状态。

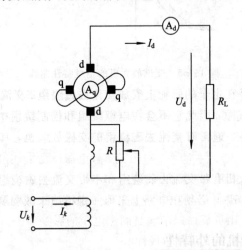

图 14-7　判断交磁放大机补偿程度的实验接线图

14.4　交磁放大机的技术数据和使用

ZKK 型交磁放大机的技术数据可参考阅表 14－1。

表 14－1　ZKK 型交磁放大机技术数据

型号	额定数据					
	电压 /V	功率 /kW	电流 /A	转速 /(r/min)	交轴短路 电流/A	效率 /%
ZKK25	115	1,2	10.4	1420	3.2	68
	230	1.2	5.2	1420	1.6	68
	115	2.5	21.7	2900	6.5	74
	230	2.5	10.9	2900	3.3	74
ZKK50	115	2.2	19.1	1420	5.7	77
	230	2.2	9.6	1420	2.9	77
	230	4.5	19.6	2920	5.9	80
ZKK70	115	3.5	30.4	1440	7.6	78
	230	3.5	15.2	1440	3.8	78
	230	7.0	30.4	2920	7.6	80
ZKK100	115	5.0	43.5	1440	10.9	81
	230	5.0	21.7	1440	5.4	81
	230	10	43.5	2920	10.9	84

☞ 14.4.1　使用方法和选用原则

交磁放大机的使用方法和选用原则如下：

（1）交磁放大机的额定功率、额定电流及额定电压应与系统典型负载图所折算出的等效功率、等效电流及平均电压相符，并应有 10％～20％的余量。

（2）交磁放大机的瞬时过功率允许达到额定值的 2 倍，瞬时过电压可达 1.5 倍，瞬时过电流可达 3.5 倍，控制绕组长期允许电流和额定控制电流之比（即控制绕组过载能力）一般为 5～9 倍。系统中所要求的过功率、过电流、过电压应与上述过载能力相符，并且还要考虑过载频率及时间，使其留有一定的余量。

（3）系统中所要求的最低运行电压应高于交磁放大机的剩磁电压，并留有足够的余量，否则需要在系统中采用负反馈以削弱其剩磁电压的影响。

（4）要正确选用控制绕组，并注意极性。

对于交磁放大机来说，当前级需构成推挽或差动放大线路时，要选用参数相同的两个控制绕组；当前级为电子管放大器时，应选用高电阻的控制绕组；当前级为晶体管放大器时，应选用低电阻控制绕组；作为电压反馈绕组时，应选用高电阻控制绕组；作为电流反馈绕组时,应选用低电阻控制绕组。

在交磁放大机接线盒的接线图上标有各个控制绕组的正、负极性,在接线时必须注意极性是否正确,特别是在几个控制绕组同时使用时。例如,前面讲述的恒速控制系统中的放大器,如果采用交磁放大机,则需使用两个控制绕组,一个控制绕组是接给定电压的,其中正极端接给定电压的正极,负极端接给定电压的负极;另一个控制绕组接测速发电机的输出。恒速系统中交磁放大机控制绕组的正极端接输出电压的负极,其负极端接输出电压的正极,这样测速发电机才能起到速度负反馈的作用。恒速系统中交磁放大机控制绕组的正确接线如图14-8所示。图中,M为直流伺服电动机,G为直流测速发电机。

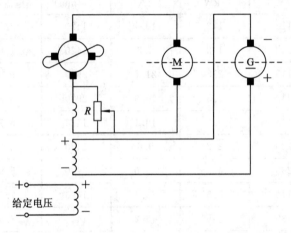

图 14-8 恒速系统中交磁放大机控制绕组的正确接线

☞ 14.4.2 应用和维护注意事项

应用和维护交磁放大机的注意事项如下:

(1)正确地确定电刷位置。电刷位置对交磁放大机的性能有明显的影响。电机在出厂时,制造厂对电刷的位置作了明显的标记,调整电刷位置时要注意尽量不要偏移过多。

(2)恰当地调节外特性的硬度。制造厂保证电压变化率为30%时(即$U_{dn} \sim 1.3U_{dn}$),控制电流I_k由0到额定值的范围内,全部外特性不上翘,制造厂给出的外特性如图14-9所示,并对补偿绕组调节电阻的触头位置作了明显的标记。用户为了满足系统的要求,可以通过改变补偿绕组调节电阻来改变外特性的硬度,但对因外特性过硬可能引起的负载自激要有充分的保护。

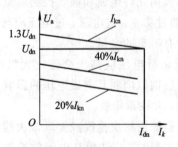

图 14-9 制造厂给出的外特性

（3）适当施加交流去磁绕组的电压。我国生产的交磁放大机 ZKK3J、ZKK5J、ZKK12J 的去磁绕组在电机内部已经连接，不需要再拉线供电；而 ZKK25 以上的交流去磁绕组则由用户自己拉线适当施加交流 50 Hz 电压。剩磁电压 U_{sc} 和交流去磁绕组电压 U_{qc} 的关系如图 14-10 所示。交流去磁绕组电压过高或过低对削弱剩磁都不理想，一般 U_{sc} 取 2 V～5 V 为宜（如图 14-10 中的 AB 段）。

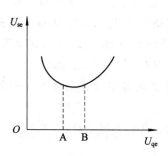

图 14-10　剩磁电压和交流去磁电压的关系

（4）应注意电刷接触面和换向器工作表面运行情况以及补偿绕组调节电阻触点的接触情况。电刷和换向器接触不良，将使换向火花过大，电机特性不稳；而调节电阻接触不良可能引起负载自激。因此在更换电刷时，其牌号应与出厂牌号一致，并需对电刷进行精细的研磨，使电刷和换向器接触良好。电刷取出再放进刷盒时要注意方位，应避免电机逆转而引起电刷和换向器的接触情况变坏。如果发现换向片上出现灼痕，那么必须用纯酒精或纯航空汽油擦净，若还是擦除不干净，则允许用细玻璃砂纸磨净，同时应该定期刮清换向片间的云母槽。

小　　结

本章介绍了交磁放大机的工作原理，分析了补偿绕组和交流去磁绕组的作用，给出了其空载特性和外特性。在使用时需正确选用交磁放大机，正确选用控制绕组，正确接线以及调整外特性的硬度。

思考题与习题

14-1　为什么有时把直流发电机又叫做功率放大器？它是如何放大的？

14-2　简述交磁放大机的工作原理。

14-3　为什么交磁放大机的空载特性曲线和外特性曲线不是单一曲线，而是属于回线？

14-4　简述交磁放大机的结构特点。

参 考 文 献

[1]　陈筱艳，陈隆昌. 控制电机. 北京：国防工业出版社，1978.

[2]　唐任远. 现代永磁电机理论与设计. 北京：机械工业出版社，2000.

[3]　李钟明，刘卫国，等. 稀土永磁电机. 北京：国防工业出版社，2001.

[4]　张琛. 直流无刷电动机原理及应用. 2 版. 北京：机械工业出版社，2004.

[5]　刘宝廷，程树康. 步进电机及其驱动控制系统. 哈尔滨：哈尔滨工业大学出版社，
　　　1997.

[6]　电机工程手册编辑委员会. 电机工程手册. 3 版（第六篇第 5 章）. 北京：机械工业出
　　　版社，2009.

[7]　N. Matsui, M. Nakamura, T. Kosaka. Instantaneous Torque Analysis of Hybrid
　　　Stepping Motor. IEEE Trans. on Industry Applications. Vol. 32，Issue 5，1996.

[8]　王宏华. 开关型磁阻电动机调速控制技术. 北京：机械工业出版社，1995.

[9]　吴建华. 开关磁阻电机设计与应用. 北京：机械工业出版社，2000.

[10]　王成元，夏加宽，杨俊友，孙宜标. 电机现代控制技术. 北京：机械工业出版社，
　　　2006.

[11]　陈隆昌，阎治安，刘新正. 控制电机. 3 版. 西安：西安电子科技大学出版社，2000.